Sie helfen dir beim Lösen der Hausaufgaben und beim selbstständigen Lernen. Viele Übungsaufgaben festigen die neu erlernten Inhalte.

Sichern

Auf vielen Seiten kannst du dein Wissen wiederholen und überprüfen. Das hilft dir bei der eigenen Selbsteinschätzung und zeigt dir eventuelle Lücken auf.

Differenzierung

Die Symbole vor den Aufgabenziffern kennzeichnen drei unterschiedliche Niveaustufen: ○ leicht, ◐ mittel und ● schwer.

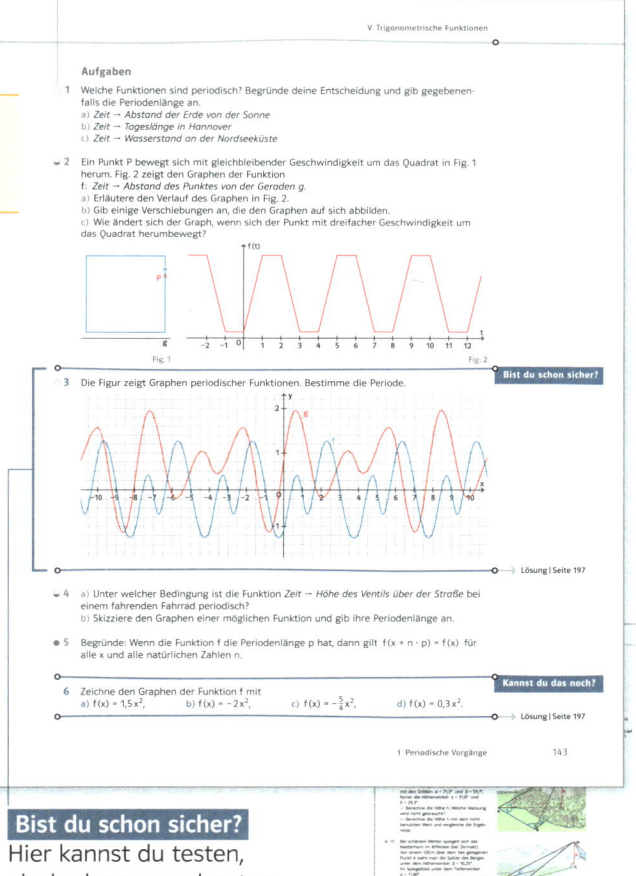

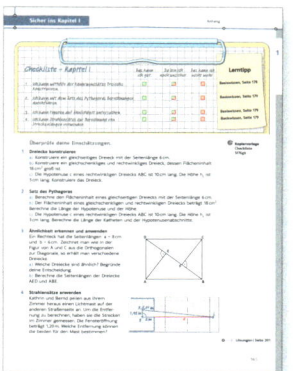

Die Seiten **Sicher ins Kapitel** helfen dir, das Wissen aufzufrischen, das du für den neuen Lernstoff benötigst.

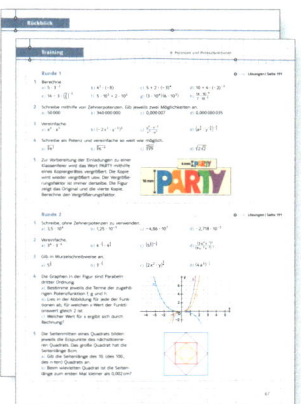

Die beste Vorbereitung für die Klassenarbeit: **Rückblick**, eine Seite zum Nachschlagen, **Training**, zwei Runden zum Üben.

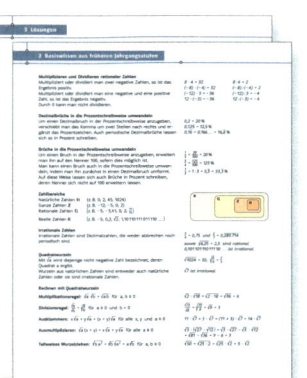

Im **Basiswissen** findest du früheren Lernstoff zum Nachschlagen und Wiederholen.

Lösungen findest du im Anhang am Ende des Buches, damit du dich bei den Aufgaben zur Selbstkontrolle überprüfen kannst.

Bist du schon sicher?

Hier kannst du testen, ob du den neu gelernten Stoff verstanden hast.

ooo Partnerarbeit
oooo Gruppenarbeit

Kannst du das noch?

Hier kannst du bereits Gelerntes wiederholen. Immer wieder findest du hier auf dem Rand auch Hinweise, wo du im Buch nachlesen kannst, wenn du etwas nicht mehr genau weißt.

Zusatzmaterialien zu diesem Band für Schülerinnen und Schüler:
– Arbeitsheft Lambacher Schweizer 10 (ISBN 978-3-12-733567-5)
– Arbeitsheft Lambacher Schweizer 10 mit Lernsoftware (ISBN 978-3-12-733568-2)
– Lösungen (ISBN 978-3-12-733559-0)

Dr. Theophil Lambacher (13.04.1899 – 14.12.1981) und **Wilhelm Schweizer** (11.11.1901 – 23.07.1990) lehrten beide Mathematik an der Schule. Theophil Lambacher wurde danach Oberschulamtspräsident und Ministerialrat am Kultusministerium, Wilhelm Schweizer arbeitete als Schulleiter, Fachleiter am Seminar und Dozent an der Universität. Der erste Band des Lambacher Schweizer erschien 1946: Lambacher Schweizer Mathematik für höhere Schulen, Mittelstufe 1. Teil enthielt auf 91 Seiten Algebra und Geometrie für die Klasse 7.

1. Auflage

1 6 5 4 3 2 | 2022 21 20 19 18

Alle Drucke dieser Auflage sind unverändert und können im Unterricht nebeneinander verwendet werden. Die letzte Zahl bezeichnet das Jahr des Druckes.

Autorinnen und Autoren: Manfred Baum, Martin Bellstedt, Dr. Dieter Brandt, Heidi Buck (†), Dr. Detlef Dornieden, Christina Drüke-Noe, Prof. Rolf Dürr, Harald Eisfeld, Prof. Hans Freudigmann, Inga Giersemehl, Dieter Greulich, Prof. Dr. Heiko Harborth, Dr. Frieder Haug, Edmund Herd, Prof. Dr. Stephan Hußmann, Thomas Jörgens, Thorsten Jürgensen-Engl, Andreas König, Prof. Dr. Timo Leuders, Prof. Dr. Detlef Lind, Prof. Dr. Hinrich Lorenzen, Prof. Dr. Reinhard Oldenburg, Rolf Reimer, Dr. Günther Reinelt, Kathrin Richter, Dr. Wolfgang Riemer, Hartmut Schermuly (†), Reinhard Schmitt-Hartmann, Michael Schmitz, Ulrich Schönbach, Raphaela Sonntag, Andrea Stühler, Oliver Thomsen, Dr. Peter Zimmermann

Redaktion: Melanie Dierig, Heike Thümmler
Herstellung: Benjamin Bauer

Layout: Petra Michel, Essen
Umschlaggestaltung: Petra Michel, Essen
Illustrationen: Uwe Alfer, Waldbreitbach; imprint, Zusmarshausen; Anja Malz, Taunusstein; Anette Liese, Dortmund
Satz: Satzkiste GmbH, Stuttgart
Druck: DBM Druckhaus Berlin-Mitte GmbH, Berlin

Printed in Germany
ISBN 978-3-12-733557-6

Lambacher Schweizer 10

Mathematik für Gymnasien – G9

Niedersachsen

bearbeitet von

Manfred Baum
Hinrich Lorenzen
Michael Schmitz
Oliver Thomsen

Ernst Klett Verlag
Stuttgart · Leipzig

Inhalt

I   Trigonometrie – Berechnungen an Dreiecken   4
   Erkundungen   6
   1 Seitenverhältnisse in rechtwinkligen Dreiecken   8
   2 Beziehungen zwischen Sinus, Kosinus und Tangens   14
   3 Berechnungen an Figuren   18
   4 Beliebige Dreiecke – Sinussatz   22
   5 Beliebige Dreiecke – Kosinussatz   27
   Vertiefen und Vernetzen   31
   Exkursion: Pyramiden, Astronomie und Sehnenrechnung   33
   Rückblick   36
   Training   37

II   Potenzen und Potenzfunktionen   38
   Erkundungen   40
   1 Potenzen mit ganzzahligen Exponenten   42
   2 Potenzen mit gleicher Basis   45
   3 Potenzen mit gleichen Exponenten   48
   4 Potenzen mit rationalen Exponenten   51
   *5 Potenzfunktionen mit natürlichen Exponenten   55
   6 Potenzgleichungen   59
   Vertiefen und Vernetzen   61
   Exkursion: Ellipsen und Kepler'sche Gesetze   64
   Rückblick   66
   Training   67

III   Kreis- und Körperberechnungen   68
   Erkundungen   70
   1 Flächeninhalt eines Kreises   72
   2 Umfang eines Kreises   75
   3 Kreisausschnitt und Kreisbogen   78
   4 Verfahren zur näherungsweisen Bestimmung von π 82
   5 Zylinder   84
   6 Der Satz des Cavalieri   87
   7 Pyramide und Kegel   90
   8 Kugel   94
   Vertiefen und Vernetzen   98
   Exkursion: Schätzen der Kreiszahl π mit statistischen Verfahren 101
   Rückblick   102
   Training   103

IV   Exponentialfunktion und Wachstumsprozesse   104
   Erkundungen   106
   1 Wachstum – absolute und relative Änderung   108
   2 Lineares und exponentielles Wachstum   111
   3 Exponentialfunktionen   115
   4 Exponentialgleichungen und Logarithmen   119
   5 Beschränktes Wachstum   123
   6 Modellieren von Wachstumsprozessen   127
   Vertiefen und Vernetzen   132
   Exkursion: Halbwertszeiten radioaktiver Stoffe   134
   Exkursion: Die C-14-Methode (Radiokarbonmethode) zur
   Altersbestimmung   135
   Rückblick   136
   Training   137

V Trigonometrische Funktionen 138
Erkundungen 140
1 Periodische Vorgänge 142
2 Sinusfunktion und Kosinusfunktion 144
3 Einfluss von Parametern 150
4 Modellieren periodischer Vorgänge 155
Vertiefen und Vernetzen 159
Exkursion: Sinusfunktionen in Natur und Technik 160
Rückblick 162
Training 163

Anhang

1 Sicher in die Kapitel 164
2 Basiswissen 172
3 Lösungen 185

Register 206
Text- und Bildquellen 208

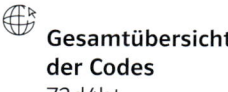 **Gesamtübersicht der Codes**
73d4ht

Dieses Kapitel war in kürzerer Form (beschränkt auf rechtwinklige Dreiecke) auch im Schülerbuch für die 9. Klasse vorhanden. Es liegt im Ermessen der Lehrkraft, ob sie oder er das Thema Trigonometrie bereits in Klasse 9 anfängt oder erst komplett in Klasse 10 unterrichtet.

*Dieser Inhalt geht über das Kerncurriculum hinaus.

I Trigonometrie – Berechnungen an Dreiecken

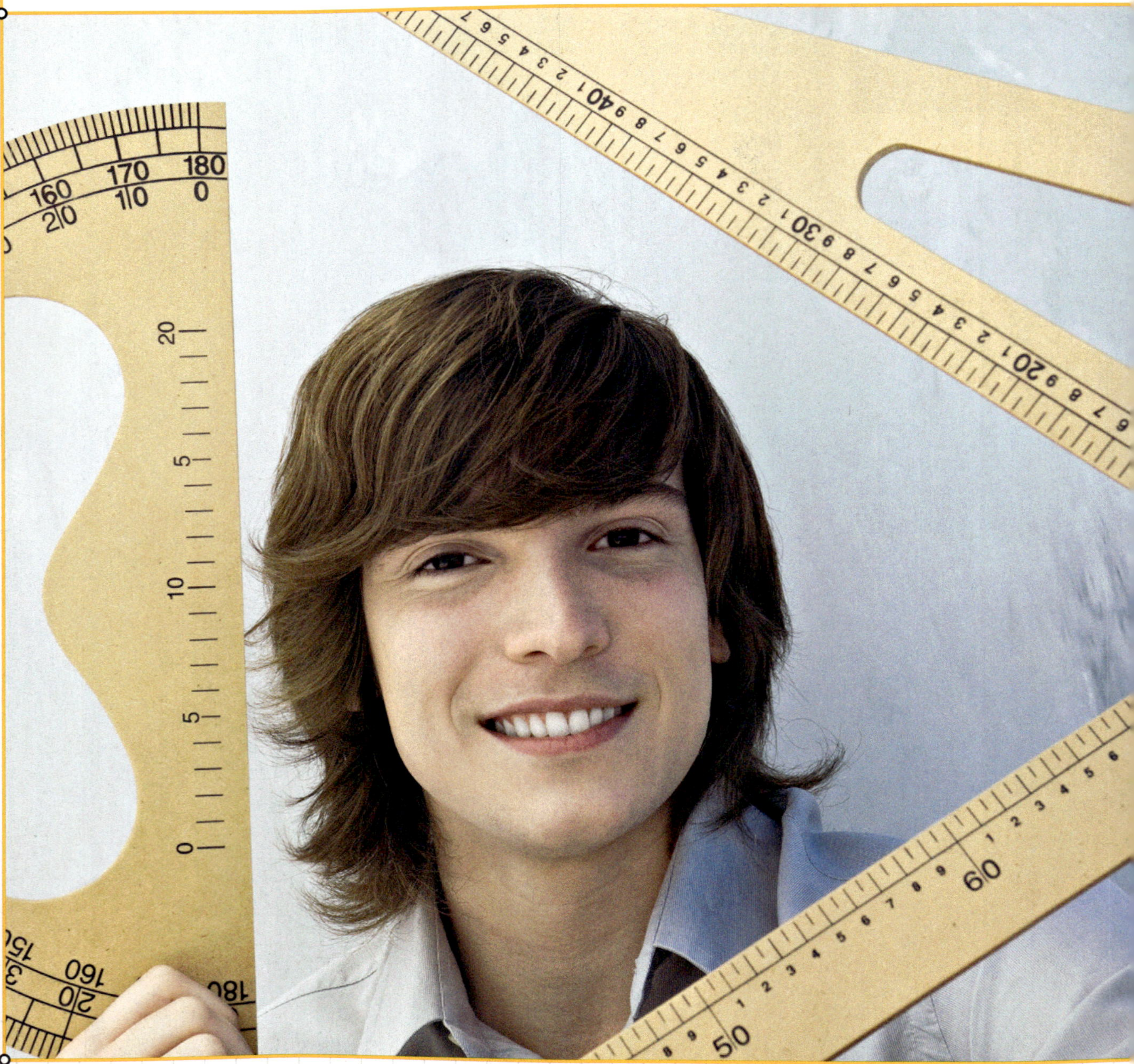

Das kannst du schon

- Dreiecke mithilfe von Kongruenzsätzen konstruieren
- Die Satzgruppe des Pythagoras anwenden
- Strahlensätze anwenden
- Ähnlichkeit von Dreiecken erkennen und begründen

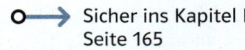

Sicher ins Kapitel I
Seite 165

Ein Dreieck hat nicht nur drei Ecken,
hat noch Seiten und Winkel dazu!
Lass Dich davon aber nicht erschrecken,
wir berechnen alle sechs im Nu!

Das kannst du bald

– Seitenverhältnisse in rechtwinkligen und allgemeinen Dreiecken
  mithilfe von Sinus, Kosinus und Tangens beschreiben
– Seitenlängen und Winkel in Dreiecken berechnen
– Zusammenhänge zwischen Sinus, Kosinus und Tangens erkennen
  und anwenden

Lerneinheit 1,
Seite 8

Rechtwinklige Dreiecke erforschen

Vorbereitung

Zeichne mit einer DGS ein beliebiges rechtwinkliges Dreieck ABC mit $\gamma = 90°$ und einem weiteren spitzen Winkel deiner Wahl (in Fig. 1 beträgt dieser Winkel 24°). Lass die Größen des spitzen Winkels und des rechten Winkels sowie alle Seitenlängen anzeigen (vgl. Fig. 1).

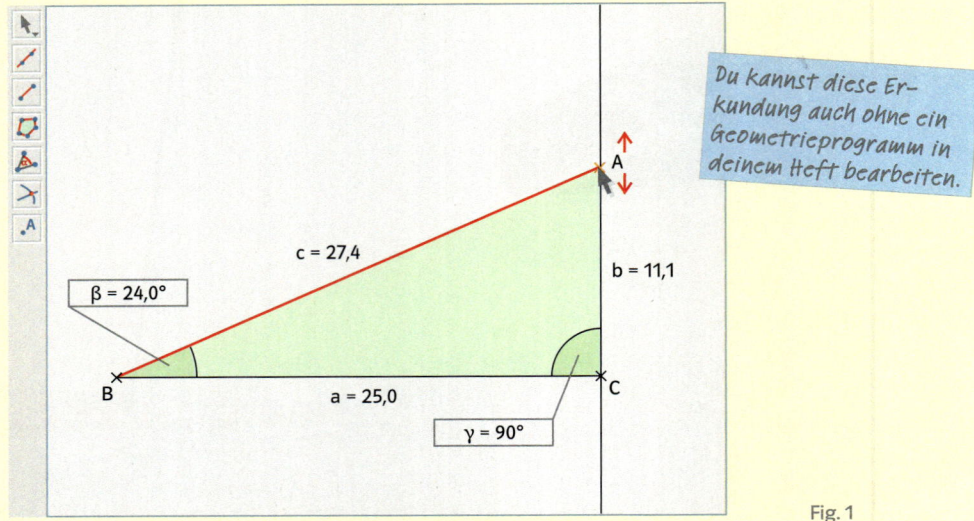

Du kannst diese Erkundung auch ohne ein Geometrieprogramm in deinem Heft bearbeiten.

A

c = 27,4

b = 11,1

$\beta = 24{,}0°$

B

a = 25,0

C

$\gamma = 90°$

Fig. 1

Forschungsauftrag 1

- Berechne die Seitenverhältnisse $\frac{a}{c}$, $\frac{b}{c}$ und $\frac{b}{a}$ für dein Dreieck.
- Zeichne weitere rechtwinklige Dreiecke mit dem gleichen Winkel α und berechne erneut die drei Seitenverhältnisse.
- Wiederhole dies für mindestens drei weitere Dreiecke und halte die Seitenverhältnisse in einer Tabelle wie in Fig. 2 fest. Notiere deine Beobachtungen.

	a	b	c	$\frac{a}{c}$	$\frac{b}{c}$	$\frac{b}{a}$
1. Dreieck						
2. Dreieck						
3. Dreieck						
…						

Fig. 2

Forschungsauftrag 2

Lerneinheit 2,
Seite 14

- 👥 Vergleiche deine Ergebnisse aus Forschungsauftrag 1 mit deinem Partner und fasst eure Vermutungen in einem Satz zusammen.
- Versucht euren Satz mithilfe von Ähnlichkeitsbeziehungen zu begründen.

Forschungsauftrag 3

- Dein Taschenrechner besitzt die Tasten „sin", „cos" und „tan". Mithilfe dieser Tasten und dem spitzen Winkel aus Forschungsauftrag 1 lassen sich einige Werte der Tabelle aus Forschungsauftrag 1 berechnen. Wie muss man dabei vorgehen?
- Probiere andere Winkel aus und überprüfe die Taschenrechnerwerte mit dem Geometrieprogramm oder mit einem per Hand gezeichneten Dreieck.
- Bestimme mithilfe der sin- und cos-Tasten des Taschenrechners die Kathetenlängen a und b des Dreiecks in Fig. 3. Überprüfe dein Ergebnis näherungsweise, indem du das Dreieck zeichnest und die Seitenlängen nachmisst.

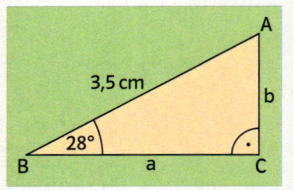

A

3,5 cm

b

28°

B

a

C

Fig. 3

Seitenverhältnisse und Winkel

Vorbereitung

Zeichnet mit einem Dynamischen Geometrieprogramm ein rechtwinkliges Dreieck. Dabei soll jeder einen anderen spitzen Winkel β wählen.
(Vorschlag: β = 1°, 2°, 5°, 7°, 10°, 15°, 20°, … 80°, 85°, 86°, 87°, 88° und 89° verwenden.)
Lasst den spitzen Winkel β und alle Seitenlängen anzeigen. Wählt für euer Dreieck die Bezeichnungen wie in Fig. 1.
Jeder berechnet nun für „seinen" Winkel β die Seitenverhältnisse $\frac{b}{c}$, $\frac{a}{c}$ und $\frac{b}{a}$ in dem Dreieck.

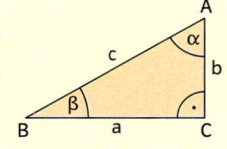

Fig. 1

Forschungsauftrag 1

Tragt eure Ergebnisse in einer Tabelle wie in Fig. 2 zusammen.

Winkel β	1°	2°	5°	7°	…	88°	89°
Verhältnis $\frac{b}{c}$							
Verhältnis $\frac{a}{c}$							
Verhältnis $\frac{b}{a}$							

Fig. 2

Teilt euch in drei Gruppen ein. Jede Gruppe beantwortet für eines der Seitenverhältnisse die folgenden Fragen:
- Um wie viel nimmt der Wert des Seitenverhältnisses zu (ab), wenn der Winkel um 1° (5°) zunimmt (abnimmt)?
- In welchen Winkelbereichen ist die Zunahme (Abnahme) am größten (am kleinsten)?
- In welchen Winkelbereichen ist die Zunahme (Abnahme) fast „gleichmäßig" (annähernd gleiche Veränderung pro Grad)?

Fasst die Antworten zu den Fragen in einer kurzen Präsentation zusammen. Zur Überprüfung eurer Ergebnisse könnt ihr noch weitere Winkel wählen und die entsprechenden Dreiecke zeichnen lassen.

Forschungsauftrag 2

Jede Gruppe trägt die Werte für das Seitenverhältnis auf einer Folie in ein Koordinatensystem ein. Auf der x-Achse werden die Winkelgrößen, auf der y-Achse die Werte des zugehörigen Seitenverhältnisses eingetragen. Verbindet die Punkte möglichst „glatt".
Überprüft mithilfe der Zeichnung die in eurer Präsentation gefundenen Antworten auf die Fragen aus Forschungsauftrag 1.

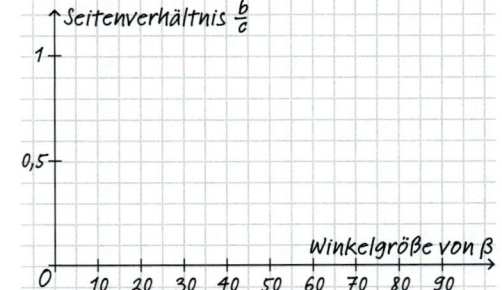

Vorlage
Koordinatenkreuz
4zp63x

Stimmt euch vor dem Zeichnen ab, sodass alle drei Gruppen denselben Maßstab benutzen, oder verwendet die Vorlage, die ihr unter dem Code findet.

Forschungsauftrag 3

Legt die Folien zu den Verhältnissen $\frac{b}{c}$ und $\frac{a}{c}$ so auf den Projektor, dass die Koordinatensysteme exakt übereinanderliegen.
Vergleicht beide Kurvenverläufe und nehmt zu den folgenden Behauptungen Stellung:
- Die Kurven sehen ziemlich ähnlich aus.
- Eigentlich muss man das Verhältnis $\frac{a}{c}$ gar nicht ausrechnen, wenn man das Verhältnis $\frac{b}{c}$ kennt.

Legt nun die Folie für das Verhältnis $\frac{b}{a}$ auf und beschreibt den Kurvenverlauf.
Was ist das Besondere an dieser Kurve?

1 Seitenverhältnisse in rechtwinkligen Dreiecken

Die Rampe der Achterbahn wird durch zueinander parallele Pfeilerpaare abgestützt.
Die Sicherheitsvorschriften fordern, dass der Steigungswinkel α nicht mehr als 40° beträgt.
Zeichne ein Dreieck in geeignetem Maßstab und überprüfe die Sicherheitsvorschriften.
Bestimme zudem die Länge der zwei übrigen Pfeilerpaare.

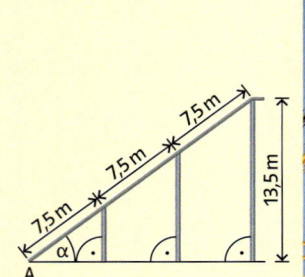

Ist bei zwei rechtwinkligen Dreiecken außer dem rechten Winkel ein weiterer Winkel gleich groß, so ist wegen der Innenwinkelsumme von 180° auch der dritte Winkel gleich groß, und die beiden Dreiecke sind zueinander ähnlich (Fig. 1).

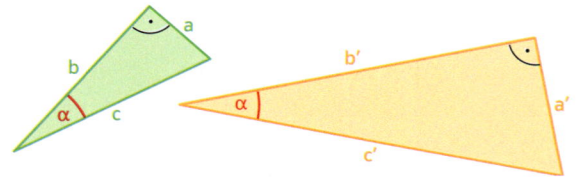

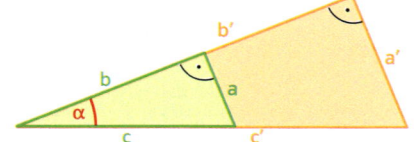

Fig. 1

Aufgrund der Ähnlichkeit sind dann auch die Längenverhältnisse einander entsprechender Seiten der beiden Dreiecke gleich, das heißt, es gilt $\frac{a}{a'} = \frac{b}{b'} = \frac{c}{c'}$.
Aus $\frac{a}{a'} = \frac{c}{c'}$ folgt durch einfaches Umformen $\frac{a}{c} = \frac{a'}{c'}$. Ebenso erhält man $\frac{b}{c} = \frac{b'}{c'}$ und $\frac{a}{b} = \frac{a'}{b'}$, das heißt, die Längenverhältnisse einander entsprechender Seiten beider Dreiecke stimmen überein.
Da bei allen rechtwinkligen Dreiecken, die in der Größe eines weiteren Winkels übereinstimmen, die Längenverhältnisse einander entsprechender Seiten gleich sind, werden für die Seitenverhältnisse besondere Bezeichnungen eingeführt.

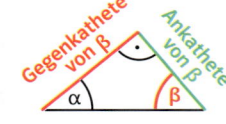

Die Gegenkathete von α ist die Ankathete von β.

In einem rechtwinkligen Dreieck bezeichnet man

das Seitenverhältnis $\frac{a}{c}$ als **Sinus von** α,

das Seitenverhältnis $\frac{b}{c}$ als **Kosinus von** α und

das Seitenverhältnis $\frac{a}{b}$ als **Tangens von** α.

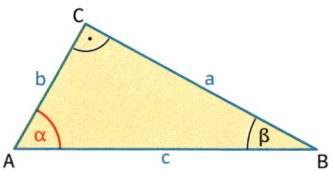

In rechtwinkligen Dreiecken, die in einem weiteren Winkel α übereinstimmen, sind die folgenden Seitenverhältnisse gleich und erhalten besondere Bezeichnungen:

$$\mathbf{sin}\,(\alpha) = \frac{\text{Gegenkathete von } \alpha}{\text{Hypotenuse}} \qquad \text{(gesprochen: Sinus von } \alpha\text{),}$$

$$\mathbf{cos}\,(\alpha) = \frac{\text{Ankathete von } \alpha}{\text{Hypotenuse}} \qquad \text{(gesprochen: Kosinus von } \alpha\text{),}$$

$$\mathbf{tan}\,(\alpha) = \frac{\text{Gegenkathete von } \alpha}{\text{Ankathete von } \alpha} \qquad \text{(gesprochen: Tangens von } \alpha\text{).}$$

Zur Vereinfachung schreibt man statt z.B. Länge der Gegenkathete kurz Gegenkathete.

Mit dem Sinus, dem Kosinus und dem Tangens lassen sich Seitenlängen und Winkelgrößen im rechtwinkligen Dreieck berechnen. Dies ermöglicht die rechnerische Lösung von Aufgaben, die bisher nur durch eine Zeichnung zu lösen waren.
Hierbei hilft der Taschenrechner, mit dem sich für jeden Winkel α die Werte für $\sin(\alpha)$, $\cos(\alpha)$ und $\tan(\alpha)$ bestimmen lassen. Der Taschenrechner muss hierfür auf „Degree" (engl. für Grad) eingestellt werden.

Zu einer vorgegebenen Winkelgröße, z.B. $\alpha = 40°$, erhält man mit dem Taschenrechner $\sin(40°) = 0,642\,78\ldots$, $\cos(40°) = 0,766\,04\ldots$ und $\tan(40°) = 0,839\,09\ldots$ Bestimmt man die Werte für sin, cos und tan mit dem Taschenrechner, so ist es sinnvoll, diese auf drei Stellen zu runden.
Wenn man aus gegebenen Seitenlängen im rechtwinkligen Dreieck eine Winkelgröße berechnen möchte, nutzt man beim Taschenrechner die Eingabe $\sin^{-1}$, $\cos^{-1}$ bzw. $\tan^{-1}$. Zu z.B. $\sin(\alpha) = 0,2$ erhält man die zugehörige Winkelgröße $\alpha = \sin^{-1}(0,2) \approx 11,5°$.

Beispiel 1 Berechnungen am rechtwinkligen Dreieck
Gegeben ist das Dreieck ABC mit $\gamma = 90°$ in Fig. 1.
a) Berechne die Längen der Seiten a und b, wenn $c = 8,5\,cm$ und $\alpha = 43°$ ist.
b) Berechne die Größe des Winkels β, wenn $b = 6,7\,cm$ und $c = 7,3\,cm$ gilt.
Lösung

a) $\sin(\alpha) = \frac{a}{c}$, also ist $a = c \cdot \sin(\alpha) = 8,5 \cdot \sin(43°) \approx 5,8$. Die Seite a ist ca. 5,8 cm lang.

$\cos(\alpha) = \frac{b}{c}$, also ist $b = c \cdot \cos(\alpha) = 8,5 \cdot \cos(43°) \approx 6,2$. Die Seite b ist ca. 6,2 cm lang.

b) $\sin(\beta) = \frac{b}{c} = \frac{6,7}{7,3}$. Der Taschenrechner liefert $\beta = \sin^{-1}\left(\frac{6,7}{7,3}\right) \approx 66,6°$.

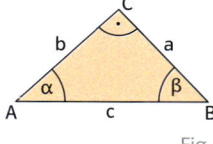

Fig. 1

Die Rechnungen werden ohne Größenangaben durchgeführt. Im Antwortsatz werden diese dann angegeben.

Beispiel 2 Anwendungen von Sinus und Kosinus
Eine 7,5 m lange Leiter lehnt in 7,2 m Höhe an einer Wand.
a) Wie groß ist der Anstellwinkel, d.h. der Winkel zwischen Leiter und Boden? Bestimme durch Zeichnung und Rechnung.
b) Berechne den Abstand des Fußendes der Leiter von der Hauswand auf zwei verschiedene Arten.
c) Zwischen welchen Höhen an der Wand kann sich das obere Leiterende befinden, wenn der Anstellwinkel zwischen 70° und 85° liegt?
Lösung
a) maßstäbliche Zeichnung: vgl. Fig. 2
Man liest $\alpha \approx 74°$ ab.
Rechnung:

$\sin(\alpha) = \frac{a}{c} = \frac{7,2}{7,5}$, also $\alpha = \sin^{-1}\left(\frac{7,2}{7,5}\right) \approx 73,7°$

Der Anstellwinkel α beträgt etwa 73,7°.
b) 1. Möglichkeit:
Nach dem Satz des Pythagoras gilt
$a^2 + b^2 = c^2$, also $7,2^2 + b^2 = 7,5^2$.
Daher ist $b = \sqrt{56,25 - 51,84} = \sqrt{4,41} = 2,1$.
2. Möglichkeit:
Im Dreieck ABC gilt $\cos(\alpha) = \frac{b}{c}$, also ist
$b = c \cdot \cos(\alpha) \approx 7,5 \cdot \cos(73,7°) \approx 2,1$.
Das Fußende der Leiter besitzt folglich einen Abstand von ca. 2,1 m zur Hauswand.
c) Im Dreieck ABC ist $\sin(\alpha) = \frac{a}{c}$, also
$a = c \cdot \sin(\alpha) = 7,5 \cdot \sin(\alpha)$. Der Anstellwin-

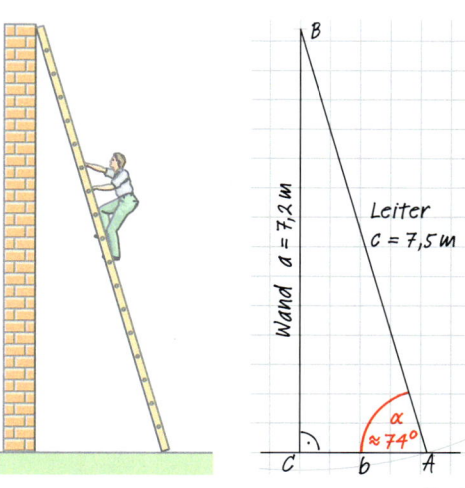

Fig. 2

kel α soll zwischen 70° und 85° liegen. Es gilt $7,5 \cdot \sin(70°) \approx 7,05$ und $7,5 \cdot \sin(85°) \approx 7,47$. Das obere Leiterende befindet sich also etwa zwischen den Höhen 7,05 m und 7,47 m.

Beispiel 3 Steigung einer Piste

Für einen Skiwettbewerb soll die 58 % steile Piste noch einmal geglättet werden. Laut Hersteller bewältigt die Skiraupe eine Steigung mit dem Steigungswinkel $\alpha = 25°$. Untersuche, ob die Skiraupe zum Glätten der Piste eingesetzt werden kann.

Lösung

Zunächst wird eine beschriftete Skizze angefertigt.

Es gilt $\tan(\alpha) = \frac{58}{100} = 0{,}58$, also
$\alpha = \tan^{-1}(0{,}58) \approx 30{,}11°$.
Die Skiraupe kann nicht zum Glätten der Piste eingesetzt werden.

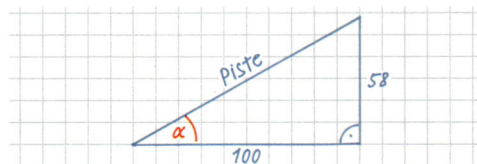

Aufgaben

1 Übertrage die Gleichungen in dein Heft und ergänze die fehlenden Angaben.

a) $\sin(\alpha) = \frac{\square}{\square}$

$\cos(\beta) = \frac{\square}{\square}$

$\tan(\beta) = \frac{\square}{\square}$

$\cos(\alpha) = \frac{\square}{\square}$

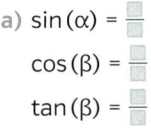

b) $\cos(\gamma) = \frac{\square}{\square}$

$\sin(\gamma) = \frac{\square}{\square}$

$\tan(\gamma) = \frac{\square}{\square}$

$\cos(\alpha) = \frac{\square}{\square}$

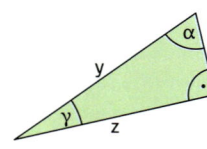

α : Alpha
β : Beta
γ : Gamma
δ : Delta
ε : Epsilon
…

c) $\sin(\varepsilon) = \frac{\square}{\square}$

$\sin(\square) = \frac{y}{\square}$

$\cos(\varphi) = \frac{\square}{\square}$

$\tan(\square) = \frac{z}{\square}$

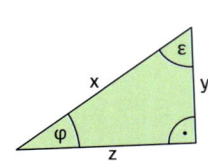

d) $\frac{q}{r} = \cos(\square)$

$\frac{p}{\square} = \sin(\square)$

$\frac{p}{r} = \cos(\square)$

$\frac{\square}{p} = \tan(\square)$

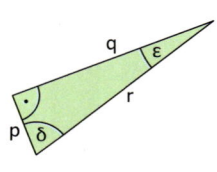

2 Berechne die fehlenden Seitenlängen.

a)
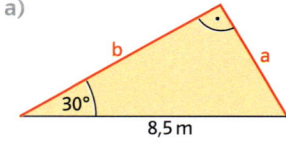

b)
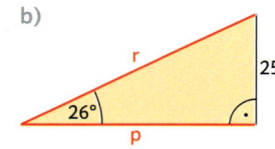

c)
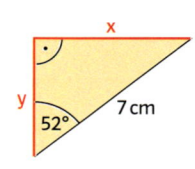

d)
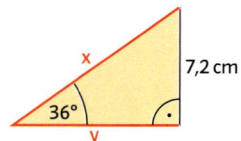

e)
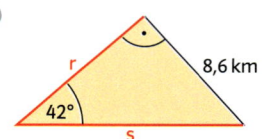

f)

3 Berechne die fehlenden Winkelgrößen.

a)
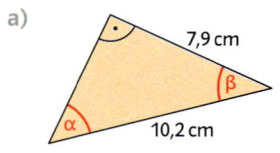

b)
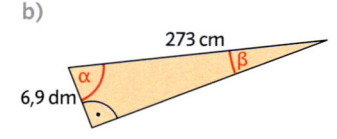

c)
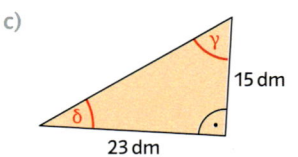

Hinweis:
Kontrolliere die berechneten Winkelgrößen mithilfe der Winkelsumme im Dreieck.

d)
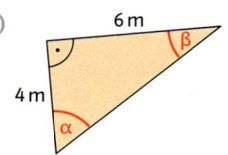

e)
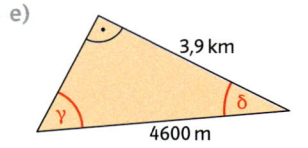

f)
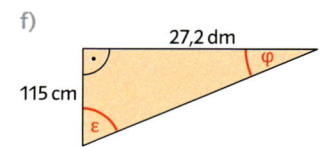

4 **a)** Berechne die fehlenden Winkelgrößen und die fehlenden Seitenlängen im Dreieck ABC.
(1) γ = 90°, a = 6,2 cm, c = 9,6 cm   (2) α = 90°, a = 6,9 cm, b = 4,7 cm
(3) α = 37°, β = 90°, c = 7,2 cm   (4) α = 90°, b = 5,2 cm, c = 6,5 cm
(5) β = 62°, γ = 90°, c = 9,2 cm   (6) γ = 90°, a = 5,6 cm, c = 7,0 cm
b) DGS Überprüfe deine Ergebnisse, indem du das jeweilige Dreieck konstruierst und alle fehlenden Seitenlängen und Winkelgrößen misst.

Denke an die im Dreieck üblichen Bezeichnungen der Seiten und Winkel.

5 Eine 3,70 m lange Leiter lehnt in einem Anstellwinkel von 75° an einer Hauswand.
a) Erreicht das Ende der Leiter das Fensterbrett in 3 m Höhe?
b) Berechne die Entfernung des Fußendes der Leiter zur Hauswand.
c) Zwischen welchen Höhen bewegt sich das Ende der Leiter, wenn ihr Anstellwinkel zwischen 68° und 83° betragen soll? Wieso sollte der Anstellwinkel etwa in diesem Bereich liegen?
d) Berechne die Größe des Anstellwinkels der Leiter, wenn ihr Ende genau 3,50 m hoch reichen soll?
e) Wie lang müsste eine Leiter sein, die ein 6,50 m hohes Fenster erreichen soll und deren Anstellwinkel nicht mehr als 80° betragen darf?

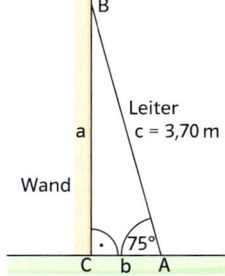

6 Bestimme die Größen der Steigungswinkel der folgenden „Pisten". Ist der Steilhang doppelt so steil wie die Skipiste bzw. die Nordwand viermal so steil wie das Joch? Begründe.
(1) Tiroler   (2) Stilfser Joch: (3) Königsspitze   (4) Harakiri-
  Skipiste: 40 %   15 %   Nordwand: 60 %   steilhang: 80 %

7 Franz hat sich ein neues Beachvolleyball-netz gekauft. Das Netz ist 9,50 m breit und wird an den 2,50 m hohen Seitenstangen mit Schnüren gespannt. In der Anleitung steht, dass die Schnüre optimal gespannt sind, wenn der Neigungswinkel zwischen Seil und Boden etwa 60° beträgt.
a) Berechne die Mindestlänge der gespannten Schnüre.
b) Wie groß ist der Neigungswinkel, wenn die Schnüre 3 m lang sind? Wie viel Platz benötigt man dann, um das Netz inklusive der gespannten Schnüre aufzubauen?

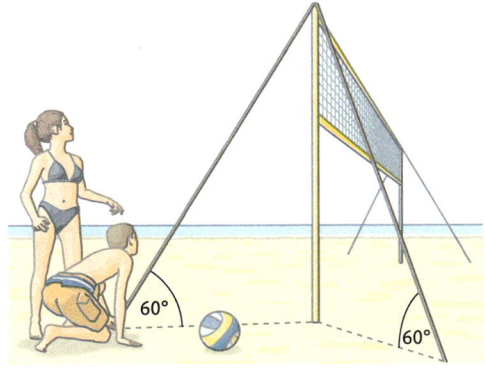

8 Ein Mast wird mit 20 m langen Stahlseilen gesichert (Fig. 1).
a) In welcher Höhe müssen die Seile am Mast angebracht werden, wenn die gespannten Seile mit dem Boden einen Neigungswinkel von 65° einschließen sollen?
b) Welchen Neigungswinkel haben die Seile, wenn sie 11,50 m vom Fußpunkt des Mastes C entfernt im Boden verankert werden? Wie hoch liegt nun der Befestigungspunkt am Mast?

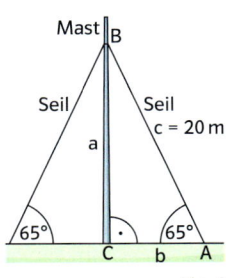

Fig. 1

9 Berechne die fehlenden Seitenlängen und Winkelgrößen im Dreieck ABC.

	a	b	c	α	β	γ
a)	4,5 cm		7,6 cm			90°
b)		8,61 dm		26°	90°	
c)		3,6 m	13,2 dm	90°		

10 Übertrage die Gleichung in dein Heft und ergänze die fehlenden Angaben mithilfe von Fig. 1.

a) $\sin(\alpha) = \dfrac{\square}{\square}$
b) $\sin(\square) = \dfrac{h}{\square}$
c) $\sin(\delta) = \dfrac{\square}{\square}$
d) $\sin(\square) = \dfrac{e}{\square}$

e) $\cos(\delta) = \dfrac{\square}{\square}$
f) $\tan(\beta) = \dfrac{\square}{\square}$
g) $\tan(\square) = \dfrac{k}{\square}$
h) $\cos(\square) = \dfrac{e}{\square}$

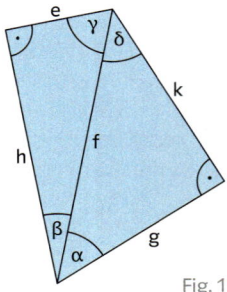

Fig. 1

11 Eine Schneeraupe fährt auf einer Skipiste, die einen Steigungswinkel von 23° besitzt. Die Raupe kann eine Steigung von maximal 50 % bewältigen.
a) Untersuche, ob die Skiraupe auf der Piste fahren kann.
b) Bestimme den maximalen Steigungswinkel, den die Raupe befahren kann.

Lösungen | Seite 185

12 Welche der Angaben gehören zusammen? Ordne zu und schreibe mit Gleichheitszeichen.

Kopiervorlage
Berechnungen am Dreieck mit CAS (I)
3x8ai7

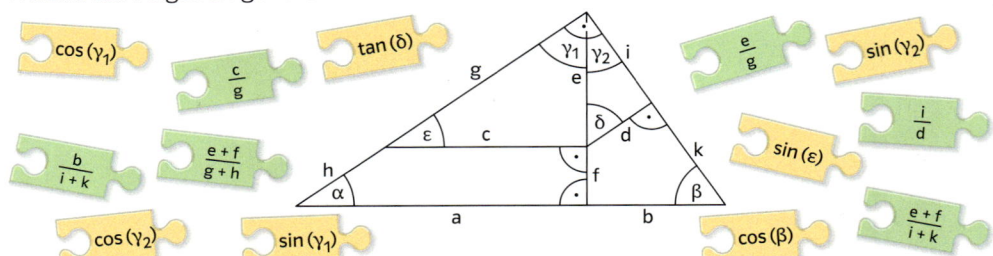

13 Der schiefe Turm von Pisa besitzt im 7. Stockwerk eine Höhe von 47,27 m. Im Jahr 1990 betrug seine Neigung gegenüber der Senkrechten 5,5°. Der Turm wurde wegen Einsturzgefahr für Besucher geschlossen.
a) Wie groß war 1990 der Überhang gegenüber der Senkrechten, d.h., wie viele Meter stand das 7. Stockwerk des Turms über der Kante am Fuße des Turms?
b) Nach 1990 wurde dann mit Sanierungsarbeiten begonnen, um den Turm wieder etwas aufzurichten und dadurch die Einsturzgefahr zu mindern. Nach zwölf Jahren hatte man es geschafft, den Überhang um 44 cm zu verringern. Welchen Neigungswinkel hatte der Turm dann gegenüber der Senkrechten?
c) Ein ebenfalls sehr schiefer Turm ist ein Kirchturm beim ostfriesischen Emden. Der Neigungswinkel dieses Turms gegenüber der Senkrechten beträgt 5,07° und er besitzt einen Überhang von 2,43 m. Wie hoch ist der Turm?
d) Recherchiere nach weiteren schiefen Türmen. Gibt es Türme von über 50 m Höhe mit noch größerer Neigung als 5,5°? Wenn ja, welche Höhe und welchen Überhang haben sie?

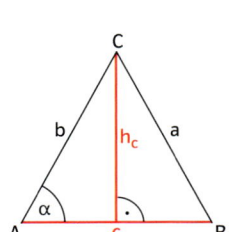

14 In einem gleichschenkligen Dreieck ABC mit a = b = 5 cm ist $\cos(\alpha) = 0{,}7$. Wie lang ist die Basis c, wie lang die Höhe h_c? Zeichne das Dreieck.

15 Frage deinen Partner nach seiner Körpergröße und miss bei strahlendem Sonnenschein die Länge seines Schattens. Berechnet daraus, um wie viel Grad die Sonne über dem Horizont steht (Sonnenhöhe). Tauscht die Rollen und vergleicht.

16 Der Mast eines Segelbootes wirft einen Schatten, dessen Länge vom Stand der Sonne abhängt. Um wie viel Grad steht die Sonne über dem Horizont, wenn der Schatten genauso lang (halb so lang; dreimal so lang) ist wie der Mast?

17 Die Sonne steht 24,5° über dem Horizont. Wie lang ist der Schatten eines
a) 20 m hohen Baums,
b) 78 m hohen Fernsehturms,
c) 10 cm hohen Maiglöckchens?

18 Ist die Aussage wahr oder falsch? Wenn man ein geeignetes rechtwinkliges Dreieck mit $\gamma = 90°$ so verändert, dass der 90°-Winkel erhalten bleibt und
a) den Winkel α verdoppelt, so verdoppelt sich auch $\tan(\alpha)$,
b) die Hypotenuse halbiert und die Ankathete von α beibehält, so verdoppelt sich $\cos(\alpha)$,
c) die Ankathete von α halbiert und die Gegenkathete verdoppelt, so vervierfacht sich $\tan(\alpha)$,
d) den Winkel α vergrößert und die Hypotenuse beibehält, so vergrößert sich $\cos(\alpha)$,
e) den Winkel α verkleinert und die Hypotenuse beibehält, so verkleinert sich $\tan(\alpha)$.

Steigungs- und Schnittwinkel bei Geraden

19 a) DGS Bestimmt die Größen der Steigungswinkel (vgl. Fig. 1) der folgenden Geraden. Einer zeichnet die Geraden in (1) und (2) und misst die Größe des jeweiligen Steigungswinkels. Die Größen der Steigungswinkel in (3) und (4) bestimmt er rechnerisch. Der andere verfährt umgekehrt. Vergleicht eure Ergebnisse.

(1) $f(x) = 2x + 3$
$g(x) = -x + 1$

(2) $f(x) = 0,5x - 1$
$g(x) = 3,5x$

(3) $f(x) = -3,2x + 2$
$g(x) = 0,25x - 1$

(4) $f(x) = -\frac{3}{4}x + \frac{3}{2}$
$g(x) = 0,8x - 3$

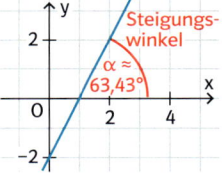

Fig. 1

b) Der Schnittwinkel zwischen zwei sich schneidenden Geraden wird als der kleinere der beiden Winkel zwischen den Geraden festgelegt. Bestimme die Größen der Schnittwinkel der Geradenpaare in (1) bis (4) rechnerisch. Kontrolliere durch Messen.

20 a) Bestimme die Größe des Schnittwinkels der Geraden auf zwei verschiedene Weisen. Vergleiche deine Lösungswege mit denen deines Partners.
b) Zeichne eine Gerade auf ein Blanko-Papier. Gib das Papier deinem Partner. Er soll nun ein Koordinatensystem so auf das Blatt zeichnen, dass die Gerade die Gleichung $y = -0,6x + 4$ besitzt.

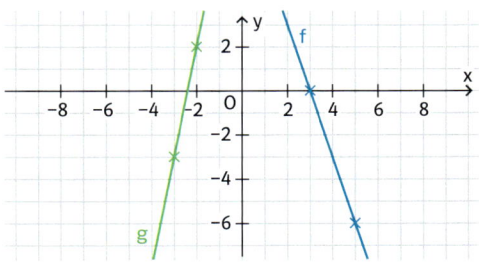

Kannst du das noch?

21 Auf sechs Kugeln sind die Buchstaben des Wortes ANANAS verteilt. Von den sechs Kugeln werden zufällig vier Kugeln gezogen und hintereinander auf den Tisch gelegt. Mit welcher Wahrscheinlichkeit entsteht das Wort ANNA, wenn man
a) mit Zurücklegen zieht,
b) ohne Zurücklegen zieht?

Lösung | Seite 185

2 Beziehungen zwischen Sinus, Kosinus und Tangens

Chris und Sarah fahren mit dem Riesenrad. Sie freuen sich auf den Ausblick aus 60 Metern Höhe.
Chris: „Wow! 60 Meter sind doch ganz schön hoch! Mir reichen die 60 Grad schon, die wir jetzt geschafft haben."
Sarah: „Aber dann sind wir doch erst 20 Meter hoch! Oder …?"

Zeichnet man einen Viertelkreis mit dem Radius 1 und wählt auf diesem einen Punkt Q und dazu einen Punkt P wie in Fig. 1, so erhält man ein rechtwinkliges Dreieck OPQ. In diesem Dreieck treten $\sin(\alpha)$ und $\cos(\alpha)$ als Seitenlängen auf. Auch $\tan(\alpha)$ findet man als Seitenlänge, nämlich im Dreieck OP'Q'. Man erkennt:
Nähert sich α immer mehr 0°, so nähern sich $\sin(\alpha)$ und $\tan(\alpha)$ immer mehr 0 und $\cos(\alpha)$ immer mehr 1 an. Wenn sich α immer mehr 90° nähert, so nähert sich $\sin(\alpha)$ immer mehr 1 und $\cos(\alpha)$ immer mehr 0 an. $\tan(\alpha)$ wird dann beliebig groß.

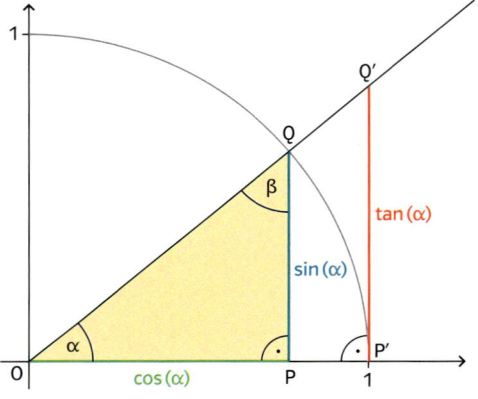

$$\sin(\alpha) = \frac{\overline{QP}}{\overline{OQ}} \equiv \overline{QP}$$

$$\cos(\alpha) = \frac{\overline{OP}}{\overline{OQ}} = \overline{OP}$$

$$\tan(\alpha) = \frac{\overline{QP}}{\overline{OP}} = \frac{\overline{Q'P'}}{\overline{OP'}} = \overline{Q'P'}$$

Fig. 1

Obwohl für $\alpha = 0°$ und $\alpha = 90°$ kein Dreieck entsteht, sind die folgenden Festlegungen sinnvoll: **$\sin(0°) = 0$, $\sin(90°) = 1$, $\cos(0°) = 1$, $\cos(90°) = 0$ und $\tan(0°) = 0$.**

Da im rechtwinkligen Dreieck die Gegenkathete von α zugleich die Ankathete von β ist, stimmen $\sin(\alpha)$ und $\cos(\beta)$ sowie $\cos(\alpha)$ und $\sin(\beta)$ überein, und wegen $\alpha + \beta = 90°$ gilt
$\sin(\alpha) = \cos(\beta) = \cos(90° - \alpha)$ und **$\cos(\alpha) = \sin(\beta) = \sin(90° - \alpha)$.**

Aus dem Satz des Pythagoras folgt für das bei P rechtwinklige Dreieck OPQ
$(\sin(\alpha))^2 + (\cos(\alpha))^2 = 1$ („trigonometrischer Pythagoras").
Weiterhin kann man am Dreieck OPQ ablesen:
$$\tan(\alpha) = \frac{\overline{QP}}{\overline{OP}} = \frac{\sin(\alpha)}{\cos(\alpha)} \quad \text{und} \quad \tan(90° - \alpha) = \tan(\beta) = \frac{\overline{OP}}{\overline{QP}} = \frac{1}{\tan(\alpha)}.$$

Wählt man die Länge der Hypotenuse nicht als Längeneinheit, lässt aber die Winkelgrößen unverändert, so ändern sich die Seitenverhältnisse im Dreieck OPQ nicht. Daher gelten die in Fig. 1 hergeleiteten Beziehungen zwischen Sinus, Kosinus und Tangens für beliebige rechtwinklige Dreiecke.

Die Tatsache, dass der Kosinuswert eines Winkels genauso groß ist wie der Sinuswert des Ergänzungswinkels zu 90° (**Ko**mplementwinkel), begründet die Bezeichnung **Ko**sinus.

Man schreibt für $(\sin(\alpha))^2$ auch $\sin^2(\alpha)$ (lies: Sinus Quadrat α). Bei Kosinus und Tangens verfährt man ebenso.

Für alle Winkel α mit $0° \leq \alpha \leq 90°$ gilt
$\sin(\alpha) = \cos(90° - \alpha)$ und $\cos(\alpha) = \sin(90° - \alpha)$ sowie $\sin^2(\alpha) + \cos^2(\alpha) = 1$.
Für alle Winkel α mit $0° < \alpha < 90°$ gilt
$$\tan(\alpha) = \frac{\sin(\alpha)}{\cos(\alpha)} \quad \text{und} \quad \tan(90° - \alpha) = \frac{1}{\tan(\alpha)}.$$

Beispiel 1 Näherungswerte grafisch bestimmen

Bestimme Näherungswerte für sin (50°), cos (50°) und tan (50°). Vergleiche mit den Näherungen, die der Taschenrechner liefert.

Lösung

Es wird ein Viertelkreis gezeichnet, dessen Radius eine Längeneinheit lang ist. Zum Winkel α = 50° werden die Punkte A, A_1, B und B_1 konstruiert.

abgelesene Werte:

sin (50°) ≈ 0,75, cos (50°) ≈ 0,65, tan (50°) ≈ 1,2

Taschenrechnerwerte:

sin (50°) ≈ 0,766, cos (50°) ≈ 0,643, tan (50°) ≈ 1,192

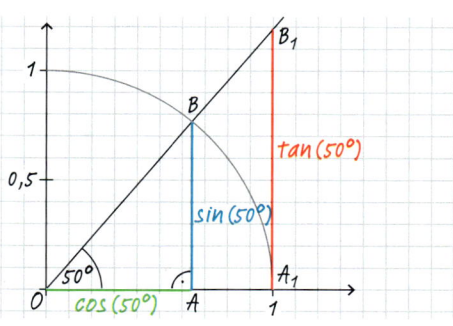

Du darfst dir die Länge für 1 LE selbst auswählen, musst dabei aber die maßstäbliche Umrechnung beachten.

Beispiel 2 Winkelgrößen grafisch bestimmen

Bestimme die Größen der Winkel α und β grafisch für sin (α) = 0,3 und cos (β) = 0,8.

Lösung

Man zeichnet einen Viertelkreis, dessen Radius eine Längeneinheit ist. Den Wert für α erhält man, indem man eine Senkrechte zur y-Achse durch y = 0,3 zeichnet. Zur Bestimmung von β zeichnet man eine Senkrechte zur x-Achse durch x = 0,8.

α ≈ 17,5° und β ≈ 37°

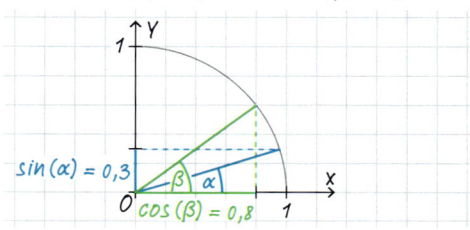

Beispiel 3 Genaue Werte berechnen

Gegeben ist sin (α) = $\frac{3}{5}$. Berechne genaue Werte für

a) cos (α),   b) tan (α).

Lösung

a) $\sin^2(\alpha) + \cos^2(\alpha) = 1$,

also: $\cos^2(\alpha) = 1 - \sin^2(\alpha) = 1 - \left(\frac{3}{5}\right)^2 = \frac{16}{25}$

und somit $\cos(\alpha) = \sqrt{\frac{16}{25}} = \frac{4}{5}$.

b) $\tan(\alpha) = \frac{\sin(\alpha)}{\cos(\alpha)} = \frac{\frac{3}{5}}{\frac{4}{5}} = \frac{3}{4}$

Beispiel 4 Genaue Sinus-, Kosinus- und Tangenswerte für 30° bestimmen

Bestimme die Länge der Höhe h eines gleichseitigen Dreiecks mit der Seitenlänge a. Berechne mit dem Ergebnis genaue Werte für sin (30°), cos (30°) und tan (30°).

Lösung

Die Höhe h teilt die zugehörige Grundseite in zwei gleich lange Teilstücke (Fig. 1).

Also gilt mit dem Satz des Pythagoras $h = \sqrt{a^2 - \left(\frac{a}{2}\right)^2} = \frac{a}{2}\sqrt{3}$.

Die Größe der Innenwinkel im gleichseitigen Dreieck beträgt 60°. Da die Höhe hier zugleich Winkelhalbierende ist, entsteht ein 30°-Winkel. Somit gilt

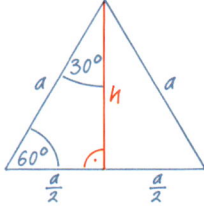

Fig. 1

$\sin(30°) = \frac{\frac{a}{2}}{a} = \frac{1}{2}$, $\cos(30°) = \frac{h}{a} = \frac{\frac{a}{2}\sqrt{3}}{a} = \frac{1}{2}\sqrt{3}$ und $\tan(30°) = \frac{\frac{a}{2}}{h} = \frac{\frac{a}{2}}{\frac{a}{2}\sqrt{3}} = \frac{1}{\sqrt{3}} = \frac{1}{3}\sqrt{3}$.

Beispiel 5 Terme vereinfachen

a) Vereinfache den Term $\frac{\tan^2(\alpha)}{1 + \tan^2(\alpha)}$.

b) Drücke sin (α) durch cos (α) aus.

Lösung

a) $\frac{\tan^2(\alpha)}{1 + \tan^2(\alpha)} = \frac{\frac{\sin^2(\alpha)}{\cos^2(\alpha)}}{1 + \frac{\sin^2(\alpha)}{\cos^2(\alpha)}} = \frac{\frac{\sin^2(\alpha)}{\cos^2(\alpha)}}{\frac{\cos^2(\alpha) + \sin^2(\alpha)}{\cos^2(\alpha)}} = \frac{\sin^2(\alpha)}{\cos^2(\alpha)} \cdot \frac{\cos^2(\alpha)}{\cos^2(\alpha) + \sin^2(\alpha)} = \frac{\sin^2(\alpha)}{\cos^2(\alpha) + \sin^2(\alpha)} = \frac{\sin^2(\alpha)}{1}$

$= \sin^2(\alpha)$

b) $\sin^2(\alpha) = 1 - \cos^2(\alpha)$, also $\sin(\alpha) = \sqrt{1 - \cos^2(\alpha)}$, da $\cos^2(\alpha) \leq 1$.

Aufgaben

○ **1** Erläutere, wie man grafisch Näherungswerte für $\sin(40°)$ und $\cos(40°)$ bestimmen kann, und gib diese an.

○ **2** Bestimme grafisch einen Näherungswert für
  a) $\sin(35°)$, b) $\cos(35°)$, c) $\tan(35°)$, d) $\sin(55°)$.

Zum Lösen der Aufgaben 2 bis 5 kannst du auch eine DGS verwenden.

○ **3** Bestimme die Größe des Winkels α grafisch.
  a) $\sin(\alpha) = 0{,}7$ b) $\tan(\alpha) = 0{,}7$ c) $\cos(\alpha) = 0{,}4$ d) $\tan(\alpha) = 2$

○ **4** Bestimme $\cos(\alpha)$ ohne Taschenrechner für einen Winkel α mit
  a) $\sin(\alpha) = \frac{4}{5}$, b) $\sin(\alpha) = \frac{5}{13}$, c) $\sin(\alpha) = \frac{2}{3}$, d) $\sin(\alpha) = 0{,}3$.

○ **5** Bestimme grafisch Näherungswerte für $\sin(\alpha)$, $\cos(\alpha)$ und $\tan(\alpha)$. Wähle $\alpha = 38°$ ($\alpha = 27°$; $\alpha = 63°$) und vergleiche mit den Näherungen, die der Taschenrechner liefert. Berechne jeweils $\frac{\sin(\alpha)}{\cos(\alpha)}$ und $\sin^2(\alpha) + \cos^2(\alpha)$.

○ **6** Konstruiere ein Dreieck ABC mit $\gamma = 90°$ und $a = 4{,}5\,\text{cm}$ sowie
  a) $\tan(\alpha) = 0{,}8$, b) $\tan(\alpha) = 1{,}4$, c) $\tan(\alpha) = 0{,}6$, d) $\tan(\alpha) = 1{,}5$.

◐ **7** In der nebenstehenden Tabelle sind einige Sinus- und Kosinuswerte zusammengestellt.
  a) Begründe den Sinus- und Kosinuswert für $\alpha = 45°$. Zeichne dazu ein rechtwinklig-gleichschenkliges Dreieck.
  b) Berechne $\sin^2(\alpha) + \cos^2(\alpha)$ für die angegebenen Winkelgrößen.

α	$\sin(\alpha)$	$\cos(\alpha)$
0°	$\frac{1}{2}\sqrt{0}$	$\frac{1}{2}\sqrt{4}$
30°	$\frac{1}{2}\sqrt{1}$	$\frac{1}{2}\sqrt{3}$
45°	$\frac{1}{2}\sqrt{2}$	$\frac{1}{2}\sqrt{2}$
60°	$\frac{1}{2}\sqrt{3}$	$\frac{1}{2}\sqrt{1}$
90°	$\frac{1}{2}\sqrt{4}$	$\frac{1}{2}\sqrt{0}$

Bist du schon sicher?

○ **8** Bestimme grafisch einen Näherungswert für
  a) $\sin(35°)$, b) $\cos(35°)$, c) $\tan(35°)$, d) $\sin(55°)$.

○ **9** Bestimme die Größe des Winkels α grafisch.
  a) $\sin(\alpha) = 0{,}4$ b) $\tan(\alpha) = 0{,}6$ c) $\cos(\alpha) = 0{,}5$ d) $\tan(\alpha) = 1{,}5$

Lösungen | Seite 185

◐ **10** Bestimme mithilfe eines geeigneten Dreiecks die genauen Werte für $\sin(60°)$ und $\cos(60°)$.

◐ **11** Rechts sind spezielle Tangenswerte aufgelistet. Begründe die Tangenswerte
  a) mithilfe eines geeigneten Dreiecks,

α	0°	30°	45°	60°	90°
$\tan(\alpha)$	0	$\frac{1}{\sqrt{3}} = \frac{1}{3}\sqrt{3}$	1	$\sqrt{3}$	–

  b) mithilfe der Gleichung $\tan(\alpha) = \frac{\sin(\alpha)}{\cos(\alpha)}$.

◐ **12** In einem gleichschenkligen Dreieck ABC mit $a = b = 5\,\text{cm}$ ist $\tan(\alpha) = 0{,}8$. Berechne die Länge der Höhe h_c und der Grundseite c. Verwende dazu die Beziehung aus Beispiel 5 a).

◐ **13** a) Drücke $\tan(\alpha)$ nur durch $\sin(\alpha)$ (nur durch $\cos(\alpha)$) aus.
  b) Berechne $\tan(\alpha)$ mit der passenden Gleichung aus Teilaufgabe a), wenn $\sin(\alpha) = \frac{12}{13}$ ist (wenn $\cos(\alpha) = \frac{1}{3}\sqrt{5}$ ist).

Kopiervorlage
Berechnungen am Dreieck mit CAS (II)
vu87ix

16

14 a) Nimm Fig. 1 zu Hilfe und drücke sowohl $\sin(\alpha)$ als auch $\cos(\alpha)$ nur durch $\tan(\alpha)$ aus.

b) Berechne $\sin(\alpha)$ für $\tan(\alpha) = 2\frac{1}{5}$.

c) Berechne $\cos(\alpha)$ für $\tan(\alpha) = \frac{1}{6}\sqrt{3}$.

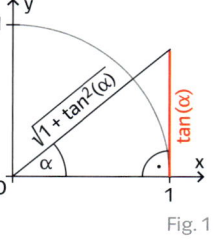

Fig. 1

15 Von den Werten $\sin(\alpha)$, $\cos(\alpha)$ und $\tan(\alpha)$ ist jeweils nur einer gegeben. Berechne die beiden anderen.

a) $\sin(\alpha) = \frac{1}{4}$

b) $\cos(\alpha) = 0{,}7$

c) $\sin(\alpha) = \frac{3}{4}$

d) $\tan(\alpha) = \frac{3}{4}$

e) $\cos(\alpha) = 0{,}1$

f) $\sin(\alpha) = \frac{1}{5}\sqrt{3}$

g) $\cos(\alpha) = \frac{1}{3}\sqrt{6}$

h) $\tan(\alpha) = \frac{1}{2}\sqrt{5}$

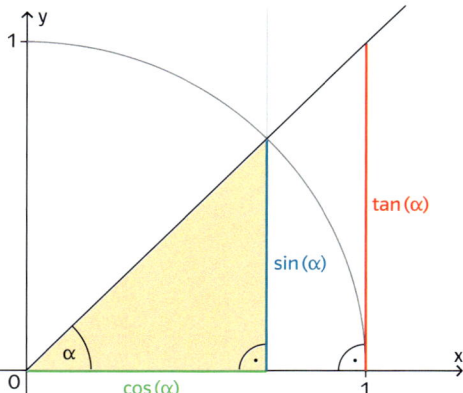

Fig. 2

Tipp zu den Teilaufgaben 15 d) und 15 h): Verwende Fig. 2.

16 Welche Beziehungen zwischen Sinus, Kosinus und Tangens ergeben sich, wenn man in Fig. 2 die Ähnlichkeitssätze für Dreiecke anwendet?

Erinnerung: Die Ähnlichkeitssätze für Dreiecke sind $\frac{\overline{AB}}{\overline{A'B'}} = \frac{\overline{BC}}{\overline{B'C'}} = \frac{\overline{CA}}{\overline{C'A'}}$.

17 Bestimme $\sin(\alpha)$ ohne Taschenrechner für einen Winkel α mit

a) $\cos(\alpha) = 0{,}75$,

b) $\cos(\alpha) = \frac{1}{4}\sqrt{7}$,

c) $\cos(\alpha) = \frac{2}{7}\sqrt{7}$,

d) $\cos(\alpha) = 0{,}15$.

18 Gegeben ist $\sin(\alpha) = \frac{2}{7}\sqrt{6}$. Bestimme ohne Taschenrechner.

a) $\cos(\alpha)$

b) $\tan(\alpha)$

c) $\sin(90° - \alpha)$

d) $\tan(90° - \alpha)$

19 Vereinfache.

a) $\tan(\alpha) \cdot \cos(\alpha)$

b) $\frac{\sin(\alpha)}{\tan(\alpha)}$

c) $\sin^3(\alpha) + \sin(\alpha) \cdot \cos^2(\alpha)$

d) $\frac{1}{\tan(\alpha) \cdot \cos(\alpha)}$

e) $\sqrt{1 + \cos(\alpha)} \cdot \sqrt{1 - \cos(\alpha)}$

f) $\sin(\alpha) + \frac{\cos(\alpha)}{\tan(\alpha)}$

g) $\sin^4(\alpha) - \cos^4(\alpha)$

h) $\frac{\tan(\alpha)}{\sin(\alpha)} - \tan(\alpha) \cdot \cos(\alpha)$

20 Beweise.

a) $\frac{1}{\cos^2(\alpha)} = 1 + \tan^2(\alpha)$

b) $\frac{1}{\sin^2(\alpha)} = 1 + \tan^2(90° - \alpha)$

21 Welche Beziehungen zwischen Sinus, Kosinus und Tangens erhält man, wenn man die Beziehung $a^2 + b^2 = c^2$ im rechtwinkligen Dreieck ABC mit $\gamma = 90°$ durch a^2 (durch b^2; durch c^2) dividiert?

Kannst du das noch?

22 a) Lies den Schnittpunkt der beiden Geraden ab.

b) Stelle die Geradengleichungen auf und berechne die Koordinaten des Schnittpunktes.

(1)

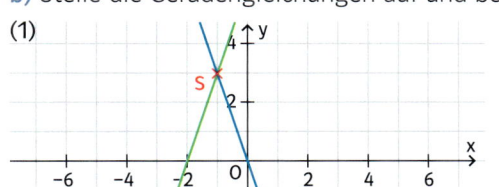

(2)

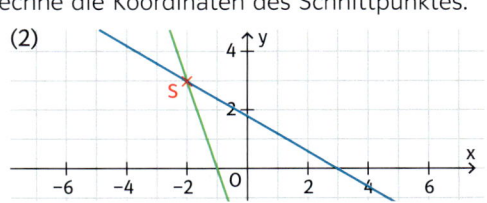

Lösung | Seite 186

3 Berechnungen an Figuren

Nicht nur Dachkonstruktionen enthalten
eine Vielzahl von Dreiecken.
Oft sind diese rechtwinklig und als Teildreiecke in anderen Figuren oder im Raum
versteckt ...

In vielen Figuren sind rechtwinklige Dreiecke versteckt, die man oft nicht sofort sieht.
Mithilfe der Seitenverhältnisse Sinus, Kosinus und Tangens dieser Dreiecke lassen sich
dann fehlende Streckenlängen, Winkelgrößen oder Flächeninhalte von zusammengesetzten Figuren berechnen.

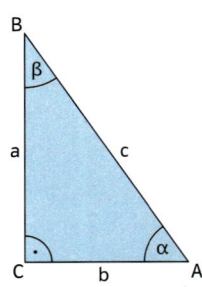

> **Zur Berechnung von Streckenlängen und Winkelgrößen** in Figuren ist folgende Vorge-
> hensweise sinnvoll:
> – Fertige eine Planskizze an und benenne alle gegebenen und gesuchten Strecken
>   und Winkel.
> – Suche rechtwinklige Teildreiecke. Zeichne, falls nötig, Hilfslinien ein.
> – Berechne mithilfe der Seitenverhältnisse, des Satzes von Pythagoras oder der
>   Winkelsumme im Dreieck die gesuchten Streckenlängen und Winkelgrößen.

$\sin(\alpha) = \frac{a}{c}$, $\cos(\alpha) = \frac{b}{c}$,
$\tan(\alpha) = \frac{a}{b}$, $\sin(\beta) = \frac{b}{c}$,
$\cos(\beta) = \frac{a}{c}$, $\tan(\beta) = \frac{b}{a}$,
$\gamma = 90°$, $\alpha + \beta = 90°$,
$c^2 = a^2 + b^2$

Kennst du in einem rechtwinkligen Dreieck zwei Seitenlängen oder eine Seitenlänge und
eine weitere Winkelgröße, so kannst du alle fehlenden Größen berechnen.

Beispiel 1 Berechnung an einer Dachkonstruktion

Bei einem Dach sind die Dachneigungen
und die Länge einer Dachkante bekannt.
a) Wie lang ist der Träger? Wie weit ist der
Fußpunkt des Trägers vom Punkt B
entfernt?
b) Wie lang ist der längere Dachsparren?

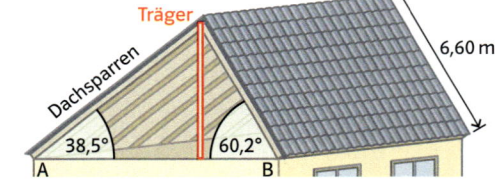

Lösung
*Zuerst fertigt man eine Skizze mit geeigneten Bezeichnungen an (Fig. 1), die beim Lösen
der Aufgabe benutzt werden können.*
a) Im Teildreieck DBC sind außer dem rechten Winkel die Längen der Hypotenuse a und
die Größe des Winkels β bekannt, die Längen der Katheten h und p sind gesucht.

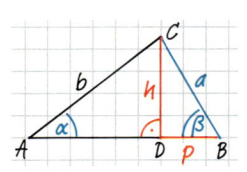

Fig. 1

$\sin(\beta) = \frac{h}{a}$, also $h = a \cdot \sin(\beta) = 6,60 \cdot \sin(60,2°) \approx 5,73$

$\cos(\beta) = \frac{p}{a}$, also $p = a \cdot \cos(\beta) = 6,60 \cdot \cos(60,2°) \approx 3,28$

Der Abstand p kann auch mit dem Satz des Pythagoras berechnet werden:

$h^2 + p^2 = a^2$, also $p = \sqrt{a^2 - h^2} = \sqrt{6,60^2 - 5,73^2} \approx 3,28$.

Der Träger ist etwa 5,73 m lang, sein Fußpunkt ist etwa 3,28 m vom Punkt B entfernt.
b) Im rechtwinkligen Teildreieck ADC sind die Werte von α und h bekannt, die Länge der
Hypotenuse b ist gesucht.

$\sin(\alpha) = \frac{h}{b}$, also $b = \frac{h}{\sin(\alpha)} = \frac{5,73}{\sin(38,5°)} \approx 9,20$

Dieser Wert erscheint in Bezug auf die anderen Größen des Daches sinnvoll. Der längere
Dachsparren ist also etwa 9,20 m lang.

Beispiel 2 Flächeninhalt eines Parallelogramms

In einem Parallelogramm ist $a = 6{,}5\,cm$, $b = 3{,}5\,cm$ und $\alpha = 62°$. Berechne den Flächeninhalt A des Parallelogramms.

Lösung

Teildreieck AFD: $\sin(\alpha) = \frac{h}{b}$, also $h = b \cdot \sin(\alpha)$

Flächeninhalt: $A = a \cdot h = a \cdot b \cdot \sin(\alpha) = 6{,}5 \cdot 3{,}5 \cdot \sin(62°) \approx 20{,}1$

Der Flächeninhalt beträgt ca. $20{,}1\,cm^2$.

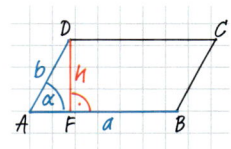

Aufgaben

1 Berechne im gleichschenkligen Dreieck ABC die fehlenden Seitenlängen und Winkelgrößen sowie den Flächeninhalt.

a) $a = 5{,}9\,cm$, $\alpha = 32°$

b) $a = 4{,}5\,dm$, $\gamma = 98°$

c) $a = 65{,}4\,m$, $c = 54{,}7\,m$

d) $b = 6{,}2\,cm$, $\beta = 75°$

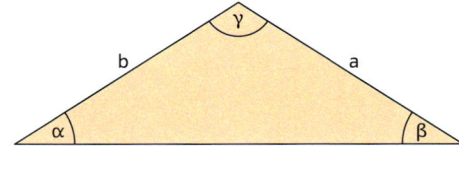

2 In einem Parallelogramm ABCD sind $a = 4{,}1\,cm$ und $b = 3{,}4\,cm$. Berechne den Flächeninhalt A für

a) $\alpha = 42°$,   b) $\alpha = 115°$.

Zeichne das Parallelogramm und trage die Höhen ein.

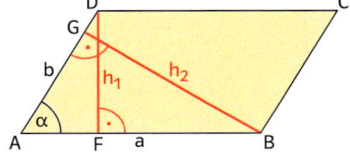

3 Berechne für ein symmetrisches Trapez ABCD die fehlenden Größen.

a) $a = 9{,}2\,cm$, $b = 4{,}0\,cm$, $\alpha = 40°$

b) $a = 5{,}1\,cm$, $h = 3{,}2\,cm$, $\gamma = 108°$

c) $b = 7{,}5\,cm$, $c = 3{,}4\,cm$, $h = 5{,}0\,cm$

d) $a = 8{,}5\,cm$, $c = 4{,}9\,cm$, $\gamma = 116°$

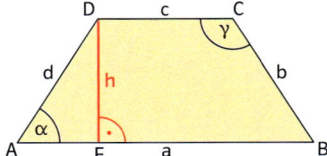

4 Bei einer Stehleiter mit 3 m langen Holmen beträgt der Öffnungswinkel γ zwischen den Holmen 30°.

a) In welcher Höhe befindet sich das Leitergelenk G über dem Boden? Wie weit sind die Fußpunkte der Leiter voneinander entfernt?

b) Wie groß kann der Öffnungswinkel γ höchstens sein, wenn die Sperrketten jeweils 1,20 m lang und genau in der Mitte der Leiterholme befestigt sind?

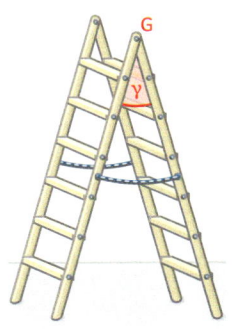

5 Bei einem symmetrischen Drachen ABCD ist $\alpha = 39°$. Die Diagonale f ist 7 cm lang und teilt die Diagonale e im Verhältnis 1:2. Berechne die Länge der Diagonale e und den Flächeninhalt A.

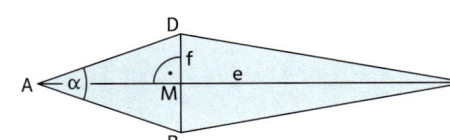

6 In einem Quader mit den Seitenlängen $a = 5\,cm$, $b = 4\,cm$ und $c = 3\,cm$ sind die Raumdiagonalen d und e eingezeichnet. Berechne

a) die Größen der Winkel α, β und γ, die die Raumdiagonale d mit den Quaderkanten einschließt,

b) die Größe des Winkels δ, unter dem sich die Raumdiagonalen d und e schneiden.

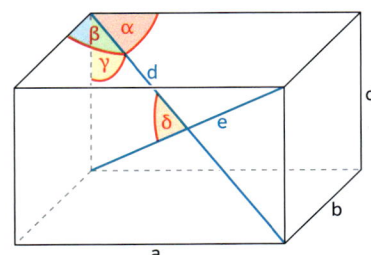

7 In einem Würfel mit der Kantenlänge a ist die Raumdiagonale e eingezeichnet (Fig. 1).
a) Bestimme die Größe des Winkels, den die Raumdiagonale e mit der Grundfläche des Würfels einschließt.
b) Begründe: Die drei eingezeichneten Winkel, die die Raumdiagonale e mit den Würfelkanten einschließt, sind gleich groß. Berechne die Größen dieser Winkel.

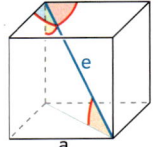

Fig. 1

Bist du schon sicher?

8 Der Giebel eines Daches hat die Breite b = 8,4 m und die Höhe h = 5,4 m (Fig. 2). Berechne die Dachneigung α und die Länge der Dachkante a.

9 Eine Dachfläche hat die Form eines symmetrischen Trapezes, bei dem die zueinander parallelen Seiten 12,8 m und 9,6 m lang und zwei der Innenwinkel 72° groß sind. Berechne den Inhalt der Dachfläche.

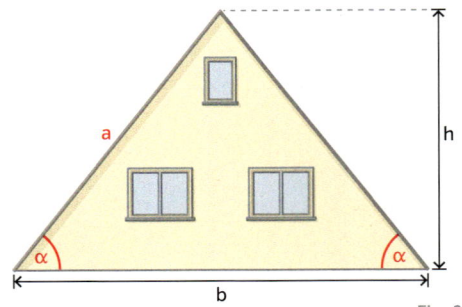

Fig. 2

10 In einem Parallelogramm mit den Seitenlängen 12,0 m und 7,2 m beträgt ein Innenwinkel 30°. Berechne den Flächeninhalt des Parallelogramms.

Lösungen | Seite 186

11 Der Gleitpfad des Instrumenten-Lande-Systems führt die Flugzeuge automatisch zur Landebahn.

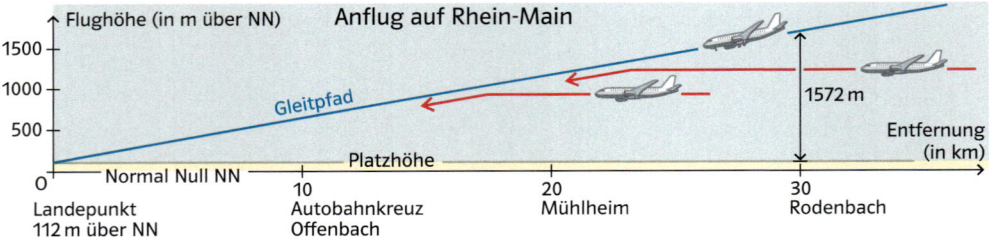

a) Gib die Steigung des Gleitpfads in Grad und Prozent an.
b) Wie viele Kilometer fliegt ein Flugzeug auf dem Gleitpfad, das in 3000 Fuß Höhe auf die Bahn einschwenkt (1 Fuß = 30,5 cm)?
c) In welcher Höhe befindet sich ein Flugzeug auf dem Gleitpfad, das 25 km vom Flughafen entfernt ist?

Kopiervorlage
Berechnungen am Dreieck mit CAS (III)
p667gk

12 Die Loreley ist ein Schieferfelsen bei Sankt Goarshausen, der aus dem östlichen Ufer des Rheins herausragt. Die Spitze der Loreley liegt etwa 132 m höher als der Rhein. Von der Spitze aus sieht man die beiden Flussufer unter den Tiefenwinkeln α = 41,4° und β = 65,6°.
Bestimme die Breite des Rheins an dieser Stelle.

13 Ein Heißluftballon mit dem Durchmesser d = 20 m wird unter einem Sehwinkel von α = 0,4° beobachtet (Fig. 3).
Berechne die Entfernung des Ballons vom Beobachter. Fertige hierzu eine Skizze an.

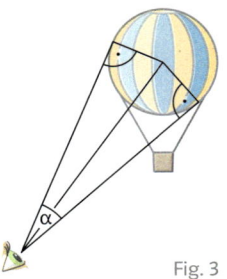

Fig. 3

14 👥 Rund um den Turm

A — Rund um den Turm
Eine Turmspitze erscheint von einer Stelle aus, die in horizontaler Richtung 141 m vom Fuß des Turms entfernt ist, unter einem Erhebungswinkel von 48,5°. Berechne die Turmhöhe (Augenhöhe 1,5 m).

C — Rund um den Turm
Ein Turm ist 28,6 m hoch und 6,0 m vom Ufer eines Flusses entfernt. Vom Turm aus erscheint die Flussbreite unter dem Sehwinkel von 17°. Wie breit ist der Fluss?

(I)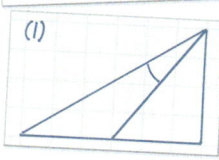

B — Rund um den Turm
Auf einem 15,0 m hohen Turm ist ein Fahnenmast befestigt. Ein Beobachter ist 12,0 m vom Turm entfernt. Ihm erscheinen die beiden Enden des Mastes unter einem Sehwinkel von 6,5°. Seine Augenhöhe beträgt 1,6 m. Wie lang ist der Fahnenmast?

(II)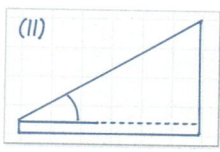

(III)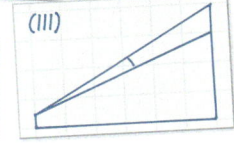

a) Ordne jedem der Aufgabentexte eine der Skizzen zu. Besprich dich mit deinem Partner. Bearbeitet eine der Aufgaben gemeinsam.
b) Jeder berechnet nun eine weitere Aufgabe. Erklärt euch gegenseitig den Lösungsweg.

15 👥 Wählt auf eurem Schulhof einen schwer erreichbaren Punkt A aus, dessen Entfernung ihr von eurem Standort B aus bestimmen wollt. Geht dabei so vor wie in Fig. 1. Hierzu benötigt ihr ein möglichst langes Maßband und zwei Fluchtstäbe. Stellt eure Messvorgänge anschließend der Klasse vor.

Das Basteln einer Winkelscheibe kann für die Messungen hilfreich sein.

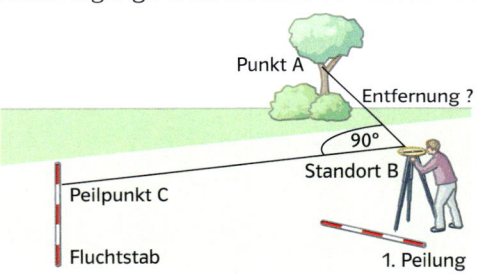

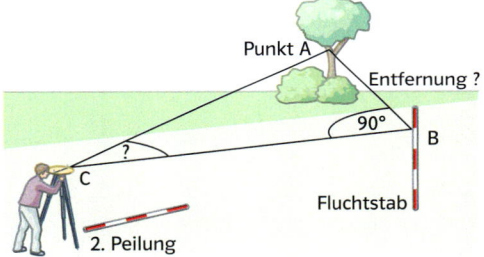

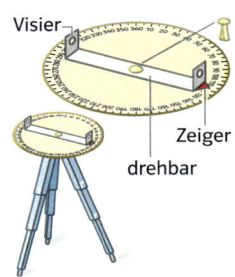

Fig. 1

16 Man kann die Entfernung x zu einem unzugänglichen Turm im Gelände auch mithilfe des Höhenwinkelmessers bestimmen. Man wählt zwei Messpunkte A und B in einer Linie mit dem Fußpunkt des Turms. Anschließend misst man von beiden Punkten aus den Höhenwinkel zur Spitze des Objekts und die Entfernung der Punkte A und B. Berechne die Entfernung x zum Turm.

17 Die Figur zeigt den Giebel eines Pultdaches, bei dem eine symmetrische Trapezfläche durch eine Dreiecksfläche ergänzt ist.
a) Berechne die fehlenden Längenangaben a, h_1, h_2, h und d.
b) Wie groß ist der Flächeninhalt des Giebels?

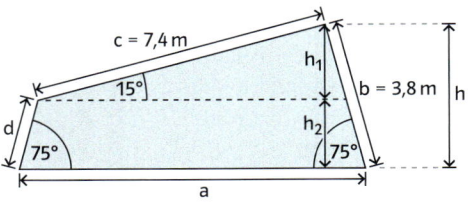

Kannst du das noch?

18 Bestimme den Funktionsterm der linearen Funktion, deren Graph durch den Punkt P verläuft und die Steigung m besitzt.
a) $P(1|3)$, $m = 2$ b) $P(-3|4)$, $m = -\frac{1}{2}$ c) $P(-4|-1)$, $m = 1,1$ d) $P(5|-3)$, $m = -4$

Lösung | Seite 186

4 Beliebige Dreiecke – Sinussatz

Heike, Paola und Irina haben erfahren, dass das Schloss 146 m breit ist. Sie überlegen, ob sie aus dem Sehwinkel α den Abstand des Weges zum Schloss berechnen können.
Heike und Paola wählen günstige Stellen. Irina meint: „Es muss doch von jeder Stelle aus gehen!"

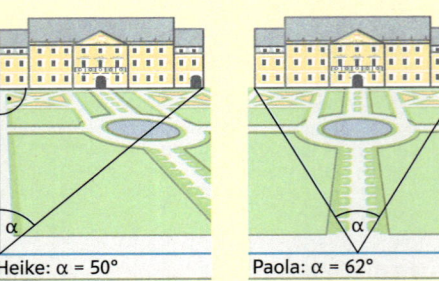

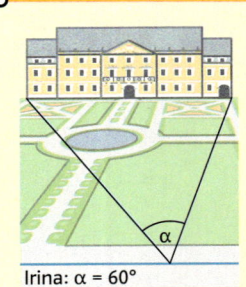

Heike: α = 50° Paola: α = 62° Irina: α = 60°

Die Methoden zur Berechnung von Winkelgrößen und Streckenlängen bei rechtwinkligen Dreiecken können auch bei nicht rechtwinkligen Dreiecken genutzt werden, wenn man eine der drei Höhen mit einzeichnet und auf diese Weise rechtwinklige Teildreiecke erzeugt.

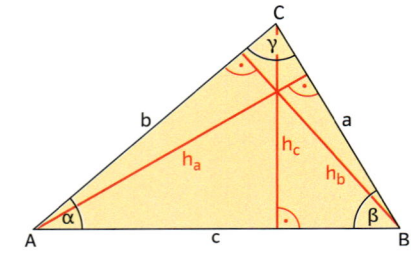

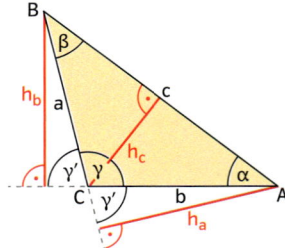

Das spitzwinklige Dreieck ABC wird durch jede der drei Höhen in jeweils zwei rechtwinklige Teildreiecke zerlegt.

Aus $\quad \sin(\alpha) = \dfrac{h_c}{b} = \dfrac{h_b}{c}$,

$\qquad \sin(\beta) = \dfrac{h_a}{c} = \dfrac{h_c}{a}$

und $\quad \sin(\gamma) = \dfrac{h_b}{a} = \dfrac{h_a}{b}$

folgt $\quad h_a = b \cdot \sin(\gamma) = c \cdot \sin(\beta)$,

$\qquad h_b = a \cdot \sin(\gamma) = c \cdot \sin(\alpha)$

und $\quad h_c = b \cdot \sin(\alpha) = a \cdot \sin(\beta)$.

In einem bei C stumpfwinkligen Dreieck ABC gilt

$$h_b = a \cdot \sin(\gamma') = c \cdot \sin(\alpha).$$

Für die anderen Höhen ergibt sich

$$h_a = b \cdot \sin(\gamma') = c \cdot \sin(\beta)$$

und $\quad h_c = b \cdot \sin(\alpha) = a \cdot \sin(\beta)$.

Wegen $\gamma' = 180° - \gamma$ ist $\sin(\gamma') = \sin(180° - \gamma)$.

Also gilt im stumpfwinkligen Dreieck

$$h_a = b \cdot \sin(180° - \gamma) = c \cdot \sin(\beta),$$

$$h_b = a \cdot \sin(180° - \gamma) = c \cdot \sin(\alpha)$$

und $\quad h_c = b \cdot \sin(\alpha) = a \cdot \sin(\beta)$.

Die Gleichungen für das stumpfwinklige Dreieck unterscheiden sich nur dadurch von denen im spitzwinkligen Dreieck, dass anstelle des Terms $\sin(\gamma)$ der Term $\sin(180° - \gamma)$ verwendet werden muss.

Bisher wurden nur Sinuswerte bis 90° betrachtet. Mithilfe der Figur erweitert man die Definition für Winkelgrößen bis 180°. Für den Winkel $\alpha > 90°$ deutet man $\sin(\alpha)$ als die y-Koordinate von B. Das Dreieck OBA ist zum Dreieck OA'B' kongruent (wsw). Also sind die y-Koordinaten von B und B' gleich groß, und die Sinuswerte von α und $180° - \alpha$ stimmen überein.

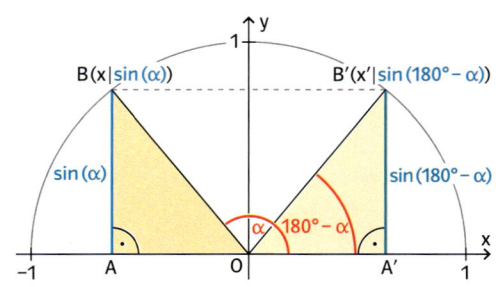

Für Winkel α mit $90° < \alpha \leqq 180°$ gilt $\sin(\alpha) = \sin(180° - \alpha)$.

In einem beliebigen Dreieck ABC kann man jede Höhe auf zwei Arten berechnen. Damit wird es möglich, Berechnungen an Dreiecken auch dann durchzuführen, wenn diese nicht rechtwinklig sind.

Aus $b \cdot \sin(\gamma) = c \cdot \sin(\beta)$ folgt $\frac{b}{c} = \frac{\sin(\beta)}{\sin(\gamma)}$, aus $b \cdot \sin(\alpha) = a \cdot \sin(\beta)$ folgt $\frac{a}{b} = \frac{\sin(\alpha)}{\sin(\beta)}$ und aus $a \cdot \sin(\gamma) = c \cdot \sin(\alpha)$ ergibt sich $\frac{a}{c} = \frac{\sin(\alpha)}{\sin(\gamma)}$.

Sinussatz
In jedem Dreieck ABC verhalten sich die Längen zweier Seiten zueinander wie die Sinuswerte der jeweils gegenüberliegenden Winkel.
$$\frac{a}{b} = \frac{\sin(\alpha)}{\sin(\beta)}, \quad \frac{b}{c} = \frac{\sin(\beta)}{\sin(\gamma)}, \quad \frac{a}{c} = \frac{\sin(\alpha)}{\sin(\gamma)}$$

Mithilfe des Sinussatzes lassen sich bei Dreiecken, die sich nach den Konstruktionstypen ssw oder wsw konstruieren lassen, alle weiteren Größen berechnen.

Beispiel 1 Größen in einem Dreieck des Typs Ssw berechnen
Im Dreieck ABC sind $a = 3,6\,cm$, $b = 4,0\,cm$ und $\beta = 49°$ gegeben. Berechne die fehlenden Winkelgrößen und die Länge der Seite c.
Lösung
Es sind zwei Seiten und der der längeren Seite gegenüberliegende Winkel gegeben (Ssw). Man wendet den Sinussatz an, um die Größe von α zu berechnen.
$\frac{\sin(\alpha)}{\sin(\beta)} = \frac{a}{b}$, also $\sin(\alpha) = \frac{a \cdot \sin(\beta)}{b} = \frac{3,6 \cdot \sin(49°)}{4,0} \approx 0,679$. Der Taschenrechner liefert das

Ergebnis $\alpha \approx 42,8°$.
Wegen $\sin(\alpha) = \sin(180° - \alpha)$ gilt auch $\sin(\alpha') = \sin(180° - 42,8°) = \sin(137,2°) \approx 0,679$. Der Winkel α' ist aber kein Winkel im Dreieck ABC, denn $\alpha' + \beta = 186,2° > 180°$.
Die Größe des Winkels γ wird mit dem Winkelsummensatz berechnet.
$\gamma = 180° - (\alpha + \beta) \approx 180° - (42,8° + 49°) = 88,2°$
Zur Berechnung der Länge der Seite c kann wieder der Sinussatz benutzt werden.
$\frac{c}{b} = \frac{\sin(\gamma)}{\sin(\beta)}$, also $c = \frac{b \cdot \sin(\gamma)}{\sin(\beta)} \approx \frac{4,0 \cdot \sin(88,2°)}{\sin(49°)} \approx 5,3$
Die Seite c ist ca. 5,3 cm lang. Es gibt somit genau ein Dreieck ABC mit den gegebenen Größen.

Zwischen 0° und 180° gibt es immer zwei Winkel, die denselben Sinuswert haben. Trotzdem gibt es hier nur ein Dreieck mit den gegebenen Größen.

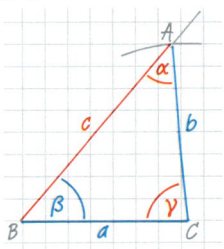

Beispiel 2 Größen in einem Dreieck des Typs wsw berechnen
Im Dreieck ABC sind $b = 3,8\,cm$, $\alpha = 42°$ und $\gamma = 73°$ gegeben. Berechne die fehlenden Seitenlängen und die fehlende Winkelgröße.
Lösung
Um den Sinussatz anwenden zu können, benötigt man die Größe des Winkels, der der Seite b gegenüberliegt. Zur Berechnung dieser Winkelgröße benutzt man den Winkelsummensatz.
$\beta = 180° - (\alpha + \gamma) = 180° - (42° + 73°) = 65°$
Die fehlenden Seitenlängen erhält man, indem man die jeweils passende Gleichung des Sinussatzes nach der unbekannten Größe auflöst und die gegebenen Werte einsetzt.

$\frac{a}{b} = \frac{\sin(\alpha)}{\sin(\beta)}$, also $a = \frac{b \cdot \sin(\alpha)}{\sin(\beta)} = \frac{3,8 \cdot \sin(42°)}{\sin(65°)}$
$\approx 2,8$
Die Seite a ist ca. 2,8 cm lang.

$\frac{c}{b} = \frac{\sin(\gamma)}{\sin(\beta)}$, also $c = \frac{b \cdot \sin(\gamma)}{\sin(\beta)} = \frac{3,8 \cdot \sin(73°)}{\sin(65°)}$
$\approx 4,0$
Die Seite c ist ca. 4,0 cm lang.

Die Berechnung der Seitenlängen mithilfe des Sinussatzes ist immer eindeutig, da zu jedem Winkel genau ein Sinuswert gehört.

Beispiel 3 Größen in einem Dreieck des Typs sSw berechnen

Im Dreieck ABC sind a = 3,6 cm und β = 49° gegeben. Es ist
a) b = 2,9 cm,   b) b = 2,1 cm.
Berechne die fehlende Seitenlänge und die fehlenden Winkelgrößen.

Lösung

a) Wie im Beispiel 1 ergibt sich nach dem Sinussatz

$\sin(\alpha) = \dfrac{a \cdot \sin(\beta)}{b} = \dfrac{3,6 \cdot \sin(49°)}{2,9} \approx 0,937$. Der Taschenrechner liefert $\alpha \approx 69,5°$.

Manchmal gibt es zwei nicht kongruente Dreiecke mit den geforderten Größen.

Auch hier gibt es einen zweiten Winkel α', der denselben Sinuswert hat: α' = 180° − α = 110,5°. Dieser Winkel ist auch ein möglicher Winkel in einem Dreieck ABC, denn es ist α' + β < 180°. Offensichtlich gibt es zwei Dreiecke mit den geforderten Eigenschaften. Die weiteren Berechnungen werden für α und α' getrennt durchgeführt.

Berechnung für α: Berechnung für α':

$\gamma = 180° - (\alpha + \beta)$ $\gamma' = 180° - (\alpha' + \beta)$

$\approx 180° - (69,5° + 49°) = 61,5°$ $\approx 180° - (110,5° + 49°) = 20,5°$

$c = \dfrac{b \cdot \sin(\gamma)}{\sin(\beta)} \approx \dfrac{2,9 \cdot \sin(61,5°)}{\sin(49°)} \approx 3,4$ $c' = \dfrac{b \cdot \sin(\gamma')}{\sin(\beta)} \approx \dfrac{2,9 \cdot \sin(20,5°)}{\sin(49°)} \approx 1,3$

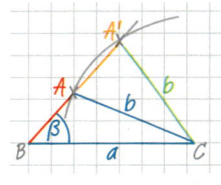

Fig. 1

Das Dreieck mit den Seiten a, b, c und den Winkeln α, β, γ sowie das Dreieck mit den Seiten a, b, c' und den Winkeln α', β, γ' sind Lösungen. Die beiden Dreiecke sind nicht zueinander kongruent (Fig. 1).

Nicht immer gibt es ein Dreieck mit den geforderten Größen.

b) Einsetzen von b = 2,1 in die entsprechende Gleichung des Sinussatzes ergibt

$\sin(\alpha) = \dfrac{a \cdot \sin(\beta)}{b} = \dfrac{3,6 \cdot \sin(49°)}{2,1} \approx 1,294$.

Die Gleichung sin(α) = 1,294 hat keine Lösung, da Sinuswerte niemals größer als 1 sind. Dies bedeutet, dass es kein Dreieck mit a = 3,6 cm, b = 2,1 cm und β = 49° gibt (Fig. 2).

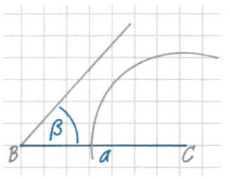

Fig. 2

Aufgaben

1 Bestimme alle Winkelgrößen α mit 0° ≤ α ≤ 180°, für die gilt
  a) sin(α) = 0,5,   b) sin(α) = 0,25,   c) sin(α) = 0,9,   d) sin(α) = 1,
  e) sin(α) = 1,2,   f) sin(α) = $\frac{1}{2}\sqrt{2}$,   g) sin(α) = $\frac{1}{2}\sqrt{3}$,   h) sin(α) = 0.

2 Berechne die fehlenden Seitenlängen und die fehlende Winkelgröße im Dreieck ABC.   wsw
  a) a = 4,5 cm, α = 40,3°, β = 65,7°   b) b = 9,7 cm, α = 25,5°, β = 74,1°
  c) c = 4,5 cm, α = 44°, β = 57°   d) b = 2,0 km, α = 144,5°, γ = 32,4°

3 Berechne die fehlende Seitenlänge und die fehlenden Winkelgrößen im Dreieck ABC.   Ssw
  a) a = 3,5 cm, b = 5,8 cm, β = 77°   b) a = 4,6 cm, c = 2,4 cm, α = 124°
  c) b = 23,1 cm, c = 15,4 cm, β = 35°   d) a = 2,4 cm, b = 6,7 cm, β = 95°

4 Berechne die fehlende Seitenlänge und die fehlenden Winkelgrößen im Dreieck ABC.   sSw
  Vergleiche mit einer geeigneten Zeichnung.
  a) a = 3,7 cm, c = 6,2 cm, α = 26°   b) a = 8,2 cm, b = 4,5 cm, β = 18°
  c) b = 6,2 cm, c = 3,9 cm, γ = 30°   d) a = 4,4 cm, c = 8,7 cm, α = 15°

5 Untersuche zeichnerisch und rechnerisch, ob es zwei Dreiecke, ein oder kein Dreieck mit   sSw
  den gegebenen Größen gibt.
  a) a = 3 cm, b = 5 cm, α = 45°   b) a = 4,5 cm, c = 5,5 cm, α = 40°
  c) b = 3 cm, c = 6 cm, β = 30°   d) b = 2,5 cm, c = 6 cm, β = 30°

6 Welche Gleichungen ergeben sich aus dem Sinussatz, wenn das Dreieck rechtwinklig ist?
  Unterscheide die Fälle α = 90°, β = 90° und γ = 90°.

7 Bestimme alle Winkelgrößen α mit $0° \leq \alpha \leq 180°$, für die gilt
a) $\sin(\alpha) = 0,6$,   b) $\sin(\alpha) = 0,45$,   c) $\sin(\alpha) = 0,2$,   d) $\sin(\alpha) = 1$.

8 In der Tabelle sind a, b und c die Seitenlängen, α, β und γ die Winkelgrößen eines Dreiecks ABC. Berechne die fehlenden Seitenlängen und Winkelgrößen.

	a	b	c	α	β	γ
a)	2,7 cm			120°	46°	
b)		7,9 cm	3,1 cm		101°	
c)	7,2 cm		3,6 cm			30°

Lösungen | Seite 186

9 In Fig. 1 ist w_α die Winkelhalbierende von α und s_c die Seitenhalbierende von c. Notiere mithilfe der bezeichneten Strecken und Winkel den Sinussatz für das Dreieck
a) ADC,   b) DBC,
c) ABE,   d) AEC.

10 Berechne die fehlenden Größen in Fig. 1 für ein Dreieck ABC mit
a) w_α = 5,5 cm, α = 52° und β = 64°,
b) b = 4,8 cm, s_c = 6,5 cm und α = 105°.

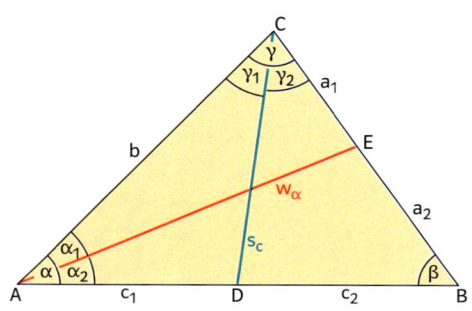

Fig. 1

11 Beweise: Für den Flächeninhalt A

a) eines Dreiecks ABC gilt $A = \frac{1}{2}ab \cdot \sin(\gamma) = \frac{1}{2}ac \cdot \sin(\beta) = \frac{1}{2}bc \cdot \sin(\alpha)$,

b) eines gleichschenkligen Dreiecks mit den Schenkeln a und dem Basiswinkel α gilt

$A = \frac{1}{2}a^2 \cdot \sin(2\alpha)$.

12 Im Dreieck ABC sind die Größen a, b und α gegeben, wobei a < b gilt. Begründe, dass man in diesem Fall wie nachfolgend angegeben prüfen kann, ob es zwei Lösungen, eine oder keine Lösung der Berechnungsaufgabe gibt:

| $\sin(\alpha) < \frac{a}{b}$: zwei Lösungen | $\sin(\alpha) = \frac{a}{b}$: eine Lösung | $\sin(\alpha) > \frac{a}{b}$: keine Lösung |

13 In Fig. 2 ist w_α die Winkelhalbierende von α. Zeige $\frac{b}{c} = \frac{e}{f}$.

14 a) Zeige, dass man den Sinussatz für ein Dreieck ABC auch in der Form $\frac{a}{\sin(\alpha)} = \frac{b}{\sin(\beta)} = \frac{c}{\sin(\gamma)}$ schreiben kann.
b) Schreibe diese Form des Sinussatzes in Worten.
c) Zeige mithilfe von Fig. 3, dass $\frac{c}{\sin(\gamma)} = 2R$.
d) Zeige mit und ohne Sinussatz, dass die Hypotenuse eines rechtwinkligen Dreiecks der Durchmesser seines Umkreises ist.
e) Berechne die Länge des Umkreisdurchmessers eines Dreiecks ABC mit c = 6 cm, α = 56° und β = 34°.

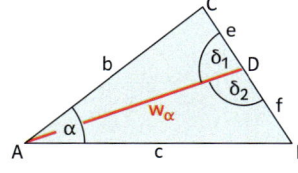

Fig. 2

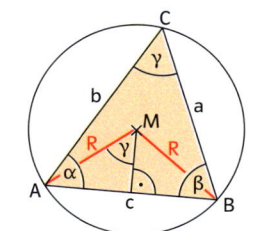

Fig. 3

15 Um die Höhe eines Berges zu bestimmen, wird der Gipfel von den Endpunkten einer 200 Meter langen, direkt auf den Berg zulaufenden Standlinie aus angepeilt. Berechne die Höhe des Berges, wenn für die Erhebungswinkel α = 30,11° und β = 35,25° gemessen wurden
a) mithilfe des Sinussatzes,
b) ohne Verwendung des Sinussatzes.

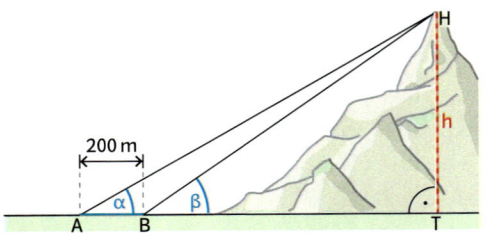

16 Nach der Seekarte haben die Leuchtfeuer L_1 und L_2 die Entfernung 12,6 sm voneinander. Die Verbindungsstrecke $\overline{L_1L_2}$ bildet mit der Nordrichtung den Winkel δ = 114°. Ein Schiff S peilt die Leuchtfeuer unter den Winkeln α = 249° und β = 154° gegenüber der Nordrichtung an. Wie weit ist das Schiff jeweils von den Leuchtfeuern entfernt?

Aus dem Lexikon:
Eine Seemeile (1 sm) entspricht $\frac{1}{60}$° Breitenunterschied auf einem Erdmeridian. Daraus ergibt sich 1 sm = 1852,0 m.

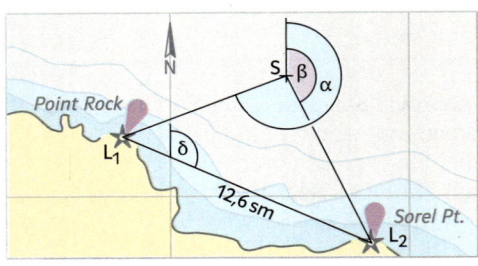

17 Um die Höhe eines Berggipfels über dem Tal zu bestimmen, misst man in den Endpunkten einer horizontalen Standlinie $\overline{AB}$ mit $\overline{AB}$ = 300,2 m die horizontalen Winkel mit den Größen α = 71,3° und β = 59,1°, ferner die Höhenwinkel γ = 31,8° und δ = 29,3°.
a) Berechne die Höhe h. Welche Messung wird nicht gebraucht?
b) Berechne die Höhe h mit dem nicht benutzten Wert und vergleiche die Ergebnisse.

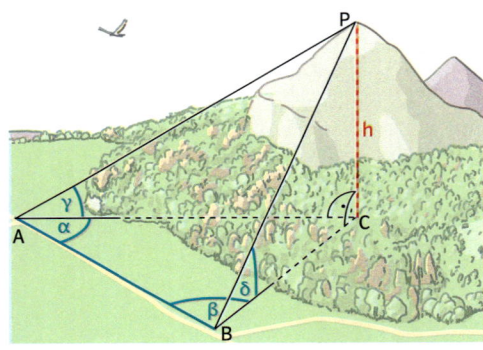

18 Bei schönem Wetter spiegelt sich das Matterhorn im Riffelsee (bei Zermatt). Von einem 120 m über dem See gelegenen Punkt A sieht man die Spitze des Berges unter dem Höhenwinkel β = 10,25°, ihr Spiegelbild unter dem Tiefenwinkel α = 11,80°.
Wie viele Meter liegt der Gipfel des Matterhorns über dem Riffelsee?

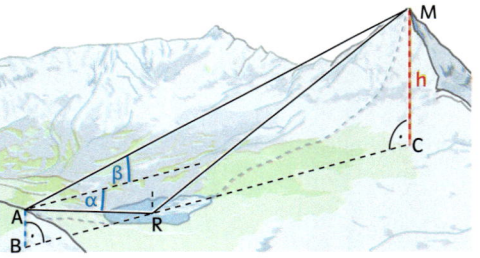

Kannst du das noch?

19 Begründe, ob man aus den angegebenen Beziehungen auf die Ähnlichkeit der beiden Dreiecke ABC und DEF schließen kann.
a) α = δ, β = ε
b) a:d = b:d = c:f
c) a = c, δ = φ
d) a = b = c, ε = φ = 60°
e) a:c = e:d, γ = ε = 110°
f) a:e = c:f, β = δ

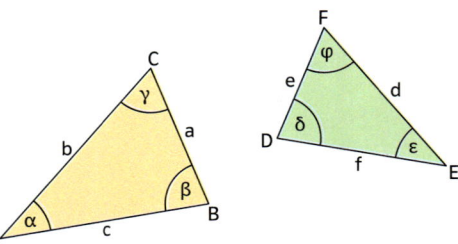

Lösung | Seite 186

5 Beliebige Dreiecke – Kosinussatz

Marcel meint: „Wenn wir die Strecken $\overline{AB}$ und $\overline{AC}$ und den Winkel α messen, können wir die Länge des Tunnels berechnen."
David: „Klar, wir kennen dann zwei Seiten und einen Winkel des Dreiecks."
Selina: „Das klappt so nie im Leben."
Marcel: „Wetten, dass ich es trotzdem rauskriege?"

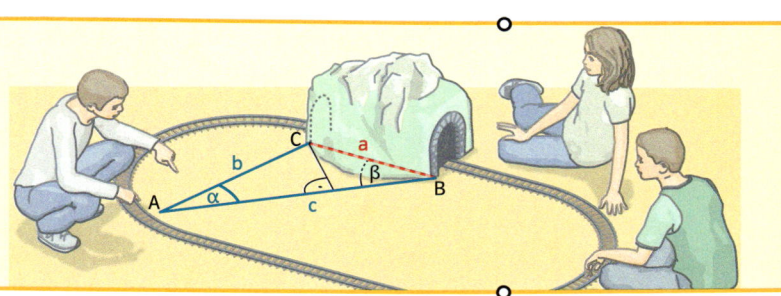

Sind in einem Dreieck zwei Seiten und der von diesen Seiten eingeschlossene Winkel gegeben (sws), so führt der Sinussatz nicht weiter, weil zu keiner der gegebenen Seiten die Größe des gegenüberliegenden Winkels bekannt ist.
Wie bei der Herleitung des Sinussatzes hilft auch hier das Einzeichnen einer Höhe, durch die rechtwinklige Dreiecke erzeugt werden. Sind zum Beispiel die Seiten a und b sowie der Winkel γ eines Dreiecks ABC gegeben, so zeichnet man die Höhe h_a (oder die Höhe h_b) ein.

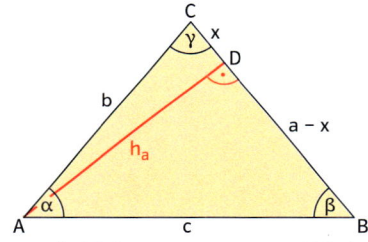

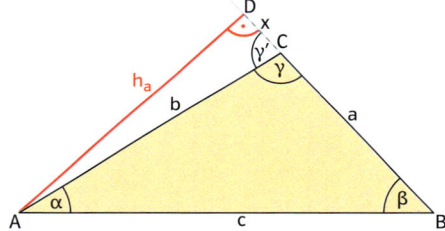

Im Dreieck ABC ist γ ein spitzer Winkel. Die Höhe h_a liegt also im Dreieck.
Im rechtwinkligen Dreieck ABD gilt nach dem Satz des Pythagoras
$$c^2 = h_a^2 + (a - x)^2. \quad (1)$$
Im rechtwinkligen Dreieck ADC gilt
$$\sin(\gamma) = \frac{h_a}{b}, \text{ also } h_a = b \cdot \sin(\gamma),$$
und $\cos(\gamma) = \frac{x}{b}$, also $x = b \cdot \cos(\gamma)$.

Einsetzen in (1) ergibt
$$c^2 = b^2 \cdot \sin^2(\gamma) + a^2 - 2ab \cdot \cos(\gamma)$$
$$+ b^2 \cdot \cos^2(\gamma)$$
$$= a^2 + b^2 \cdot (\sin^2(\gamma) + \cos^2(\gamma)) -$$
$$2ab \cdot \cos(\gamma) = a^2 + b^2 - 2ab \cdot \cos(\gamma).$$

Da γ im Dreieck ABC ein stumpfer Winkel ist, liegt die Höhe h_a außerhalb des Dreiecks.
Im rechtwinkligen Dreieck ABD gilt nach dem Satz des Pythagoras
$$c^2 = h_a^2 + (a + x)^2. \quad (2)$$
Im rechtwinkligen Dreieck ACD gilt
$h_a = b \cdot \sin(\gamma')$ und $x = b \cdot \cos(\gamma')$.
Einsetzen in (2) ergibt
$$c^2 = b^2 \sin^2(\gamma') + a^2 + 2ab \cdot \cos(\gamma')$$
$$+ b^2 \cos^2(\gamma')$$
$$= a^2 + b^2(\sin^2(\gamma') + \cos^2(\gamma')) + 2ab \cdot \cos(\gamma')$$
$$= a^2 + b^2 + 2ab \cdot \cos(\gamma')$$
$$= a^2 + b^2 + 2ab \cdot \cos(180° - \gamma)$$
$$= a^2 + b^2 - 2ab \cdot (-\cos(180° - \gamma)).$$

Die Gleichung im stumpfwinkligen Dreieck unterscheidet sich von der für spitzwinklige nur dadurch, dass der Term $-\cos(180° - \gamma)$ statt $\cos(\gamma)$ benutzt werden muss. In der Figur erkennt man, dass man die Streckenlänge $\overline{OA}$ für $\alpha > 90°$ als $\cos(\alpha)$ deuten kann. Die Dreiecke OBA und OA'B' sind kongruent, also sind die Strecken $\overline{OA}$ und $\overline{OA'}$ gleich lang.

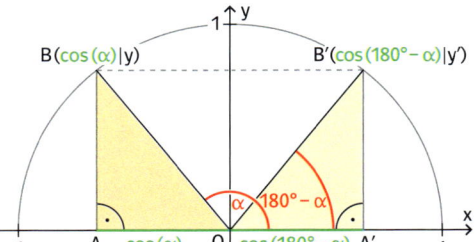

Das richtige Vorzeichen erhält man dadurch, dass man den Kosinus für Winkelgrößen, die größer als 90° sind, als die Ordinate des Punktes A festlegt.

Für Winkel α mit $90° < \alpha \leq 180°$ gilt $\cos(\alpha) = -\cos(180° - \alpha)$.

Damit lässt sich auch die Gleichung $c^2 = a^2 + b^2 - 2ab \cdot (-\cos(180° - \gamma))$ für das stumpfwinklige Dreieck in der Form $c^2 = a^2 + b^2 - 2ab \cdot \cos(\gamma)$ schreiben. Entsprechende Gleichungen erhält man für a^2 und b^2, wenn die Seiten b und c und der eingeschlossene Winkel α oder wenn die Seiten a und c und der eingeschlossene Winkel β gegeben sind.

Kosinussatz
In jedem Dreieck ABC ist das Quadrat einer Seitenlänge genauso groß wie die Summe der Quadrate der anderen Seitenlängen vermindert um das doppelte Produkt aus diesen beiden Seitenlängen und dem Kosinus des eingeschlossenen Winkels:
$a^2 = b^2 + c^2 - 2bc \cdot \cos(\alpha)$, $b^2 = a^2 + c^2 - 2ac \cdot \cos(\beta)$, $c^2 = a^2 + b^2 - 2ab \cdot \cos(\gamma)$.

Mithilfe des Kosinussatzes lassen sich bei Dreiecken, die sich nach den Konstruktionstypen sws oder sss konstruieren lassen, alle weiteren Größen berechnen.
Für ein rechtwinkliges Dreieck ABC mit $\alpha = 90°$ wird wegen $\cos(90°) = 0$ der Kosinussatz zu $a^2 = b^2 + c^2$. Ist β der rechte Winkel, so ergibt sich $b^2 = a^2 + c^2$. Für $\gamma = 90°$ erhält man schließlich $c^2 = a^2 + b^2$. Es ist also stets das Quadrat der Seitenlänge, die dem rechten Winkel gegenüberliegt, gleich der Summe der Quadrate der anderen beiden Seitenlängen. Das bedeutet: Der Satz des Pythagoras ist ein Spezialfall des Kosinussatzes.

Man nennt den Kosinussatz auch den „verallgemeinerten Satz des Pythagoras".

Beispiel 1 Größen in einem Dreieck des Typs sws berechnen
Im Dreieck ABC sind $b = 4\,cm$, $c = 7\,cm$ und $\alpha = 64°$. Berechne die fehlende Seitenlänge und die fehlenden Winkelgrößen.
Lösung
Berechnung der Länge von a mit dem Kosinussatz:
$a = \sqrt{b^2 + c^2 - 2bc \cdot \cos(\alpha)} = \sqrt{4^2 + 7^2 - 2 \cdot 4 \cdot 7 \cdot \cos(64°)} \approx 6{,}4$
Die Seite a ist etwa 6,4 cm lang.
Berechnung der Größe von β mit dem Kosinussatz:
Aus $b^2 = a^2 + c^2 - 2ac \cdot \cos(\beta)$ ergibt sich $\cos(\beta) = \dfrac{b^2 - a^2 - c^2}{-2ac} \approx \dfrac{4^2 - 6{,}4^2 - 7^2}{-2 \cdot 6{,}4 \cdot 7} = 0{,}825$
und damit $\beta \approx \cos^{-1}(0{,}825) \approx 34{,}4°$.
Berechnung der Größe von γ mit dem Winkelsummensatz:
$\gamma = 180° - (\alpha + \beta) \approx 180° - (64° + 34{,}4°) = 81{,}6°$
Die fehlenden Winkelgrößen sind also $\beta \approx 34{,}4°$ und $\gamma \approx 81{,}6°$.

Zu jedem Kosinuswert gibt es genau einen Winkel zwischen 0° und 180°.
Winkelberechnungen mithilfe des Kosinussatzes sind also immer eindeutig.

Beispiel 2 Größen in einem Dreieck des Typs sss berechnen
Berechne im Dreieck ABC mit den Seitenlängen $a = 5\,cm$, $b = 6\,cm$ und $c = 8\,cm$ die fehlenden Winkelgrößen.
Lösung
Zwei Winkelgrößen berechnet man mit dem Kosinussatz, die dritte mit dem Winkelsummensatz.
$\cos(\alpha) = \dfrac{a^2 - b^2 - c^2}{-2bc} = \dfrac{5^2 - 6^2 - 8^2}{-2 \cdot 6 \cdot 8} = \dfrac{25}{32}$, also $\alpha = \cos^{-1}\left(\dfrac{25}{32}\right) \approx 38{,}6°$.
$\cos(\beta) = \dfrac{b^2 - a^2 - c^2}{-2ac} = \dfrac{6^2 - 5^2 - 8^2}{-2 \cdot 5 \cdot 8} = \dfrac{53}{80}$, also $\beta = \cos^{-1}\left(\dfrac{53}{80}\right) \approx 48{,}5°$.
$\gamma = 180° - (\alpha + \beta) \approx 180° - (38{,}6° + 48{,}5°) = 92{,}9°$

Die Berechnung der zweiten Winkelgröße ist grundsätzlich auch mithilfe des Sinussatzes möglich. Da dann aber immer zwei Winkelgrößen infrage kommen, ist dieser Weg nicht zu empfehlen.

Aufgaben

○ **1** Bestimme alle Winkelgrößen α mit $0° \leqq \alpha \leqq 180°$, für die gilt

a) $\cos(\alpha) = 0{,}5$,　　　b) $\cos(\alpha) = -0{,}7$,　　　c) $\cos(\alpha) = \frac{1}{2}\sqrt{2}$,　　　d) $\cos(\alpha) = 0$,

e) $|\cos(\alpha)| = 1$,　　　f) $|\cos(\alpha)| = \frac{1}{2}\sqrt{3}$,　　　g) $|\cos(\alpha)| = 2{,}5$,　　　h) $|\cos(\alpha)| = 0{,}25$.

Zur Erinnerung:
$|x| = 2$ bedeutet
$x = 2$ oder $x = -2$.

○ **2** Berechne, falls möglich, die Winkelgrößen im Dreieck ABC.　　　sss
a) $a = 4\,cm$, $b = 6\,cm$, $c = 8\,cm$　　　b) $a = 12\,m$, $b = 5\,m$, $c = 13\,m$
c) $a = 3{,}2\,m$, $b = 9{,}1\,m$, $c = 5{,}4\,cm$　　　d) $a = 38{,}5\,km$, $b = 16\,500\,m$, $c = 43{,}7\,km$

○ **3** Berechne die dritte Seitenlänge und die fehlenden Winkelgrößen im Dreieck ABC.　　　sws
a) $b = 6{,}9\,cm$, $c = 7{,}5\,cm$, $\alpha = 72°$　　　b) $a = 3{,}2\,cm$, $b = 9{,}3\,cm$, $\gamma = 117°$
c) $a = 39\,m$, $c = 84\,m$, $\beta = 57°$　　　d) $a = 11{,}4\,km$, $b = 27{,}6\,km$, $\gamma = 56°$

○ **4** Schreibe den Kosinussatz für die Dreiecke ABD und ADC in Fig. 1 auf.

○ **5** In einem Parallelogramm schneiden sich die 8 cm bzw. 14 cm langen Diagonalen unter einem Winkel von 58°. Wie lang sind die Seiten des Parallelogramms?

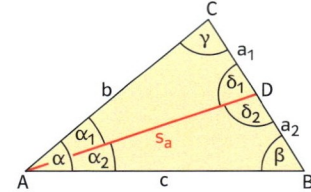

Fig. 1

Bist du schon sicher?

○ **6** Berechne die fehlenden Größen im Dreieck ABC.
a) $a = 4{,}5\,cm$, $b = 5{,}1\,cm$, $\gamma = 113°$　　　b) $a = 5{,}4\,cm$, $c = 10\,cm$, $\beta = 30°$
c) $a = 4{,}5\,cm$, $b = 5{,}2\,cm$, $c = 6{,}2\,cm$　　　d) $a = 11{,}9\,km$, $b = 9{,}8\,km$, $c = 8{,}1\,km$

○ **7** In einem symmetrischen Trapez sind die Diagonalen 8 cm lang. Sie teilen sich im Verhältnis 1 : 2 und schneiden sich unter einem Winkel von 75°. Wie lang sind die Seiten des Trapezes?

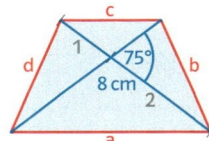

Lösungen | Seite 187

◐ **8** Im Dreieck ABC ist die Höhe h_c eingezeichnet.
a) Begründe: $h_c = b \cdot \sin(\alpha)$, $u = b \cdot \cos(\alpha)$.
b) Wende im Dreieck FBC den Satz des Pythagoras an. Was ergibt sich mithilfe von Teilaufgabe a)?
c) Gehe im Dreieck AFC wie bei Teilaufgabe b) vor. Was stellst du fest?

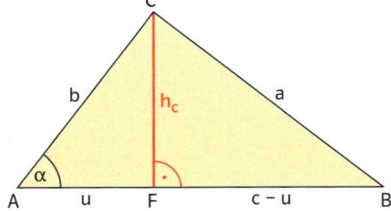

◐ **9** 👥 Es soll der Kosinussatz in der Form $b^2 = a^2 + c^2 - 2ac \cdot \cos(\beta)$ hergeleitet werden. Verwendet dabei die Figur. Einer von euch arbeitet mit der Zerlegung des Dreiecks ABC durch die Höhe h_a, der andere mit der Zerlegung, die sich durch die Höhe h_c ergibt. Entwickelt schrittweise eine Gleichung für b^2. Vergleicht eure Rechenwege und die Ergebnisse.

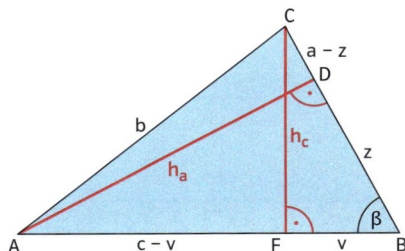

10 Im Dreieck ABC ist s_a die Seitenhalbierende der Seite a. Berechne die fehlenden der in der Figur bezeichneten Größen für ein Dreieck ABC mit
a) $a = 6,4\,cm$, $s_a = 4,1\,cm$, $\delta_1 = 76°$,
b) $c = 5,7\,cm$, $s_a = 7,5\,cm$, $\alpha_1 = 33°$,
c) $a = 8,2\,cm$, $b = 3,5\,cm$, $\gamma = 98°$,
d) $b = 4,5\,cm$, $s_a = 4,1\,cm$, $\gamma = 64°$.

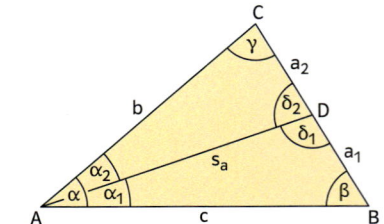

11 Von einer Wegkreuzung aus, an der sich zwei geradlinige Wege unter einem Winkel von 70° schneiden, sind es bis zum Aussichtsturm noch 1,4 km, bis zum Badesee 2,1 km und bis zum Gasthaus 2,8 km. Wie weit ist der Aussichtsturm von der Badestelle und wie weit ist er vom Gasthaus entfernt?

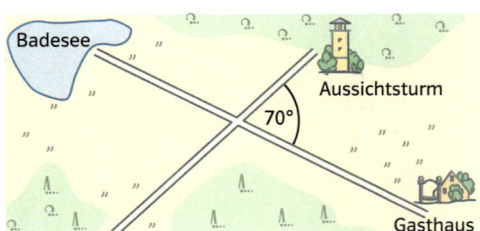

12 Bei dem Viereck ABCD sind $d = 3,8\,cm$, $f = 6,4\,cm$, $\alpha = 84,3°$, $\beta = 136,5°$ und $\delta = 110,9°$. Berechne
a) die Länge der Seite a,
b) die Längen der Seiten b und c und die Länge der Diagonale e.

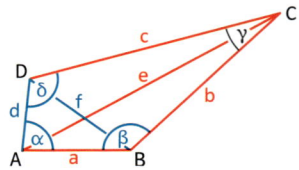

13 Berechne die fehlenden Seitenlängen und Winkelgrößen des Vierecks ABCD.
a) $a = 10\,cm$, $b = 8\,cm$, $c = 7\,cm$, $d = 7\,cm$, $\beta = 75°$
b) $a = 9,5\,cm$, $b = 7,6\,cm$, $c = 8,5\,cm$, $d = 3,7\,cm$, $e = 6,5\,cm$

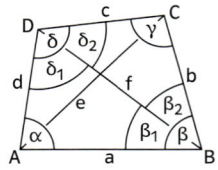

14 In einem Kreis mit dem Radius r gehört zum Mittelpunktswinkel α die Sehne s.
a) Berechne die Länge der Sehne für $r = 6\,cm$ und $\alpha = 70°$.
b) Berechne die Größe von α für $s = 9,5\,cm$ und $r = 6\,cm$.
c) Zeige, dass allgemein $s = r \cdot \sqrt{2 \cdot (1 - \cos(\alpha))}$ gilt. Was ergibt dieser Zusammenhang für $\alpha = 0°$ (90°; 180°)?

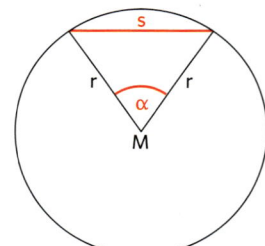

15 Eine schiefe Pyramide hat eine quadratische Grundfläche mit $a = 4\,cm$ und die Seitenkanten $\overline{AS} = \overline{DS} = 8\,cm$ und $\overline{BS} = \overline{CS} = 6\,cm$. Unter welchem Winkel ε ist die Seitenfläche BCS gegen die Grundfläche geneigt, unter welchem Winkel φ die Seitenkante $\overline{BS}$?

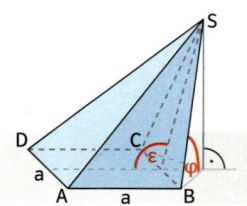

16 Berechne bzw. vereinfache.
a) $\sqrt{144}$, $\sqrt{0,01}$, $\sqrt{0,25}$, $\sqrt{3600}$
b) $6\sqrt{2} + 13\sqrt{2}$, $5\sqrt{3} - 7\sqrt{12} + \sqrt{75}$

Kannst du das noch?

Lösung | Seite 187

1 Um die Höhe eines Baumes zu messen, muss man nicht auf den Baum klettern. Auch die Höhe von Gebäuden und Bergen kann man folgendermaßen bestimmen. Von einem Hochsitz aus wird der Fußpunkt F eines Baumes unter dem Tiefenwinkel $\delta = 15°$ gesehen, der höchste Punkt H unter dem Erhebungswinkel $\varepsilon = 48°$.
a) Wie hoch ist der Baum, wenn der Beobachtungspunkt B in der Höhe $h = 6,5\,m$ liegt?
b) Wie weit ist der Beobachtungspunkt B von den Punkten F und H entfernt (Luftlinie)?

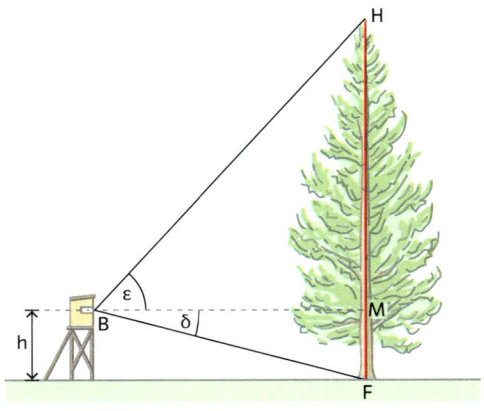

2 a) Begründe die Ähnlichkeit der Dreiecke ABC, ADC und BCD in der Figur.
b) Gib für $\sin(\alpha)$, $\cos(\alpha)$ und $\tan(\alpha)$ jeweils drei verschiedene Seitenverhältnisse an. Verwende die Variablen a, b, c, h, p und q aus der Figur.
c) Entwickle aus der Gleichheit der Streckenverhältnisse in Teilaufgabe b) den Kathetensatz und den Höhensatz für das rechtwinklige Dreieck ABC.

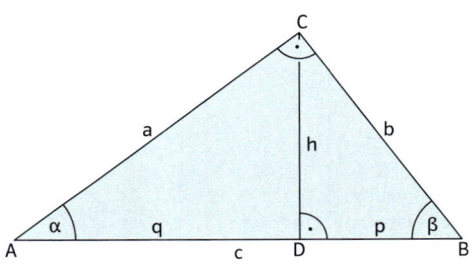

3 Eine Seilbahn führt von einer Talstation T über eine Zwischenstation Z zu einer Bergstation B.
Die durchschnittlichen Neigungswinkel des Seiles sind $\alpha = 26°$ zwischen T und Z sowie $\beta = 37°$ zwischen Z und B. Die Bergstation wird von der Talstation aus unter dem Erhebungswinkel $\gamma = 33°$ gesehen. Berechne, wie hoch die Bergstation über der Talstation liegt, wenn die Zwischenstation 450 m höher als die Talstation liegt.

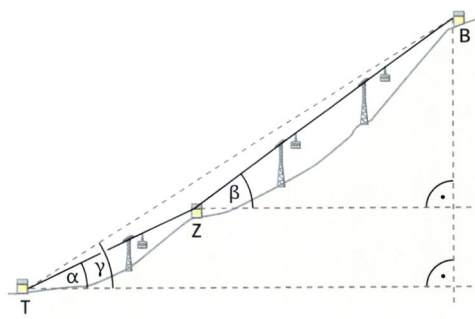

4 Die Zugspitzbahn ist die längste Seilbahn in Deutschland. Sie führt von der Talstation am Eibsee auf den Gipfel der Zugspitze. Berechne die Mindestlänge des Seiles und die durchschnittliche Seilneigung. Entnimm dazu aus Fig. 1 alle erforderlichen Angaben.

5 In einem gleichschenkligen Dreieck mit der Basis c und der Schenkellänge s sind α und β die Basiswinkel, γ liegt der Basis gegenüber.
Berechne die fehlenden Größen sowie den Flächeninhalt des Dreiecks.
a) $s = 5,9\,cm$, $\alpha = 62°$ b) $s = 45,2\,m$, $\gamma = 98°$ c) $c = 54\,dm$, $s = 0,0654\,km$

6 Der Bodensee ist $b = 63,5\,km$ lang. Wie viele Meter steht das Wasser in der Mitte des Sees höher als an den Enden?
In der nebenstehenden Grafik ist übertrieben dargestellt, warum die Seemitte höher liegt. Berechne zunächst die Größe des Winkels α und damit die Länge der Höhe h.

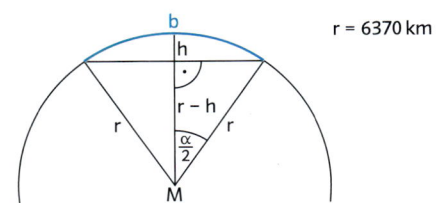

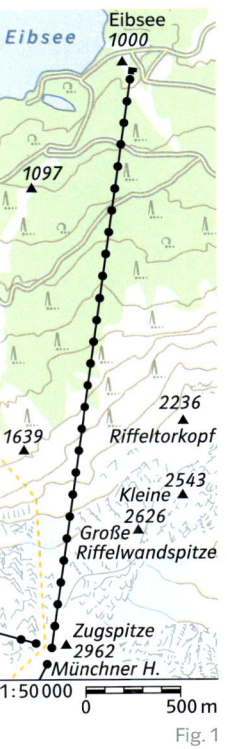

Fig. 1

7 a) Welche Beziehung ergibt sich bei einem gleichschenkligen Dreieck zwischen der Schenkellänge s, der Basis c und dem Winkel γ, der der Basis gegenüberliegt, wenn man den Kosinussatz anwendet?

b) Wie lang ist die Basis eines gleichschenkligen Dreiecks mit der Schenkellänge s = 4,8 cm und dem Winkel γ = 132°?

8 Berechne die Winkel α, β und γ, die die Flächendiagonalen eines Quaders miteinander einschließen, wenn für die Kantenlängen a, b und c des Quaders gilt:

a) a = 6 m, b = 4 m, c = 3 m,

b) a = 3 b, b = 2 c,

c) a = b, c = 4 a,

d) a = b = c.

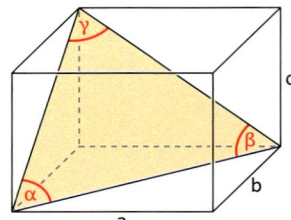

9 Die Raumdiagonale d eines Quaders schließt mit den Quaderkanten a, b und c die Winkel α, β und γ ein.

Zeige, dass für jeden Quader gilt:

$\cos^2(\alpha) + \cos^2(\beta) + \cos^2(\gamma) = 1$.

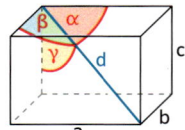

10 Um von A aus die Entfernung des gegenüberliegenden Uferpunktes P zu bestimmen, wird ein zugänglicher Hilfspunkt B gewählt. Außer der Strecke $\overline{AB}$ (Standlinie) können auch die Winkel ⊲ BAP und ⊲ PBA gemessen werden. Berechne $\overline{AP}$ unter Verwendung der Messwerte

a) ⊲ BAP = 80,5°, ⊲ PBA = 67,7°, $\overline{AB}$ = 50 m,

b) ⊲ BAP = 124,3°, ⊲ PBA = 52,6°, $\overline{AB}$ = 20 m.

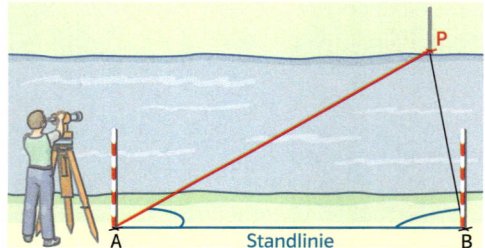

Das in Aufgabe 10 beschriebene Verfahren nennt man **Vorwärtseinschneiden nach einem Punkt**.

11 👥 Überlegt, welche Messgeräte zum Vorwärtseinschneiden nach einem Punkt erforderlich sind und welche Messfehler auftreten können.

Untersucht durch geeignete Vergleichsrechnungen, wie sich Messfehler auf das Rechenergebnis auswirken. Dabei könnt ihr die Zahlenwerte aus Aufgabe 10 verwenden. Du nimmst für eine der Messgrößen eine Abweichung nach oben an (zum Beispiel 5 cm oder 0,1°), dein Partner bei derselben Messgröße die gleiche Abweichung nach unten.

12 Ein Aussichtsturm T erscheint von einem in der Ebene liegenden Punkt P aus unter dem Erhebungswinkel δ = 27,5°. Der Punkt Q liegt 450 m von P entfernt in derselben Horizontalebene. R ist der Fußpunkt des von T aus auf die Horizontalebene gefällten Lotes. In der Horizontalebene werden die Winkel α = 77° und β = 64° gemessen.

a) Wie hoch liegt der Punkt T oberhalb der Horizontalebene? Unter welchem Erhebungswinkel erscheint der Turm von Q aus?

b) Wie weit ist der Beobachter in P, wie weit in Q von T entfernt (Luftlinie)?

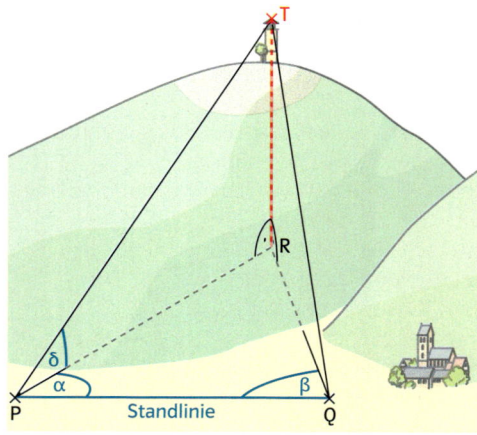

Pyramiden, Astronomie und Sehnenrechnung

Wie die Ägypter Winkel festlegten

Die ägyptischen Pyramiden wurden schichtweise aus großen Kalksteinquadern gebaut und dann nach außen mit Kalksteinplatten verkleidet. Der Neigungswinkel α aller vier Seitenflächen ist immer gleich und liegt meistens, wie bei der um 2500 v. Chr. erbauten Cheopspyramide, zwischen 52° und 54°. D e Pyramidenbauer kannten kein Winkelmaß. Wie schafften sie es trotzdem, bei einem riesigen Bauwerk Winkel so genau einzuhalten?

Die Ägypter legten die Neigung der Seitenflächen fest, indem sie vorschrieben, wie weit je Elle Höhe jeweils die nächste Schicht zurückgesetzt werden muss (Fig. 1). Dieses Maß hieß seqt (Rücksprung, sprich: seket) und nach heutiger Sprechweise ergibt sich für den Neigungswinkel α:

$$\tan(\alpha) = \frac{1\,\text{Elle}}{1\,\text{seqt}}, \text{ also } 1\,\text{seqt} = \frac{1\,\text{Elle}}{\tan(\alpha)}.$$

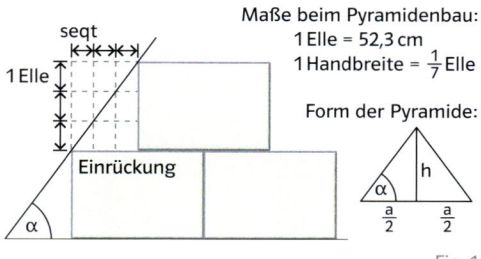

Maße beim Pyramidenbau:
1 Elle = 52,3 cm
1 Handbreite = $\frac{1}{7}$ Elle

Form der Pyramide:

Fig. 1

Aus einem Papyrus aus der Zeit um 1700 v. Chr.:
Beispiel der Berechnung einer Pyramide,
360 Ellen in der Länge, 250 Ellen in der Höhe.
Lass mich wissen ihren seqt.
Nimm $\frac{1}{2}$ von 360, es ist 180.
Rechne mit 250, um 180 zu erhalten. Es ist $\bar{2}\,\bar{5}\,\overline{50}$ Elle.
Eine Elle hat 7 Handbreiten. Nimm mal 7.

1	2
$\bar{2}$	$3\,\bar{2}$
$\bar{5}$	$13\,\overline{15}$
$\overline{50}$	$10\,\overline{25}$

Der seqt ist $5\,\overline{25}$ Handbreiten.

Fig. 2

Die Beispiele in altägyptischen Rechenbüchern zeigen, dass der seqt tatsächlich als Seitenverhältnis im rechtw nkligen Dreieck berechnet wurde. So wird zum Beispiel in Fig. 2 der seqt als Quotient 180 : 250 berechnet, also halbe Grundkante : Pyramidenhöhe. Als Ergebnis wird der Bruch $\bar{2}\,\bar{5}\,\overline{50}$ Ellen angegeben, in der heutigen Schreibweise

$\frac{1}{2} + \frac{1}{5} + \frac{1}{50}$ Ellen, also $\frac{18}{25}$ Ellen. Dann wird der seqt noch in Handbreiten umgerechnet:

$1\,\text{seqt} = \frac{18}{25}$ Ellen $= 5\frac{1}{25}$ Handbreiten (Fig. 1).

Für den Neigungswinkel α ergibt sich $\tan(\alpha) = \frac{1\,\text{Elle}}{\frac{18}{25}\,\text{Ellen}} = \frac{25}{18}$ und damit $\alpha \approx 54{,}2°$.

Aus der Astronomie

Dass die Babylonier ursprünglich Winkel durch Seitenverhältnisse von rechtwinkligen Dreiecken festlegten, schließt man aus gefundenen Tontafeln.
Die Tafel in Fig. 3 stammt aus dem 18. Jahrhundert v. Chr. Von rechts gezählt geben die erste und zweite Spalte die Längen der Katheten a und b ei nes rechtwinkligen Dreiecks an, in der letzten Spalte (ganz links) findet sich $\left(\frac{b}{a}\right)^2$, also $\tan^2(\beta)$, wobei β der Kathete b gegenüberliegt.

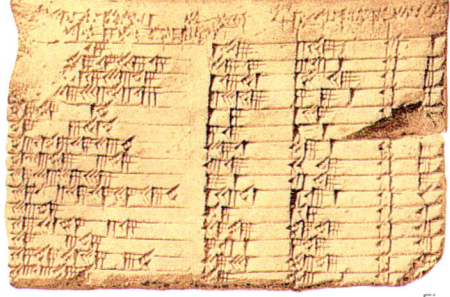

Fig. 3

Zur Orientierung, zum Beispiel in der Wüste oder auf dem Meer, beobachtete man schon sehr früh die Stellungen von Sonne, Mond und Planeten. So entwickelte sich aus Aufzeichnungen über den Weg der Sonne durch die Tierkreissternbilder langsam ein Winkelmaß, das auf der Unterteilung des Vollkreises beruht. Babylonische, später auch ägyptische Kenntnisse wurden von griechischen Mathematikern aufgegriffen und ergänzt.

Im 3. Jahrhundert v. Chr. verwendete **Aristarchos von Samos** in seiner Schrift „Über die Größen und Abstände von Sonne und Mond" das Seitenverhältnis Sinus, ohne es so zu nennen. Um das Verhältnis der Sonnenentfernung s zur Mondentfernung e zu bestimmen, berücksichtigte er, dass das Dreieck EMS in Fig. 1 bei M einen 90°-Winkel hat, wenn der Mond für einen Beobachter auf der Erde exakt als Halbmond zu sehen ist. Für diesen Zeitpunkt bestimmte Aristarchos die Größe des Winkels α zwischen den Richtungen zur Sonne und zum Mond. Nach dem www-Ähnlichkeitsatz für Dreiecke sind die entsprechenden Längenverhältnisse der Seiten zweier Dreiecke gleich groß, wenn die Dreiecke in zwei Winkelgrößen übereinstimmen. Daher kann man durch Konstruktion eines rechtwinkligen Dreiecks, bei dem ein weiterer Winkel die Größe des Winkels α hat, das Verhältnis von s zu e bestimmen. Es wird also der Kehrwert von sin (β) bestimmt: $\frac{s}{e} = \frac{1}{\sin(\beta)}$.

Aristarchos von Samos, 310 v. Chr. bis 230 v. Chr., griechischer Astronom und Mathematiker, gilt wegen seiner Gedanken zum heliozentrischen Weltbild als „griechischer Kopernikus".

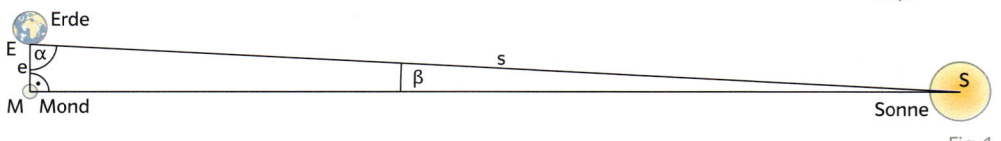

Fig. 1

Aristarchos erhielt $18 < \frac{s}{e} < 20$, was einem Winkel α von etwa 87° entspricht. Die Erde ist nach Aristarchos also 18- bis 20-mal weiter von der Sonne entfernt als vom Mond. Allerdings ist der Winkel α nach heutigen Erkenntnissen mit 89,85° deutlich größer als von Aristarchos angenommen. Wegen $\sin(\beta) = \sin(0,15°) \approx 0,002\,618 \approx \frac{1}{380}$ ist die Sonne tatsächlich etwa 380-mal weiter von der Erde entfernt als der Mond.

1 Konstruiere ein rechtwinkliges Dreieck, bei dem ein weiterer Winkel 87° beträgt. Bestimme durch Messen das Seitenverhältnis $\frac{s}{e}$. Vergleiche mit dem von Aristarchos angegebenen Wert. Berechne das Verhältnis auch mit dem Sinus.

Griechische Sehnenrechnung

Ein Problem für Aristarchos war, dass er keine Tafeln mit Sinuswerten zur Verfügung hatte. Etwa um 150 v. Chr. soll der griechische Mathematiker **Hipparchos von Nicäa** eine „Sehnentafel" aufgestellt haben. Sie ist nicht überliefert, hatte jedoch wahrscheinlich eine Schrittweite von 7,5° für den Mittelpunktswinkel und gab die Länge S (α) der Sehne in Abhängigkeit von α an (Fig. 2). Wegen der Beziehung $S(\alpha) = 2r \cdot \sin(\frac{\alpha}{2})$ gibt eine solche Tafel indirekt auch Sinuswerte an.

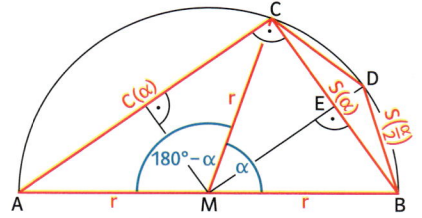

Fig. 2

Sehnenrechnung

$C^2(\alpha) + S^2(\alpha) = 4r^2$ und

$S^2(\frac{\alpha}{2}) = \frac{1}{4}S^2(\alpha) + (r - \overline{ME})^2$

Mit $\overline{ME} = \frac{1}{2}C(\alpha)$ folgt daraus

$S^2(\frac{\alpha}{2}) = \frac{1}{4}S^2(\alpha) + (r - \frac{1}{2}C(\alpha))^2$

$= 2r^2 - r \cdot C(\alpha).$

Fig. 3

Hipparchos von Nicäa, 190 v. Chr. bis 120 v. Chr., griechischer Astronom, Geograf und Mathematiker

2 Begründe die Sehnenrechnung des Hipparchos (Fig. 3). Welche Aussagen ergeben sich für S (180° – α) und C (180° – α) in Fig. 2? Erläutere den Zusammenhang.

3 Entwickle ausgehend von S (90°) und S (60°) die Sehnenlängen S (α) mit einer Schrittweite von 15°. Schreibe die Ergebnisse als Wurzelterme und notiere eine „Sehnentafel". Hinweis: Bei der Entwicklung der Sehnentafel erhältst du aus den Startwerten S (90°) und S (60°) weitere Sehnenlängen, indem du den Winkel α halbierst und zu 180° ergänzt.

4 Die Sehnentafel aus Aufgabe 3 soll als Grundlage für Sinus- und Kosinuswerte dienen. Welche Schrittweite ist für den Mittelpunktswinkel α möglich? Schreibe die für sin (α) und cos (α) erhaltenen Wurzelterme in Tabellenform und ergänze eine Spalte für tan (α).

Sehnentafel:

α	S (α)	C (α)
0°	0	2r
15°		
30°		
...		
180°		

Wie der Sinus zu seinem Namen kam

Im 2. Jahrhundert n. Chr. bewies **Ptolemaios** Additionssätze, mit deren Hilfe er die Sehnenlänge S (1°) bestimmte. Daraus konnte er eine Sehnentabelle mit einer Schrittweite von nur 0,5° berechnen. Noch heute existiert eine arabische Übersetzung dieser Tafel.

Die Mathematik der folgenden Jahrhunderte wurde durch Inder und Araber geprägt. In Indien wurde im 5. Jahrhundert die Sehnenrechnung durch eine „Halbsehnenrechnung" ersetzt und damit der Sinus und Kosinus eingeführt. Die Araber ergänzten diese Betrachtungen mit der Festlegung des Tangens und dessen Kehrwertes.

Vermutlich wurde aus dem indischen Wort jîva für Sehne im Arabischen „dschiba". Da in der arabischen Schrift nur Konsonanten notiert werden, wird es „dschb" geschrieben. Auch das arabische Wort „dschaib" für Busen, Brustbeutel, Bucht wird „dschb" geschrieben. Bei der Übertragung mathematischer Texte vom Arabischen ins Lateinische übersetzte **Gerhard von Cremona** (1114 – 1187) das Wort „dschb" mit sinus, dem lateinischen Begriff für Krümmung, Bucht, Geldtasche.

Claudios Ptolemaios
(ca. 100 – ca. 175),
Mathematiker, Geograf
und Astronom

Landesvermessung und Trigonometrie

Aus dem zunehmenden Interesse, die Erdoberfläche immer genauer auszumessen und abzubilden, entwickelte sich im mittelalterlichen Europa mit der Geodäsie eine eigene Wissenschaft, die sich vorzugsweise trigonometrischer Berechnungen bedient.

Grundlage für Vermessungsarbeiten und Kartenerstellung ist die **Triangulation** (Aufteilung einer Fläche in Dreiecke). Mithilfe von Triangulationsverfahren berechnete **W. Snellius** Anfang des 17. Jahrhunderts die Länge eines Meridianbogens und konnte damit den Erdumfang angeben.

Etwa 200 Jahre später führte C. F. Gauß mit einem Triangulationsnetz eine flächendeckende Vermessung des damaligen Königreiches Hannover durch.

Seit den 80er-Jahren werden die klassischen Methoden durch satellitengestützte Messverfahren ergänzt (**GPS**: **G**lobal **P**ositioning **S**ystem, zunächst militärisch genutztes System zur Standortbestimmung). Der Vorzug der Winkelmessung gegenüber der Längenmessung verliert in der Geodäsie zunehmend an Bedeutung. Dennoch finden trigonometrische Verfahren, bei denen oft riesige Datenmengen verarbeitet werden, bis heute insbesondere im Ingenieurwesen Anwendung.

Willebrord van Roijen
Snell (1580 – 1626)

Carl Friedrich Gauß
(1777 – 1855)

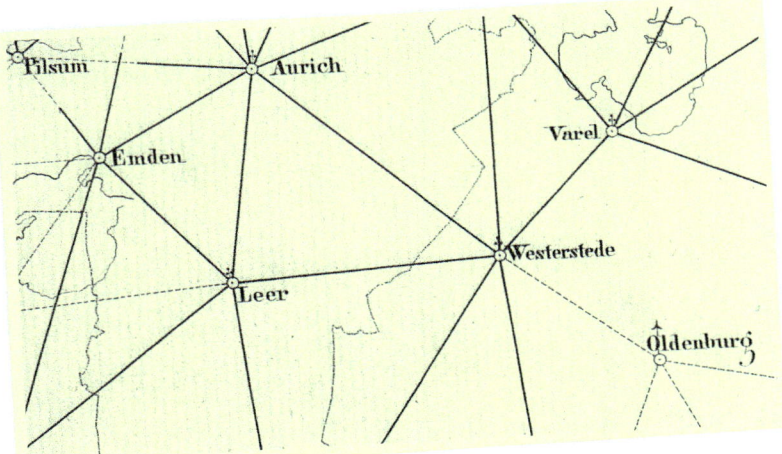

Sinus, Kosinus und Tangens im rechtwinkligen Dreieck

In rechtwinkligen Dreiecken, die in einem weiteren Winkel α übereinstimmen, sind die folgenden Seitenverhältnisse gleich und erhalten besondere Bezeichnungen:

$\sin(\alpha) = \dfrac{\text{Gegenkathete von } \alpha}{\text{Hypotenuse}}$,

$\cos(\alpha) = \dfrac{\text{Ankathete von } \alpha}{\text{Hypotenuse}}$ und

$\tan(\alpha) = \dfrac{\text{Gegenkathete von } \alpha}{\text{Ankathete von } \alpha}$.

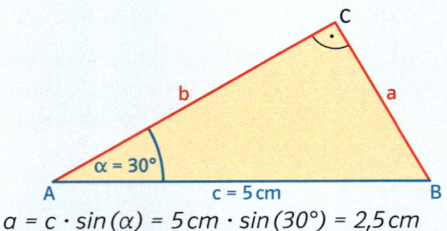

$a = c \cdot \sin(\alpha) = 5\,cm \cdot \sin(30°) = 2{,}5\,cm$
$b = c \cdot \cos(\alpha) = 5\,cm \cdot \cos(30°) \approx 4{,}3\,cm$

Zeichnerische Bestimmung von Sinus-, Kosinus- und Tangenswerten

In der Grafik rechts ist $\sin(\alpha)$ die y-Koordinate und $\cos(\alpha)$ die x-Koordinate des Kreispunktes B, der dem Winkel α zugeordnet ist; $\tan(\alpha)$ wird durch den Tangentenabschnitt $\overline{A'B'}$ dargestellt.

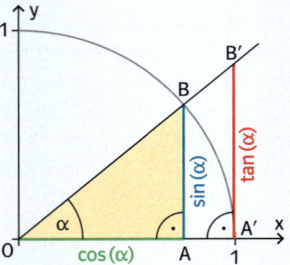

Zusammenhänge zwischen Sinus, Kosinus und Tangens

Zwischen Sinus und Kosinus bestehen die Zusammenhänge
$\sin(\alpha) = \cos(90° - \alpha)$, $\cos(\alpha) = \sin(90° - \alpha)$ und
$\sin^2(\alpha) + \cos^2(\alpha) = 1$ $(0° \le \alpha \le 90°)$.
Für $0° \le \alpha < 90°$ ist $\tan(\alpha) = \dfrac{\sin(\alpha)}{\cos(\alpha)}$.
Sinus- und Kosinuswerte gibt es auch für Winkel α mit
$90° < \alpha \le 180°$, und es gilt $\sin(\alpha) = \sin(180° - \alpha)$ und
$\cos(\alpha) = -\cos(180° - \alpha)$.

$\alpha = 30°$: $\sin(30°) = \cos(60°) = \dfrac{1}{2}$

$\cos(30°) = \sin(60°) = \dfrac{1}{2}\sqrt{3}$

$\sin^2(30°) + \cos^2(30°) = \left(\dfrac{1}{2}\right)^2 + \left(\dfrac{1}{2}\sqrt{3}\right)^2 = 1$

$\tan(30°) = \dfrac{\sin(30°)}{\cos(30°)} = \dfrac{\frac{1}{2}}{\frac{1}{2}\sqrt{3}} = \dfrac{1}{\sqrt{3}}$

$\sin(150°) = \sin(180° - 150°) = \sin(30°) = \dfrac{1}{2}$

$\cos(120°) = -\cos(180° - 120°)$

$\qquad = -\cos(60°) = -\dfrac{1}{2}$

Dreiecksberechnungen

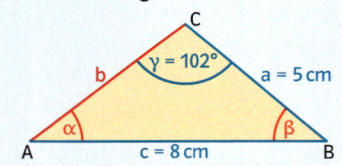

Sinussatz

In jedem Dreieck ABC verhalten sich die Längen zweier Seiten zueinander wie die Sinuswerte der jeweils gegenüberliegenden Winkel:

$\dfrac{a}{b} = \dfrac{\sin(\alpha)}{\sin(\beta)}$,

$\dfrac{b}{c} = \dfrac{\sin(\beta)}{\sin(\gamma)}$,

$\dfrac{a}{c} = \dfrac{\sin(\alpha)}{\sin(\gamma)}$.

1. $a = 5\,cm$, $c = 8\,cm$, $\gamma = 102°$ (Ssw)

$\sin(\alpha) = \dfrac{a \cdot \sin(\gamma)}{c}$, der GTR liefert $\alpha \approx 37{,}7°$.
Mit dem Winkelsummensatz erhält man $\beta \approx 40{,}3°$ *und mit Anwendung des Sinussatzes in der Form* $\dfrac{b}{c} = \dfrac{\sin(\beta)}{\sin(\gamma)}$ *schließlich* $b \approx 5{,}3\,cm$.

Kosinussatz

In jedem Dreieck ABC ist das Quadrat einer Seitenlänge genauso groß wie die Summe der Quadrate der beiden anderen Seitenlängen vermindert um das doppelte Produkt dieser beiden Seitenlängen mit dem Kosinus des eingeschlossenen Winkels:

$a^2 = b^2 + c^2 - 2bc \cdot \cos(\alpha)$,
$b^2 = a^2 + c^2 - 2ac \cdot \cos(\beta)$ und
$c^2 = a^2 + b^2 - 2ab \cdot \cos(\gamma)$.

2. $a = 4\,cm$, $b = 7\,cm$, $\gamma = 78°$ (sws)
$c^2 = a^2 + b^2 - 2ab \cdot \cos(\gamma)$, der GTR liefert $c \approx 7{,}3\,cm$.
Mit dem Sinussatz in der Form $\dfrac{\sin(\alpha)}{\sin(\gamma)} = \dfrac{a}{c}$
erhält man $\alpha \approx 32{,}4°$ *und mit dem Winkelsummensatz* $\beta \approx 69{,}6°$.

Runde 1

○→ Lösungen | Seite 187

1 Berechne die fehlenden Größen des Dreiecks ABC.

Achte auf die üblichen Bezeichnungen im Dreieck ABC.

	α	β	γ	a	b	c
a)	90°		23°		25,72 m	
b)	37°	90°			37,5 km	
c)			90°	13,2 dm	36 cm	

2 Berechne die farbig hervorgehobenen Größen.

a)

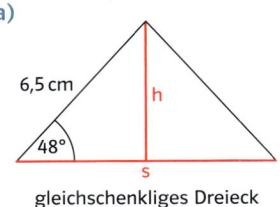

6,5 cm h 48° s

gleichschenkliges Dreieck

b)

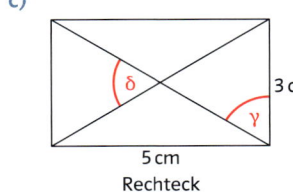

M r α 4,8 cm

Quadrat

c)

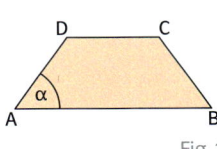

δ γ 3 cm 5 cm

Rechteck

3 Bestimme die fehlenden Seitenlängen und Winkelgrößen sowie den Flächeninhalt eines Dreiecks mit
a) a = 6,8 cm, b = 4,2 cm und c = 9,5 cm,
b) a = 7,3 cm, α = 38,4° und β = 81,8°.

4 Die beiden parallelen Seiten des gleichschenkligen Trapezes in Fig. 1 sind 3,2 cm und 6,8 cm lang. Sie haben den Abstand 2,6 cm. Wie groß ist α? Wie lang sind die Schenkel?

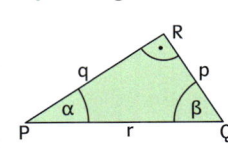

D C α A B

Fig. 1

Runde 2

○→ Lösungen | Seite 187

1 Berechne die fehlenden Seitenlängen und Winkelgrößen im Dreieck PQR (Fig. 2).
a) p = 4,80 m, r = 6,40 m
b) q = 12,5 km, α = 64°
c) r = 5,4 mm, β = 25°

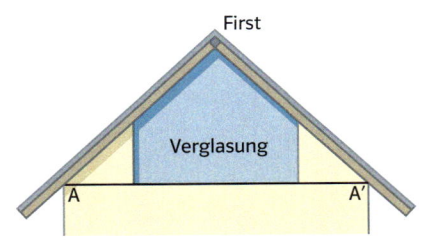

R q p α β P r Q

Fig. 2

2 Ein symmetrischer Hausgiebel ist 7,20 m breit und hat eine Dachneigung von 42,5°.
a) Wie lang müssen die tragenden Balken sein, wenn sie 1,20 m über die Auflagepunkte A und A' hinausragen sollen (Fig. 3)?
b) Wie viele Quadratmeter Fensterfläche ergeben sich, wenn die Verglasung eine Breite von 3,90 m hat?

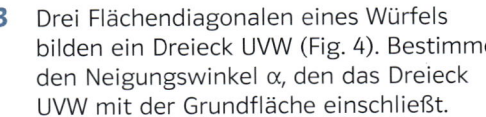

First Verglasung A A'

Fig. 3

3 Drei Flächendiagonalen eines Würfels bilden ein Dreieck UVW (Fig. 4). Bestimme den Neigungswinkel α, den das Dreieck UVW mit der Grundfläche einschließt.

4 Im Parallelogramm ABCD sind a = 6,2 cm, e = 9,0 cm und α = 53° (Fig. 5).
a) Berechne die Längen der Seite b und der Diagonale f sowie den Flächeninhalt.
b) Unter welchem Winkel φ schneiden sich die Diagonalen e und f?

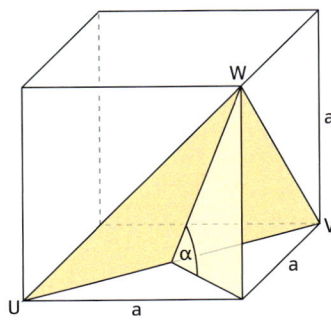

W a V α a U a

Fig. 4

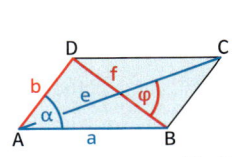

D C f b e φ α A a B

Fig. 5

100 Mikrometer
10^{-4} m

100 Mio. Kilometer
10^{11} m

10 000 Kilometer
10^7 m

Mars
Asteroid
Moon
Orion MPCV

Das kannst du schon

- Graphen linearer Funktionen zeichnen
- Geraden mithilfe von Gleichungen beschreiben
- Lineare Gleichungen mit einer Variablen lösen

Sicher ins Kapitel II
Seite 166

10 Zentimeter
10^{-1} m

1 Meter
10^0 m

100 Meter
10^2 m

Das kannst du bald

- Zahlen in Potenzschreibweise darstellen
- Mit Potenzen rechnen
- Terme mit Potenzen umformen
- Potenzfunktionen darstellen

Bekannte Zahlen im neuen „Outfit"

1 Tippt folgende „Endlos-Rechnungen" in eure Taschenrechner ein und verfolgt die Anzeigen der einzelnen Ergebnisse.

a) $3 \cdot 10$; $33 \cdot 10$; $333 \cdot 10$; $3333 \cdot 10$ usw.

b) $10:10$; $10:10:10$; $10:10:10:10$ usw.

c) $0,01:10$; $0,0011:10$; $0,000111:10$ usw.

Formuliert eure Beobachtungen. Wann „springt" die Anzeige eures GTR in eine andere Darstellung um und wie sieht diese Darstellung auf eurem GTR aus? Erklärt.

2 Vergleicht die Anzeigen auf eurem GTR auch mit denen aus Fig. 1. Welche Zahlen sind hier dargestellt? Schreibt sie in der gewohnten Dezimaldarstellung mit allen Ziffern.

3 Die Darstellung $1,4 \cdot 10^4$ oder $3,8 \cdot 10^{-3}$ nennt man Schreibweise mit Zehnerpotenzen. Formuliert eine Regel, wie man Zahlen von der Dezimaldarstellung in die Schreibweise mit Zehnerpotenzen umwandeln kann und umgekehrt. Stellt sie der Klasse vor.

4 Recherchiert nach Dingen, für die man Zahlenangaben mit Zehnerpotenzen verwendet. Notiert die Information auf beiden Seiten eines Kärtchens (z.B.: Die Lichtgeschwindigkeit c beträgt ca. $3,0 \cdot 10^8$ m/s.). Verwendet auf der einen Seite die Dezimaldarstellung und auf der anderen Seite die Schreibweise mit Zehnerpotenzen. Tauscht die Kärtchen aus. Jeder wählt eine Darstellung, wandelt sie in die andere um und überprüft sein Ergebnis.

Lerneinheit 1
Seite 42

$10^4 = 10 \cdot 10 \cdot 10 \cdot 10$

Exponent
↓
10^4 Potenz
↑
Basis

Fig. 1

Warum ist die Schreibweise mit Zehnerpotenzen für den GTR oder den Computer hilfreich?

Wurzeln und Brüche als Potenzen

Lerneinheit 4
Seite 51

Forschungsauftrag 1: Mit dem Taschenrechner Regeln entdecken

– Forsche mit deinem Taschenrechner: Wie viele verschiedene Zahlen werden mit den Kärtchen dargestellt? Ordne alle Terme sinnvoll in einer Tabelle an.

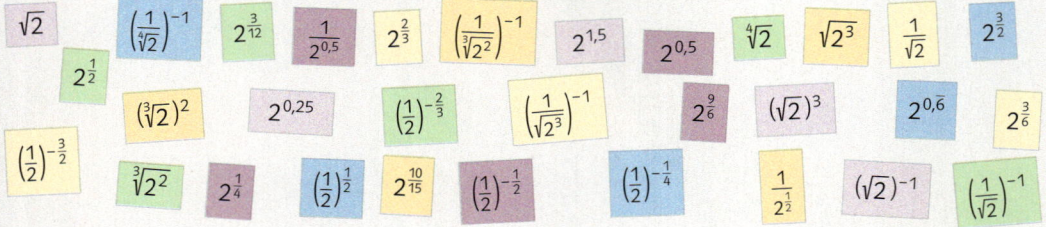

Auf Taschenrechnern gibt es oft drei unterschiedliche Wurzeltasten:

$\sqrt{\square}$, $\sqrt[3]{\square}$ und $\sqrt[\square]{\square}$.
Die letzte steht für n-te Wurzeln.

– Notiere Regeln zur Umformung der Zahlen auf den Kärtchen und überprüfe sie mit dem Taschenrechner an weiteren Beispielen.

Forschungsauftrag 2: Regeln anwenden

Wende die Regeln aus Auftrag 1 an und berechne die Terme im Kopf. Überprüfe mit dem Taschenrechner. Ordne die Zahlen der Größe nach und finde die Botschaft heraus.

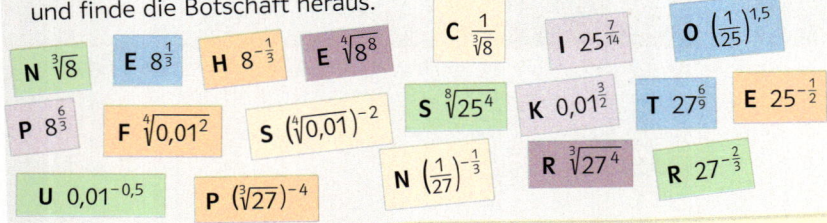

Forschungsauftrag 3: Zahlen „verkleiden"

Finde innerhalb von drei Minuten möglichst viele Darstellungen der Zahl 2 mit Wurzeln oder Potenzen. Überprüfe die Ergebnisse mit deinem Partner und entscheide, wer die „Verkleidungsrunde" gewonnen hat.

Wie dick sind eigentlich Frischhalte- oder Alufolien?

Welche Folie ist dicker, Frischhaltefolie oder Alufolie? Und wie dick sind sie überhaupt? Derart geringe Dicken lassen sich schlecht mit einem Lineal ausmessen. Selbst mit einem Mikrometer, einem Messgerät für sehr geringe Distanzen, kann man die Dicke einer Folienlage nicht genau bestimmen. Man kann sich aber geschickt behelfen, indem man mehrere Lagen der Folie betrachtet.

Mikrometer

Lerneinheit 5
Seite 55

Schieblehre

Durchführung eines Messexperiments

Jede Gruppe benötigt ausreichend Frischhalte- bzw. Alufolie, einige Zahnstocher und ein Lineal oder besser eine Schieblehre. Ihr könnt auch arbeitsteilig vorgehen.
Nehmt ein mindestens 1 m langes Stück Folie und faltet es sorgfältig in der Mitte zusammen; achtet darauf, dass ihr zwischen den Lagen keine Luft einschließt. Fahrt so lange fort, bis das gefaltete Folienstück eine messbare Höhe erreicht hat. Die Höhe kann man leichter messen, wenn man die Lagen z. B. zwischen zwei Zahnstochern einklemmt und deren Abstand misst. Faltet nun so oft wie möglich weiter und messt die Höhen. Notiert in einer Tabelle jeweils die Anzahl f der Faltungen, die Anzahl der zugehörigen Lagen und die gemessene Höhe h (vgl. Fig. 1). Wenn ihr weitere Daten sammeln wollt, könnt ihr mehrere Stapel übereinanderlegen und auch deren Höhe messen.

f	Lagen	h
0	$2^0 = 1$	
1	$2^1 = 2$	
2		
3		
4		

Fig. 1

Auswertung des Messexperiments

1 Stellt die Zuordnung *Anzahl der Faltungen → Anzahl der Lagen* grafisch dar. Gebt einen Term an, mit dem man die Lagenanzahl aus der Anzahl der Faltungen berechnen kann.

2 Stellt die Zuordnung *Anzahl der Lagen → Höhe des Stapels* grafisch dar. Bestimmt nun die Dicke der Folie. Wie geht ihr am besten vor? Hier kann es hilfreich sein, ein Tabellenkalkulationsprogramm einzusetzen.

3 Stellt in der Klasse eure Messergebnisse vor und erläutert euer Vorgehen. Zu welchem gemeinsamen Ergebnis für die Dicken der Folien kommt ihr?

4 Vergleicht euer Ergebnis für die Dicke der Frischhaltefolie mit dem Messwert des Mikrometers. Wie oft ist die Folie hier wohl gefaltet? Welche Foliendicke ergäbe sich daraus?

Tipp zu Aufgabe 3:
Ihr könnt auch alle Messdaten in einem Tabellenkalkulationsprogramm sammeln und die Dicke mit einer Trendgeraden ermitteln.

Rechnen mit den Ergebnissen des Messexperiments

1 Stellt für jede Folie einen Term der Form h (f) = … auf, mit der man die Höhe h des Folienstapels für eine gegebene Anzahl f von Faltungen berechnen kann.

2 Beantwortet nun mithilfe des Terms aus Aufgabe 1 die folgenden Fragen für beide Folien. Schätzt zunächst und überprüft dann die Schätzungen durch eine Rechnung. Ihr könnt arbeitsteilig vorgehen und euch die Lösungen gegenseitig vorstellen.
  – Welche Höhe erreicht ein Stapel, wenn alle Schülerinnen und Schüler deiner Schule ihr Folienstück so oft falten, wie sie Jahre alt sind, und ihre Stapel übereinanderlegen?
  – Wie oft müsste man eine Folie (theoretisch) mindestens falten, damit der Stapel eine Höhe von mindestens 20 m erreicht? Mit wie vielen Faltungen erreicht man die Höhe des Eiffelturms (ca. 300 m) bzw. die Länge des Erddurchmessers (ca. 12 760 km)?

1 Potenzen mit ganzzahligen Exponenten

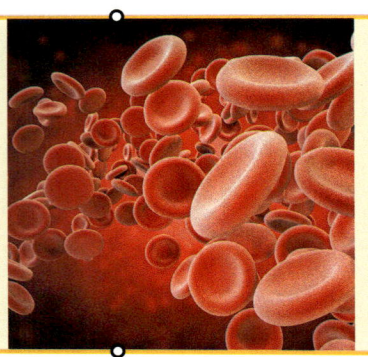

Aus einer wissenschaftlichen Formelsammlung: Die Milchstraße hat einen Durchmesser von ca. 100 000 Lichtjahren. Dabei gilt:
1 Lichtjahr = $9{,}46 \cdot 10^{12}$ km.
Rote Blutkörperchen haben einen Durchmesser von ca. $7{,}5 \cdot 10^{-6}$ m.

Für Produkte, in denen ein Faktor mehrfach enthalten ist, gibt es eine abkürzende Schreibweise. Zum Beispiel kann man statt $7 \cdot 7 \cdot 7 \cdot 7 \cdot 7$ auch 7^5 (sprich: „7 hoch 5") schreiben. Ein solches Produkt nennt man **Potenz**. Die Hochzahl 5 wird **Exponent** genannt und zeigt an, dass derselbe Faktor fünfmal auftritt. Die Zahl 7 nennt man **Basis**.
Die folgende Überlegung zeigt, welcher Wert für Potenzen mit dem Exponenten 0 sinnvoll ist, und dass auch die Benutzung von negativen Exponenten geeignet festgelegt werden kann.

$$7 \cdot 7 \cdot 7 \cdot 7 \xrightarrow{:7} 7 \cdot 7 \cdot 7 \xrightarrow{:7} 7 \cdot 7 \xrightarrow{:7} 7 \xrightarrow{:7} 1 \xrightarrow{:7} \frac{1}{7} \xrightarrow{:7} \frac{1}{7 \cdot 7}$$

$$7^4 \longrightarrow 7^3 \longrightarrow 7^2 \longrightarrow 7^1 \longrightarrow 7^0 \longrightarrow 7^{-1} \longrightarrow 7^{-2}$$

> Für eine beliebige Zahl $a \neq 0$ und eine natürliche Zahl n bedeutet
>
> $$a^n = \underbrace{a \cdot a \ldots a \cdot a}_{n \text{ Faktoren}} \quad \text{und} \quad a^{-n} = \frac{1}{a^n} = \underbrace{\frac{1}{a \cdot a \ldots a \cdot a}}_{n \text{ Faktoren}}.$$
>
> Ein solches Produkt nennt man **Potenz**. Die Zahl a heißt **Basis**, die Hochzahl n heißt **Exponent**.
> Außerdem ist festgelegt: $a^0 = 1$.

Zum übersichtlichen Darstellen sehr großer oder sehr kleiner Zahlen werden häufig Potenzen mit der Basis 10 verwendet. Es gilt zum Beispiel
$27\,000\,000\,000\,000 = 27 \cdot 1\,000\,000\,000\,000 = 27 \cdot 10^{12}$ und
$0{,}000\,000\,5 = 5 \cdot 0{,}000\,000\,1 = 5 \cdot 10^{-7}$.
Wird als Faktor vor der Zehnerpotenz eine Zahl gewählt, die mindestens gleich 1 aber kleiner als 10 ist, also z. B. $27\,000\,000\,000\,000 = 2{,}7 \cdot 10\,000\,000\,000\,000 = 2{,}7 \cdot 10^{13}$, so nennt man dies wissenschaftliche Schreibweise (engl.: scientific notation; kurz: SCI).

Beachte:
$10^n = \underbrace{1000 \ldots 000}_{n \text{ Nullen}}$

$10^{-n} = \frac{1}{10^n} = \underbrace{0{,}00 \ldots 01}_{n \text{ Dezimalen}}$

Beispiel 1 Wert einer Potenz berechnen
Berechne.
a) $(-5)^3$ 　　　　b) -5^4 　　　　c) 5^{-3} 　　　　d) $\left(\frac{3}{4}\right)^{-2}$
Lösung
a) $(-5)^3 = (-5) \cdot (-5) \cdot (-5) = -125$ 　　　b) $-5^4 = -(5^4) = -(5 \cdot 5 \cdot 5 \cdot 5) = -625$
c) $5^{-3} = \left(\frac{1}{5}\right)^3 = \frac{1}{125}$ 　　　d) $\left(\frac{3}{4}\right)^{-2} = \frac{1}{\left(\frac{3}{4}\right)^2} = \frac{1}{\frac{3}{4} \cdot \frac{3}{4}} = \frac{1}{\frac{9}{16}} = \frac{16}{9}$

Beispiel 2 Term mit positiven Exponenten schreiben

Schreibe mit positiven Exponenten.

a) $\dfrac{3^{-4}}{5^7}$ 　　　　b) $\dfrac{2^3}{7^{-2}}$ 　　　　c) $\dfrac{4^{-5}}{6^{-7}}$

Lösung

a) $\dfrac{3^{-4}}{5^7} = \dfrac{1}{3^4} \cdot \dfrac{1}{5^7} = \dfrac{1}{3^4 \cdot 5^7}$ 　　b) $\dfrac{2^3}{7^{-2}} = 2^3 \cdot 7^{-(-2)} = 2^3 \cdot 7^2$ 　　c) $\dfrac{4^{-5}}{6^{-7}} = 4^{-5} \cdot 6^7 = \dfrac{1}{4^5} \cdot 6^7 = \dfrac{6^7}{4^5}$

Beispiel 3 Große und kleine Potenzen mit Zehnerpotenzen darstellen

a) Gib die Zahlen 520 000 und 0,000 78 in wissenschaftlicher Schreibweise an.
b) Schreibe die Zahlen $2,03 \cdot 10^4$ und $1,25 \cdot 10^{-6}$ ohne die Verwendung von Zehnerpotenzen.

Lösung

a) $520\,000 = 5,2 \cdot 100\,000 = 5,2 \cdot 10^5$; $0,000\,78 = 7,8 \cdot 0,0001 = 7,8 \cdot 10^{-4}$
b) $2,03 \cdot 10^4 = 2,03 \cdot 10\,000 = 20\,300$; $1,25 \cdot 10^{-6} = 1,25 \cdot 0,000\,001 = 0,000\,001\,25$

Aufgaben

1 Berechne.

a) $(-4)^3$ 　　　b) -3^4 　　　c) 3^{-4} 　　　d) $\left(\dfrac{2}{3}\right)^{-3}$

2 Schreibe mit positiven Exponenten.

a) $7^2 \cdot 5^{-3}$ 　　b) $\dfrac{2^{-3}}{6^2}$ 　　c) $\dfrac{8^2}{2^{-5}}$ 　　d) $\dfrac{3^{-5}}{4^{-3}}$

3 Schreibe auf zwei verschiedene Arten mithilfe von Zehnerpotenzen.
a) 370 000 　　b) 0,000 017 　　c) 35 400 000 　　d) 0,000 000 234

⊕ Kopiervorlage
Zusätzliches
Übungsmaterial
gu7p5x

4 Schreibe ohne die Verwendung von Zehnerpotenzen.
a) $7,96 \cdot 10^3$ 　　b) $55,32 \cdot 10^9$ 　　c) $765 \cdot 10^{-4}$ 　　d) $1,71 \cdot 10^{-3}$

5 Welche der Zahlen auf dem Rand sind gleich?

6 Ergänze im Heft die fehlende Zahl.
a) $6,4 \cdot 10^{\square} = 0,0064$ 　b) $0,0025 = 2,5 \cdot 10^{\square}$ 　c) $7,32 \cdot 10^{\square} = 73\,200$ 　d) $\square \cdot 10^5 = 23\,410$

7 Schreibe als Potenz mit einer möglichst kleinen natürlichen Zahl als Basis.
a) 64, 128, 512 　　b) 125, 625, 3125 　　c) 27, 243, 81, 729 　　d) 36, 216, 1296

8 Schreibe als Potenz mit negativen Exponenten.

a) $\dfrac{1}{2^3}$; $\dfrac{1}{5^4}$; $\dfrac{1}{3^2}$; $\dfrac{1}{4}$; $\dfrac{1}{25}$; $\dfrac{1}{100}$ 　　　b) $\dfrac{1}{32}$; $\dfrac{1}{81}$; $\dfrac{1}{64}$; $\dfrac{1}{49}$; $\dfrac{1}{10\,000}$; $\dfrac{1}{625}$

c) 0,01; 0,001; 0,1; 0,000 01; 0,04; 0,25 　　d) 0,000 001; 0,0004; $\dfrac{1}{27}$; 0,125; $0,\overline{1}$

9 Schreibe mit positiven Exponenten.

a) $4^{-3} \cdot 10^2$ 　　b) $\dfrac{7^{-4}}{3^4}$ 　　c) $5^{-2} \cdot 6^{-3}$ 　　d) $\dfrac{8^3}{5^{-11}}$

e) $7^8 \cdot 12^{-5}$ 　　f) $\dfrac{3^{-5}}{5^{-4}}$ 　　g) $\dfrac{2^8 \cdot 3^{-5}}{5^{-4} \cdot 4^3}$ 　　h) $\dfrac{5^{-3} \cdot 6^4}{7^{-2} \cdot 4^{-9}}$

10 Berechne.
a) $3 \cdot (-2)^4$ 　　b) $10 \cdot 4^3$ 　　c) $3 \cdot 2^{-4}$ 　　d) $7 \cdot (-10)^{-3}$

e) $-4 \cdot (-3)^2$ 　　f) $-500 : 10^2$ 　　g) $\left(-\dfrac{1}{2}\right) : 5^2$ 　　h) $4 + (-2)^{-3}$

i) $-3 + 10^{-2}$ 　　j) $20 - 3 \cdot 5^2$ 　　k) $5 + 4 \cdot \left(-\dfrac{1}{2}\right)^2$ 　　l) $19 - 4 \cdot (-2)^{-3}$

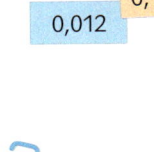
Hierarchie der Rechenoperationen:
1. Potenzen
2. Punktrechnung
3. Strichrechnung

Zahlen auf dem Rand (Aufgabe 5):
$0,012 \cdot 10^6$
$0,0012$
$120 \cdot 10^{-6}$
$120 \cdot 10^{-2}$
$0,012 \cdot 10^{-1}$
$1,2 \cdot 10^{-3}$
$1,2 \cdot 10^4$
$0,0012 \cdot 10^{-1}$
$12 \cdot 10^{-3}$
$0,12 \cdot 10^{-3}$
$0,012$

11 Schreibe auf zwei verschiedene Arten mithilfe von Zehnerpotenzen.
　　a) 420 000　　　b) 32 000 000　　　c) 0,000 02　　　d) 0,000 000 365　　　e) 0,0001

12 Schreibe, ohne Zehnerpotenzen zu verwenden.
　　a) $5 \cdot 10^4$　　　b) $1,234 \cdot 10^9$　　　c) $32 \cdot 10^{-6}$　　　d) 10^{-4}　　　e) $0,234 \cdot 10^{-3}$

13 Berechne.
　　a) $3 \cdot 2^{-5}$　　　b) $5 \cdot (-4)^3$　　　c) $6 - 4^{-2}$　　　d) $3 \cdot (-7)^{-1}$　　　e) $12 - 8 \cdot 2^{-3}$

Lösungen | Seite 188

14 Schreibe in der in Klammern angegebenen Einheit.
　　a) Länge der Erdbahn: $9,4 \cdot 10^8$ km (m)　　　b) Durchmesser einer Zelle: 20 µm (m)
　　c) Entfernung Erde–Mond: $3,84 \cdot 10^5$ km (m)　　　d) Wellenlänge des blauen Lichts: 480 nm (m)
　　e) Leistung eines Kraftwerks: 1,8 GW (W)　　　f) Atomdurchmesser: 0,1 nm (m)

k: kilo = 1000 = 10^3
M: Mega = 10^6
G: Giga = 10^9
m: milli = 10^{-3}
µ: micro = 10^{-6}
n: nano = 10^{-9}

15 a) Wie viele Stellen hat die Zahl $10^{(10^{10})}$ im Dezimalsystem?
　　b) Wie lang wäre diese Zahl, wenn man beim Schreiben für 10 Ziffern 4 cm Platz benötigt?

16 In der Homöopathie werden hohe Verdünnungen von Wirkstoffen als Arzneien verwendet.
Die Konzentration D1 bedeutet, dass in 10 Teilen der Arznei ein Teil des Wirkstoffs enthalten ist. D2 bedeutet, dass in 100 Teilen der Arznei ein Teil des Wirkstoffs enthalten ist usw.
　　a) Wie viel Gramm Belladonna D6 (Tollkirsche) lässt sich aus 1 g des Wirkstoffs der giftigen Tollkirsche herstellen?
　　b) Wie viel ml reines Chelidonium (Schöllkraut) sind zur Herstellung von 50 ml Chelidonium D4 notwendig?

17 In 1 cm³ Wasser sind etwa $3,35 \cdot 10^{22}$ Moleküle enthalten. Wie unvorstellbar groß diese Zahl ist, zeigt die folgende Aufgabe.
　　a) Angenommen, aus einem Flugzeug wird irgendwo über Deutschland 1 l Wasser ausgeschüttet und in diesem Moment würden die Wassermoleküle in Sandkörner (ca. 1 mm Durchmesser) verwandelt und sich gleichmäßig über Deutschland verteilen. Schätze ab, wie hoch Deutschland (Fläche ca. $3,5 \cdot 10^5$ km²) etwa mit Sand bedeckt wäre.
　　b) Man denkt sich die Moleküle von 1 l Wasser „gefärbt" und schüttet dieses gefärbte Wasser ins Meer. Nach einigen Jahren, wenn sich das gefärbte Wasser gut über die Weltmeere verteilt hat, nimmt man Proben von jeweils 1 l. Findet man im Durchschnitt in jeder Probe mindestens ein „gefärbtes" Molekül? (Volumen der Weltmeere ca. $1,34 \cdot 10^9$ km³)

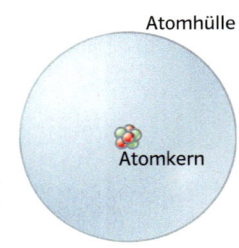

Atomhülle

Atomkern

18 Atome haben einen Durchmesser von etwa 10^{-10} m. In ihrem Inneren befindet sich der Atomkern mit einem Durchmesser von etwa 10^{-13} m. Der Atomkern hat etwa 99,9 % der Masse des gesamten Atoms.
　　a) Um welchen Faktor ist der Durchmesser des Kerns kleiner als der des Atoms?
　　b) Um die Größenverhältnisse zu veranschaulichen, stellen wir uns das Atom als einen Ballon mit einem Durchmesser von 10 m vor. Eine kleine Kugel im Inneren des Ballons soll den Atomkern darstellen. Welchen Durchmesser müsste sie haben?
　　c) Wie viel müsste die kleine Kugel wiegen, wenn der Ballon 1 t wiegt?

19 Zeichne den Graphen der Funktion f mit
　　a) $f(x) = 1,5 x^2$,　　　b) $f(x) = -2 x^2$,　　　c) $f(x) = -\frac{5}{4} x^2$,　　　d) $f(x) = 0,3 x^2$.

20 Überprüfe, welche der Punkte $A\left(-\frac{1}{3} \mid -\frac{1}{6}\right)$, $B(-4 \mid 2)$, $C(10 \mid 40)$, $D\left(2\sqrt{5} \mid 2\right)$ und $E(-3 \mid -13,5)$ auf der Parabel zu der angegebenen Funktion liegen.
　　a) $f(x) = 0,1 x^2$　　　b) $f(x) = -\frac{3}{2} x^2$　　　c) $f(x) = \frac{2}{5} x^2$　　　d) $f(x) = x^2 - 18$

Lösungen | Seite 188

2 Potenzen mit gleicher Basis

Daniel hat zu dem Quadrat ABCD mit der Seitenlänge 10 cm ein Quadrat mit dem doppelten Flächeninhalt konstruiert.
„Wenn ich das nur oft genug mache, dann passt ganz Deutschland in mein Quadrat."
„Bis du damit fertig bist, habe ich schon mein Abitur", vermutet Marie.

Beim Multiplizieren zweier Potenzen mit positiven Exponenten und gleicher Basis kann man das Ergebnis wieder als Potenz schreiben. Deren Exponent ist die Summe der beiden Exponenten.

$$a^5 \cdot a^3 = (a \cdot a \cdot a \cdot a \cdot a) \cdot (a \cdot a \cdot a) = a \cdot a \cdot a \cdot a \cdot a \cdot a \cdot a \cdot a = a^{5+3}$$

Ebenso erhält man eine Regel für die Division von Potenzen mit gleicher Basis. Der Exponent des Ergebnisses ist die Differenz der beiden Exponenten.

$$a^7 : a^4 = \frac{a^7}{a^4} = \frac{a \cdot a \cdot a \cdot a \cdot a \cdot a \cdot a}{a \cdot a \cdot a \cdot a} = \frac{a \cdot a \cdot a \cdot \cancel{a} \cdot \cancel{a} \cdot \cancel{a} \cdot \cancel{a}}{\cancel{a} \cdot \cancel{a} \cdot \cancel{a} \cdot \cancel{a}} = \frac{a^{7-4}}{1} = a^{7-4}$$

Diese Regel gilt auch, wenn die Differenz der Exponenten negativ ist.

$$a^2 : a^5 = \frac{a^2}{a^5} = \frac{a \cdot a}{a \cdot a \cdot a \cdot a \cdot a} = \frac{\cancel{a} \cdot \cancel{a}}{a \cdot a \cdot a \cdot \cancel{a} \cdot \cancel{a}} = \frac{1}{a^{5-2}} = a^{-(5-2)} = a^{2-5}$$

Beide Regeln gelten auch dann, wenn einer oder beide Exponenten negativ sind, z. B.:

$$a^3 \cdot a^{-5} = \frac{a^3}{a^5} = a^{3-5} = a^{3+(-5)} \quad \text{und} \quad \frac{a^{-3}}{a^7} = \frac{1}{a^3 \cdot a^7} = \frac{1}{a^{3+7}} = a^{-3-7}.$$

Potenziert man eine Potenz, so bleibt die Basis erhalten und der Exponent des Ergebnisses ist das Produkt der beiden Exponenten.

$$(a^2)^3 = (a^2) \cdot (a^2) \cdot (a^2) = a^{2+2+2} = a^{3 \cdot 2} = a^{2 \cdot 3}$$

Diese Regel gilt auch dann, wenn die Exponenten nicht beide positiv sind, z. B.:

$$(a^4)^{-5} = \frac{1}{(a^4)^5} = \frac{1}{a^{4 \cdot 5}} = a^{-(4 \cdot 5)} = a^{4 \cdot (-5)} \quad \text{und} \quad (a^{-4})^5 = \left(\frac{1}{a^4}\right)^5 = \frac{1}{(a^4)^5} = \frac{1}{a^{4 \cdot 5}} = a^{-(4 \cdot 5)} = a^{-4 \cdot 5}.$$

Rechengesetze für Potenzen mit gleicher Basis
Für eine beliebige Basis $a \neq 0$ und beliebige ganzzahlige Exponenten p und q gilt:
(1) $a^p \cdot a^q = a^{p+q}$ (2) $a^p : a^q = a^{p-q}$ (3) $(a^p)^q = a^{p \cdot q}$

Beim Multiplizieren von Potenzen mit gleicher Basis werden die Exponenten addiert, beim Dividieren werden die Exponenten subtrahiert und beim Potenzieren werden die Exponenten multipliziert. Die gemeinsame Basis wird jeweils beibehalten.

Beispiel 1 Multiplizieren und Dividieren von Potenzen mit gleicher Basis
Vereinfache.
a) $6^5 \cdot 6^{-7}$ b) $a^{-4} : a^6$ c) $2^{k+1} \cdot 2^{k-2}$ d) $(6a^4) : (3a^5)$
Lösung
a) $6^5 \cdot 6^{-7} = 6^{5+(-7)} = 6^{-2} = \frac{1}{6^2} = \frac{1}{36}$

c) $2^{k+1} \cdot 2^{k-2} = 2^{(k+1)+(k-2)} = 2^{2k-1}$

b) $a^{-4} : a^6 = a^{-4-6} = a^{-10} = \frac{1}{a^{10}}$

d) $(6a^4) : (3a^5) = \frac{6 \cdot a^4}{3 \cdot a^5} = \frac{6}{3} \cdot \frac{a^4}{a^5} = \frac{6}{3} \cdot a^{4-5}$
$= 2a^{-1} = \frac{2}{a}$

Potenzieren vor Punktrechnung:
In Termen wie $6a^4$ wird der Faktor 6 nicht potenziert:
$6a^4 = 6 \cdot a \cdot a \cdot a \cdot a$.
Soll auch der Faktor 6 potenziert werden, so müssen Klammern gesetzt werden:
$(6a)^4 = 6a \cdot 6a \cdot 6a \cdot 6a$.

Beispiel 2 Potenzieren von Potenzen

Berechne.

a) $(3^2)^4$　　　　b) $(5^3)^{-1}$　　　　c) $((-1)^{-5})^{-6}$　　　　d) $((-2)^3)^3$

Lösung

a) $(3^2)^4 = 3^{2 \cdot 4} = 3^8 = 6561$　　　　b) $(5^3)^{-1} = 5^{3 \cdot (-1)} = 5^{-3} = \frac{1}{5^3} = \frac{1}{125}$

c) $((-1)^{-5})^{-6} = (-1)^{(-5) \cdot (-6)} = (-1)^{30} = 1$　　　　d) $((-2)^3)^3 = (-2)^{3 \cdot 3} = (-2)^9 = -512$

Beispiel 3 Anwenden der Potenzgesetze bei Termumformungen

Vereinfache.

a) $3x^5 \cdot (-2x^{-4})$　　　b) $9^7 \cdot 3^5$　　　c) $\dfrac{6x^2y^8}{2x^5y^4}$　　　d) $\dfrac{(-4)^3}{8^2}$

Lösung

a) $3x^5 \cdot (-2x^{-4}) = (3 \cdot (-2)) \cdot (x^5 \cdot x^{-4}) = -6x$　　　b) $9^7 \cdot 3^5 = (3^2)^7 \cdot 3^5 = 3^{14} \cdot 3^5 = 3^{19}$

c) $\dfrac{6x^2y^8}{2x^5y^4} = \dfrac{6}{2} \cdot \dfrac{x^2}{x^5} \cdot \dfrac{y^8}{y^4} = 3 \cdot x^{-3} \cdot y^4 = \dfrac{3y^4}{x^3}$　　　d) $\dfrac{(-4)^3}{8^2} = \dfrac{-4^3}{8^2} = -\dfrac{(2^2)^3}{(2^3)^2} = -\dfrac{2^6}{2^6} = -1$

Aufgaben

○ **1** Berechne den Wert des Terms ohne Taschenrechner. Vereinfache zuerst mithilfe der Potenzgesetze.

a) $5^6 \cdot 5^{-7}$　　　b) $4^6 \cdot 4^{-8}$　　　c) $3^{-2} : 3^{-5}$　　　d) $(-2)^3 \cdot (-2)^7$

e) $\left(\frac{1}{2}\right)^{-2} \cdot \left(\frac{1}{2}\right)^{-1}$　　　f) $\left(\frac{3}{4}\right)^{-5} \cdot \left(\frac{3}{4}\right)^4$　　　g) $3 \cdot 2^3 \cdot 2^{-4}$　　　h) $(-6)^5 : (-6)^3$

i) $0{,}5^{-4} \cdot 0{,}5^5$　　　j) $\left(\frac{2}{5}\right)^{-3} : \left(\frac{2}{5}\right)^{-5}$　　　k) $(-4)^3 : (-4)^{-1}$　　　l) $6^{-6} \cdot 66^0 \cdot 6^6$

○ **2** Vereinfache mithilfe der Potenzgesetze und berechne dann den Wert des Terms.

a) $(2^2)^4$　　　b) $(4^{-3})^2$　　　c) $(3^{-2})^{-3}$　　　d) $((-2)^3)^{-3}$

e) $((-0{,}5)^{-2})^5$　　　f) $(10^4)^{-5}$　　　g) $((2^2)^3)^4$　　　h) $(((-5)^{-1})^2)^{-2}$

○ **3** Vereinfache mithilfe der Potenzgesetze.

a) $x^3 \cdot x^5$　　　b) $y^7 \cdot y$　　　c) $z^3 \cdot z^3$　　　d) $r^{-2} \cdot r^4$

e) $s^5 : s^{-3}$　　　f) $a^3 : a^4$　　　g) $b^{-2} : b^2$　　　h) $x^{-1} \cdot x^{-2}$

i) $u^{-2} : u$　　　j) $v^{-1} : v^{-2}$　　　k) $e^x \cdot e^x$　　　l) $a^x \cdot a^{-x}$

m) $a^x : a^{-x}$　　　n) $x^{2k} : x^k$　　　o) $k^{-n} \cdot k$　　　p) $(x^5)^3$

○ **4** Welche Zahlenkärtchen haben das gleiche Ergebnis?

$2 \cdot 7^4 \cdot 7^{-2}$　　$2 \cdot 7^6$　　$\dfrac{4 \cdot 7^4}{2 \cdot 7^2}$　　$2 \cdot (7^2)^3$　　$\dfrac{4 \cdot 7^2}{2 \cdot 7^{-4}}$　　$8 \cdot 7^6 \cdot \left(\dfrac{1}{2 \cdot 7^2}\right)^2$

○ **5** Ergänze im Heft die fehlenden Exponenten.

a) $a^{12} = a^2 \cdot a^{\square}$　　　b) $b^8 = (b^{\square})^2$　　　c) $c^{16} = \dfrac{c^2}{c^{\square}}$　　　d) $d^6 = \dfrac{d^{\square}}{d^{-3}}$

○ **6** Welche Einsetzungen ergeben eine wahre Aussage? Begründe deine Entscheidung.

a) $x^{15} = x \cdot x^{\square} = x^{-3} \cdot x^{\triangle} = (x^3)^{\bigcirc} = (x^{-1})^{\blacklozenge}$　　　b) $a^{2m} = a^{m-1} \cdot a^{\square} = a^{\triangle} : a^{m+1} = (a^{-m})^{\bigcirc}$

○ **7** Fasse zusammen.

a) $x^3 \cdot x^5$　　　b) $y^7 \cdot y$　　　c) $5^2 \cdot 5^{-4}$　　　d) $a^3 : a^4$

e) $b^{-2} : b^2$　　　f) $z^{n+1} \cdot z^{-n}$　　　g) $r^{2a} \cdot r^{1-a}$　　　h) $y^{1-k} : y^{k-1}$

○ **8** Berechne.

a) $z^{n+1} \cdot z^{-n}$　　　b) $a^{k+1} : a^{k-1}$　　　c) $b^x : b^{x-1}$　　　d) $r^{2a} \cdot r^{1-a}$

e) $x^{3k} \cdot x^{-3k}$　　　f) $y^{1-k} : y^{k-1}$　　　g) $z : z^n$　　　h) $e^{-x} : e$

i) $\dfrac{x^5}{x^3}$　　　j) $\dfrac{a^7}{a^{-2}}$　　　k) $\dfrac{46 \cdot a^{-3}b}{23 \cdot a \cdot b^{-2}}$　　　l) $\dfrac{56 r^2 s^{-1} r^{-1}}{14 \cdot s^3 r^{-2}}$

Kopiervorlage
Zusätzliches
Übungsmaterial
se5vr6

9 Schreibe als Potenz mit möglichst kleiner natürlicher Basis.

a) 36^3 b) 8^4 c) 1000^3 d) 16^{-5} e) 125^n f) 27^k g) 9^{n-1}

10 Vereinfache.

a) $\left((-b)^{-2}\right)^{-3}$ b) $\left(-x^{-2}\right)^6$ c) $-\left(a^{-5}\right)^{-1}$ d) $\left(-a^{-5}\right)^{-1}$ e) $\left((-a)^3\right)^{-5}$

11 Vereinfache wie in Beispiel 3.

a) $\dfrac{a^4 \cdot b^2}{a^6 \cdot b^3}$ b) $\dfrac{x^6 \cdot y^{-8}}{y^5 \cdot x^3}$ c) $\dfrac{r^3 \cdot s^{-10}}{r \cdot s^5}$ d) $\dfrac{a^5 \cdot b^{12} \cdot c^{-3}}{b^{-3} \cdot c^5 \cdot a^4}$ e) $\dfrac{(a+b)^2 \cdot (a-b)^8}{(a+b)^3 \cdot (a-b)^9}$

Bist du schon sicher?

12 Berechne im Kopf.

a) 2^3 b) 4^{-3} c) $(-7)^2$ d) $(-2)^5$

e) $(-5)^4$ f) $\left(\dfrac{1}{2}\right)^3$ g) $\left(\dfrac{2}{3}\right)^{-1}$ h) $\left(\dfrac{4}{5}\right)^{-2}$

13 Vereinfache.

a) $x^{-5} \cdot x^3$ b) $b^8 : b^{-4}$ c) $a^{x+3} \cdot a^1$ d) $y^{k+1} : y^{1-k}$ e) $z^{2n-2} \cdot z^{n-3}$

f) $2^4 \cdot 8^{-2}$ g) $(-x^3)^{-2}$ h) $2a^4 \cdot 4a^{-6}$ i) $\dfrac{a^6 \cdot b^{-9}}{b^6 \cdot a^7}$ j) $\dfrac{x^5 \cdot y^{-5} \cdot z^8}{y^{-3} \cdot z^2 \cdot x^9}$

Lösungen | Seite 189

14 Berechne und vergleiche.

a) $(2^2)^2$; $2^{(2^2)}$ b) $(2^5)^3$; $2^{(5^3)}$ c) $(3^{-1})^4$; $3^{((-1)^4)}$ d) $(4^{-3})^2$; $4^{((-3)^2)}$

15 Ordne die Potenzen $10^{\left(10^{(10^{10})}\right)}$, $\left(10^{10}\right)^{(10^{10})}$, $\left(\left(10^{10}\right)^{10}\right)^{10}$, $\left(10^{(10^{10})}\right)^{10}$, $10^{\left((10^{10})^{10}\right)}$ der Größe nach.

16 Man betrachtet zwei Würfel. Das Verhältnis der Kantenlängen ist $2:1$.

a) In welchem Verhältnis stehen die Oberflächeninhalte zueinander?

b) In welchem Verhältnis stehen die Volumina zueinander?

17 Ida hat einen „Kettenbrief" bekommen. Am Ende sind fünf Adressen angegeben.

a) Mit welchem Betrag kann Ida rechnen, wenn alle Personen mitspielen?

b) Die Teilnahme an Kettenbriefen ist in einigen Ländern strafbar. Nenne Gründe, warum sich diese Länder dazu entschlossen haben könnten, Kettenbriefe zu verbieten.

> Hallo Mitspieler,
> möchtest du in wenigen Tagen mehrere Tausend Euro verdienen?
> Dann mache Folgendes:
> 1. Sende 5 € an die erste Adresse unten auf dem Brief und streiche sie dann durch.
> 2. Schreibe deine Adresse unter die verbliebenen vier Adressen und kopiere den Brief fünfmal.
> 3. Sende die fünf Briefe an fünf gute Freunde.

Kannst du das noch?

18 Das Schiller-Gymnasium hat insgesamt 1200 Schüler. 45 % aller Schüler sind männlich und 60 % aller Schüler haben Geschwister. 324 Schüler sind männlich und haben Geschwister.

a) Vervollständige die Vierfeldertafel.

	G	$\overline{G}$	Summe
männlich	324		
weiblich			
Summe			1200

G bedeutet „Schüler hat Geschwister" und $\overline{G}$ bedeutet „Schüler hat keine Geschwister".

b) Berechne die Wahrscheinlichkeit dafür, dass ein zufällig ausgewählter männlicher Schüler Geschwister hat.

c) Berechne die Wahrscheinlichkeit dafür, dass ein zufällig ausgewählter weiblicher Schüler Geschwister hat.

d) Sind die Ergebnisse aus den Teilaufgaben b) und c) überraschend?

Lösung | Seite 189

3 Potenzen mit gleichen Exponenten

Lea: „Stimmt es eigentlich, dass die Summe zweier Quadratzahlen wieder eine Quadratzahl ist?"

Moritz: „Logisch! Das ist doch der Satz des Pythagoras!"

Sara: „So ein Quatsch! Aber das Produkt von Quadratzahlen ist immer eine Quadratzahl, wie man an dem Beispiel $3^2 \cdot 4^2 = 144 = 12^2$ sieht."

Ein Produkt von Potenzen mit gleichen positiven Exponenten enthält verschiedene Faktoren, die gleich häufig auftreten. Ein solches Produkt lässt sich als Potenz schreiben.

$$a^4 \cdot b^4 = (a \cdot a \cdot a \cdot a) \cdot (b \cdot b \cdot b \cdot b) = (a \cdot b) \cdot (a \cdot b) \cdot (a \cdot b) \cdot (a \cdot b) = (a \cdot b)^4$$

Ebenso kann man Quotienten von Potenzen mit gleichen positiven Exponenten als eine Potenz zusammenfassen.

$$a^2 : b^2 = \frac{a^2}{b^2} = \frac{a \cdot a}{b \cdot b} = \frac{a}{b} \cdot \frac{a}{b} = \left(\frac{a}{b}\right)^2$$

Beide Regeln gelten auch für Potenzen mit gleichen negativen Exponenten, z.B.:

$$a^{-3} \cdot b^{-3} = \frac{1}{a^3} \cdot \frac{1}{b^3} = \frac{1}{(a \cdot b)^3} = (a \cdot b)^{-3}.$$

Rechengesetze für Potenzen mit gleichen Exponenten

Für beliebige Basen a und b $(a, b \neq 0)$ und einen ganzzahligen Exponenten p gilt:

(1) $a^p \cdot b^p = (a \cdot b)^p$ (2) $a^p : b^p = \left(\frac{a}{b}\right)^p$

Beim Multiplizieren von Potenzen mit gleichen Exponenten werden die Basen multipliziert, beim Dividieren werden die Basen dividiert. Der gemeinsame Exponent wird jeweils beibehalten.

Beispiel 1 Multiplizieren und Dividieren von Potenzen mit gleichen Exponenten

Berechne ohne Taschenrechner. Wende Potenzgesetze an.

a) $0,25^4 \cdot 12^4$ b) $15^{-2} : 5^{-2}$ c) $\frac{2^{-3}}{4^{-3}}$ d) $5^3 \cdot 8$

Lösung

a) $0,25^4 \cdot 12^4 = (0,25 \cdot 12)^4 = 3^4 = 81$ b) $15^{-2} : 5^{-2} = (15 : 5)^{-2} = 3^{-2} = \frac{1}{3^2} = \frac{1}{9}$

c) $\frac{2^{-3}}{4^{-3}} = \left(\frac{2}{4}\right)^{-3} = \left(\frac{4}{2}\right)^3 = 2^3 = 8$ d) $5^3 \cdot 8 = 5^3 \cdot 2^3 = (5 \cdot 2)^3 = 10^3 = 1000$

Beispiel 2 Anwenden der Potenzgesetze bei Termumformungen

Forme mithilfe der Potenzgesetze um.

a) $1024 \cdot x^{10}$ b) $(a^2 \cdot b^{-5})^{-3}$ c) $(x^m \cdot y^2)^3$ d) $4^2 \cdot (-3)^4$

Lösung

a) $1024 \cdot x^{10} = 2^{10} \cdot x^{10} = (2x)^{10}$

b) $(a^2 \cdot b^{-5})^{-3} = (a^2)^{-3} \cdot (b^{-5})^{-3} = a^{-6} \cdot b^{15} = \frac{b^{15}}{a^6}$

c) $(x^m \cdot y^2)^3 = (x^m)^3 \cdot (y^2)^3 = x^{3m} \cdot y^6$

d) $4^2 \cdot (-3)^4 = (2^2)^2 \cdot (-3)^4 = 2^4 \cdot (-3)^4 = (2 \cdot (-3))^4 = (-6)^4 = 6^4$

Aufgaben

○ 1 Berechne den Wert des Terms ohne Taschenrechner.

a) $2^4 \cdot 5^4$ b) $15^2 : 5^2$ c) $(-0{,}5)^5 \cdot (-4)^5$ d) $2{,}5^3 : 5^3$

e) $(-18)^5 : 9^5$ f) $20^{-2} : 5^{-2}$ g) $4^3 \cdot 5^3$ h) $18^{-3} : 12^{-3}$

i) $(-12)^3 : 6^3$ j) $\left(\frac{1}{5}\right)^{-2} \cdot \left(\frac{3}{5}\right)^{-2}$ k) $10^{-3} \cdot \left(\frac{1}{5}\right)^{-3}$ l) $\left(\frac{2}{3}\right)^2 \cdot \left(\frac{8}{15}\right)^{-2}$

○ 2 Schreibe als eine Potenz mit positiver Basis. Rechne ohne Taschenrechner.

a) $6^5 \cdot 3^{-5}$ b) $5^{-3} : 10^3$ c) $4^{-5} \cdot \left(\frac{2}{3}\right)^5$ d) $\left(\frac{2}{3}\right)^{-2} \cdot \left(\frac{3}{2}\right)^2$

e) $5^{-x} \cdot 10^x$ f) $\left(\frac{2}{5}\right)^{-k} : \left(\frac{4}{5}\right)^k$ g) $\left(\frac{3}{4}\right)^{12} \cdot \left(\frac{4}{3}\right)^{12}$ h) $3^{2n} \cdot \left(\frac{3}{2}\right)^{-2n}$

i) $\left(\frac{2}{5}\right)^5 \cdot \left(\frac{6}{5}\right)^{-5} \cdot \left(-\frac{3}{4}\right)^5$ j) $\left(\frac{4}{3}\right)^4 \cdot \left(-\left(\frac{3}{4}\right)^4\right) \cdot \left(\frac{9}{2}\right)^4$ k) $\left(\frac{1}{2}\right)^x \cdot 2^{(-x)} \cdot \left(\frac{1}{2}\right)^x$ l) $3^{(2n+1)} \cdot \frac{1}{3}^n \cdot 3^{(n-1)}$

○ 3 Vereinfache.

a) $3^a \cdot 6^a$ b) $(-0{,}5)^n \cdot 6^n$ c) $10^p : 5^p$ d) $2{,}4^x : (-0{,}8)^x$

e) $4{,}5^k : 3^k$ f) $4^a \cdot 3^{2a}$ g) $15^{-b} : 10^b$ h) $5^{3n} : 125^n$

i) $8^{2-x} : 4^{2-x}$ j) $2^{n-1} \cdot \left(\frac{1}{2}\right)^{n-1}$ k) $2^{n+1} : \left(\frac{1}{2}\right)^{n+1}$ l) $(2x)^{3-k} : x^{k-3}$

m) $16 \cdot 5^4$ n) $6^5 \cdot 3^{-5}$ o) $5^{-x} \cdot 10^x$ p) $27 \cdot 6^{-3}$

q) $4^{-5} \cdot \left(\frac{2}{3}\right)^5$ r) $\left(\frac{2}{3}\right)^{-2} \cdot \left(\frac{3}{2}\right)^{-2}$ s) $\left(\frac{2}{5}\right)^{-k} : \left(\frac{4}{5}\right)^k$ t) $\left(\frac{3}{8}\right)^{-n} : \left(\frac{2}{3}\right)^{2n}$

○ 4 Forme um wie in Beispiel 2.

a) $32x^5$ b) $9x^2y^2$ c) $\frac{1}{8}a^3b^6$ d) $\frac{1}{25}u^4v^{-6}$

e) $(a^2b^3)^n$ f) $(x^3y^{-4})^{2k}$ g) $(3u^{-5}v^{n+1})^3$ h) $(x^n y^m)^{n+m}$

i) $(a^{k-1}b^k)^{k+1}$ j) $(r^x s^y)^{x-y}$ k) $(-2a^{n-1}b^{1-n})^{n+1}$ l) $(x^{-2}(x+y))^{-2}$

◓ 5 Welche Terme in Fig. 1 sind wertgleich? Begründe durch Umformungen.

◓ 6 a) Setze die Dominosteine zusammen.

b) 🧑‍🤝‍🧑 Entwirf selbst ein solches Domino-Spiel und lass es deinen Partner lösen.

A) $-((-a)^{-2})^{-3}$ | a^6

B) $-a^4$ | $\dfrac{a^3 \cdot a^{-10}}{a \cdot a^5}$

C) a^{-13} | $((-a)^2)^{-5}$

D) a^8 | $(-a^{-4})^{-1}$

E) a^{-3} | $(-a)^6$

F) $((-a)^{-2})^{-3}$ | $\dfrac{a^5 \cdot a^{12} \cdot a^{-3}}{a^{-3} \cdot a^5 \cdot a^4}$

G) $-a^5$ | $\dfrac{-a^6 \cdot a^{-8}}{a^5 \cdot a^3}$

H) $\dfrac{1}{a^{10}}$ | $-(a^{-5})^{-1}$

I) $-\dfrac{1}{a^{10}}$ | $\dfrac{a^4 \cdot a^2}{a^6 \cdot a^3}$

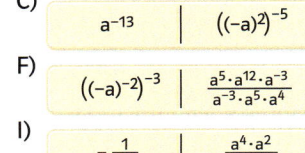
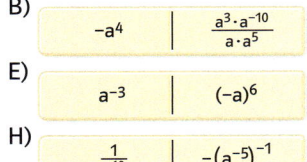
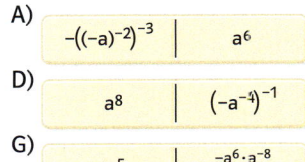

$2^a : \left(\frac{1}{2}\right)^a$

$16a^2 : \left(\frac{1}{2}\right)^{-2}$ 18^a

$3^a \cdot 6^a$ $\left(\frac{2}{a}\right)^3$

4^a $(2a)^2$ $\dfrac{1}{3^a}$

$a^{-3} : \frac{1}{8}$ $18^{-a} : 6^{-a}$

Fig. 1

Bist du schon sicher?

○ 7 Berechne den Wert des Terms ohne Taschenrechner. Benutze Potenzgesetze.

a) $6^4 \cdot \left(\frac{1}{3}\right)^4$ b) $\left(\frac{1}{2}\right)^{-7} \cdot 2^{-7}$ c) $\left(\frac{2}{3}\right)^{-3} \cdot \left(\frac{15}{4}\right)^{-3}$ d) $(-7)^{-3} \cdot \left(-\frac{5}{21}\right)^3 \cdot \left(\frac{25}{3}\right)^{-3}$

○ 8 Vereinfache durch Anwenden der Potenzgesetze.

a) $x^{-5} \cdot x^3$ b) $b^8 : b^{-4}$ c) $a^{x+3} \cdot a^1$ d) $y^{k+1} : y^{1-k}$ e) $z^{2n-2} \cdot z^{n-3}$

f) $2^4 \cdot 8^{-2}$ g) $(-x^3)^{-2}$ h) $2a^4 \cdot 4a^{-6}$ i) $\dfrac{a^6 \cdot b^{-9}}{b^6 \cdot a^7}$ j) $\dfrac{x^5 \cdot y^{-5} \cdot z^8}{y^{-3} \cdot z^2 \cdot x^9}$

◓ 9 Vereinfache so weit wie möglich.

a) $16^{2k} : 8^{2k}$ b) $(a^2 \cdot b^2)^2$ c) $a^{-2} \cdot \left(\frac{a^{-3}}{b}\right)$ d) $\left(\frac{p}{q}\right)^{-z} : \left(\frac{p}{2q}\right)^{-z}$

Lösungen | Seite 189

10 Vereinfache.

a) $(p + q)^2 \cdot (p - q)^2$ b) $(a^2 - b^2) - (a - b)^2$ c) $(x + 1)^{-2} \cdot (x - 1)^{-2}$ d) $2x^{-3} \cdot (2xy + x^2)^3$

11 a) Die Kantenlänge k eines Würfels wird mit dem Faktor a multipliziert. Wie verändern sich dadurch der Oberflächeninhalt und das Volumen des Würfels?
b) Die Seitenlänge eines gleichseitigen Dreiecks wird mit einem Faktor multipliziert. Wie wirkt sich das auf die Länge des Umfangs und den Flächeninhalt des Dreiecks aus?

12 **Wahr oder falsch?** Begründe deine Entscheidung.
a) Potenzen mit gleicher Basis werden addiert, indem man die Exponenten addiert und die Basis beibehält.
b) Potenzen mit gleichem Exponenten werden addiert, indem man die Basen addiert und den Exponenten beibehält.
c) Es gibt unendlich viele ganze Zahlen, für die gilt: Die Summe zweier Quadratzahlen ist wieder eine Quadratzahl.
d) Es gibt genau zwei Zahlen, für die gilt: Das Quadrat der Zahl ist genauso groß wie das Doppelte der Zahl.

13 In den Rechnungen haben sich einige Fehler eingeschlichen. Erläutere, welche Rechengesetze falsch angewendet wurden, und korrigiere die Fehler.

I. $(5^3)^2 \cdot (4^{-2})^{-4} = 5^5 \cdot 4^{-8}$ II. $-3^{-3} + 3^0 = 27 + 3 = 30$ III. $-3^4 - (-2^4) = 3^4 + 2^4 = 5^4$

IV. $6^9 + 3^9 = 2^9 \cdot 3^9 + 3^9 = 9^9$ V. $(((-2)^{-2})^{-2})^{-2} = 16$ VI. $\left(\frac{5}{3}\right)^{-b} \cdot \left(\frac{3}{5}\right)^b = 1^0 = 1$

VII. $(3^{-k} \cdot 2^m \cdot 1^0 \cdot 2^{-m} \cdot 3^k)^2 = 36$ VIII. $(a^2 \cdot b^3 \cdot b^2 \cdot a^3)^{-1} = -ab^6$

14 👥 **Wer ist schneller? Mit Potenzgesetzen gegen den Taschenrechner**
a) Die erste Runde rechnest du geschickt im Kopf, dein Partner gibt die Terme in den Taschenrechner ein. Bei Runde 2 tauscht ihr. Vergleicht die Ergebnisse. Wer war schneller?

Runde 1:
A) $5^{-6} \cdot 4^{13} \cdot 4^{-11} \cdot 5^8$ B) $(-2)^3 \cdot 1^3 \cdot 4^1 \cdot (-0,5)^3$ C) $(((-1)^2)^3)^4$ D) $(-(20^2 \cdot 5)^{-2})^0$

Runde 2:
A) $10^{-9} \cdot 2^4 \cdot 10^8 : 2^5$ B) $2,5^2 : (-5)^1 : 4^0 : 5^2$ C) $(-(-(-2)^{-2})^2)^{-2}$ D) $(-(10^3 \cdot 0,1)^2)^{-2}$

b) Entwerft selbst zwei Runden mit Lösungen und gebt sie einem anderen Paar zum Lösen.

15 a) Können zwei Potenzen gleich sein, wenn die Basen übereinstimmen, die Exponenten jedoch verschieden sind?
b) Können zwei Potenzen gleich sein, wenn die Exponenten übereinstimmen, die Basen jedoch verschieden sind?

16 Welche Zahl ist größer: 9^{99} oder 99^9? Begründe!

Kannst du das noch?

17 Der Gewinn eines Unternehmens bei der Herstellung von x Staubsaugern pro Tag kann durch die Funktion f mit $f(x) = -3x^2 + 240x - 800$ dargestellt werden (f(x) in €).
a) Wie viele Staubsauger sollte das Unternehmen pro Tag herstellen, um den Gewinn zu maximieren?
b) Wie hoch ist der maximale Gewinn pro Tag dann?

Lösung | Seite 189

4 Potenzen mit rationalen Exponenten

„Das ist ja einfach", beschwert sich Johanna. „Hier ist ein neues Rätsel: Um wie viele Leute, Katzen, Mäuse und Ähren geht es, wenn die Lösung 1024 Körner ist?"

Aus dem Papyrus Rhind:

7 Leute haben je 7 Katzen,
jede Katze fängt 7 Mäuse,
jede Maus frisst 7 Ähren,
jede Ähre hat 7 Körner.

Wie viele Körner haben die Katzen
vor den Mäusen bewahrt?

Potenzen mit ganzzahligen Exponenten sind Kurzschreibweisen für Produkte mit gleichen Faktoren. Auch Potenzen mit nicht ganzzahligen Exponenten wie z. B. $3^{\frac{1}{2}}$ kann man als sinnvolle Schreibweise verwenden, wenn man fordert, dass die Potenzgesetze in gleicher Weise gelten sollen wie bei ganzzahligen Exponenten. Man erhält z. B.

$$3^{\frac{1}{2}} \cdot 3^{\frac{1}{2}} = 3^{\frac{1}{2}+\frac{1}{2}} = 3^1 = 3 \quad \text{oder} \quad \left(3^{\frac{1}{2}}\right)^2 = 3^{\frac{1}{2} \cdot 2} = 3^1 = 3.$$

Mit der Vereinbarung, dass $3^{\frac{1}{2}} > 0$ sein soll, bedeutet das: $3^{\frac{1}{2}}$ ist diejenige positive Zahl, deren Quadrat gleich 3 ist. Daher ist $3^{\frac{1}{2}}$ eine andere Schreibweise für $\sqrt{3}$ (Quadratwurzel aus 3).

Statt „Quadratwurzel" sagt man auch kurz nur Wurzel.

Wegen $\left(3^{\frac{1}{5}}\right)^5 = 3^{\frac{1}{5} \cdot 5} = 3^1 = 3$ ist $3^{\frac{1}{5}}$ diejenige positive Zahl, deren 5. Potenz gleich 3 ist. Anstelle der Potenzschreibweise kann man auch hier eine Wurzelschreibweise verwenden. Man schreibt $3^{\frac{1}{5}} = \sqrt[5]{3}$ (lies: „fünfte Wurzel aus 3") und nennt 5 den **Wurzelexponenten**. Die Zahl 3 heißt **Radikand**.

Bei Quadratwurzeln lässt man den Wurzelexponenten meist weg: $3^{\frac{1}{2}} = \sqrt[2]{3} = \sqrt{3}$

Die folgenden Umformungen zeigen, wie man Potenzen mit beliebigen rationalen Exponenten stehts auf zwei Weisen deuten kann.

$$3^{\frac{2}{5}} = 3^{2 \cdot \frac{1}{5}} = \left(3^2\right)^{\frac{1}{5}} = \sqrt[5]{3^2} \quad \text{oder} \quad 3^{\frac{2}{5}} = 3^{\frac{1}{5} \cdot 2} = \left(3^{\frac{1}{5}}\right)^2 = \left(\sqrt[5]{3}\right)^2$$

Die Verwendung von nicht ganzzahligen Exponenten ist nur bei positiver Basis sinnvoll, da sonst Widersprüche entstehen. Man könnte z. B. rechnen:

$$(-8)^{\frac{2}{6}} = (-8)^{\frac{1}{3}} = \sqrt[3]{-8} = -2.$$

Andererseits müsste jedoch auch folgende Rechnung gültig sein:

$$(-8)^{\frac{2}{6}} = \sqrt[6]{(-8)^2} = \sqrt[6]{64} = 2.$$

Daraus würde $-2 = 2$ folgen, was widersprüchlich ist.

Für eine beliebige Zahl $a > 0$ und eine positive ganze Zahl n bezeichnet man mit $\sqrt[n]{a}$ diejenige positive Zahl, deren n-te Potenz gleich a ist. Die n-te Wurzel aus a lässt sich als Potenz schreiben:

$$a^{\frac{1}{n}} = \sqrt[n]{a}.$$

Für eine beliebige Zahl $a > 0$ und positive ganze Zahlen m und n legt man fest: $a^{\frac{m}{n}}$ ist sowohl die n-te Wurzel aus a^m als auch die m-te Potenz von $\sqrt[n]{a}$. Das heißt:

$$a^{\frac{m}{n}} = \sqrt[n]{a^m} = \left(\sqrt[n]{a}\right)^m.$$

Wurzelschreibweise:

Wurzelexponent

$\sqrt[n]{a}$

Radikand

Für Potenzen mit negativen rationalen Exponenten gelten dieselben Regeln wie für Potenzen mit negativen ganzzahligen Exponenten:

$$a^{-\frac{m}{n}} = a^{\frac{-m}{n}} = (a^{-m})^{\frac{1}{n}} = \left(\frac{1}{a^m}\right)^{\frac{1}{n}} = \frac{1^{\frac{1}{n}}}{(a^m)^{\frac{1}{n}}} = \frac{1}{a^{\frac{m}{n}}}.$$

Beispiel 1 Potenzen mit rationalen Exponenten berechnen
Berechne.

a) $100^{\frac{3}{2}}$

b) $0{,}001^{-\frac{2}{3}}$

Lösung

a) $100^{\frac{3}{2}} = (10^2)^{\frac{3}{2}} = 10^3 = 1000$

b) $0{,}001^{-\frac{2}{3}} = (10^{-3})^{-\frac{2}{3}} = 10^2 = 100$

Beispiel 2 Potenzrechengesetze bei Potenzen mit rationalen Exponenten anwenden
Vereinfache. Gib das Ergebnis auch in Wurzelschreibweise an.

a) $a^{\frac{1}{4}} : a^{\frac{1}{2}}$

b) $(a^5 \cdot b^{-3})^{-\frac{1}{6}}$

Lösung

a) $a^{\frac{1}{4}} : a^{\frac{1}{2}} = a^{\frac{1}{4}-\frac{1}{2}} = a^{\frac{1}{4}-\frac{2}{4}} = a^{-\frac{1}{4}} = \frac{1}{\sqrt[4]{a}}$

b) $(a^5 \cdot b^{-3})^{-\frac{1}{6}} = a^{-\frac{5}{6}} \cdot b^{\frac{1}{2}} = \frac{b^{\frac{1}{2}}}{a^{\frac{5}{6}}} = \frac{\sqrt{b}}{\sqrt[6]{a^5}}$

Beispiel 3 Wurzelterme mithilfe der Potenzrechengesetze umformen
Vereinfache.

a) $\sqrt[4]{a^6} \cdot \sqrt{a^5}$

b) $\sqrt[3]{\sqrt{x^5}}$

Lösung

a) $\sqrt[4]{a^6} \cdot \sqrt{a^5} = a^{\frac{6}{4}} \cdot a^{\frac{5}{2}} = a^{\frac{3}{2}} \cdot a^{\frac{5}{2}} = a^{\frac{8}{2}} = a^4$

b) $\sqrt[3]{\sqrt{x^5}} = \left(x^{\frac{5}{2}}\right)^{\frac{1}{3}} = x^{\frac{5}{2}\cdot\frac{1}{3}} = x^{\frac{5}{6}} = \sqrt[6]{x^5}$

Aufgaben

1 Rechne im Kopf.

a) $27^{\frac{1}{3}}$ b) $16^{\frac{1}{4}}$ c) $64^{-\frac{1}{6}}$ d) $25^{\frac{3}{2}}$ e) $8^{-\frac{2}{3}}$ f) $64^{\frac{1}{6}}$ g) $\left(\frac{1}{25}\right)^{\frac{1}{2}}$ h) $(125)^{-\frac{1}{3}}$

2 Berechne. Schreibe das Ergebnis gegebenenfalls in Wurzelschreibweise.

a) $5^{\frac{1}{2}} \cdot 5^{\frac{1}{4}}$ b) $4^{-\frac{2}{3}} \cdot 4^{\frac{3}{4}}$ c) $10^{\frac{1}{2}} : 10^{\frac{1}{3}}$ d) $y^{\frac{2}{3}} : y^{-\frac{1}{3}}$

e) $12^{\frac{1}{2}} \cdot 3^{\frac{1}{2}}$ f) $2^{\frac{1}{3}} \cdot 4^{\frac{1}{3}}$ g) $3^{\frac{1}{2}} \cdot 8^{\frac{1}{2}} \cdot 6^{\frac{1}{2}}$ h) $(4a)^{\frac{1}{3}} \cdot (16a^2)^{\frac{1}{3}}$

i) $\left(5^{\frac{2}{3}}\right)^{\frac{1}{4}}$ j) $\left(4^{\frac{1}{5}}\right)^{-\frac{3}{4}}$ k) $\left(x^{\frac{4}{5}} \cdot y^{-\frac{8}{5}}\right)^{-\frac{5}{8}}$ l) $\left(x^{\frac{5}{4}} : y^{-\frac{5}{8}}\right)^{-\frac{4}{5}}$

3 Schreibe als Potenz.

a) $\sqrt[3]{9}$ b) $\sqrt[4]{2^3}$ c) $\sqrt[3]{5^2}$ d) $\frac{1}{\sqrt{3}}$ e) $\frac{1}{\sqrt[3]{6}}$ f) $\frac{1}{\sqrt[5]{13^2}}$ g) $\frac{1}{\sqrt[4]{a^3}}$ h) $\frac{1}{\sqrt{x^p}}$

i) $\sqrt[6]{5^2}$ j) $\sqrt[6]{2^3}$ k) $\sqrt[10]{x^5}$ l) $\frac{1}{\sqrt[10]{2^8}}$ m) $\frac{1}{\sqrt[16]{a^{4k}}}$ n) $\frac{1}{\sqrt[15]{x^{3n}}}$ o) $\frac{1}{\sqrt[3a]{x^{12a}}}$ p) $\frac{\sqrt[3]{x}}{\sqrt[5]{x^2}}$

4 Welche der Zahlen sind gleich?

$5^{\frac{1}{3}}$ $\frac{1}{\sqrt[3]{5}}$ $\frac{1}{5^{-\frac{2}{3}}}$ $5^{\frac{2}{6}}$ $\sqrt[3]{5}$ $\sqrt[3]{5^2}$ $\left(\sqrt[6]{5}\right)^2$ $5^{-\frac{2}{6}}$ $(5^6)^{\frac{1}{9}}$

5 Bestimme die fehlenden Zahlen.

a) $3^{\frac{2}{\square}} = \sqrt[5]{3^{\triangle}}$ b) $5^{-\frac{\square}{3}} = \frac{1}{\sqrt{5^{\square}}}$ c) $\sqrt[4]{7^8} = 7^{\frac{\square}{\square}}$ d) $\sqrt[6]{5^3} = 5^{\square}$ e) $a^2 = \sqrt[\square]{a^{\triangle}}$

6 Vereinfache.

a) $\frac{\sqrt{b} \cdot \sqrt[3]{b}}{\sqrt[4]{b^3}}$ b) $\frac{\sqrt[6]{a^5}}{\sqrt{a} : \sqrt[3]{a}}$ c) $\frac{\sqrt{t} : \sqrt[3]{t}}{t}$ d) $\left(\sqrt[4]{\sqrt{x}}\right)^{-2}$ e) $\left(\sqrt[5]{\sqrt{y^3}}\right)^{10}$ f) $\left(\sqrt{\sqrt{b^3}}\right)^{4n}$

g) $\sqrt[9]{a^{-6}}$ h) $\frac{\sqrt{g} \cdot \sqrt[3]{g}}{\sqrt[6]{g}}$ i) $\sqrt[4]{\sqrt[3]{z^8}}$ j) $\frac{\left(\sqrt[6]{x}\right)^{-2}}{\sqrt[3]{\frac{1}{x}}}$ k) $\sqrt[3]{r^2} \cdot \sqrt[4]{r^3}$ l) $\left(\sqrt[3]{y}\right)^{\frac{1}{4}} \cdot \sqrt[4]{y^{\frac{5}{3}}}$

🌐 **Kopiervorlage**
Zusätzliches
Übungsmaterial
zn6f93

7 Aus der Physik weiß man, dass sich die Fallzeit t (in s) eines frei fallenden Körpers aus der Höhe h (in m) nach der Formel $t = \left(\frac{h}{5}\right)^{\frac{1}{2}}$ berechnen lässt.
a) Wie lange fällt ein Körper aus der Höhe 10 m (20 m, 50 m)?
b) Nach welcher Formel kann man die Höhe h aus der Fallzeit berechnen?
c) Aus welcher Höhe ist ein Körper gefallen, dessen Fallzeit 1 s, 2 s, 5 s beträgt?

Bist du schon sicher?

8 Schreibe als Potenz.

a) $\sqrt[3]{5}$ b) $\sqrt[9]{7^4}$ c) $\sqrt[6]{2^8}$ d) $\frac{1}{\sqrt[3]{9^2}}$ e) $\left(\sqrt[4]{2}\right)^3$ f) $\sqrt[3]{\frac{1}{4^2}}$

9 Vereinfache.

a) $3^{\frac{1}{4}} \cdot 3^{\frac{2}{3}}$ b) $5^{-\frac{3}{10}} : 5^{-\frac{2}{5}}$ c) $x^{-\frac{1}{k}} \cdot x^{-\frac{2}{k}}$ d) $\left(b^{\frac{1}{4}}\right)^{-\frac{2}{3}}$ e) $\left(\sqrt[6]{a}\right)^{-3}$ f) $\left(\frac{1}{\sqrt[3]{5}}\right)^2$

Lösungen | Seite 189

10 Der Windchill beschreibt den Unterschied zwischen der gemessenen Lufttemperatur und der gefühlten Temperatur in Abhängigkeit von der Windgeschwindigkeit. Er ist damit ein Maß für die windbedingte Abkühlung eines Objektes, speziell eines Menschen und dessen Gesicht. Die Formel zur Berechnung lautet:
$WCT = 13{,}12 + 0{,}6125 \cdot T - 11{,}37 \cdot v^{0{,}16} + 0{,}3965 \cdot T \cdot v^{0{,}16}$
(WCT: Windchill-Temperatur in °C, T: Lufttemperatur in °C, v: Windgeschwindigkeit in $\frac{km}{h}$).
Berechne die gefühlte Temperatur (WCT) für eine Lufttemperatur von 5 °C und Windgeschwindigkeiten von 10 $\frac{km}{h}$, 15 $\frac{km}{h}$, 20 $\frac{km}{h}$.

windchill (engl.):
Windkühle

Die seit November 2001 gültige empirische Formel dient zur Berechnung des Windchill mit SI-Einheiten und einer in 10 Metern Höhe über dem Erdboden gemessenen Windgeschwindigkeit.

11 a) Welche der Terme sind wertgleich?

b) Welcher Term hat für x = 256 den größten, welcher hat den kleinsten Wert?
c) Welcher Term hat für x = 0,5 den größten, welcher hat den kleinsten Wert?

12

Jan Louis: „a^n ist immer größer als a und $\sqrt[n]{a}$ ist immer kleiner als a."

Karim: „Wenn n größer wird, wird a^n größer und $\sqrt[n]{a}$ wird kleiner."

Nimm zu beiden Behauptungen Stellung und begründe deine Meinung.

13 Vereinfache mithilfe der Potenzgesetze

a) $5^{\frac{1}{2}} \cdot 5^{\frac{1}{4}}$ b) $a^{\frac{6}{5}} \cdot a^{-1}$ c) $\left(2^{\frac{1}{2}}\right)^4$ d) $10^{\frac{1}{2}} : 10^{\frac{1}{3}}$

e) $(2a)^{\frac{5}{4}} : (2a)^{\frac{3}{4}}$ f) $x^{\frac{1}{n}} \cdot x^{-\frac{1}{n}}$ g) $\left(5^{\frac{2}{3}}\right)^{\frac{1}{4}}$ h) $2^{\frac{1}{4}} \cdot 2^{\frac{1}{4}}$

i) $2^{-\frac{2}{3}} : 2^{-0{,}5}$ j) $x^{\frac{1}{4}} \cdot x^{\frac{1}{2}}$ k) $(ax)^t \cdot (ax)^{-6}$ l) $\left(3^{\frac{1}{2}}\right)^{\frac{2}{5}}$

14 Schreibe zuerst als Potenzen und vereinfache dann.

a) $\sqrt[4]{6} : \sqrt[3]{6}$ b) $\sqrt[3]{2x} : \sqrt[3]{x}$ c) $\sqrt[6]{4} : \sqrt[6]{6}$ d) $\sqrt[3]{4} \cdot \sqrt[4]{4}$

e) $\sqrt{\sqrt{2}}$ f) $\sqrt[4]{9} \cdot \sqrt[4]{3}$ g) $\sqrt[3]{7} \cdot \sqrt[5]{7}$ h) $\sqrt{\sqrt[3]{5}}$

i) $\sqrt[4]{2} \cdot \sqrt[4]{32}$ j) $\sqrt[3]{3} : \sqrt[4]{3}$ k) $\sqrt[4]{10y} : \sqrt[4]{2y}$ l) $\sqrt[n]{\sqrt[3]{a}}$

15 Vereinfache mithilfe der Potenzgesetze.

a) $\left(a^{\frac{m}{3}} \cdot a^{\frac{m}{6}}\right) : a^{\frac{m}{4}}$ b) $\sqrt[3]{a^5 \cdot b} \cdot \sqrt[3]{a \cdot b^2}$ c) $\frac{a^6}{b^{m+3}} : \frac{a^8}{b^{m+4}}$ d) $\frac{2x^2}{3y^{\frac{3}{8}}} : \frac{9x^{-3}}{4y^{-\frac{3}{4}}}$

● **16** Ein Stab ist an einer Seite fest einge-
spannt. Hängt man an die andere Seite
eine Last, so biegt er sich nach unten. Die
Strecke s, um die er sich nach unten biegt,
hängt von der Last und den Maßen des
Stabes (Länge l, Breite b, Dicke d) ab. Wirkt
auf einen 1 Meter langen Stab die Kraft
1 N, so senkt er sich um die Strecke s mit

$s = \frac{19\,000}{b \cdot d^3}$ (s, b, d in mm).

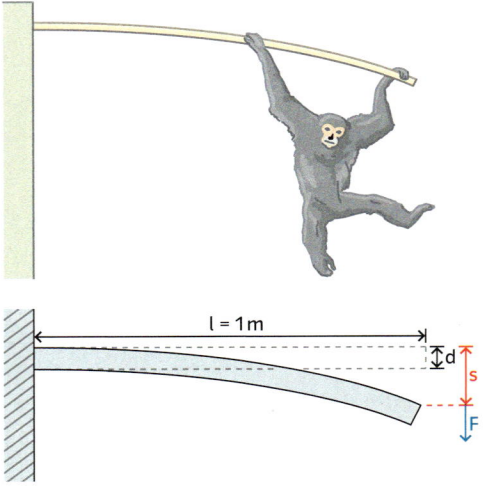

a) Wie weit senkt sich ein 5 mm breiter
Stab, der 2 mm (4 mm, 5 mm) dick ist?
b) Wie lässt sich die Dicke des Stabes aus
der Strecke s und der Breite b berechnen?
c) Welche Dicke muss ein 1 cm breiter Stab
haben, damit er sich bei einer Kraft von 1 N
nicht mehr als 6 mm senkt?

Info

Potenzen mit irrationalen Exponenten
Berechnet man mit dem Taschenrechner $2^{\sqrt{2}}$, so zeigt dieser 2,665 144 143 an.
Wie lässt sich dieser Wert erklären?
Jede irrationale Zahl wie $\sqrt{2}$ kann man auf beliebig viele Nachkommastellen bestimmen.
Damit kann man einem Term wie $2^{\sqrt{2}}$ folgendermaßen einen Wert zuordnen:

$1 < \sqrt{2} < 2$	$2^1 < 2^{\sqrt{2}} < 2^2$	$2 < 2^{\sqrt{2}} < 4$
$1{,}4 < \sqrt{2} < 1{,}5$	$2^{1{,}4} < 2^{\sqrt{2}} < 2^{1{,}5}$	$2{,}639\,015\ldots < 2^{\sqrt{2}} < 2{,}828\,427\ldots$
$1{,}41 < \sqrt{2} < 1{,}42$	$2^{1{,}41} < 2^{\sqrt{2}} < 2^{1{,}42}$	$2{,}657\,371\ldots < 2^{\sqrt{2}} < 2{,}675\,855\ldots$
$1{,}414 < \sqrt{2} < 1{,}415$	$2^{1{,}414} < 2^{\sqrt{2}} < 2^{1{,}415}$	$2{,}664\,749\ldots < 2^{\sqrt{2}} < 2{,}666\,597\ldots$
…	…	…

Auf diese Weise kann man bei positiver Basis a für jeden irrationalen Exponenten x die
Potenz a^x auf beliebig viele Nachkommastellen bestimmen.
Alle Potenzgesetze für rationale Exponenten gelten auch für irrationale und damit für alle
reellen Exponenten.

● **17** Zeige durch Umformung.

a) $(\sqrt{2}^{\sqrt{3}}) \cdot (\sqrt{2}^{\sqrt{3}}) = 2^{\sqrt{3}}$

b) $\sqrt{3}^{\sqrt{5}} : (2\sqrt{3})^{\sqrt{5}} = 2^{-\sqrt{5}}$

c) $(\sqrt{2} \cdot \sqrt{3})^{\sqrt{12}} = 6^{\sqrt{3}}$

d) $(\sqrt[3]{4} : \sqrt[3]{2})^{6 \cdot \sqrt{2}} = 4^{\sqrt{2}}$

● **18** Vereinfache. Benutze die Potenzgesetze.

a) $10^{\sqrt{2}} \cdot 10^{-\sqrt{2}}$

b) $5^{\sqrt{8}} : 5^{\sqrt{2}}$

c) $14^{\sqrt{3}} : 7^{\sqrt{3}}$

d) $(3^{\sqrt{2}})^{2\sqrt{2}}$

e) $(3^{\sqrt{4{,}5}})^{\sqrt{2}}$

f) $(12^{\sqrt{2}} \cdot 12^{\sqrt{3}})^{\sqrt{2}}$

Kannst du das noch?

19 Ermittle zunächst mithilfe der Diskriminanten, wie viele Lösungen die quadratische
Gleichung hat und berechne anschließend die Lösungen, falls vorhanden.

a) $-x^2 + 2x - 1 = 0$

b) $1 + 7x = -10x^2$

c) $8x^2 + 2 = -2x$

20 Bestimme die Lösungen der quadratischen Gleichung grafisch.

a) $0{,}5x^2 - 0{,}5x - 1 = 0$

b) $\frac{1}{3}x^2 + \frac{1}{3}x - \frac{2}{3} = 0$

c) $4x^2 = 8x$

d) $x^2 + 1{,}5x = 1$

e) $-2x^2 + 3x - 3 = 0$

f) $-\frac{1}{4}x^2 - \frac{1}{4} = 0{,}5x$

Lösungen | Seite 189

*5 Potenzfunktionen mit natürlichen Exponenten

Tinas kleiner Bruder Nick hat ein Radla-
dermodell im Maßstab 1:25. Das Modell
seines Freundes Hendrik ist im Maßstab
1:50 gebaut. Nick meint stolz: „Mein
Radlader ist doppelt so groß wie der von
Hendrik. Damit kann ich doppelt so viel
Sand aufladen wie er.
Tina findet, dass ihr Bruder ein schöner
Angeber ist, kann sich aber trotzdem ein
Schmunzeln nicht verkneifen.

Bei einem Würfel kann man für jede Kan-
tenlänge k das Volumen V(k) berechnen.
Dabei wird der 2-fachen (3-fachen,
4-fachen, …, k-fachen) Kantenlänge das
8-fache (27-fache, 64-fache, … k^3-fache)
Volumen zugeordnet.
Dieser Zusammenhang lässt sich durch den
Funktionsterm V(k) = k^3 beschreiben.

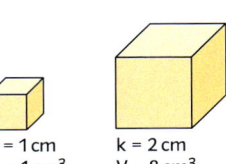
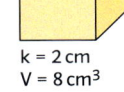
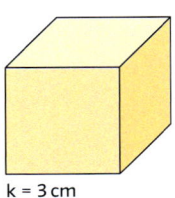

k = 1 cm   k = 2 cm   k = 3 cm
V = 1 cm³   V = 8 cm³   V = 27 cm³

Allgemein heißt eine Funktion f mit einem Funktionsterm wie z.B. $f(x) = 2x^3$, $f(x) = -5x^3$
oder $f(x) = \frac{3}{4}x^3$ **Potenzfunktion dritten Grades**. Dabei bestimmt der Exponent von x den
Grad. Entsprechend gibt es auch Potenzfunktionen vierten, fünften und noch höheren
Grades.

> Eine Funktion f, deren Funktionsterm sich in der Form $f(x) = a \cdot x^n$ schreiben lässt, heißt
> eine **Potenzfunktion n-ten Grades**, wobei n eine positive ganze Zahl und $a \neq 0$ eine
> beliebige Zahl ist.

Die Parameter a und n haben Einfluss auf die Gestalt des Graphen einer Potenzfunktion.
Wie sich die Werte der Parameter auswirken, wird nun nebeneinander untersucht.

Der Einfluss des Exponenten n
Um den Einfluss von n leichter erkennen zu können, werden Potenzfunktionen mit dem
Vorfaktor a = 1 betrachtet. Der Funktionsterm lautet also $f(x) = x^n$.

gerader Exponent

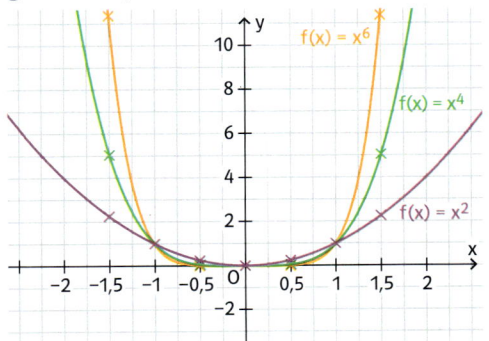

ungerader Exponent

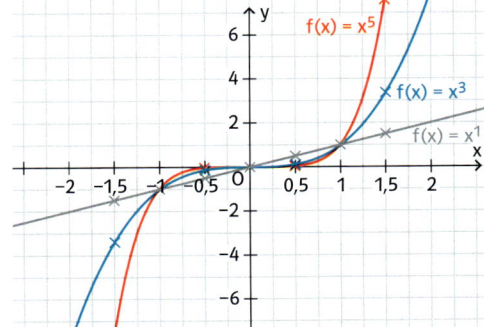

x	x^2	x^4	x^6
−1,5	2,25	5,06	11,4
−1	1	1	1
−0,5	0,25	0,06	0,02
0	0	0	0
0,5	0,25	0,06	0,02
1	1	1	1
1,5	2,25	5,06	11,4

x	x^1	x^3	x^5
−1,5	−1,5	−3,4	−7,6
−1	−1	−1	−1
−0,5	−0,5	−0,13	−0,03
0	0	0	0
0,5	0,5	0,13	0,03
1	1	1	1
1,5	1,5	3,4	7,6

1. Für alle Funktionen gilt $f(0) = 0$, d.h. alle Graphen verlaufen durch den Ursprung $(0|0)$.
2. Bei geradem Exponenten sind alle Funktionswerte außer $f(0)$ positiv. Der Graph verläuft also oberhalb der x-Achse.
   Bei ungeradem n gilt $f(x) < 0$ für alle $x < 0$. Der Graph verläuft daher für $x < 0$ unterhalb der x-Achse.
   Für $x > 0$ verläuft er oberhalb der x-Achse, denn es gilt $f(x) > 0$ für alle $x > 0$.
3. Bei geradem Exponenten gilt $f(-x) = f(x)$ an jeder Stelle x (z.B. $f(-3) = f(3)$).
   Der Graph ist also **achsensymmetrisch** zur y-Achse.
4. Bei ungeradem Exponenten gilt $f(-x) = -f(x)$ an jeder Stelle x (z.B. $f(-3) = -f(3)$).
   Der Graph ist daher **punktsymmetrisch** zum Ursprung.

Allgemein nennt man eine Funktion, für deren Graph die y-Achse Symmetrieachse ist, **gerade Funktion**.
Verläuft der Graph punktsymmetrisch zum Ursprung, so spricht man von einer **ungeraden Funktion**.

Der Einfluss des Streckfaktors a

In der Figur wird gezeigt, wie sich der Graph der Funktion g mit $g(x) = 2 \cdot x^3$ durch eine Streckung in y-Richtung aus dem Graphen von f mit $f(x) = x^3$ ergibt. Betrachtet man allgemein $g(x) = a \cdot x^3$, so ergeben sich die gleichen Erkenntnisse wie bei quadratischen Funktionen:
Für $|a| > 1$ wird der Graph in y-Richtung gestreckt.
Für $0 < |a| < 1$ wird der Graph in y-Richtung gestaucht.
Ein negativer Faktor a bewirkt zudem eine Spiegelung des Graphen an der x-Achse.

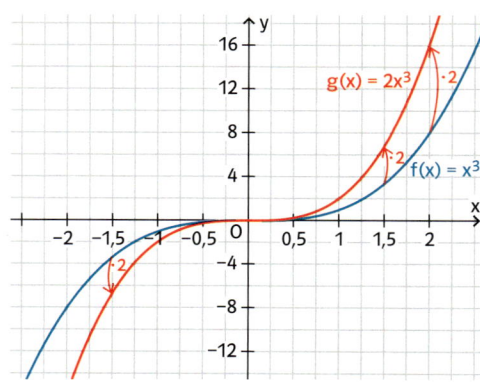

Für jede Potenzfunktion f mit $f(x) = a \cdot x^n$ $(a \neq 0; n \in \mathbb{N}, n > 0)$ gilt:
– Der Graph von f verläuft durch den Ursprung, $x = 0$ ist einzige Nullstelle von f.
– Ist n gerade, so ist die y-Achse Symmetrieachse des Graphen, und alle von 0 verschiedenen Funktionswerte haben das gleiche Vorzeichen.
– Ist n ungerade, so ist der Ursprung Symmetriezentrum des Graphen, und die Funktionswerte wechseln an der Stelle $x = 0$ das Vorzeichen.

Beispiel 1 Potenzfunktion grafisch darstellen, Punktprobe durchführen

a) Zeichne den Graphen von p mit $p(x) = x^4$ und beschreibe, wie der Graph von f mit $f(x) = -0,2x^4$ aus dem Graphen von p entstanden ist.
b) Prüfe, ob die Punkte $P(0,5|-0,01)$ und $Q\left(-1,5\left|-\frac{81}{80}\right.\right)$ auf dem Graphen von f liegen.
Lösung
a) Der Graph von p wurde an der x-Achse gespiegelt (gestrichelter Graph) und mit 0,2 gestaucht (siehe Figur).
b) $f(0,5) = -0,2 \cdot 0,5^4 = -0,0125 < -0,01$

$f(-1,5) = -0,2 \cdot (-1,5)^4 = -\frac{1}{5} \cdot \left(-\frac{3}{2}\right)^4 = -\frac{81}{80}$

P liegt nicht auf, sondern unterhalb des Graphen von f, Q ist Punkt des Graphen.

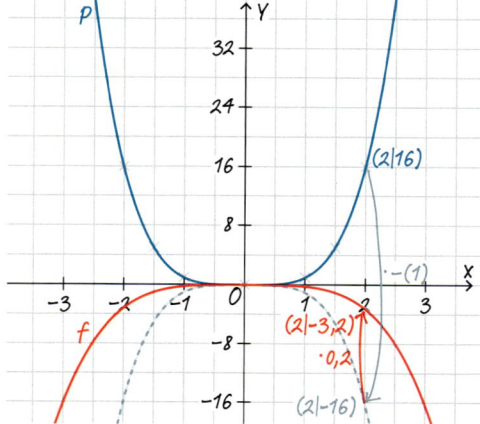

Beispiel 2 Graph skizzieren, verschieben und strecken
Skizziere den Graphen von f mit $f(x) = x^3$ und den Graphen von g. Wie kann man sich den Graphen von g aus dem Graphen von f entstanden denken?
a) $g(x) = x^3 + 1$ \qquad b) $g(x) = (x - 1)^3$ \qquad c) $g(x) = 2x^3$

Lösung
a) Der Graph von f wurde um eine Einheit nach oben verschoben.
b) Der Graph von f wurde um eine Einheit nach rechts verschoben.
c) Multipliziert man die y-Koordinaten der Punkte des Graphen von f mit 2, so erhält man die y-Koordinaten der Punkte des Graphen von g.
Der Graph von f wurde mit dem Faktor 2 gestreckt.

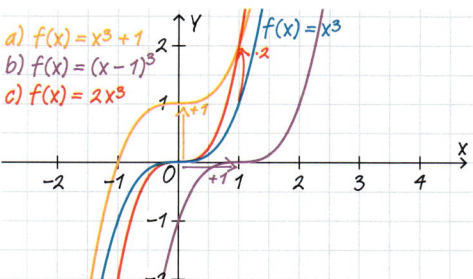

Aufgaben

1 Zeichne den Graphen der Potenzfunktion f mithilfe einer Wertetabelle. Berechne zusätzlich die Funktionswerte $f(0,1)$ und $f(10)$.
a) $f(x) = 0,5x^3$ \qquad b) $f(x) = -x^4$ \qquad c) $f(x) = 0,1x^5$ \qquad d) $f(x) = -0,25x^3$

2 Ordne den Funktionstermen einen der Graphen zu. Begründe deine Entscheidung und erkläre, warum zwei der Terme kein Graph zugeordnet werden kann.
$f(x) = 0,01x^4$; $g(x) = -0,5x^3$; $h(x) = 8x^8$; $i(x) = x^{11}$; $j(x) = 0,4x^3$; $k(x) = x^{10}$

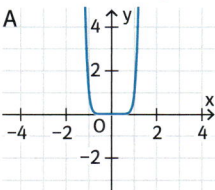 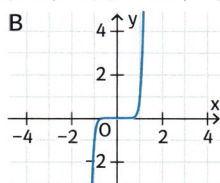 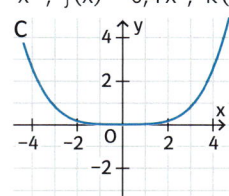 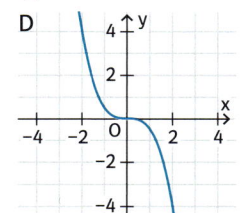

3 Prüfe, ob der Punkt P auf dem Graphen von f mit $f(x) = x^6$ (von g mit $g(x) = x^7$) liegt.
a) $P(0,1 | 0,000\,000\,1)$ \quad b) $P(3 | 2187)$ \quad c) $P(-5 | 78125)$ \quad d) $P(-4 | -4096)$ \quad e) $P(1 | 1)$

4 Der Punkt Q liegt auf dem Graphen von f mit $f(x) = x^5$. Ergänze die fehlende Koordinate.
a) $Q(3 | \square)$ \qquad b) $Q(-3 | \square)$ \qquad c) $Q(\square | -32)$ \qquad d) $Q(\square | 2^{10})$ \qquad e) $Q(\square | 7^{15})$

5 Zeichne die Graphen der Potenzfunktionen $f(x) = a \cdot x^4$ für $a = 1$, $a = -2$ und $a = 0,25$. Erläutere, welche Auswirkung der Faktor a auf die Form des Graphen hat.

6 a) Die Punkte $P(2 | p)$, $Q(-1 | q)$, $R(r | 0,000\,02)$ und $S(s | -64)$ liegen auf dem Graphen der Potenzfunktion f mit $f(x) = 2x^5$. Bestimme jeweils die fehlenden Koordinaten.
b) Die Punkte $P(-1,2 | p)$ und $Q(1,2 | -2,488\,32)$ liegen auf dem Graphen von f mit $f(x) = a \cdot x^5$. Bestimme ohne Taschenrechner die fehlende Koordinate.

7 Skizziere den Graphen von f mit $f(x) = x^4$ und den Graphen von g. Wie kann man sich den Graphen von g aus dem Graphen von f entstanden denken? Welche Eigenschaften des Graphen lassen sich direkt aus dem Funktionsterm ablesen?
a) $g(x) = x^4 + 2$ \qquad b) $g(x) = x^4 - 1$ \qquad c) $g(x) = (x + 2)^4$
d) $g(x) = (x - 3)^4$ \qquad e) $g(x) = (x - 2)^4 + 1$ \qquad f) $g(x) = (x + 3)^4 - 2$
g) $g(x) = 0,1x^4$ \qquad h) $g(x) = 0,5(x - 2)^4$ \qquad i) $g(x) = -0,5(x + 2)^4 - 1$

8 Zu welcher Geraden sind die Graphen von f symmetrisch? Begründe deine Antwort.

a) $f(x) = x^{12} + 5$
b) $f(x) = x^8 - 9$
c) $f(x) = 12x^{22}$
d) $f(x) = (x + 10)^{12}$
e) $f(x) = (x - 12)^{30} + 12$
f) $f(x) = 4(x^{10} - 5) + 23$

9 Zu welchem Punkt sind die Graphen von g symmetrisch? Begründe deine Antwort.

a) $g(x) = x^7 + 7$
b) $g(x) = -9,3 \cdot x^5$
c) $g(x) = 8,4x^{21} - 14$
d) $g(x) = (x + 17)^{13}$
e) $g(x) = 3(x^{19} - 5) + 2$
f) $g(x) = (x - 56)^{33} + 12$

Bist du schon sicher?

10 Gib den Funktionsterm einer Potenzfunktion an, zu der die Aussage passt.

a) Der zugehörige Graph ist symmetrisch zur y-Achse.
b) Der zugehörige Graph verläuft durch den Punkt (1|3).
c) Keiner der zugehörigen Funktionswerte ist negativ.
d) Verdoppelt man den Wert für x, so verachtfacht sich der zugehörige Funktionswert.

11 Der Graph der Funktion f mit $f(x) = a \cdot x^4$ verläuft durch den Punkt $P(2|8)$.

a) Bestimme den Wert von a.
b) Prüfe, ob die Punkte $Q\left(-\frac{1}{2}\middle|\frac{1}{8}\right)$ und $R(4|128)$ auf dem Graphen liegen.

Lösungen | Seite 191

12 Beschreibe die Symmetrie des Graphen. Begründe deine Aussagen.

a) $f(x) = x^6 + 4$
b) $g(x) = x^3 - 9$
c) $h(x) = 5,2x^{28}$
d) $k(x) = (x + 7)^{11}$
e) $l(x) = (x - 56)^{34} + 12$
f) $m(x) = -6,4x^{26}$
g) $n(x) = -3(x^{17} - 6) + 8$
h) $u(x) = -7(x - 8)^{14} + 9$
i) $v(x) = -3(x - 6)^{19} + 2$

13 Bestimme den Funktionsterm der Potenzfunktion f mit $f(x) = ax^4$, deren Graph durch den Punkt P verläuft.

a) $P(4|4)$
b) $P(-2|80)$
c) $P(10|-10)$
d) $P(-0,5|-2)$

14 Der Graph der Funktion f mit $f(x) = ax^n$ verläuft durch die Punkte A und B. Bestimme a und n.

a) $A(1|4)$, $B(2|32)$
b) $A(-1|-4)$, $B(0,5|0,125)$

15 Bestimme zu den Graphen in Fig. 1 die passenden Funktionsterme.

16 a) Wie verändert sich das Gewicht eines Holzwürfels, wenn man seine Kantenlänge verdoppelt? Begründe.
b) Das Gewicht eines Holzwürfels soll verdoppelt werden. Wie verändert sich dabei die Kantenlänge? Begründe.

17 Bei einer Windkraftanlage lässt sich die Leistung $P(v)$ (in W) bei der Windgeschwindigkeit v (in m/s) näherungsweise durch den Funktionsterm $P(v) = 1000 v^3$ bestimmen.

a) Stelle den Graphen der Funktion P in einem geeigneten Koordinatensystem dar.
b) Ermittle grafisch und rechnerisch, bei welcher Windgeschwindigkeit die Leistung $5 \cdot 10^5$ W beträgt.

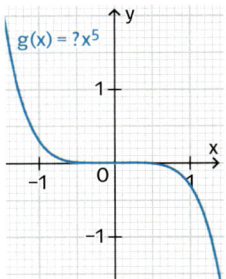

Fig. 1

Kannst du das noch?

18 a) Ermittle die zu den Parabeln gehörenden Funktionsterme.
b) Gib für jede Parabel die Koordinaten des Scheitelpunktes an.
c) Berechne für jede Parabel den Schnittpunkt mit der y-Achse.

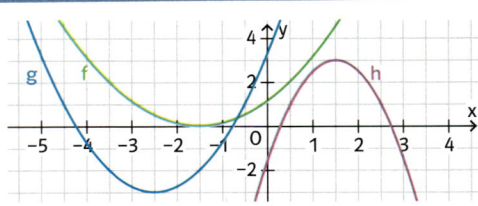

Lösung | Seite 191

6 Potenzgleichungen

Gabi und Petra träumen von späteren Reichtümern. „Welchen Zinssatz brauche ich, damit sich mein Geld in 30 Jahren verdoppelt haben wird?"

Gleichungen der Form $x^n = a$, bei denen die Basis x gesucht ist, heißen **Potenzgleichungen**. Man kann Potenzgleichungen näherungsweise lösen, indem man den Graphen der Funktion f mit $f(x) = x^n$ zeichnet und abliest, an welchen Stellen x die Funktion den Wert a annimmt.

Fig. 1 und Fig. 2 zeigen solche grafischen Lösungen. Für die Gleichung $x^4 = 3$ mit dem geraden Exponenten $n = 4$ erhält man die beiden Näherungslösungen $-1,3$ und $1,3$ und für die Gleichung $x^3 = -8$ mit dem ungeraden Exponenten $n = 3$ erhält man die Lösung 2.

Schnittstellen zweier Graphen können mit dem GTR bestimmt werden.

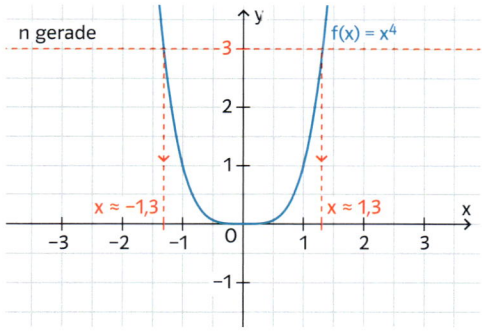

Fig. 1

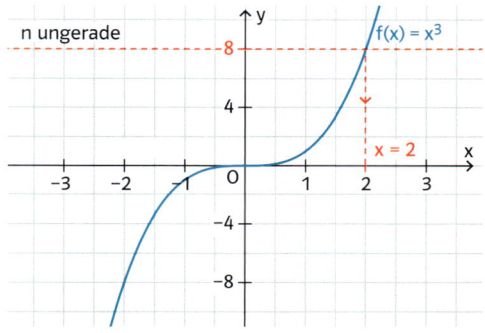

Fig. 2

Bei Potenzgleichungen der Form $x^n = a$ mit ganzzahligem Exponenten n ergeben sich unterschiedlich viele Lösungen. Die Anzahl der Lösungen hängt vom Vorzeichen von a und davon ab, ob n gerade oder ungerade ist.
Zum Beispiel besitzt die Gleichung $x^4 = 16$ zwei Lösungen, nämlich 2 und -2. Die Gleichung $x^4 = -16$ hat dagegen gar keine Lösung.

Die Gleichung $x^3 = 125$ hat als einzige Lösung $\sqrt[3]{125} = 125^{\frac{1}{3}} = 5$, die Gleichung $x^3 = -125$ besitzt die Lösung $-\sqrt[3]{125} = -125^{\frac{1}{3}} = -5$

Eine Potenzgleichung der Form $x^n = a$ mit ganzzahligem Exponenten $n \neq 0$ hat zwei Lösungen, genau eine Lösung oder gar keine Lösung.

	n gerade	n ungerade
a > 0	zwei Lösungen: $\sqrt[n]{a}, -\sqrt[n]{a}$	eine Lösung: $\sqrt[n]{a}$
a < 0	keine Lösung	eine Lösung: $-\sqrt[n]{\lvert a \rvert}$

Ist der Exponent in der Gleichung $x^q = a$ ein Bruch, wie zum Beispiel $q = \frac{2}{3}$, so hat die Gleichung genau eine Lösung, wenn $a \geqq 0$ ist. Ist dagegen $a < 0$, so gibt es keine Lösung.
Um die Gleichung für $a > 0$ zu lösen, zum Beispiel die Gleichung $x^{\frac{2}{3}} = 3$, wird mit dem Kehrwert des Exponenten potenziert.

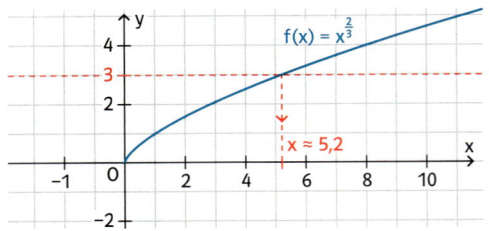

Zur Erinnerung: Potenzen mit nicht-ganzzahligen Exponenten sind nur für positive Basen definiert.

$$x^{\frac{2}{3}} = 3 \quad | \ (\ )^{\frac{3}{2}}$$
$$\left(x^{\frac{2}{3}}\right)^{\frac{3}{2}} = 3^{\frac{3}{2}}$$
$$x = \sqrt{27}$$

Beispiel Potenzgleichungen lösen
Bestimme die Lösungen der Potenzgleichung.
a) $x^6 = 64$
b) $x^6 = -64$
c) $x^{-4} = 16$
d) $x^{\frac{3}{2}} = 8$
e) $x^{\frac{1}{2}} = -2$
f) $\sqrt[5]{x^3} = 7$

Lösung
a) $64^{\frac{1}{6}} = 2$ und $-64^{\frac{1}{6}} = -2$
b) keine Lösung
c) $16^{-\frac{1}{4}} = \frac{1}{2}$ und $-16^{-\frac{1}{4}} = -\frac{1}{2}$
d) $8^{\frac{2}{3}} = (2^3)^{\frac{2}{3}} = 2^2 = 4$
e) keine Lösung
f) Umformung: $x^{\frac{3}{5}} = 7$; Lösung: $7^{\frac{5}{3}} = \sqrt[3]{7^5}$

Aufgaben

○ **1** Welche Lösungen hat die Potenzgleichung?
a) $x^6 = 20$
b) $x^6 = -20$
c) $x^5 = 32$
d) $x^{-5} = -32$
e) $x^4 = 625$
f) $x^5 + 1024 = 0$
g) $500 + x^3 = 157$
h) $2x^{-3} + 12 = 66$

○ **2** Schreibe die Wurzel als Potenz und löse die Potenzgleichung.
a) $\sqrt{x} = 11$
b) $\sqrt[3]{x} - 8 = 0$
c) $1 - \sqrt[3]{2x} = 0$
d) $\sqrt[3]{5 - x} = 2$
e) $\sqrt{x^3} = 2$
f) $\sqrt[3]{x^2} + 2 = 0$
g) $2\sqrt[3]{x + 4} = 6$
h) $4 - \sqrt[4]{x^3} = 5$

● **3** 🖩 Löse grafisch mit dem GTR und bestimme die Lösungen rechnerisch.
a) $5x^3 - 20 = 7 - 3x^3$
b) $55 - 3x^2 = 6 + 97x^2$
c) $1{,}2x^5 + 243 = 0{,}2x^5$
d) $5x^4 + 32 = 3x^4$

Bist du schon sicher?

○ **4** Gib die Lösungen als Wurzel an.
a) $x^4 = 16$
b) $x^3 = -8$
c) $x^5 + 9 = 41$
d) $x^4 + 24 = 12$

Lösung | Seite 191

● **5** Gib eine Potenzgleichung $x^q = a$ an, die die angegebenen Lösungen hat.
a) 5
b) $-\sqrt[3]{3}$
c) $-\sqrt{2}, \sqrt{2}$
d) $\sqrt[3]{25}$

● **6** a) Gib zwei verschiedene Potenzgleichungen mit der Lösung -1 an.
b) Kann die Potenzgleichung $x^q = a$ die Lösungen -3 und 2 haben? Erläutere.

● **7** Löse die Gleichung. Unterscheide die Fälle $a > 0$ und $a < 0$.
a) $x^2 = a$
b) $x^2 = -a$
c) $x^3 = -a$
d) $x^3 = -a^3$

Kannst du das noch?

8 Die Parabel mit dem angegebenen Term verläuft durch die Punkte $A(a \mid 12)$ und $B(b \mid 12)$. Bestimme a und b.
a) $f(x) = 0{,}75x^2$
b) $f(x) = 1{,}2x^2$
c) $f(x) = -\frac{2}{3}x^2 + 14$

Lösung | Seite 191

1 Für die Summe von Potenzen gibt es kein Potenzrechengesetz. Bei einigen besonderen Summen kann man trotzdem eine Regelmäßigkeit feststellen. Berechne.
a) 2^0, $2^0 + 2^1$, $2^0 + 2^1 + 2^2$, …
b) 3^0, $3^0 + 3^1$, $3^0 + 3^1 + 3^2$, …
Was stellst du fest? Wie kann man eine beliebige Anzahl von Summanden berechnen?

2 Entscheide, ob die folgende Aussage wahr ist. Wenn nicht, gib ein Gegenbeispiel an.
Für jede positive Basis q und jeden natürlichen Exponenten n ($n \neq 0$) gilt:
a) Wenn $q > 1$, dann ist $q^{-n} < 1$.
b) Wenn $q^{-n} < 1$, dann ist $q > 1$.
c) Wenn $q < 1$, dann ist $q^{-n} > 1$.
d) Wenn $q^{-n} > 1$, dann ist $q < 1$.

3 Die durch Schall übertragene Energie empfindet man als Lautstärke. Ihre Messwerte liegen weit auseinander; sie unterscheiden sich um mehrere Zehnerpotenzen. Die Dezibelskala (dB) macht diese Werte überschaubarer. Die Angabe 60 dB bedeutet zum Beispiel, dass das Geräusch 10^6-mal so stark auf unser Gehör wirkt wie ein Geräusch, das man gerade noch wahrnehmen kann.
a) Um welchen Faktor wirkt Flüstern (lautes Rufen, ein Motorrad) stärker auf unser Gehör als Geräusche an der Hörschwelle?
b) Welches Geräusch wirkt eine Million Mal stärker auf unser Gehör als Flüstern?
c) Ein Motorrad empfindet man nur wenig lauter als lautes Rufen. Um welchen Faktor wirkt es jedoch stärker auf das Gehör?
d) Welcher Intensitätsfaktor liegt zwischen der Hörschwelle und der Schmerzgrenze?

Intensität (in $\frac{W}{m^2}$)	Lautstärke (in dB)	
10^{-12}	0	Hörschwelle
10^{-11}	10	Atmen
10^{-10}	20	Taschenuhr
10^{-9}	30	Blättergeräusch
10^{-8}	40	Flüstern
10^{-7}	50	Unterhaltung
10^{-6}	60	Büro
10^{-5}	70	lautes Rufen
10^{-4}	80	Motorrad
10^{-3}	90	laute Fabrikhalle
10^{-2}	100	Disco
10^{-1}	110	Hubschrauber
10^0	120	Düsentriebwerk
10^1	130	Schmerzgrenze

4 Das von der Erde am weitesten entfernte Objekt, das man mit bloßem Auge noch erkennen kann, ist die Andromeda-Galaxie. Sie ist etwa 2,7 Millionen Lichtjahre von uns entfernt; ihr größter Durchmesser beträgt etwa 163 000 Lichtjahre. Gib die Entfernung und den Durchmesser in Kilometern an (Lichtgeschwindigkeit 300 000 $\frac{km}{s}$).

Ein Lichtjahr ist die Strecke, die das Licht in einem Jahr zurücklegt.

5 Aus einem 60 cm langen Draht soll das Kantenmodell eines Würfels hergestellt werden.
a) Berechne den Oberflächeninhalt und das Volumen des entstehenden Würfels.
b) Wie verändert sich der Oberflächeninhalt (das Volumen) für einen 80 cm langen Draht?
c) Wie lang müsste der Draht sein, damit der entstehende Würfel eine Oberfläche von 900 cm^2 (ein Volumen von 2000 cm^3) hat?

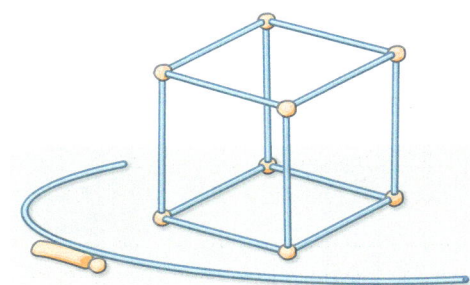

6 Ein frei fallender Körper erreicht mit zunehmender Fallhöhe eine immer größere
Geschwindigkeit. Lässt man den Einfluss
der Luftreibung unberücksichtigt, so kann
man die Geschwindigkeit v (in $\frac{m}{s}$) mit der
Gleichung $v = \sqrt{2\,g \cdot h}$ berechnen
($g = 9{,}81$: Fallbeschleunigung (in $\frac{m}{s^2}$);
h: Fallhöhe (in m)).
a) Welche Endgeschwindigkeit könnte bei
einem 71 m hohen „Drop-Tower" erreicht
werden? Gib auch in $\frac{km}{h}$ an.
b) Aus welcher Höhe ist eine Birne gefallen, die mit der Geschwindigkeit 15 $\frac{m}{s}$ auf
dem Boden aufschlägt?
c) Wie erklärst du, dass Fallschirmspringer,
die vor dem Öffnen des Schirms mehrere
Tausend Meter frei fallen, eine Grenzgeschwindigkeit von etwa 200 $\frac{km}{h}$ nicht
überschreiten? Wie wirkt sich die Sprung-
technik auf die Grenzgeschwindigkeit aus?

7 Eine Studie zum Schwerlastverkehr hat ergeben, dass das Gewicht eines Lkw mit der
vierten Potenz in das Ausmaß der Straßenschädigung eingeht.
a) Wie erhöht sich der schädigende Einfluss eines Lkw, wenn das Gewicht zum Beispiel
durch Beladen verdoppelt wird?
b) Früher war in Deutschland eine Achslast von 10 t erlaubt. Heute liegt der zulässige
Wert bei 11,5 t. Um wie viel Prozent kann das Ausmaß an Straßenschädigungen ansteigen,
wenn die Erhöhung der zulässigen Achslast tatsächlich ausgeschöpft wird?

8 Luises kleiner Bruder hat drei seiner würfelförmigen Bauklötze aufeinandergestellt.
Sie haben ein Volumen von 300 cm³, 120 cm³ und 60 cm³. Luise berechnet die Höhe des
Turms anstatt sie zu messen. Welche Höhe hat der Turm?

9 🖩 Ein Satellit umkreist die Erde über dem Äquator. Ist die Umlaufzeit T (in Tagen) bekannt, so kann man die Höhe h der Satellitenbahn über der Erdoberfläche (in km) mit der
Gleichung $h = 42\,070 \cdot T^{\frac{2}{3}} - 6370$ berech-
nen.
a) Zeichne den Graphen der Funktion
$T \to h$ für Umlaufzeiten von bis zu zwei
Tagen. Wähle eine geeignete WINDOW-
Einstellung.
b) Für die Nachrichtenübermittlung werden geostationäre Satelliten benötigt. Wie
hoch muss ein geostationärer Satellit etwa
stehen? Lies am Graphen ab und rechne.
c) Wie lange dauert ein Umlauf eines
Satelliten, der 10 000 km über dem Äquator
fliegt?

Geostationäre Satelliten
scheinen über der Erde
stillzustehen.

10 Das Volumen der Erde beträgt etwa $1{,}08 \cdot 10^{21}\,m^3$, das der Sonne etwa $1{,}41 \cdot 10^{18}\,km^3$.
Wie viele Erdkugeln hätten zusammen das Volumen der Sonne?

11 Die Sonne strahlt Wärme ab. Ein Körper, der sich im Abstand d von der Sonne befindet, empfängt dabei pro m² Körper- oberfläche die Strahlungsleistung $P = \frac{1,3}{d^2}$ $\left(P \text{ in } \frac{kW}{m^2}\right)$; dabei wird die Entfernung d in astronomischen Einheiten AE gemessen. Am 10.12.1974 wurde die deutsche Raum- sonde Helios auf eine elliptische Bahn um die Sonne geschossen (Fig. 1).

a) Am 15.3.1975 hatte sie mit d = 0,31 AE die geringste Entfernung zur Sonne. Wel- che Strahlungsleistung wirkte hier auf die Sonde?

b) Ein Körper, der die gesamte empfan- gene Strahlung in Wärme umwandelt, erwärmt sich bei einer Strahlungsleistung $P \left(\text{in } \frac{kW}{m^2}\right)$ auf die Temperatur

$T = 64,8 \cdot \sqrt[4]{1000 \cdot P} - 273,15$ (T in °C).
Wie heiß konnte die Helios-Sonde dem- nach im sonnennächsten Punkt höchstens werden?

12 Die Seitenmitten eines gleichseitigen Drei- ecks bilden jeweils die Eckpunkte eines nächstkleineren gleichseitigen Dreiecks (siehe Fig. 2). Das größte Dreieck hat die Seitenlänge 4 cm.

a) Gib die Seitenlänge des 10ten (des 100ten, des n-ten) Dreiecks an.

b) Das wievielte Dreieck hat die Seiten- länge $\frac{1}{1024}$ cm?

13 Fig. 3 zeigt eine Folge geometrischer Figu- ren. Das Konstruktionsprinzip ist bei jedem Schritt dasselbe:
Jede vorhandene Strecke wird gedrittelt. Oberhalb der mittleren Teilstrecke wird ein gleichseitiges Dreieck „aufgesetzt".

a) Gib für die Länge der Streckenzüge nach dem ersten und nach dem zweiten Schritt jeweils einen Term an.

b) Mit welchem Term lässt sich die Länge des Streckenzuges nach n Schritten berechnen? Wie lang ist der Streckenzug nach 20 Schritten, wenn man mit einer 6,25 cm langen Strecke a beginnt?

c) Nach wie vielen Schritten ist der Stre- ckenzug 100-mal (10^6-mal, 10^{50}-mal) so lang wie die Anfangsstrecke a?

Astronomische Einheit:
1 AE = 149,6 · 10⁹ m

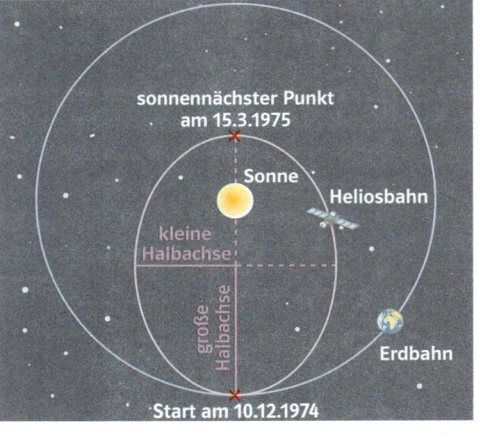

Fig. 1

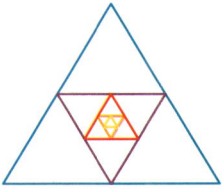

Fig. 2

Man nennt diese Kurve auch Koch'sche Schnee- flocke nach Helge von Koch, einem schwedi- schen Mathematiker (25. Januar 1870 – 11. März 1924).

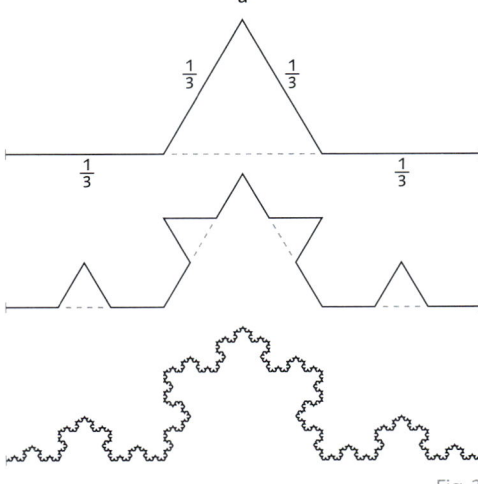

Fig. 3

Ellipsen und Kepler'sche Gesetze

In der Antike nahm man an, die Erde sei der Mittelpunkt der Welt und die Sterne würden sich an einem „Firmament" bewegen (geozentrisches Weltbild).

Nikolaus Kopernikus stellte die Theorie auf, das Zentrum der Welt sei nicht die Erde, sondern die Sonne, um die sich die Planeten auf Kreisen bewegen (heliozentrisches Weltbild).

Mithilfe der Messungen von **Tycho Brahe** versuchte **Johannes Kepler**, die Theorie von Kopernikus zu prüfen. Dabei erkannte er unter anderem, dass die Bahn des Planeten Mars kein Kreis, sondern eine **Ellipse** ist. In seinem Buch *Astronomia nova* (Neue Astronomie) stellte Kepler im Jahre 1609 die Behauptung auf, dass sich nicht nur der Mars, sondern alle Planeten auf Ellipsenbahnen um die Sonne bewegen.

Nikolaus Kopernikus
(1473 – 1543),
polnischer Astronom

Ellipsen erhält man zum Beispiel, indem man einen Kreis senkrecht zu einem Durchmesser streckt. In Fig. 1 ist dabei der Streckfaktor k = 0,5 gewählt. Ebenso erhält man eine Ellipse, indem man alle die Punkte betrachtet, für die die Summe der Entfernungen zu zwei gegebenen **Brennpunkten** F_1 und F_2 einen konstanten Wert d hat $(d > \overline{F_1F_2} = 2e)$. So ist in Fig. 2 die Ellipse zu $2e = 6\,\text{cm}$ und $d = 10\,\text{cm}$ gezeichnet.

elleipsis (griech.): Mangel, Unvollkommenheit

Die Strecke a vom Mittelpunkt zu einem der beiden am weitesten voneinander entfernten Ellipsenpunkten heißt **große Halbachse**, entsprechend ist die **kleine Halbachse** b die Strecke vom Mittelpunkt zu einem der beiden am nächsten liegenden Ellipsenpunkten.

Tycho Brahe
(1546 – 1601),
dänischer Astronom

Die Ellipse in Fig. 1 hat die Halbachsen $a = r = 5\,\text{cm}$ und $b = \frac{r}{2} = 2,5\,\text{cm}$.

Mit $2a = d$ und $b^2 = \left(\frac{d}{2}\right)^2 - e^2 = a^2 - e^2$ ergeben sich auch die

Halbachsen der Ellipse in Fig. 2: $a = \frac{d}{2} = 5\,\text{cm}$ und $b = \sqrt{5^2 - 3^2}\,\text{cm} = 4\,\text{cm}$.

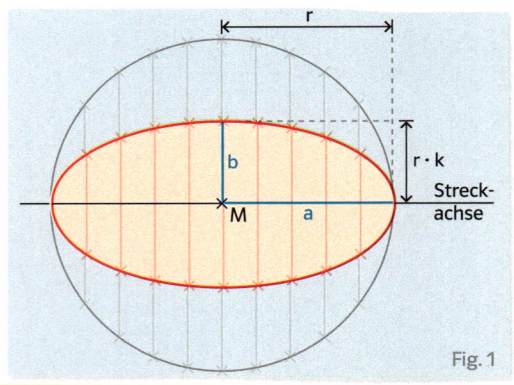

Fig. 1

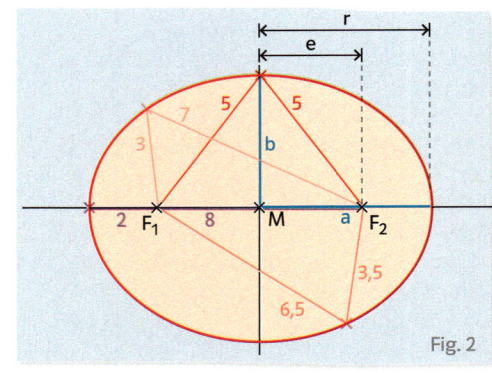

Fig. 2

1 **a)** Bestimme zur Ellipse in Fig. 1 die Lage der Brennpunkte F_1 und F_2, indem du den Abstand $e = \overline{MF_1} = \overline{MF_2}$ berechnest.
b) Zeichne einen Kreis mit dem Radius 6 cm. Entwickle daraus durch senkrechte Achsenstreckung eine Ellipse mit den Halbachsen a = 6 cm und b = 4 cm. Wo liegen die Brennpunkte der Ellipse?

2 **a)** Zwei Punkte F_1 und F_2 sind 10 cm voneinander entfernt. Zeichne zehn Punkte P, für die jeweils $\overline{PF_1} + \overline{PF_2} = 12\,\text{cm}$ ist. Verbinde die Punkte zu einer Ellipse.
b) Wie lang sind die Halbachsen der in Teilaufgabe a) gezeichneten Ellipse?

Die von Kepler 1609 veröffentlichten Aussagen zur Planetenbewegung sind heute als die beiden ersten Kepler'schen Gesetze bekannt. Die Aussagen können auch auf andere Bewegungen, wie z. B. die eines Satelliten um ein Zentralgestirn, übertragen werden.

Erstes Kepler'sches Gesetz
Die Planeten bewegen sich auf Ellipsen, in deren einem Brennpunkt die Sonne steht.

Zweites Kepler'sches Gesetz
Der Leitstrahl eines Planeten überstreicht in gleichen Zeiten gleiche Flächen.

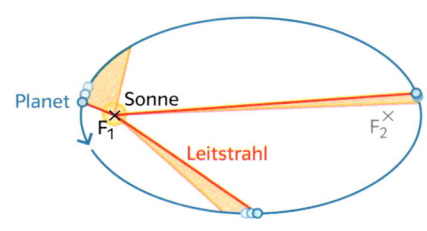

Fig. 1

Friedrich Johannes Kepler (1571–1630), deutscher Astronom

Welche Folgerung ergibt sich aus dem zweiten Kepler'schen Gesetz für die Geschwindigkeit, mit der sich ein Planet auf seiner Ellipsenbahn bewegt?

$1\,\text{AE} = 149{,}6 \cdot 10^6\,\text{km}$

Kepler vermutete zusätzlich einen Zusammenhang zwischen den mittleren Entfernungen r der Planeten von der Sonne und ihren Umlaufzeiten T. Die ihm zur Verfügung stehenden Messwerte sind in der Tabelle in der heute üblichen Form zusammengestellt. Als astronomische Längeneinheit (AE) ist die mittlere Entfernung der Erde von der Sonne zugrundegelegt.

Planet	Merkur	Venus	Erde	Mars	Jupiter	Saturn
r (in AE)	0,3871	0,7233	1,000	1,5237	5,2028	9,5389
T (in Jahren)	0,2408	0,6152	1,000	1,8808	11,8616	29,4563

Lässt sich die Funktion $r \mapsto T$ mathematisch beschreiben? Um eine proportionale Funktion kann es sich nicht handeln, denn dann müsste für die mittleren Sonnenentfernungen r_1 und r_2 zweier Planeten und die zugehörigen Umlaufzeiten $T_1 : T_2 = r_1 : r_2$ gelten. Auch die „doppelte Proportion", also ein quadratischer Zusammenhang kommt nicht in Betracht, weil $T_1 : T_2$ nicht mit $(r_1 : r_2)^2$ übereinstimmt.

In den *Harmonice mundi* (Harmonie der Welt) beschreibt Kepler, wie er 1618 die Gesetzmäßigkeit entdeckte, die heute als **drittes Kepler'sches Gesetz** bekannt ist. Mit dem „Anderthalbfachen der Proportion" meint Kepler, dass $T_1 : T_2 = (r_1 : r_2)^{1,5}$ ist. Also ist die Funktion $r \mapsto T$ eine Potenzfunktion mit dem Funktionsterm $T = c \cdot r^{1,5}$ mit einer passenden Konstanten c.

Aus *Harmonice mundi* von Johannes Kepler, übersetzt von Max Caspar
Nachdem ich [...] die wahren Intervalle der Bahnen mithilfe der Beobachtungen Brahes ermittelt hatte, zeigte sich mir endlich, endlich die wahre Proportion der Umlaufzeiten in ihrer Beziehung zu der Proportion der Bahnen: [...] Am 8. März dieses Jahres 1618 [...] ist sie in meinem Kopf aufgetaucht. [...] Allein es ist ganz sicher [...], dass die **Proportion, die zwischen den Umlaufzeiten irgend zweier Planeten besteht, genau das Anderthalbfache der Proportion der mittleren Abstände [...] ist**.

Drittes Kepler'sches Gesetz
Die Quadrate der Umlaufzeiten zweier Planeten verhalten sich zueinander wie die dritten Potenzen der großen Halbachsen ihrer Bahnen: $T_1^2 : T_2^2 = a_1^3 : a_2^3$.

3 Prüfe das dritte Kepler'sche Gesetz für verschiedene Planetenpaare aus der obigen Tabelle.

4 Der Planet Uranus hat die mittlere Entfernung $r = 19{,}2809\,\text{AE}$ von der Sonne, der noch sonnenfernere Planet Neptun die Umlaufzeit $T = 165{,}49$ Jahre. Berechne
a) die mittlere Sonnenentfernung des Neptuns,
b) die Umlaufzeit des Uranus.

Man kann zeigen, dass die mittlere Entfernung r eines Planeten von der Sonne mit den großen Halbachsen a der Bahnen übereinstimmen.

Potenzen mit ganzzahligen Exponenten

Bei einer **Potenz** a^n heißt a die **Basis** und n der **Exponent**.
Für jede Zahl $a \neq 0$ und jede natürliche Zahl $n > 0$ ist festgelegt:

$$a^n = \underbrace{a \cdot a \ldots a \cdot a}_{n \text{ Faktoren}} \quad \text{und} \quad a^{-n} = \frac{1}{a^n}.$$

Außerdem ist festgelegt: $a^0 = 1$.

$(-5)^3 = (-5) \cdot (-5) \cdot (-5) = -125$
$1{,}6 \cdot 10^7 = 1{,}6 \cdot 10\,000\,000 = 16\,000\,000$
$5 \cdot 10^{-7} = 5 \cdot \frac{1}{10\,000\,000} = 0{,}000\,000\,5$

Potenzen mit rationalen Exponenten

Für $a > 0$, $m \in \mathbb{Z}$ und $n \in \mathbb{N}$ $(n \geq 1)$ gilt:

$a^{\frac{1}{n}} = \sqrt[n]{a}$ und $a^{-\frac{1}{n}} = \frac{1}{a^{\frac{1}{n}}} = \frac{1}{\sqrt[n]{a}}$,

$a^{\frac{m}{n}} = \sqrt[n]{a^m} = \left(\sqrt[n]{a}\right)^m$ und $a^{-\frac{m}{n}} = \frac{1}{a^{\frac{m}{n}}} = \frac{1}{\sqrt[n]{a^m}} = \frac{1}{\left(\sqrt[n]{a}\right)^m}$.

$343^{\frac{1}{3}} = \sqrt[3]{343} = 7$
$243^{-\frac{1}{5}} = \frac{1}{243^{\frac{1}{5}}} = \frac{1}{\sqrt[5]{243}} = \frac{1}{3}$

$8^{\frac{5}{3}} = \sqrt[3]{8^5} = \left(\sqrt[3]{8}\right)^5 = 2^5 = 32$
$64^{-\frac{2}{3}} = \frac{1}{64^{\frac{2}{3}}} = \frac{1}{\sqrt[3]{64^2}} = \frac{1}{\left(\sqrt[3]{64}\right)^2} = \frac{1}{16}$

Rechengesetze für Potenzen

Für reelle Zahlen p, q, a, b mit $a, b > 0$ gilt

$a^p \cdot a^q = a^{p+q}$; $\qquad a^p : a^q = \frac{a^p}{a^q} = a^{p-q}$;

$a^p \cdot b^p = (a \cdot b)^p$; $\qquad a^p : b^p = \frac{a^p}{b^p} = \left(\frac{a}{b}\right)^p$;

$(a^p)^q = a^{p \cdot q}$.

$y^{\frac{3}{5}} \cdot y^{\frac{1}{5}} = y^{\frac{3}{5} + \frac{1}{5}} = y^{\frac{4}{5}}$; $\qquad x^{-2} : x^6 = x^{-2-6} = x^{-8}$

$c^{-\frac{2}{5}} \cdot d^{-\frac{2}{5}} = (c \cdot d)^{-\frac{2}{5}}$; $\qquad a^{-4} : b^{-4} = \left(\frac{a}{b}\right)^{-4}$

$\left(y^{-\frac{3}{4}}\right)^{\frac{8}{9}} = y^{-\frac{3}{4} \cdot \frac{8}{9}} = y^{-\frac{2}{3}}$

Potenzfunktionen mit natürlichen Exponenten

Für eine beliebige Zahl $a \neq 0$ und $n \in \mathbb{N}$ $(n \geq 1)$ heißt eine Funktion f, deren Funktionsterm in der Form $f(x) = a \cdot x^n$ geschrieben werden kann, eine **Potenzfunktion n-ten Grades**.

Ist n gerade, so ist der Graph von f symmetrisch bezüglich der y-Achse. Ist n ungerade, so ist der Graph punktsymmetrisch bezüglich des Koordinatenursprungs.

Für $|a| > 1$ ist der Graph in y-Richtung gestreckt. Für $0 < |a| < 1$ ist der Graph in y-Richtung gestaucht. Ist a negativ, so wird der Graph zusätzlich an der x-Achse gespiegelt.

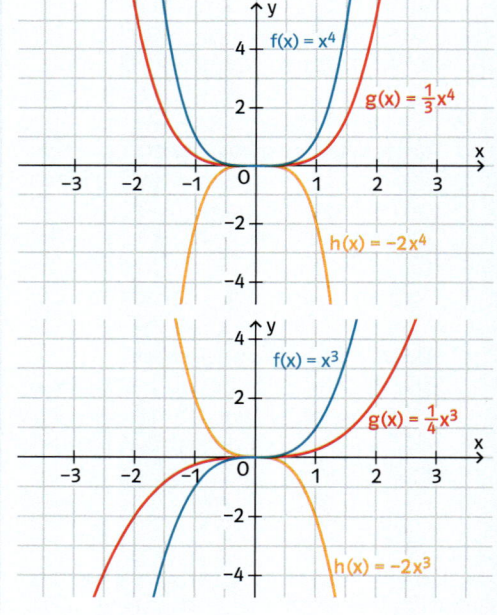

Potenzgleichungen

Eine Potenzgleichung der Form $x^n = a$ mit ganzzahligem Exponenten $n \neq 0$ hat zwei Lösungen, genau eine Lösung oder gar keine Lösung.

	n gerade	n ungerade
a > 0	zwei Lösungen: $\sqrt[n]{a}$, $-\sqrt[n]{a}$	eine Lösung: $\sqrt[n]{a}$
a < 0	keine Lösung	eine Lösung: $-\sqrt[n]{|a|}$

Runde 1

○→ Lösungen | Seite 191

1 Berechne.

a) $5 \cdot 3^{-2}$

b) $4^2 \cdot (-8)$

c) $5 + 2 \cdot (-3)^4$

d) $10 + 4 \cdot (-2)^{-3}$

e) $14 - 3 \cdot \left(\frac{3}{5}\right)^{-3}$

f) $5 \cdot 10^5 + 2 \cdot 10^5$

g) $(3 \cdot 10^4)(6 \cdot 10^3)$

h) $\frac{14 \cdot 10^{-8}}{7 \cdot 10^{-2}}$

2 Schreibe mithilfe von Zehnerpotenzen. Gib jeweils zwei Möglichkeiten an.

a) 50 000

b) 340 000 000

c) 0,000 007

d) 0,000 000 035

3 Vereinfache.

a) $a^4 \cdot a^5$

b) $\left(-2x^2 \cdot y^{-3}\right)^3$

c) $\frac{u^5 \cdot v^{-2}}{v^5 \cdot u^3}$

d) $\left(a^{\frac{5}{4}} : y^{-\frac{5}{8}}\right)^{-\frac{4}{5}}$

4 Schreibe als Potenz und vereinfache so weit wie möglich.

a) $\sqrt[4]{4^2}$

b) $\sqrt[3]{6^{-6}}$

c) $\sqrt[4]{\sqrt[3]{9}}$

d) $\sqrt{2\sqrt{2}}$

5 Zur Vorbereitung der Einladungen zu einer Klassenfeier wird das Wort PARTY mithilfe eines Kopiergerätes vergrößert. Die Kopie wird wieder vergrößert usw. Der Vergrößerungsfaktor ist immer derselbe. Die Figur zeigt das Original und die vierte Kopie. Berechne den Vergrößerungsfaktor.

Runde 2

○→ Lösungen | Seite 191

1 Schreibe, ohne Zehnerpotenzen zu verwenden.

a) $3,5 \cdot 10^4$

b) $1,25 \cdot 10^{-5}$

c) $-4,86 \cdot 10^7$

d) $-2,718 \cdot 10^{-3}$

2 Vereinfache.

a) $3^4 \cdot 3^{-4}$

b) $4^{-\frac{2}{3}} \cdot 4^{\frac{3}{4}}$

c) $\left(5^{\frac{2}{5}}\right)^{-\frac{3}{4}}$

d) $\frac{(3u^4 v^{-1})^2}{(9u^{-2}v^{-3})^{-1}}$

3 Gib in Wurzelschreibweise an.

a) $5^{\frac{2}{3}}$

b) $3^{-\frac{2}{7}}$

c) $\left(2x^2 \cdot y\right)^{\frac{3}{4}}$

d) $\left(4a^3\right)^{-\frac{1}{5}}$

4 Die Graphen in der Figur sind Parabeln dritter Ordnung.

a) Bestimme jeweils die Terme der zugehörigen Potenzfunktion f, g und h.

b) Lies in der Abbildung für jede der Funktionen ab, für welchen x-Wert der Funktionswert gleich 2 ist.

c) Welcher Wert für x ergibt sich durch Rechnung?

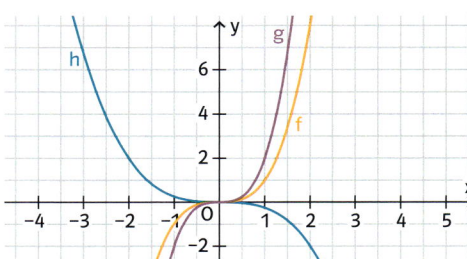

5 Die Seitenmitten eines Quadrats bilden jeweils die Eckpunkte des nächstkleineren Quadrats. Das große Quadrat hat die Seitenlänge 8 cm.

a) Gib die Seitenlänge des 10. (des 100., des n-ten) Quadrats an.

b) Beim wievielten Quadrat ist die Seitenlänge zum ersten Mal kleiner als 0,002 cm?

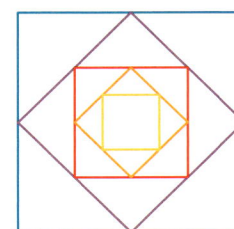

III Kreis- und Körperberechnungen

Das kannst du schon

- Mit dem Zirkel Kreise zeichnen
- Umfang und Flächeninhalt bei Rechteck und Dreieck bestimmen
- Rauminhalt eines Quaders berechnen

Sicher ins Kapitel III
Seite 167

Das kannst du bald

- Umfang und Flächeninhalt von Kreisen bestimmen
- Mit Kreisausschnitten und Kreisbögen umgehen
- Volumen und Oberflächeninhalt von Pyramiden, Kegeln und Kugeln bestimmen

– Welche der abgebildeten Figuren sind Netze von Körpern? Erklärt, warum manche Figuren keine Körpernetze sein können.
– Sortiert die Netze danach, welche Körper entstehen.
– Bestimmt die Oberflächeninhalte der Körper. Schreibt auf, wie man den Oberflächeninhalt des jeweiligen Körpers bestimmt.

Lerneinheit 7
Seite 90

Kopiervorlage
Körpernetze
bg25kp

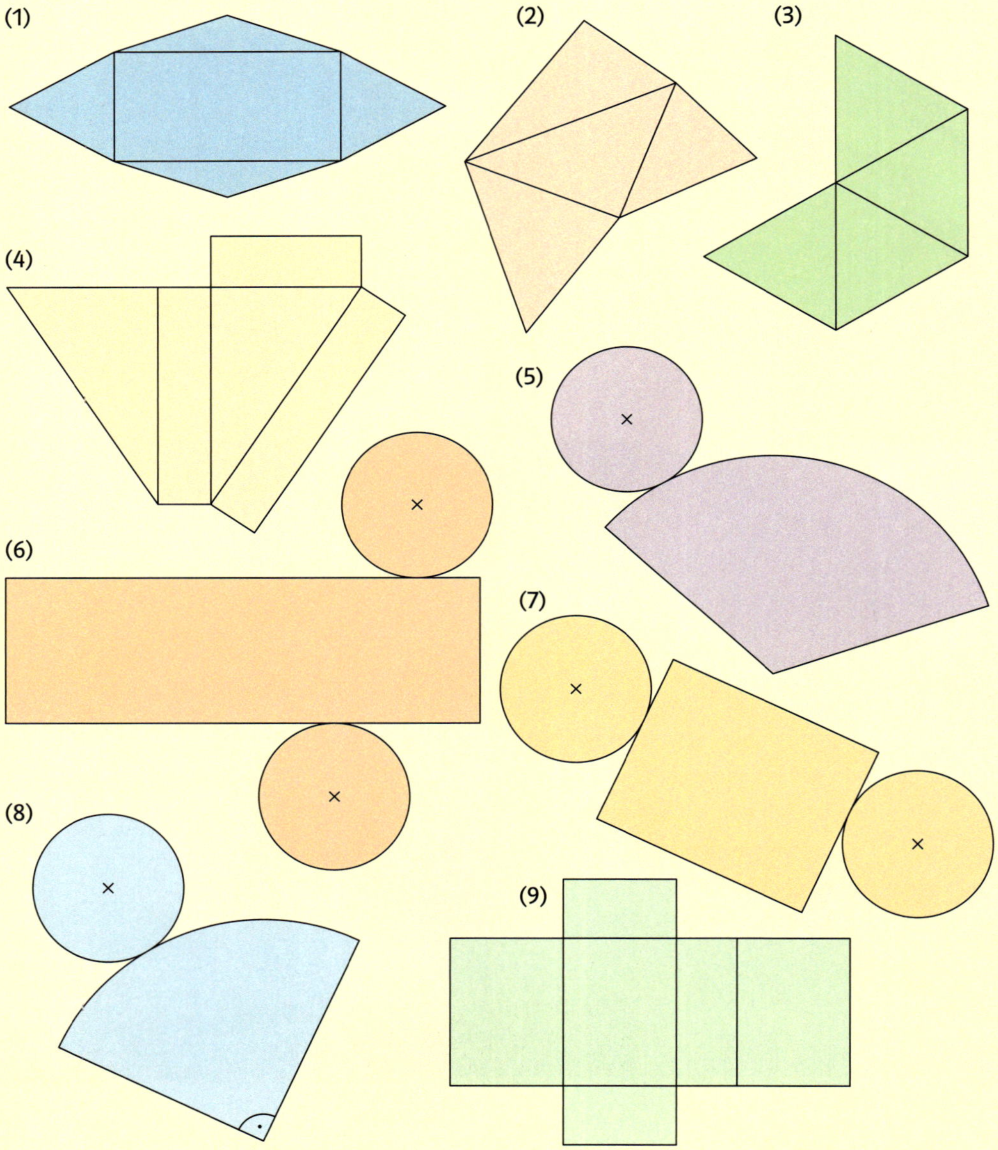

(1)

(2)

(3)

(4)

(5)

(6)

(7)

(8)

(9)

Auf der Suche nach Kreisformeln

Kreisumfang untersuchen, Messergebnisse zusammenstellen

Bestimmt von verschiedenen kreisrunden Gegenständen den Durchmesser und den Umfang. Ihr könnt auch mit dem Zirkel Kreise mit verschiedenen Radien zeichnen und dann Messungen durchführen. Verwendet geeignete Messinstrumente. Haltet die Ergebnisse in einer Tabelle und in einem Diagramm fest.

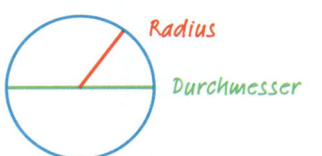

Gegenstand	Durchmesser (d)	Umfang (U)

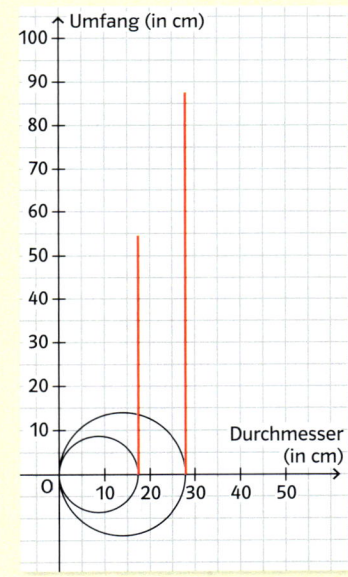

Messergebnisse auswerten

– Stellt für die Zuordnung d ↦ U mithilfe der Messergebnisse eine Zuordnungsvorschrift auf.

– Gebt die Ergebnisse eurer Messungen in ein Tabellenkalkulationsprogramm (TK) ein (erste Spalte: Durchmesser, zweite Spalte: Umfang). Erstellt mit dem TK ein Punktdiagramm (Spalten markieren und in der Symbolleiste *Einfügen → Diagramm → Punkt (XY)* wählen).
Ergänzt in dem Diagramm eine Trendgerade (Punkte im Diagramm mit der rechten Maustaste anklicken → *Trendlinie hinzufügen → linear*) und lasst die Gleichung der Geraden anzeigen (unter *Optionen* das zugehörige Feld aktivieren). Die Gleichung der Trendgeraden kann helfen, eine Formel für den Kreisumfang anzugeben. Warum?

– Welchen Umfang hat ein Kreis mit dem Durchmesser d = 1m bzw. d = 100 m?

– Vergleicht die Werte des Funktionsterms mit der Kreiszahl π auf eurem Taschenrechner.

1 Flächeninhalt eines Kreises

Mexikos berühmtester Baum ist über 2000 Jahre alt und steht in Santa Maria del Tule. Man bräuchte ungefähr 30 erwachsene Menschen, wenn man diesen Baum mit den Armen umfassen wollte!

Thorsten fragt sich, ob man mit einer Scheibe dieses Baumes das ganze Klassenzimmer ausfüllen könnte.

Bisher sind nur Verfahren zur Berechnung geradlinig begrenzter Flächen behandelt worden. Um den Flächeninhalt eines Kreises anzunähern, kann man den Kreis durch eine Folge von einbeschriebenen und umbeschriebenen regelmäßigen n-Ecken einschachteln. Offenbar hängt der Flächeninhalt eines Kreises von seinem Radius r und damit von r^2 ab.

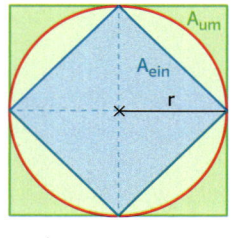
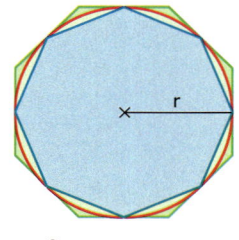

n = 4   n = 8   usw.

Für den Fall $n = 4$ ergibt sich für das umbeschriebene Quadrat $A_{um} = (2r)^2 = 4r^2$ und für das einbeschriebene Quadrat $A_{ein} = 2r^2$. Damit gilt für den Flächeninhalt des Kreises: $2r^2 < A_{Kreis} < 4r^2$. Es gibt also einen Faktor k mit $A_{Kreis} \approx k r^2$. Dieser liegt zwischen 2 und 4.

Der Flächeninhalt des einbeschriebenen n-Ecks ist $A_{ein} = 2n d_n$ und der Flächeninhalt des umbeschriebenen n-Ecks ist $A_{um} = 2n D_n$ (wobei d_n bzw. D_n die Flächeninhalte der rechtwinkligen Dreiecke sind. Vgl. Fig. 1).

Die Inhalte der rechtwinkligen Dreiecksflächen können mithilfe der Trigonometrie berechnet werden, es gilt:

$\sin\left(\frac{180°}{n}\right) = \frac{y}{r}$ und $\cos\left(\frac{180°}{n}\right) = \frac{x}{r}$.

Mit $y = r \cdot \sin\left(\frac{180°}{n}\right)$ und $x = r \cdot \cos\left(\frac{180°}{n}\right)$ folgt

$d_n = \frac{1}{2}xy = \frac{1}{2}r^2 \cdot \sin\left(\frac{180°}{n}\right) \cdot \cos\left(\frac{180°}{n}\right)$.

Weiterhin gilt $\tan\left(\frac{180°}{n}\right) = \frac{z}{r}$.

Mit $z = r \cdot \tan\left(\frac{180°}{n}\right)$ ergibt sich

$D_n = \frac{1}{2}rz = \frac{1}{2}r^2 \cdot \tan\left(\frac{180°}{n}\right)$.

Es ergeben sich $A_{ein} = n r^2 \cdot \sin\left(\frac{180°}{n}\right) \cdot \cos\left(\frac{180°}{n}\right)$

und

$A_{um} = n r^2 \cdot \tan\left(\frac{180°}{n}\right)$.

Fig. 1

Wählt man für den Radius $r = 1$ und vergrößert die Eckenanzahl, so nähern sich A_{ein} und A_{um} immer weiter $A_{Kreis}(1) = k \cdot 1^2 = k$ dem Faktor k an.

Für n-Ecke in und um einen Kreis mit r = 1 ergibt sich folgende Tabelle.

n	4	8	16	32	64	128
A_{ein}	2	2,828 4271	3,061 4674	3,121 4451	3,136 5484	3,140 3310
A_{um}	4	3,313 7084	3,182 5978	3,151 7249	3,144 1183	3,142 2235

n	256	512	1024	2048	4096	...
A_{ein}	3,141 2772	3,141 5137	3,141 5729	3,141 5877	3,141 5913	...
A_{um}	3,141 7503	3,141 6320	3,141 6024	3,141 5951	3,141 5932	...

Der Flächeninhalt A_{ein} des einbeschriebenen n-Ecks und der Flächeninhalt A_{um} des um-beschriebenen n-Ecks nähert sich mit wachsendem n den Werten für A_{ein} und A_{um} dem Faktor k an, er beträgt etwa 3,141 59. Dieser Faktor wird **Kreiszahl** genannt und mit π abgekürzt.
Damit ergibt sich der Flächeninhalt des Kreises mit dem Radius r zu $A_{Kreis}(r) = \pi r^2$.

> Für den **Flächeninhalt** A eines Kreises mit dem Radius r gilt: $A = \pi \cdot r^2$

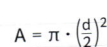

$A = \pi \cdot \left(\frac{d}{2}\right)^2$

Die Kreiszahl π ist irrational. Eine gute Näherung für π sind 3,14 oder $\frac{22}{7}$.

Beispiel Flächeninhalt berechnen
a) Berechne den Flächeninhalt eines Kreises mit dem Radius 5 cm.
b) Wie verändert sich der Flächeninhalt, wenn der Radius verdoppelt wird?
Lösung
a) $A = \pi \cdot (5\,\text{cm})^2 \approx 78,54\,\text{cm}^2$
b) $A = \pi \cdot (2 \cdot 5\,\text{cm})^2 = \pi \cdot 4 \cdot (5\,\text{cm})^2 \approx 314,16\,\text{cm}^2$
Der Flächeninhalt vervierfacht sich.

Aufgaben

1 Ein Kreis hat den Radius r bzw. den Durchmesser d. Berechne den Flächeninhalt des Kreises. Runde das Ergebnis sinnvoll.
a) r = 4,80 m b) d = 15 dm c) d = 3,7 dm d) r = 25 cm
e) $r = \frac{2}{3}$ m f) d = 1,3 cm g) r = 2,35 m h) d = 15 km

2 Berechne den Radius r und damit den Durchmesser d für einen Kreis mit dem Flächeninhalt A. Runde sinnvoll.
a) $A = 1,00\,\text{m}^2$ b) $A = 1,20\,\text{dm}^2$ c) $A = 60\,\text{cm}^2$ d) $A = 0,785\,\text{a}$
e) $A = 121\,\pi\,\text{cm}^2$ f) $A = 5,29\,\pi\,\text{m}^2$ g) $A = \frac{\pi}{4}\,\text{km}^2$ h) $A = 2\,\pi\,\text{cm}^2$

3 a) Ein Verkehrsschild hat einen Durchmesser von 60 cm. Berechne seinen Flächeninhalt.
b) Ein Fernsehsender in Norddeutschland hat eine Reichweite von 45 km. Wie groß ist sein Empfangsgebiet?

4 Frau Sommer will für ihren runden Tisch (Durchmesser 1,80 m) ein Tischtuch kaufen, das überall 20 cm herunterhängen soll. Berechne den Flächeninhalt des Tischtuchs.

5 Berechne den Flächeninhalt eines Halbkreises mit dem Radius r (Durchmesser d).

a) r = 25 cm   b) d = 7,5 dm   c) d = 1,3 m   d) r = $\frac{5}{6}$ m

6 Wie ändert sich der Flächeninhalt eines Kreises, wenn man den Durchmesser verdoppelt?

Lösungen | Seite 192

7 Aus einem quadratischen Blech wird eine möglichst große Kreisscheibe herausgeschnitten. Das Blechstück hat eine Seitenlänge von 25 cm. Wie groß ist die Fläche des Abfalls?

8 a) 👤👤👤 Aus einer quadratischen Platte mit der Seitenlänge a wird eine Kreisscheibe wie in Fig. 1 herausgeschnitten. Wie viel Prozent beträgt die Fläche des Abfalls?
b) Eine Gruppe schneidet aus einer quadratischen Platte wie in Fig. 2 vier gleich große Kreisscheiben heraus, eine andere Gruppe schneidet neun solcher Kreisscheiben heraus. Wie viel Prozent beträgt jeweils die Fläche des Abfalls?

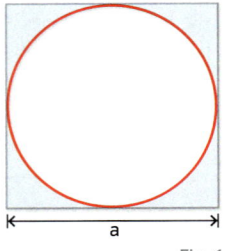 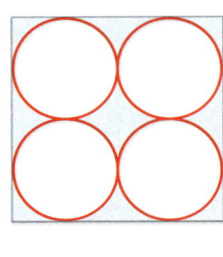

Fig. 1   Fig. 2

Stellt für n^2 herausgeschnittene Kreisscheiben einen Term für die Fläche des Abfalls auf.

9 👤👤 Gegeben ist ein Kreis mit dem Radius r. Berechne den Flächeninhalt eines umbeschriebenen regelmäßigen Sechsecks und lass deinen Partner den Flächeninhalt eines einbeschriebenen regelmäßigen Sechsecks berechnen. Welche Abschätzung erhaltet ihr für den Flächeninhalt des Kreises und damit für π? Auf wie viele Stellen nach dem Komma habt ihr dadurch die Zahl π bestimmt?

10 Berechne jeweils die Inhalte der gefärbten Flächen in Fig. 3.

11 Eine gegebene Kreisfläche soll wie in Fig. 4 in drei Teile mit jeweils gleichem Inhalt zerlegt werden. Welchen Radius muss der innere Kreis haben?

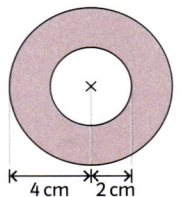 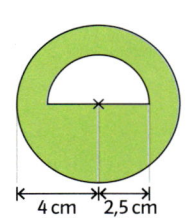 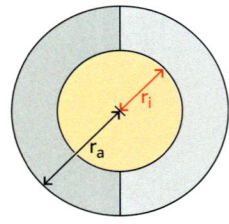

4 cm   2 cm   4 cm   2,5 cm

Fig. 3   Fig. 4

12 Berechne den Flächeninhalt der gefärbten Fläche.

a)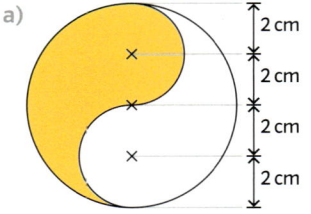
2 cm
2 cm
2 cm
2 cm

b)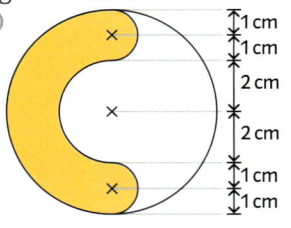
1 cm
1 cm
2 cm
2 cm
1 cm
1 cm

c)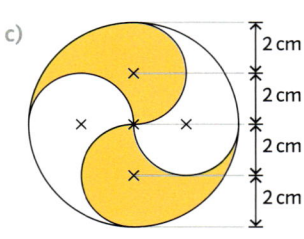
2 cm
2 cm
2 cm
2 cm

13 Gib die kleinste Zehnerpotenz an, mit der man die folgenden Zahlen multiplizieren muss, um eine natürliche Zahl zu erhalten.

a) 0,02   b) 7,001   c) 0,0152   d) 3,414 121
   1,0002   240,240   4,317 53   0,700

14 Berechne.
a) 0,027 · 100   b) 10^5 · 0,001 024   c) 0,08 : 10^2 d) 321 : 10^5

Lösungen | Seite 192

2 Umfang eines Kreises

Tina möchte an ihrem Fahrrad einen Kilometerzähler anbringen. In der Bedienungsanleitung liest sie:
– Bringen Sie an der Fahrradgabel und an einer Speiche des Vorderrads jeweils einen kleinen Magneten an.
– Geben Sie den Durchmesser des Vorderrads in den Kilometerzähler ein.

Bei verschiedenen Gegenständen wurden jeweils der Durchmesser und der Umfang gemessen und die Werte in eine Tabelle eingetragen.
Man sieht: Bei allen Gegenständen ist der Umfang etwas mehr als dreimal so groß wie der Durchmesser. Um dieses Verhältnis zu berechnen, bildet man jeweils den Quotienten aus Umfang und Durchmesser.

Gegenstand	d (cm)	U (cm)	U : d
Flasche	7,3	23	3,15
CD	12	38	3,17
Tonne	29,5	92,5	3,14
Armreif	3	10	3,33
Klebeband	6,5	21	3,23

Unter dem **Umfang** einer ebenen Figur versteht man die Länge des Weges auf ihrem Rand einmal um die Figur herum.

Tatsächlich ist der Quotient aus Kreisumfang und Durchmesser stets gleich; der Umfang ist also proportional zum Durchmesser. Der Proportionalitätsfaktor ist π, wie im Folgenden gezeigt wird.

Ein Kreis mit dem Radius r und der Fläche $A = \pi r^2$ wird wie in Fig. 1 in gleiche Teile zerlegt. Dann werden diese Teile wie in Fig. 2 wieder zusammengelegt. Die neue Fläche ist ungefähr ein Rechteck mit der Breite a und der Höhe h. Seine Fläche $A_r = a\,h$ ist näherungsweise gleich der Fläche des Kreises, also $A_r = a\,h \approx \pi r^2 = A$.
Mit U bezeichnet man die Länge des Umfangs des Kreises. Vergrößert man die Anzahl der Teile, so unterscheidet sich die Fläche in Fig. 3 immer weniger von einer Rechtecksfläche der Länge $\frac{U}{2}$ und der Breite r. Dann ergibt sich $\frac{U}{2}r = \pi r^2$, also $U = 2\pi r$.

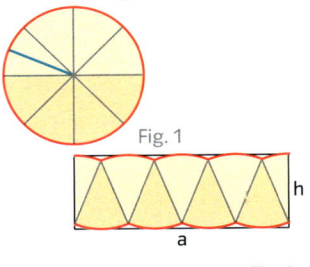
Fig. 1

Fig. 2

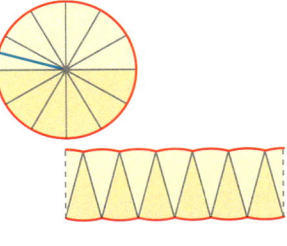

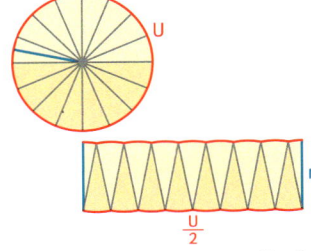
Fig. 3

Der griechische Buchstabe π kommt von peripheria (griech.), d.h. Umfang, da π sich als der Umfang eines Kreises mit dem Durchmesser 1 erweisen wird.

Für den **Umfang** U eines Kreises mit Durchmesser d bzw. Radius r gilt:
$$U = d \cdot \pi \quad \text{bzw.} \quad U = 2 \cdot r \cdot \pi.$$

Beispiel 1 Umfang und Durchmesser eines Kreises berechnen

a) Berechne den Umfang eines Kreises mit dem Radius 2 m.
b) Welchen Durchmesser hat ein Kreis mit dem Umfang 37,7 cm?

Lösung

a) Durchmesser des Kreises: r = 2 d = 4 m
Umfang: $U = \pi \cdot 4\,m \approx 12,6\,m$
b) Umfang: U = 37,7 cm
Durchmesser: $d = U : \pi = 37,7\,cm : \pi \approx 12,0\,cm$

Beispiel 2 Umfang einer Figur berechnen

Berechne den Umfang der Figur.

Lösung

*Die Figur besteht aus einem Halbkreis mit
dem Durchmesser 4 cm und 2 Halbkreisen
mit dem Durchmesser 2 cm.*

$U = \frac{1}{2} \cdot \pi \cdot 4\,cm + 2 \cdot \frac{1}{2} \cdot \pi \cdot 2\,cm \approx 12,6\,cm$

Aufgaben

○ **1** Ein Kreis hat den Radius 4 cm.
a) Berechne seinen Umfang.
b) Wie vergrößert sich sein Umfang, wenn man seinen Radius verdoppelt?
c) Um wie viele Zentimeter vergrößert sich sein Umfang, wenn sein Radius um 1 cm vergrößert wird?

○ **2** Ein Kreis hat den Umfang 78,5 m.
a) Berechne seinen Durchmesser und seinen Radius.
b) Wie muss man den Durchmesser verändern, wenn der Umfang nur halb so groß sein soll?
c) Um wie viele Zentimeter wird der Durchmesser kleiner, wenn man den Umfang um 5 cm verkleinert?

⊕ **Kopiervorlage**
Zusätzliches
Übungsmaterial
9i9a3u

○ **3** Berechne die gesamte Länge des Randes der Figur.

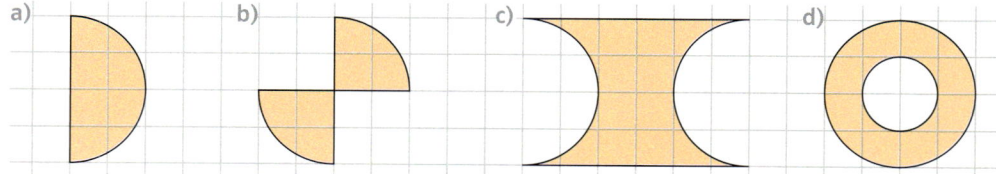

a) b) c) d)

○ **4** Berechne von den Größen r, d, A und U eines Kreises die fehlenden Größen.

a) d = 20,3 cm   b) A = 1,44 π km²   c) $U = \frac{1}{4} \pi\,m$ d) A = 200 m²

○ **5** Der Äquator hat eine Länge von etwa 40 000 km. Berechne die Länge des Erdradius.

○ **6** a) Der Stamm einer Seqoia giganta (ein in der Sierra Nevada wachsender Mammutbaum) wird bis zu 10 m dick. Welchen Umfang hat ein 9,2 m dicker Stamm?
b) Wie viele Männer sind notwendig, um den Baum zu umfassen? Rechne mit einer Spannweite von ungefähr 1,80 m für jeden Mann.

Bist du schon sicher?

7 Übertrage die Tabelle in dein Heft und ergänze die fehlenden Angaben.

	a)	b)	c)	d)
Radius	2 m			
Durchmesser		8 cm		
Umfang			44 cm	1 m

8 Ein 6,5 cm langes Drahtstück wird so zu einem kreisförmigen Ring gebogen, dass seine Enden zusammenstoßen. Berechne den Durchmesser des Ringes.

Lösungen | Seite 192

9 Berechne die Länge der aus Halbkreisen zusammengesetzten Linie.

a)

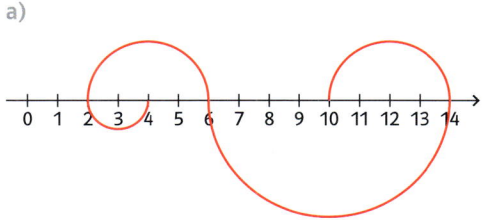

b)

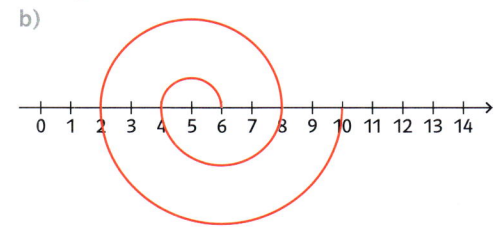

10 Das erste ISS-Bauteil wurde am 20. November 1998 von einer Proton-Schwerlastrakete in die vorgesehene Umlaufbahn gebracht. Die ISS umkreist die Erde in einer Flughöhe von ca. 400 km. Eine Umkreisung dauert etwa 1,5 Stunden. Berechne die Geschwindigkeit der Umlaufbahn, rechne dabei mit einem Erdradius von 6370 km.

11 Der Fernsehsatellit ASTRA befindet sich in 35 900 km Höhe über der Erdoberfläche und steht scheinbar am Himmel still, da er in genau 24 Stunden eine Kreisbahn in Richtung der Erddrehung durchläuft. Welche Strecke legt er in einer Stunde zurück?

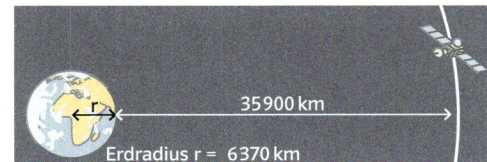

12 Der Abwurfkreis beim Diskuswerfen hat einen Durchmesser von 2,50 m. Er ist von einem 70 mm hohen Blechstreifen umschlossen.
a) Wie lang ist dieser Blechstreifen?
b) Berechne den Flächeninhalt des Streifens.

13 a) Nimm an, ein Seil würde um den Äquator gelegt, um 2 m verlängert und dann gespannt. Könnte eine Fliege, eine Maus oder gar ein Mensch darunter hindurchkriechen? Berechne die Differenz der Radien R und r in der Figur.
b) Rechne Teilaufgabe a) auch für einen Fußball (eine Erbse). Was ergibt sich für r = 0? Wie hängt das Ergebnis vom Radius r ab?

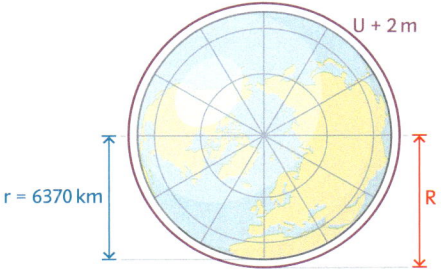

Kannst du das noch?

14 Ordne die Zahlen der Größe nach.
(1) 10 Millionen   (2) 100 000   (3) 10^{10} (4) 1 Milliarde

Lösung | Seite 192

3 Kreisausschnitt und Kreisbogen

Frau Müller-Schwarz will in der Ecke ihres Winkelbungalows einen Teil pflastern. Sie überlegt, wie viele Pflaster- und wie viele Randsteine sie besorgen muss.

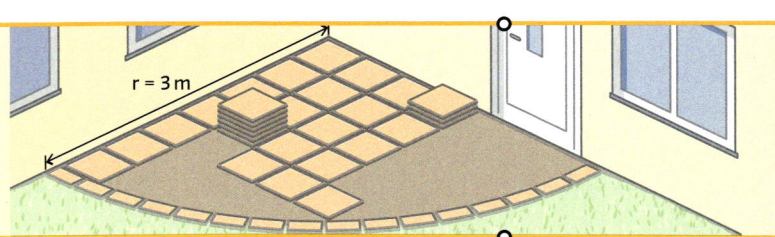

Den in der Figur rot gekennzeichneten Teil einer Kreisfläche A_α nennt man **Kreisausschnitt** oder **Kreissektor**, seine Größe ist offenbar abhängig vom sogenannten **Mittelpunktswinkel** α. Der zugehörige Teil der Kreislinie ist der **Kreisbogen** b_α.

Aus der Figur lässt sich erkennen, dass die Kreisbogenlänge b_α, der Flächeninhalt A_α und der Mittelpunktswinkel α proportional zueinander sind, d.h. verdoppelt (verdreifacht) man die Winkelgröße α, so verdoppeln (verdreifachen) sich die Größen A_α bzw. b_α. Aus der Verhältnisgleichung

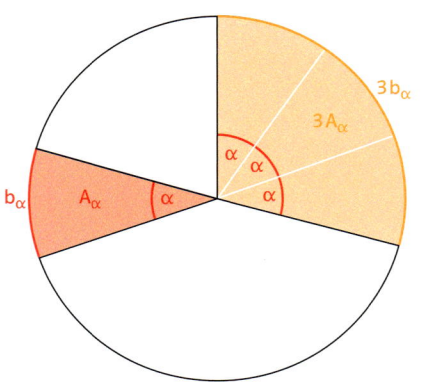

$\frac{A_\alpha}{\alpha} = \frac{\pi r^2}{360°}$ folgt $A_\alpha = \pi r^2 \cdot \frac{\alpha}{360°}$, aus

$\frac{b_\alpha}{\alpha} = \frac{2\pi r}{360°}$ folgt $b_\alpha = 2\pi r \cdot \frac{\alpha}{360°}$ und aus

$\frac{A_\alpha}{b_\alpha} = \frac{\pi r^2}{2\pi r} = \frac{r}{2}$ folgt $A_\alpha = \frac{1}{2}b_\alpha r$.

Die folgende Tabelle zeigt, wie man für einen Kreis mit bekanntem Radius r zu jedem Mittelpunktswinkel α die Länge b des zugehörigen Kreisbogens und den Flächeninhalt A des zugehörigen Kreisausschnitts berechnen kann.

Mittelpunktswinkel α	360°	1°	47°	α
Länge b_α des Kreisbogens	$2\pi r$	$2\pi r \cdot \frac{1°}{360°}$	$2\pi r \cdot \frac{47°}{360°}$	$2\pi r \cdot \frac{\alpha}{360°}$
Flächeninhalt A_α des Kreisausschnitts	πr^2	$\pi r^2 \cdot \frac{1°}{360°}$	$\pi r^2 \cdot \frac{47°}{360°}$	$\pi r^2 \cdot \frac{\alpha}{360°}$

Für den **Kreisausschnitt** eines Kreises mit dem Radius r und dem Mittelpunktswinkel α gilt für den Flächeninhalt A_α und die **Kreisbogenlänge** b_α:

Länge b_α des Kreisbogens $\qquad\qquad b_\alpha = 2\pi r \cdot \frac{\alpha}{360°}$

Flächeninhalt A_α des Kreisausschnitts $\qquad A_\alpha = \pi r^2 \cdot \frac{\alpha}{360°}$ bzw. $A_\alpha = \frac{1}{2}b_\alpha r$

Wenn keine Verwechslung passieren kann, schreiben wir kurz b statt b_α und A statt A_α

Beispiel 1 Größen im Kreissektor berechnen
Ein Kreis hat den Radius r = 6 cm. Berechne für einen Ausschnitt dieses Kreises mit dem Mittelpunktswinkel α = 48°

a) die Länge des Bogens,

b) den Flächeninhalt.

Lösung

a) b = 6 cm $\cdot$ 2 $\cdot$ π $\cdot$ $\frac{48°}{360°}$ ≈ 5,03 cm

b) A = $r^2 \cdot \pi \cdot \frac{\alpha}{360°}$ = (6 cm)$^2 \cdot \pi \cdot \frac{48°}{360°}$
   ≈ 15,08 cm^2

Beispiel 2 Berechnungen am Kreisteil

Bestimme den Flächeninhalt und den Umfang der gefärbten Fläche.

Lösung

Die Fläche ist von zwei Kreisbögen begrenzt. Der Mittelpunktswinkel ist 45°, der äußere Radius ist 4 cm, der innere 3 cm.

$$A = \pi \cdot 4^2 \cdot \frac{45°}{360°}\,cm^2 - \pi \cdot 3^2 \cdot \frac{45°}{360°}\,cm^2$$

$$= \frac{7}{8}\pi\,cm^2 \approx 2{,}75\,cm^2$$

$$U = 2\pi \cdot 4 \cdot \frac{45°}{360°}\,cm + 2\,cm + 2\pi \cdot 3 \cdot \frac{45°}{360°}\,cm$$

$$= 1{,}75\,\pi\,cm + 2\,cm \approx 7{,}50\,cm$$

Der Flächeninhalt der gefärbten Fläche beträgt ca. 2,75 cm², der Umfang ca. 7,5 cm.

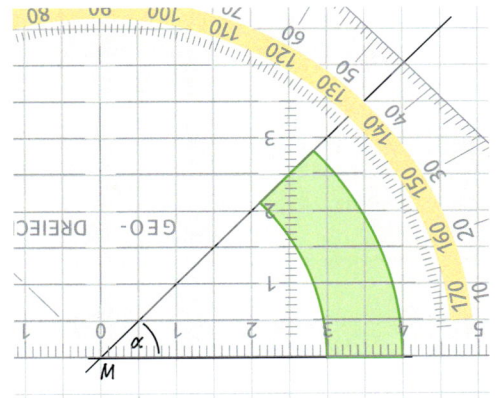

Aufgaben

1 Berechne für den Kreis mit dem Radius r die Bogenlänge b und den Flächeninhalt A des Kreisausschnitts mit dem Mittelpunktswinkel α.

a) r = 9,0 cm; α = 30°
b) r = 9,0 cm; α = 60°
c) r = 18,0 cm; α = 60°
d) r = 18,0 cm; α = 18°
e) r = 6,0 cm; α = 150°
f) r = 12,7 cm; α = 113°
g) r = 2,40 dm; α = 37°
h) r = 0,84 cm; α = 67,5°
i) r = 3,2 cm; α = 275°

2 Berechne den Flächeninhalt eines Kreisausschnitts mit r = b = 1,00 m.

3 Berechne zu einem Kreis mit dem Radius r den Mittelpunktswinkel α des Bogens der Länge b.

a) r = 4,5 cm; b = 5,0 cm
b) r = 1,40 m; b = 100 cm
c) r = 3,5 cm; b = 10,0 cm

4 Bestimme für einen Kreisausschnitt mit dem Flächeninhalt A, der Bogenlänge b, dem Kreisradius r und dem Mittelpunktswinkel α die jeweils fehlenden Größen.

a) r = 4 cm; α = 30°
b) r = 6 cm; b = 2,5 cm
c) A = 60 dm²; r = 13,8 dm

5 Berechne Flächeninhalt und Umfang von Pacman (Fig. 1) bei einem Radius von 2 cm.

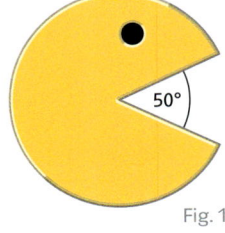

Fig. 1

6 a) Bestimme den Flächeninhalt und den Umfang der in den Figuren farbig markierten Flächen. Die Seitenlänge der Kästchen beträgt 0,5 cm.

b) 🧑‍🤝‍🧑 Entwirf selbst Aufgaben wie in Teilaufgabe a) und lass sie deinen Partner lösen.

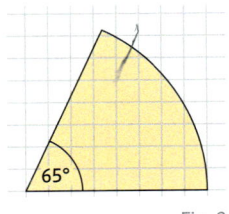

Fig. 2

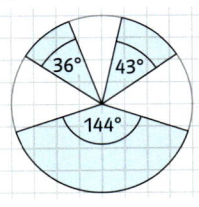

Fig. 3

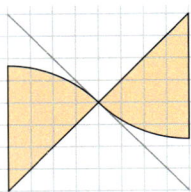

Fig. 4

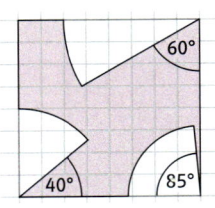

Fig. 5

7 Die Marssonde „Reconnaissance Orbiter" umkreist den Mars (Durchmesser laut ESA 6794 km) in 313 km Höhe. Für einen Umlauf um den Mars braucht die Sonde 112 Minuten.

a) Berechne die Geschwindigkeit der Sonde in km/h.

b) Vergleiche mit Daten aus dem Internet und versuche Erklärungen für abweichende Angaben zu finden.

ESA: European Space Agency

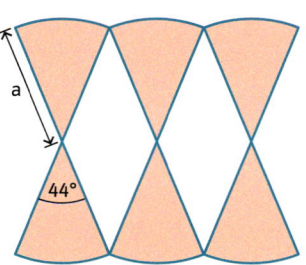

○ 8 Ein Kreisausschnitt hat den Radius 4,5 cm und den Mittelpunktswinkel 147°. Wie groß ist sein Flächeninhalt? Wie lang ist der Kreisbogen?

● 9 **a)** Welchen Flächeninhalt hat die rot markierte Fläche für a = 4 cm?
b) Wie lang ist die blaue Begrenzungslinie der Figur für a = 32 mm?

Lösungen | Seite 192

● 10 Bestimme einen Term zur Berechnung des Inhalts der gefärbten Flächen. Vereinfache den Term so weit wie möglich.

a)
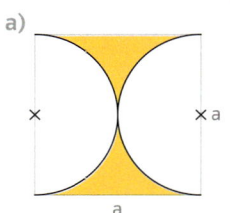

b)
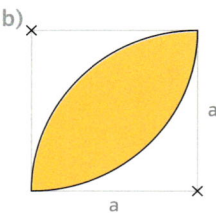

c)
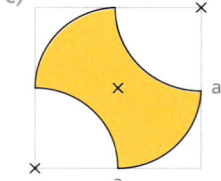

d)
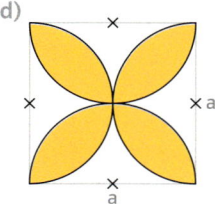

● 11 **a)** Zeige, dass die gefärbte Fläche den gleichen Flächeninhalt hat wie der rote Kreis.
b) Vergleiche die Flächeninhalte der vier Kreisteile.

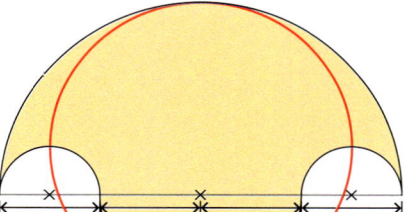

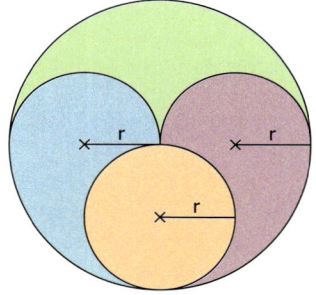

Info

Einen Kreis mit dem Radius r = 1 nennt man **Einheitskreis**.
Statt die Größe des Winkels in Grad anzugeben, kann man diese Größe auch mithilfe der zugehörigen Bogenlänge (x) im Einheitskreis messen, mit dem sogenannten **Bogenmaß**.

Für die Umrechnung von Grad (α) und Bogenmaß (x) gilt:

$$x = \frac{\alpha}{180°}\pi \quad \text{und} \quad \alpha = \frac{x}{\pi} \cdot 180°.$$

Man kann das Bogenmaß auch als Quotient $\frac{b}{r}$ auffassen, d.h. es gilt: $x = \frac{b}{r}$.
Einige Bogenmaße:

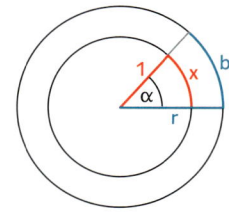

Beachte:
Das Bogenmaß wird als eine reelle Zahl ohne Maßeinheit angegeben.

Gradmaß	0°	30°	45°	60°	90°	180°	270°
Bogenmaß	0	$\frac{\pi}{6} \approx 0{,}52$	$\frac{\pi}{4} \approx 0{,}78$	$\frac{\pi}{3} \approx 1{,}05$	$\frac{\pi}{2} \approx 1{,}57$	$\pi \approx 3{,}14$	$\frac{3\pi}{2} \approx 4{,}71$

● 12 Gib den im Gradmaß gegebenen Winkel als Vielfaches von π im Bogenmaß an.
a) 15°   **b)** 75°   **c)** 120°   **d)** 135°   **e)** 225°   **f)** 315°   **g)** 330°   **h)** 345°

13 Rechne den im Bogenmaß gegebenen Winkel in das Gradmaß um.

a) $\frac{\pi}{10}$ b) $\frac{\pi}{5}$ c) $\frac{\pi}{8}$ d) $\frac{5\pi}{4}$ e) $\frac{2\pi}{3}$ f) $\frac{7\pi}{4}$ g) $\frac{5\pi}{6}$ h) $\frac{8\pi}{5}$

i) 1   j) 2   k) 2,5   l) 5   m) 0,82   n) 1,25   o) 2,83   p) 4,5

14 Berechne die Bogenlänge b und den Flächeninhalt A für den Mittelpunktswinkel α im Bogenmaß 0,6 und den Radius
a) r = 8,0 cm,   b) r = 13,5 cm.

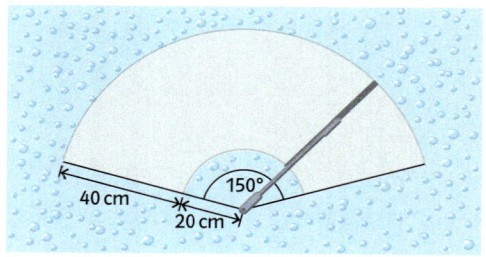

15 a) Welche Fläche überstreicht das Wischerblatt des abgebildeten Scheibenwischers?
b) Berechne den Umfang der gewischten Fläche.

16 Überprüfe, ob die Angaben des Erlebnisparks stimmen können.

Die höchste Schaukel der Welt!
SIZE DOES MATTER!

Mit einer Neigung von bis zu 120° schwingt sich XXL 45 Meter in die Höhe. Ein unglaubliches und unvergleichliches Erlebnis! Absolut einzigartig!

Technische Daten:
Flughöhe: ca. 45 m
Länge des Schaukelarms: 22 m
maximal zurückgelegter Schaukelweg: 92 m

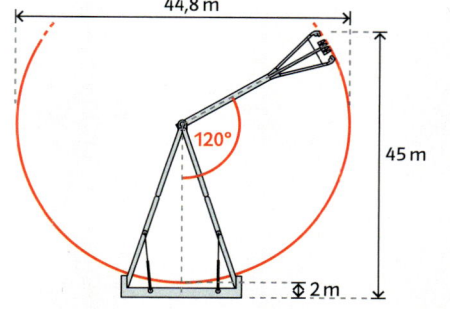

17 Eratosthenes (etwa 284 – 200 v. Chr.) bestimmte den Mittelpunktswinkel α des Bogens auf dem Erdmeridian von Syene, dem heutigen Assuan, bis Alexandria und berechnete aus der Entfernung beider Orte den Erdumfang: Am Tag des Sommeranfangs schien mittags in Syene die Sonne bis auf den Boden eines tiefen Brunnens. Zur gleichen Zeit warf ein lotrecht aufgestellter Stab in Alexandria einen Schatten. Aus der Schattenlänge wurde α = 7,2° bestimmt. Berechne den Erdumfang in Stadien und in Kilometern (1 Stadion beträgt etwa 157,5 m).

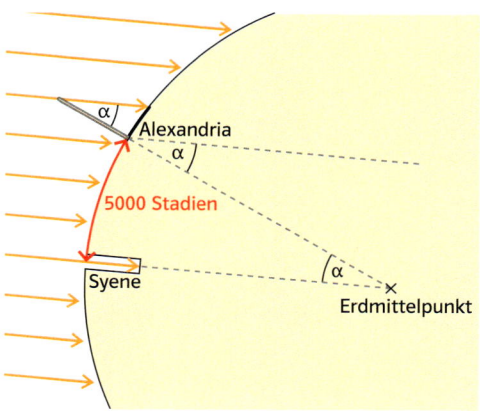

18 Zeige: Von allen Kreisausschnitten eines Kreises mit gegebenem Umfang U = b + 2r hat derjenige den größten Flächeninhalt, dessen Bogen doppelt so lang ist wie sein Radius. (Hinweis: Drücke den Flächeninhalt A des Kreisausschnitts durch U und r aus. Bestimme den Scheitel der Parabel zu der quadratischen Funktion r ↦ A.)

Kannst du das noch?

19 Der Oberflächeninhalt O eines Prismas mit der Grundfläche G und der Mantelfläche M wird mit der Formel O = 2 · G + M berechnet.
a) Löse die Formel nach M auf.   b) Löse die Formel nach G auf.

Lösung | Seite 192

4 Verfahren zur näherungsweisen Bestimmung von π

Ganz schön eckig!?

Um eine Näherung für π zu bestimmen, wird bei der von Archimedes entwickelten Methode ein Einheitskreis betrachtet, also ein Kreis mit $r = 1$, der durch eine Folge einbeschriebener oder umbeschriebener regelmäßiger n-Ecke angenähert wird (Fig. 1). Archimedes begann mit einem 6-Eck. Aus diesem 6-Eck wird dann ein 12-Eck, ein 24-Eck, ein 48-Eck usw. konstruiert. Ist u_n der Umfang eines einbeschriebenen, U_n der Umfang des umbeschriebenen n-Ecks und $U_E = 2\pi$ der Umfang des Einheitskreises, so gilt $u_n < U_E < U_n$. Mit größer werdender Eckenanzahl erhält man aus den Umfängen dieser n-Ecke immer bessere Näherungen für U_E und damit wegen $\pi = \frac{1}{2} U_E$ auch für π.

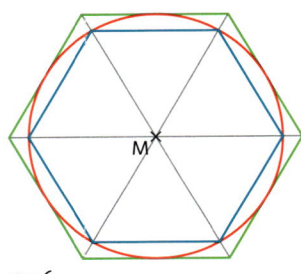

n = 6

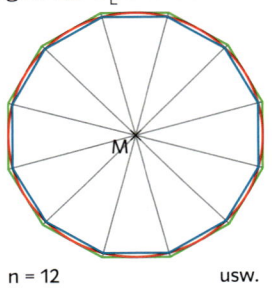

n = 12   usw.

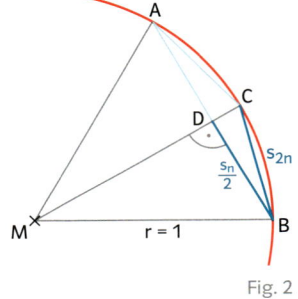

Fig. 2

Fig. 1

1. Schritt: Seitenlänge des einbeschriebenen n-Ecks

Ist $\overline{AB} = s_n$ die Seitenlänge des regelmäßigen einbeschriebenen n-Ecks, so kann man nach Fig. 2 die Seitenlänge s_{2n} des 2n-Ecks bestimmen.

Es gelten

$$(1) \quad (s_{2n})^2 = \overline{CD}^2 + \left(\frac{s_n}{2}\right)^2 \quad \text{und} \qquad (2) \quad (1 - \overline{CD})^2 + \left(\frac{s_n}{2}\right)^2 = 1.$$

Aus (2) folgt

$$(3) \quad \overline{CD} = 1 - \sqrt{1 - \left(\frac{s_n}{2}\right)^2}.$$

Einsetzen in (1) und Vereinfachung ergibt

$$(4) \quad (s_{2n})^2 = 2 - \sqrt{4 - s_n^2} \quad \text{oder} \quad s_{2n} = \sqrt{2 - \sqrt{4 - s_n^2}}.$$

Da das regelmäßige 6-Eck die Seitenlänge $s_6 = 1$ hat, kann man hiermit nacheinander s_{12}, s_{24}, ..., daraus die Umfänge der 12-, 24-, ... Ecke und damit immer bessere Näherungen für U_E bestimmen (2. und 3. Spalte der Tabelle auf der folgenden Seite).

2. Schritt: Seitenlänge des umbeschriebenen n-Ecks

Ist S_n die Seitenlänge eines umbeschriebenen n-Ecks, so ergibt sich mit dem 2. Strahlensatz $\frac{S_n}{s_n} = \frac{1}{\overline{MD}}$.

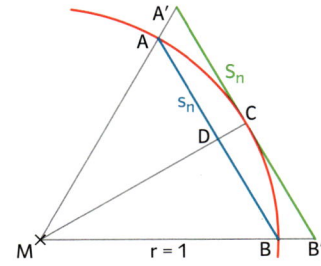

Aus $\overline{MD} = 1 - \overline{CD}$ und Gleichung (3) folgt

$$\overline{MD} = 1 - \left(1 - \sqrt{1 - \left(\frac{s_n}{2}\right)^2}\right) = \sqrt{1 - \frac{s_n^2}{4}}$$

und damit $S_n = \dfrac{s_n}{\sqrt{1 - \frac{s_n^2}{4}}}$.

Die Begründung der einzelnen Schritte erfolgt mit Aufgabe 2.

Die Seitenlänge S_n eines umbeschriebenen n-Ecks kann also aus der Seitenlänge s_n eines einbeschriebenen n-Ecks berechnet werden. Es ergeben sich für s_n, u_n, S_n und U_n die Werte in der Tabelle (4. und 5. Spalte).

	A	B	C	D	E
1	n	s_n	u_n = n * s_n	S_n	U_n = n * s_n
2	6	1,0000000000	6,0000000000	1,1547005384	6,9282032303
3	12	0,5176380902	6,2116570825	055358983849	6,4307806183
4	24	0,2610523844	6,2652572266	0,2633049952	6,3193198842
5	48	0,1308062585	6,2787004061	0,1310869256	6,2921724303
11	3072	0,0020453074	6,2831842121	0,0020453084	6,2831874976

Für u_n, U_E und U_n gilt: Mit wachsendem n nähern sich u_n und U_n beliebig U_E und damit 2π an. Die bis zum 3072-Eck durchgeführte Rechnung ergibt
$3,141591620\,3 < \pi < 3,141593\,263\,6$ oder $\pi \approx 3,141\,59$.

> Die Kreiszahl π ist irrational. Es gibt jedoch Möglichkeiten sie mit geeigneten Verfahren näherungsweise zu bestimmen.

Aufgaben

○ **1** a) 🖩 Die Werte in der obigen Tabelle können mit einem GTR ohne Aufschreiben von Zwischenergebnissen unter Verwendung eines Speichers direkt berechnet werden. Gib dazu eine Tastenfolge für deinen Taschenrechner an.
b) Rechne die Werte für n = 6, …, 192 nach und bestimme die fehlenden Werte für n = 384 und n = 768.
c) Ab welchem n-Eck erhält man π auf 2 (4, 8) Stellen genau?

◐ **2** a) Begründe an geeigneten Dreiecken die Gleichungen (1) und (2) von Seite 82.
b) Rechne nach, dass sich aus (2) die Gleichung (3) ergibt.
c) Setze (3) in (1) ein und vereinfache. Ergibt sich (4)?

◐ **3** a) Gib bei den Näherungswerten für π den Fehler auf fünf Dezimalen und in Prozent an.

b) 👥 Recherchiert nach weiteren historischen Annäherungen an π und stellt sie einander vor.

● **4** 👥👥 Bei der näherungsweisen Berechnung von U_E kann auch mit einem 4-Eck begonnen werden. Zeige, dass $S_4 = \sqrt{2}$ ist, und berechne mit den Formeln für s_n und S_n die Werte für u_4, …, u_{256} und U_4, …, U_{256}. Auf wie viele Nachkommastellen ist die Näherung für π genau, die sich aus dieser Rechnung ergibt?

Kannst du das noch?

5 Der Flächeninhalt A eines Trapezes mit den parallelen Seiten a und c sowie der Höhe h wird mit der Formel $A = \frac{1}{2} \cdot (a + c) \cdot h$ berechnet.
a) Löse die Formel nach h auf.　　b) Löse die Formel nach c auf.

Lösung | Seite 192

5 Zylinder

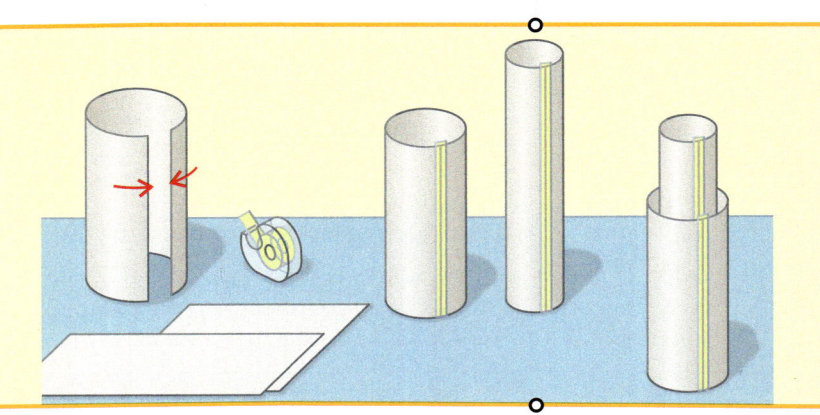

Gleiche Mantelfläche – gleiches Volumen?

Ein **Zylinder** ist ein Körper, dessen Grundflächen zwei kongruente Kreise sind. Die Mantelfläche eines Zylinders ist ein Rechteck.

Ein Kreis mit dem Radius r und dem Umfang U hat den gleichen Flächeninhalt wie ein Rechteck mit den Seitenlängen r und $\frac{1}{2}U = \pi r$, nämlich πr^2 (Fig. 1).

kylindros (griech.): Walze, Rolle

Entsprechend kann man einen Zylinder zerlegen und die Teile wie in Fig. 2 zu einem Körper zusammensetzen, der bei immer feinerer Einteilung die Form und Gestalt eines Quaders annimmt.
Die Grundflächen dieses Quaders haben den gleichen Flächeninhalt wie die Grundflächen des Zylinders. Da beide Körper die gleiche Höhe h haben, gilt für das Volumen des Zylinders: $V = G \cdot h = \pi r^2 \cdot h$.

Zur Erinnerung:
Das Volumen eins Prismas oder Quaders mit Grundfläche G und Höhe h ist $V = G \cdot h$

Die Oberfläche eines Zylinders besteht aus zwei Kreisflächen und einer rechteckigen Mantelfläche mit den Seitenlängen $2\pi r$ und h. Insgesamt gilt damit für den Oberflächeninhalt

$O = 2 \cdot G + M = 2 \cdot \pi r^2 + 2\pi r \cdot h = 2\pi r(r + h)$.

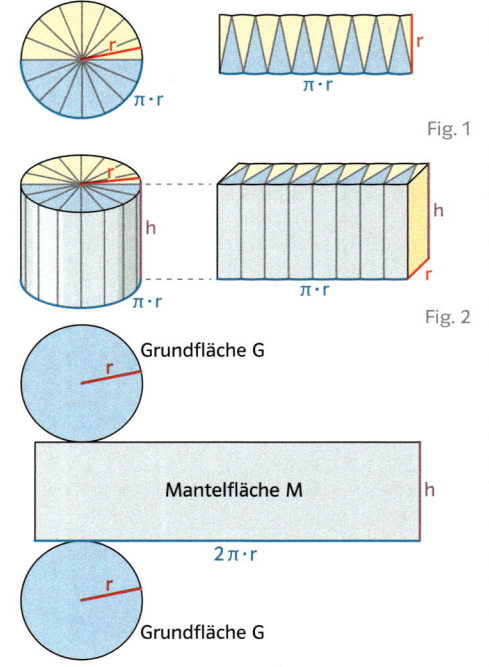

Fig. 1

Fig. 2

Grundfläche G

Mantelfläche M

$2\pi \cdot r$

Grundfläche G

Ein Zylinder mit dem Radius r, der Grundfläche G und der Höhe h hat das Volumen
$$V = G \cdot h = \pi r^2 \cdot h.$$
Ist M die Mantelfläche des Zylinders, dann ist
$$M = 2\pi r \cdot h.$$
Für die Oberfläche O des Zylinders gilt
$$O = 2G + M = 2\pi r(r + h).$$

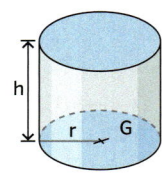

Beispiel Größen eines Zylinders berechnen

Eine Konservendose hat einen Durchmesser von 7 cm und eine Höhe von 8 cm.
a) Berechne das Volumen der Dose.
b) Berechne den Flächeninhalt des benötigten Blechs.

Lösung

a) $V = \pi r^2 \cdot h$
$= \pi \cdot (3{,}5\,\text{cm})^2 \cdot 8\,\text{cm}$
$= 98\,\pi\,\text{cm}^3$
$\approx 308\,\text{cm}^3$

b) $G = \pi r^2 = \pi \cdot (3{,}5\,\text{cm})^2 = 12{,}25\,\pi\,\text{cm}^2$
$M = 2\pi r \cdot h = 2\pi \cdot 3{,}5\,\text{cm} \cdot 8\,\text{cm} = 56\,\pi\,\text{cm}^2$
$O = 2G + M = 2 \cdot 12{,}25\,\pi\,\text{cm}^2 + 56\,\pi\,\text{cm}^2$
$= 80{,}5\,\pi\,\text{cm}^2 \approx 253\,\text{cm}^2$

Aufgaben

1 Von einem Zylinder sind der Radius r und die Höhe h gegeben. Berechne zu jedem Zylinder das Volumen sowie den Flächeninhalt der Mantelfläche und der Oberfläche.
a) r = 12 cm; h = 60 cm
b) r = 8 cm; h = 2,6 dm
c) r = 45 cm; h = 1,2 m
d) r = 24 m; h = 5,5 cm
e) r = 2,4 mm; h = 27 mm
f) r = 3,8 mm; h = 12,5 m

2 Der 35 km lange Eisenbahntunnel zwischen England und Frankreich besteht aus zwei Röhren von 8 m Durchmesser für die Züge und einem Versorgungstunnel von 5 m Durchmesser. Wie viel m³ Abraum ist beim Bohren dieser drei Röhren angefallen? Wie viele Lkw-Ladungen zu 12 m³ sind das?

3 Überprüfe, ob die Aufschrift auf dem Farbeimer in Fig. 1 stimmen kann.

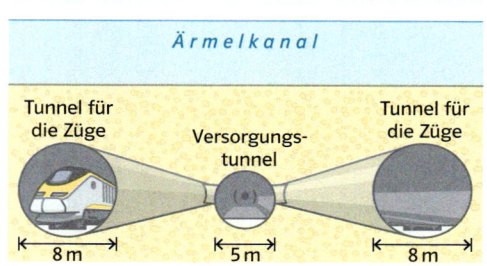

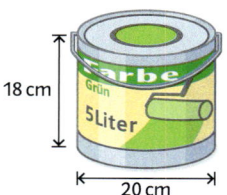

Fig. 1

4 Von einem Zylinder sind der Radius r und eine der Größen M, O und V gegeben. Berechne die fehlenden Größen.

	r	M	O	V	h
a)	6 cm	450 cm²			
b)	7,6 cm			2 l	
c)	2,5 cm		375 cm²		

5 Ein Standzylinder mit der lichten Weite von d = 32 mm soll als Messglas geeicht werden. In welchen Abständen sind die Teilstriche für je 5 cm³ anzubringen?

Bist du schon sicher?

6 Wie groß sind der Rauminhalt und der Oberflächeninhalt eines Zylinders mit Durchmesser 17 cm und Höhe 9 cm? Wie groß ist seine Mantelfläche?

7 Eine zylindrische Regentonne ist 85 cm hoch und hat einen Durchmesser von 60 cm.
a) Wie viele Liter Wasser passen in die Tonne?
b) Bis zu welcher Höhe ist die Tonne gefüllt, wenn sie 120 Liter Wasser enthält?

Lösungen | Seite 192

8 Wie viel Blech benötigt man zur Herstellung einer Konservendose mit dem Durchmesser d und dem Volumen V? Rechne für Falze und Verschnitt 15 % hinzu.
a) d = 10 cm; V = 1 l
b) d = 8,0 cm; $V = \frac{1}{2}$ l
c) d = 25 cm; V = 2 l

9 Die Trans-Alaska-Pipeline hat einen Innendurchmesser von 1,2 m und ist 1280 km lang. Wie viele Liter Öl passen in diese Pipeline?

10 Eine zylindrische Litfaßsäule ist 2,60 m hoch. Sie hat außen einen Durchmesser von 1,20 m. Die Wandstärke beträgt 5 cm.
a) Wie groß ist die Fläche, die beklebt werden kann?
b) Wie viel Prozent des Gesamtvolumens der Litfaßsäule beträgt der innere Hohlraum?

11 Die Weltraumrakete Ariane 5 hat vier zylinderförmige Treibstoffbehälter. Die beiden seitlichen in den „Strap-on-Boostern" sind 31,6 m lang und haben einen Durchmesser von 3,0 m. Die Behälter der 1. und 2. Stufe im Mittelteil haben beide den Durchmesser 5,4 m und sind 30,7 m bzw. 4,5 m lang.
a) Enthalten die beiden seitlichen Treibstoffbehälter zusammen mehr Treibstoff als das Mittelteil? Schätze zuerst und rechne dann.
b) Die „Strap-on-Booster" werden in einer Höhe von 55 km leer abgetrennt. Wie viele Liter Treibstoff verbraucht die Rakete durchschnittlich beim Start pro Kilometer?

12 Die Körper mit den abgebildeten Querschnitten haben jeweils die Länge 2 a.
Das kreisrunde Bohrloch hat jeweils den Durchmesser $\frac{a}{2}$.
a) Bestimme für jeden Körper das Volumen und den Oberflächeninhalt für a = 4 cm.
b) Bestimme Volumen und Oberflächeninhalt der einzelnen Körper in Abhängigkeit von a.

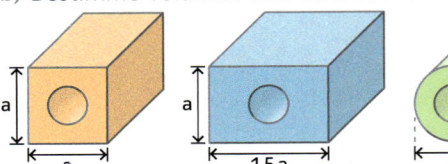 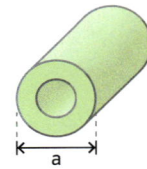 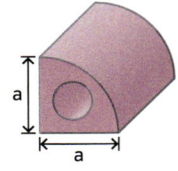 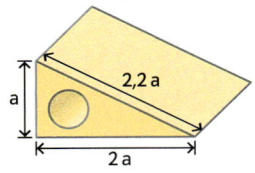

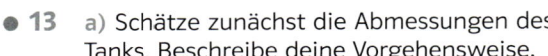

13 a) Schätze zunächst die Abmessungen des Tanks. Beschreibe deine Vorgehensweise.
b) Bestimme nun, wie viele Liter Treibstoff ungefähr in den Tank passen.
c) Der Tank besteht aus rostfreiem Edelstahl mit der Dichte 7,9 g/cm³ und hat eine Wandstärke von 3 mm. Ermittle das Gewicht des leeren Tanks.

14 Das Schild in Fig. 1 ist an einem Wasserturm auf der Insel Norderney angebracht. Überprüfe die Angaben auf dem Schild. Erläutere deine Vorgehensweise.

Fig. 1

Kannst du das noch?

15 Übertrage die angefangene Rechnung in dein Heft und ergänze sie dort. Mache anschließend die Probe.

a)
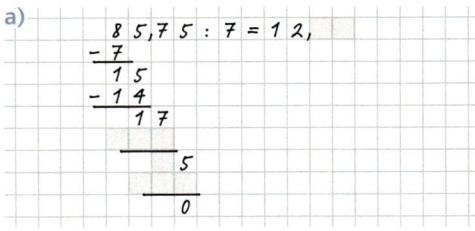

b)
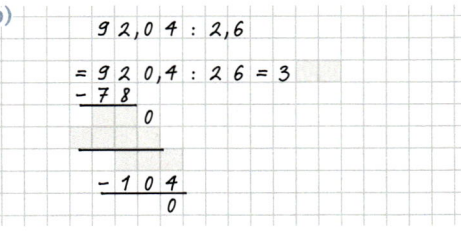

16 Berechne schriftlich.
a) 98 : −8
c) 7,852 : 13
b) −3 : 150
d) 5 : 6

Lösungen | Seite 192

6 Der Satz des Cavalieri

Kira sagt: „Ich nehme die linke Vase. In die passt mehr Wasser."
Anton fragt: „Ehrlich?"

Kopierpapier wird häufig in Stapeln zu je 500 Blatt verkauft. Ein solcher Stapel hat die Form eines Quaders, der 29,7 cm lang, 21,0 cm breit und 5,0 cm hoch ist. Mit diesen Maßen lässt sich das Volumen V des Stapels errechnen: $V = G \cdot h = 3118{,}5 \text{ cm}^3$.

Verformt man den Papierstapel so, dass die einzelnen Blätter weiterhin parallel zueinander liegen, so bleiben die zur Grundfläche parallelen Querschnittsflächen gleich. Auch die Höhe des Stapels bleibt unverändert. Da kein Papier hinzugefügt oder weggenommen wurde, bleibt das Volumen des Stapels ebenfalls gleich.

Dieser Zusammenhang lässt sich beim Vergleich zweier Körper nutzen, die die folgenden Voraussetzungen erfüllen:
1. Die Flächeninhalte der Grundflächen sind gleich groß: $G_1 = G_2$.
2. Die Körper haben die gleichen Höhen.
3. Im gleichen Abstand parallel zur Grundfläche liegende Schnittflächen haben den gleichen Flächeninhalt: $S_1 = S_2$.
   Die Form der Schnittflächen S_1 und S_2 darf hierbei verschieden sein.

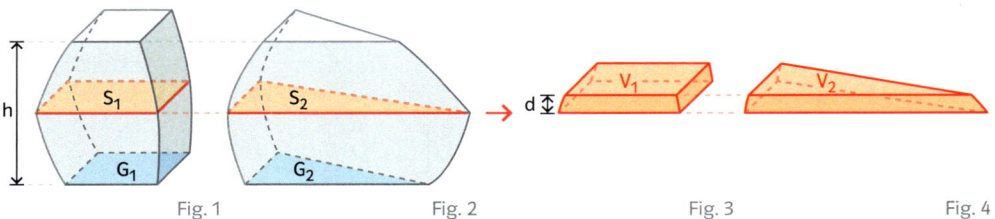

Fig. 1   Fig. 2   Fig. 3   Fig. 4

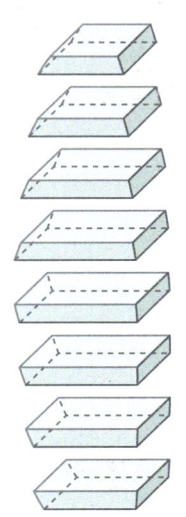

Die zwei in Fig. 1 und Fig. 2 dargestellten Körper erfüllen die obigen Voraussetzungen. Aus beiden werden in gleicher Höhe parallel zur Grundfläche Scheiben der Dicke d ausgeschnitten (vgl. Fig. 3 und Fig. 4). Je kleiner man d wählt, umso weniger unterscheiden sich Grund- und Deckfläche der Scheiben. Diese Scheiben können dann näherungsweise als Prismen betrachtet werden und haben somit annähernd das gleiche Volumen. Diese Überlegung gilt für jedes derart herausgeschnittene Scheibenpaar. Auf diese Art lassen sich beide Körper vollständig in paarweise volumengleiche Scheiben zerlegen (siehe Fig. 5). Also ist auch das Volumen der beiden Körper gleich groß.

Fig. 5

Satz des Cavalieri

Zwei Körper haben das gleiche Volumen, wenn für sie gilt:

1. Die Flächeninhalte der Grundflächen sind gleich: $G_1 = G_2$.
2. Sie haben die gleichen Höhen.
3. Ihre Schnittflächen, im gleichen Abstand parallel zur Grundfläche, haben den gleichen Flächeninhalt: $S_1 = S_2$.

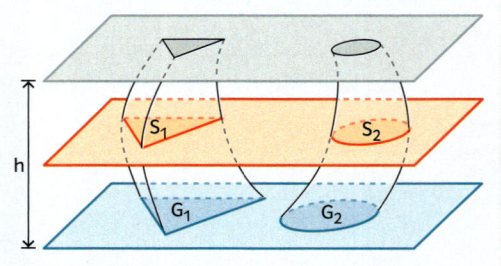

Bonaventura Cavalieri (1598–1647), italienischer Mathematiker.
Der Satz des Cavalieri wird auch als der Satz zur Volumenberechnung von Körpern bezeichnet.

Beispiel 1 Volumen eines schiefen Körpers berechnen

Berechne das Volumen des schiefen Körpers in Fig. 1.

Lösung

Der Körper hat das gleiche Volumen wie ein 10 cm hoher Zylinder, der einen Grundkreisdurchmesser von 4 cm hat (vgl. Fig. 2).
$V = r^2 \cdot \pi \cdot h = (2\,\text{cm})^2 \cdot \pi \cdot 10\,\text{cm} \approx 126\,\text{m}^3$

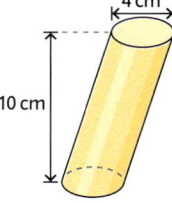

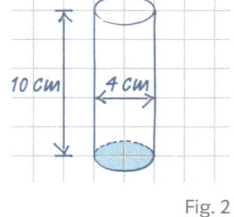

Fig. 1   Fig. 2

Beispiel 2 Volumen von Pyramiden vergleichen

Zeige mithilfe des Satzes des Cavalieri: Pyramiden mit gleicher Höhe und gleich großer Grundfläche haben das gleiche Volumen. Die Form der Grundfläche spielt dabei keine Rolle.

Lösung

Die Pyramiden in der Figur haben die gleiche Höhe und ihre Grundflächen sind gleich groß. Die Schnittebene E ist parallel zu den Grundflächen. Deshalb sind die Schnittflächen und die zugehörigen Grundflächen ähnlich zueinander (2. Strahlensatz). G' ist eine Verkleinerung um den Faktor k. Also gilt für beide Schnittflächen $G' = k^2 \cdot G$. Damit sind die Voraussetzungen für den Satz des Cavalieri erfüllt: Die Pyramiden besitzen das gleiche Volumen.

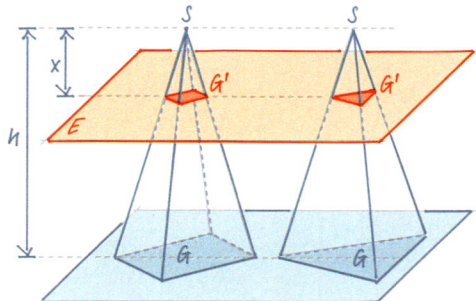

Aufgaben

1 Berechne das Volumen des Körpers in Fig. 3.

2 Berechne das Volumen des schiefen Zylinders in Fig. 4.
   a) $r = 15\,\text{cm}$; $h = 4{,}2\,\text{cm}$
   b) $s = 10\,\text{cm}$; $r = 4{,}2\,\text{cm}$; $\alpha = 45°$
   c) $s = 8\,\text{cm}$; $r = 12\,\text{cm}$; $\alpha = 60°$

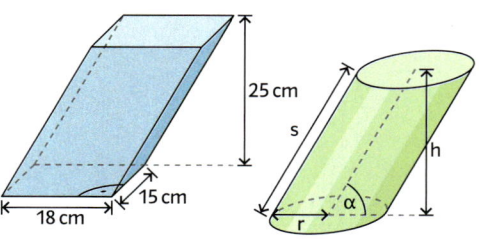

Fig. 3   Fig. 4

3 Ein Zylinder und ein Kegel haben die gleiche Höhe und den gleichen Kreis als Grundfläche. Haben sie auch das gleiche Volumen? Zeichne ein Beispiel mit dem Durchmesser $r = 2\,\text{cm}$ in dein Heft und wende den Satz des Cavalieri an.

Bist du schon sicher?

○ **4** **a)** Berechne das Volumen des abgebildeten Körpers.
b) Kann die Grundfläche eines zu dem abgebildeten Körper volumengleichen Prismas mit gleicher Höhe ein Vieleck mit mehr als drei Ecken sein? Begründe.

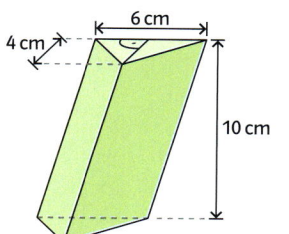

Lösung | Seite 193

● **5** Aus Quadern wurden verschiedene Körper herausgesägt (Fig. 1).
a) Bestimme jeweils das Volumen der einzelnen Körper.
b) Wie viel Prozent des Gesamtvolumens beträgt das Restvolumen?

Bei Fig. 1 gilt für jeden der drei Körper, dass alle Querschnittsflächen, die parallel zur Grundfläche liegen, denselben Flächeninhalt haben.

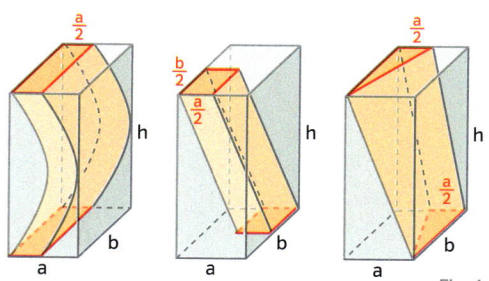

Fig. 1

● **6** An einem Berghang ist ein Stapel mit 1,50 m langen Holzstämmen aufgestellt (Fig. 2). Wie viele Raummeter Holz enthält der Stapel?

● **7** 👤👤👤 Gegeben sind ein Quader mit quadratischer Grundfläche der Kantenlänge a sowie ein schiefer Quader mit gleicher Grundfläche und gleicher Höhe. Vergleiche Volumen und Oberfläche beider Körper. Was stellst du fest? Begründe.

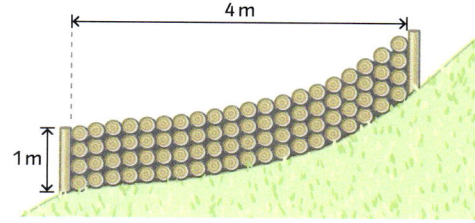

Fig. 2

Raummeter, auch Ster genannt, ist eine Bezeichnung aus der Forstwirtschaft für 1 m³ geschichtetes Holz mit Zwischenräumen.

● **8** Alle abgebildeten Körper haben gleich große Grundflächen. Welche Körper haben das gleiche Volumen? Begründe.

(1)   (2)   (3)   (4)   (5)   (6)   (7)

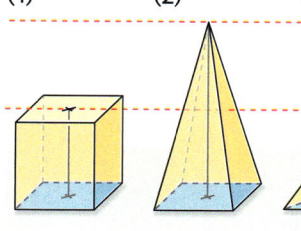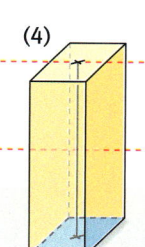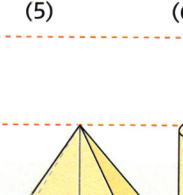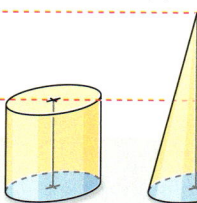

Kannst du das noch?

9 Zeichne die Figur ab und vergrößere sie zu einer ähnlichen Figur. Die Vergrößerung muss so erfolgen, dass die Figur gerade noch in ein 10 cm × 10 cm großes Quadrat hineinpasst. Welchen Vergrößerungsfaktor musst du dafür wählen?

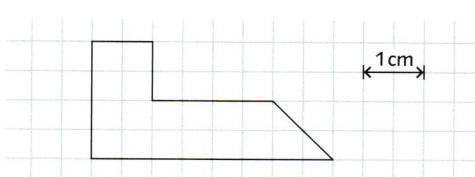

1 cm

10 Ein Dreieck ABC hat die Seitenlängen 4 cm, 9 cm und 12 cm. Ein anderes Dreieck DEF ist zu dem Dreieck ABC ähnlich. Die längste Seite des Dreiecks DEF ist 2,4 cm lang. Berechne die anderen beiden Seitenlängen des Dreiecks DEF.

Lösungen | Seite 193

7 Pyramide und Kegel

Christian: „Möchtest du noch etwas Orangensaft?"
Sandra: „Gerne, danke. Aber bitte nur halb voll!"

Eine **Pyramide** ist ein Körper, der durch die Verbindung der Ecken eines ebenen Vielecks mit einem Punkt S, der Spitze der Pyramide, außerhalb des Vielecks entsteht. Die Begriffe Grundfläche, Höhe, Mantel- und Oberfläche haben die entsprechende Bedeutung wie bei Prismen.
Nach dem Satz des Cavalieri haben Pyramiden mit gleichen Höhen und gleich großen Grundflächen dasselbe Volumen.
Im Folgenden ist eine Pyramide P_1 dargestellt, bei der eine Seitenkante $\overline{DA}$ senkrecht auf der Grundfläche ABC steht (Fig. 1). Diese spezielle dreiseitige Pyramide lässt sich durch zwei weitere Pyramiden P_1 und P_3 zu einem Prisma ergänzen (Fig. 2).

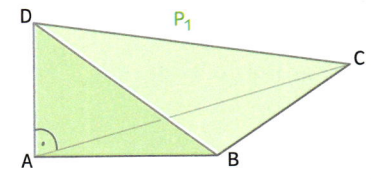

Fig. 1

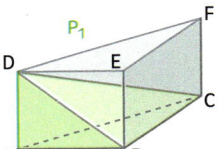 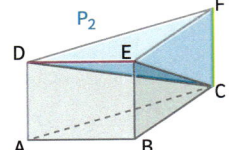 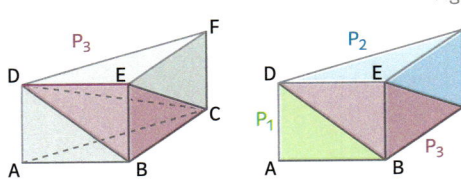

Fig. 2

Die Grundfläche G und die Höhe h des Prismas stimmen mit der Grundfläche ABC und der Höhe $\overline{AD}$ von P_1 überein. Für das Volumen des Prismas gilt: $V_{Prisma} = G \cdot h$. Eine genauere Betrachtung der drei Pyramiden zeigt:
Wählt man bei P_1 und P_2 als Grundfläche die Dreiecke ABC und DEF und als Spitze D bzw. C, dann sind sowohl die Inhalte der beiden Grundflächen als auch die Höhenlängen $\overline{AD}$ bzw. $\overline{FC}$ gleich groß. Damit sind P_1 und P_2 volumengleich. Wählt man bei P_2 und P_3 als Grundflächen FEC und BCE und als Spitze jeweils D, dann sind auch hier die Grundflächen und Höhenlängen gleich groß, sodass auch P_2 und P_3 volumengleich sind.
Also haben alle drei Pyramiden das gleiche Volumen: $V_{Pyramide} = \frac{1}{3} \cdot V_{Prisma} = \frac{1}{3} \cdot G \cdot h$.

> Für das Volumen V einer Pyramide mit Grundfläche G und Höhe h gilt $V = \frac{1}{3} \cdot G \cdot h$.

Verbindet man die Punkte eines Kreises mit einem nicht in der Kreisebene liegenden Punkt S, so erhält man einen **Kegel**. Grundfläche, Höhe, Mantel- und Oberfläche haben die entsprechende Bedeutung wie bei Pyramiden. Die Strecke s heißt **Mantellinie**. Nach dem Satz des Cavalieri haben Pyramiden mit gleicher Höhe h und gleich großen Grundflächen G das gleiche Volumen. Dies gilt unabhängig von der Form der Grundfläche für alle spitzen Körper, also auch für solche mit einem Kreis als Grundfläche. Daher gilt auch für das Volumen eines Kegels $V_{Kegel} = \frac{1}{3} \cdot G \cdot h$.

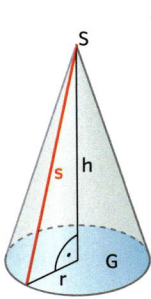

Das Netz des Kegelmantels ist ein Kreis-
ausschnitt. Sein Radius ist die Länge s der
Mantellinie, sein Bogen ist gleich dem
Umfang des Grundkreises, also $b = 2\pi r$.
Für den Flächeninhalt dieses Kreisaus-
schnitts gilt daher:

$$A_M = \frac{1}{2} \cdot b \cdot s = \pi \cdot r \cdot s.$$

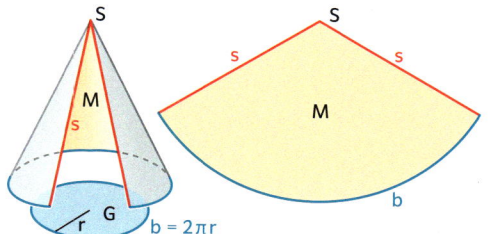

Für einen **Kegel** mit dem Grundkreisradius r, der Grundfläche G, der Mantellinie s und der
Höhe h gilt:

Volumen V $V = \frac{1}{3} \cdot G \cdot h = \frac{1}{3} \cdot \pi \cdot r^2 \cdot h$

Flächeninhalt der Mantelfläche M $M = \pi \cdot r \cdot s$

Oberflächeninhalt O $O = G + M = \pi \cdot r^2 + r \cdot s \cdot \pi$

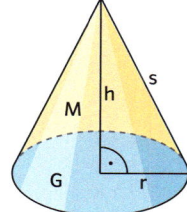

Beispiel 1 Quadratische Pyramide

Eine quadratische Pyramide hat die Grundkante a = 4 cm und die Höhe h = 3 cm.

a) Berechne das Volumen der Pyramide.

b) Zeichne ein Schrägbild und skizziere das Netz der Pyramide.

c) Berechne den Oberflächeninhalt der Pyramide.

Lösung

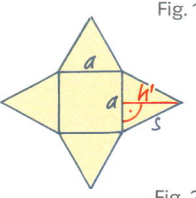

a) $V = \frac{1}{3} \cdot G \cdot h = \frac{1}{3} \cdot (4\,\text{cm})^2 \cdot 3\,\text{cm} = \frac{1}{3} \cdot 48\,\text{cm}^3 = 16\,\text{cm}^3$

Fig. 1

b) Schrägbild: siehe Fig. 1   Netz: siehe Fig. 2

c) *Zur Berechnung der Flächeninhalte der Seitendreiecke muss zuerst deren Höhe h' nach
dem Satz des Pythagoras bestimmt werden.*

$h'^2 = h^2 + \left(\frac{a}{2}\right)^2;$ $h' = \sqrt{h^2 + \left(\frac{a}{2}\right)^2};$ $h' = \sqrt{(3\,\text{cm})^2 + (2\,\text{cm})^2} = \sqrt{13}\,\text{cm}$

$O = G + 4 \cdot \frac{1}{2} \cdot a \cdot h' = G + 2ah';\ O = 16\,\text{cm}^2 + 2 \cdot 4\,\text{cm} \cdot \sqrt{13}\,\text{cm} = 8 \cdot (2 + \sqrt{13})\,\text{cm}^2 \approx 44{,}8\,\text{cm}^2$

Fig. 2

Beispiel 2 Kegel

Berechne das Volumen und den Oberflächeninhalt eines Kegels mit dem Radius r = 6 cm
und der Höhe h = 7 cm.

Lösung

$V = \frac{1}{3} \cdot \pi \cdot r^2 \cdot h = \frac{1}{3} \cdot \pi \cdot (6\,\text{cm})^2 \cdot 7\,\text{cm} \approx 264\,\text{cm}^3$

$s^2 = r^2 + h^2;\ s = \sqrt{r^2 + h^2} = \sqrt{(6\,\text{cm})^2 + (7\,\text{cm})^2} = \sqrt{85\,\text{cm}^2} \approx 9{,}2\,\text{cm}$ (Satz des Pythagoras)

$O = \pi \cdot r^2 + r \cdot s \cdot \pi = \pi \cdot (6\,\text{cm})^2 + 6\,\text{cm} \cdot \sqrt{85}\,\text{cm} \cdot \pi \approx 287\,\text{cm}^2$

Aufgaben

○ **1** Ordne die folgenden Körper in aufsteigender Reihenfolge nach ihrem Rauminhalt.

(1)   (2)   (3)   (4)   (5)

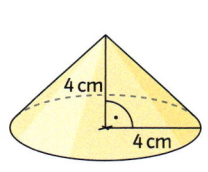
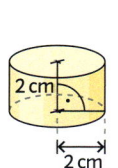
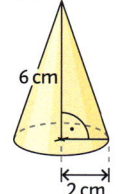
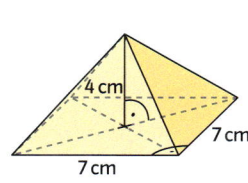
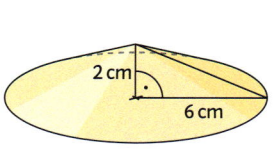

○ **2** Berechne das Volumen einer Pyramide mit G = 400 cm² und h = 85 cm.

○ **3** Eine quadratische Pyramide hat die Grundkante a, die Höhe h und die Höhe h' der Seitenflächen. Berechne den Rauminhalt der Pyramide, den Flächeninhalt einer Seitenfläche und den Oberflächeninhalt der Pyramide.

a) h = 7 cm; h' = 7,4 cm   b) a = 43,2 cm; h = 63 cm   c) a = 5,52 m; h = 8 m

d) a = 126 cm; h' = 87 cm   e) a = 8,5 m; h = 7,7 m   f) h' = 6,5 m; h = 5,6 m

○ **4** Bei einem Kegel mit Radius r, Höhe h, Mantellinie s, Volumen V, Mantelfläche M und Oberflächeninhalt O sind zwei der sechs Größen gegeben. Berechne die fehlenden vier Größen.

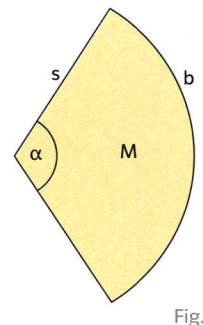

a) s = 41 cm; h = 40 cm   b) r = 26 cm; s = 38,8 cm

c) r = 8 cm; V = 192 π cm³   d) h = 12 cm; s = 13 cm

e) s = 7,5 cm; M = 117,8 cm²   f) s = 6,4 cm; M = 36 π cm²

g) h = 20 cm; V = 2,5 l   h) M = 128 cm²; O = 223 cm²

○ **5** Ein Kreisausschnitt mit dem Mittelpunktswinkel 90° (120°, 180°, 270°) und dem Radius 8 cm wird zu einem Kegel zusammengebogen (Fig. 1). Berechne

a) den Flächeninhalt des Mantels M,   b) das Volumen V des Kegels.

Fig. 1

Bist du schon sicher?

○ **6** Berechne den Rauminhalt und den Oberflächeninhalt der beiden Körper.

a)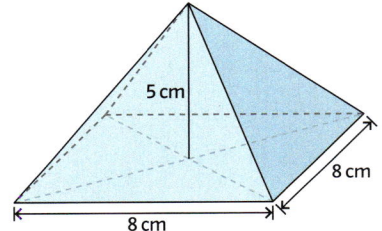

b)

○ **7** Berechne das Volumen V und den Oberflächeninhalt O einer regelmäßigen sechsseitigen Pyramide mit der Grundkante a, der Höhe h und der Seitenkante s (Fig. 2).

a) a = 3 m; h = 4 m   b) a = 6,25 m; s = 16,25 m

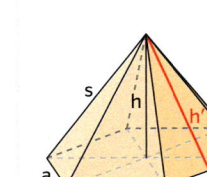

Fig. 2

Lösungen | Seite 193

● **8** a) Zeichne einen Kreisausschnitt mit dem Mittelpunktswinkel 120° und dem Radius 6 cm. Schneide ihn aus und forme daraus einen Kegelmantel. Berechne den Flächeninhalt der Mantelfläche, den Radius, die Höhe und den Rauminhalt des Kegels.
b) Untersuche, wie sich diese Größen verändern, wenn man den Radius des Kreisausschnitts verdoppelt.
c) Untersuche, wie sich diese Größen verändern, wenn man den Mittelpunktswinkel halbiert.
d) Untersuche, wie sich diese Größen verändern, wenn man den Radius des Kreisausschnitts verdoppelt und den Mittelpunktswinkel halbiert.

● **9** Ein Turmdach hat die Form eines Kegels mit dem Grundkreisdurchmesser d = 4,8 m und der Höhe h = 6 m.
a) Berechne den umbauten Raum.
b) Wie teuer ist die Belegung mit Dachplatten, wenn für 1 m² Dachbelegung 285 € berechnet werden?

Auch das Lübecker Holstentor hat Turmdächer in Form von Kegeln.

● **10** Eine regelmäßige vierseitige (dreiseitige) Pyramide hat die Grundkante a. Das Volumen der Pyramide soll verdoppelt (halbiert, gedrittelt, ver-n-facht) werden. Wie muss man
a) die Höhe h,   b) die Grundkante a ändern?

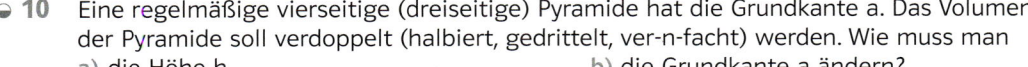

11 **Herleitung der Formel zur Berechnung des Pyramidenvolumens**
Im Kantenmodell eines Würfels sind die vier Raumdiagonalen eingezeichnet.
a) Begründe, dass die sechs entstehenden Pyramiden (Fig. 1) identisch sind.
b) Leite mithilfe des Würfels eine Formel für das Volumen einer Pyramide her.

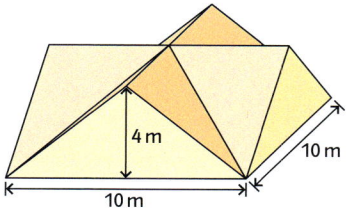

Fig. 1

12 Fig. 2 zeigt das Dach eines Gebäudes.
Berechne den umbauten Dachraum.

13 Begründe mithilfe des Satzes des Cavalieri:
Zu einer Pyramide mit beliebiger Grundfläche lässt sich eine dreiseitige Pyramide
mit gleichem Volumen und gleicher Höhe
finden.

Fig. 2

14 Berechne das Volumen und den Oberflächeninhalt der Blumenbehälter (d = 20 cm).

a)

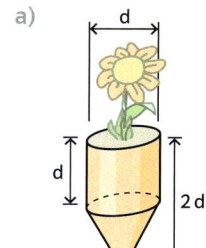

b)

c)

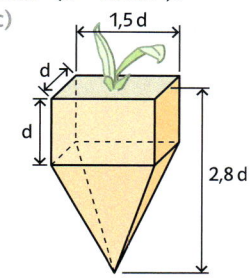

15 Ein kelchförmiges Glas hat die Gestalt eines Kegels mit dem Durchmesser 6,6 cm
und der Höhe 9,7 cm. Dorothee hat es randvoll mit Tomatensaft gefüllt und trinkt vom
Saft. Das Glas kann dabei auf verschiedene Weisen noch „halb voll" sein. Untersucht dazu
in Gruppen folgende Fragen:
a) Wie viel Prozent des Rauminhalts des Glases sind noch gefüllt, wenn das Glas noch bis
zur halben Höhe mit Saft gefüllt ist?
b) Wie hoch steht der Saft im Glas, wenn der halbe Rauminhalt des Glases gefüllt ist?
c) Wie hoch steht der Saft im Glas, wenn der Durchmesser des Flüssigkeitsspiegels auf
die Hälfte abgenommen hat?
d) Wie viel Prozent des Rauminhalts des Glases sind noch gefüllt, wenn der Flächeninhalt
des Flüssigkeitsspiegels auf die Hälfte abgenommen hat?
e) Wie hoch steht der Saft, wenn die halbe Mantelfläche von Flüssigkeit bedeckt ist?

16 Ein rechtwinkliges gleichschenkliges Dreieck mit der Kathete a und der Hypotenuse c
wird um eine Kathete (um die Hypotenuse)
gedreht. Dabei entsteht jeweils ein Körper.
Bestimme eine Formel zur Berechnung des
Volumens dieser beiden Körper.

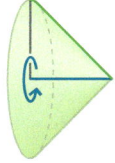

Kannst du das noch?

17 Gegeben ist ein Dreieck mit den Seiten a, b und c und ein anderes Dreieck mit den Seiten
d, e und f. Prüfe, ob die beiden Dreiecke ähnlich sind.
a) a = 3,6 cm, b = 4,2 cm, c = 7,2 cm und d = 1,2 cm, e = 0,7 cm, f = 0,6 cm
b) a = 0,8 cm, b = 1,4 cm, c = 1,8 cm und d = 4 cm, e = 7 cm, f = 9,5 cm

Lösung | Seite 193

8 Kugel

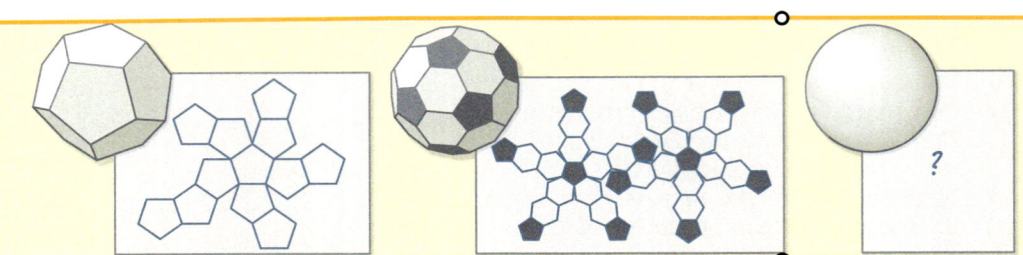

Dodekaeder – Netz
Fußball – Netz
Kugel – Netz?

In (1) ist ein Zylinder dargestellt, aus dem eine Halbkugel (2) herausgebohrt ist.
In (2) ist eine Halbkugel dargestellt, aus der ein Kegel (3) herausgebohrt ist. Für alle drei Körper gilt: Der Radius r der Grundfläche und die Höhe sind gleich groß, also r = h.

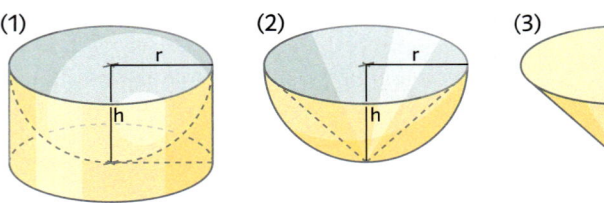

Vergleicht man die drei Körper, so erkennt man, dass das Volumen der Halbkugel größer ist als das Volumen des Kegels, jedoch kleiner als das Volumen des Zylinders.

Das Volumen des Zylinders beträgt $V_{Zylinder} = \pi \cdot r^2 \cdot h = \pi \cdot r^3$.

Für das Volumen des Kegels gilt: $V_{Kegel} = \frac{1}{3}\pi \cdot r^2 \cdot h = \frac{1}{3}\pi \cdot r^3$.

Mithilfe des Satzes von Cavalieri lässt sich eine Formel für das Volumen der Halbkugel herleiten. Man vergleicht dabei die Halbkugel in Fig. 1 mit dem Restkörper in Fig. 2. Der Restkörper entsteht, wenn man aus einem Zylinder einen Kegel herausbohrt.

1. Vergleich der Grundflächen: Die Grundflächen beider Körper sind gleich groß: $\pi \cdot r^2$.
2. Vergleich der Höhen: Beide Körper haben die gleiche Höhe: h = r.
3. Vergleich der Schnittflächen: Legt man durch beide Körper in gleicher Höhe h eine Ebene parallel zur Grundfläche, so entstehen die Schnittflächen $A_{Halbkugel}$ und $A_{Restkörper}$. Ihr Flächeninhalt lässt sich jeweils berechnen.

Halbkugel

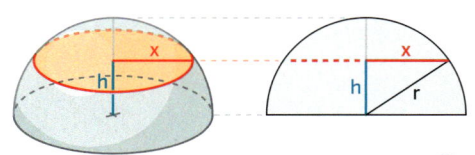

Fig. 1

$A_{Halbkugel} = \pi \cdot x^2$

$x^2 + h^2 = r^2$ (Satz des Pythagoras)
ergibt $x^2 = r^2 - h^2$.
Durch Einsetzen erhält man
$A_{Halbkugel} = \pi \cdot (r^2 - h^2)$.

Restkörper

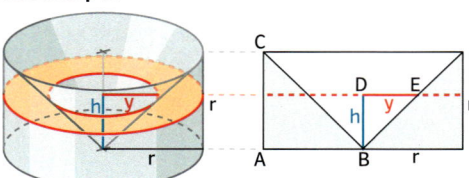

Fig. 2

$A_{Restkörper} = \pi \cdot r^2 - \pi \cdot y^2 = \pi(r^2 - y^2)$

Das rechtwinklige Dreieck DBE ist gleichschenklig, denn der Winkel an der Ecke B ist 45° groß. Also gilt h = y.
$A_{Restkörper} = \pi \cdot (r^2 - h^2)$

Die beiden Schnittflächen haben den gleichen Flächeninhalt. Damit sind alle Voraussetzungen des Satzes von Cavalieri erfüllt. Die Halbkugel und der Restkörper haben also das gleiche Volumen. Daraus ergibt sich:

$$V_{Halbkugel} = V_{Restköper} = V_{Zylinder} - V_{Kegel} = \pi \cdot r^2 \cdot r - \frac{1}{3}\pi \cdot r^2 \cdot r = \pi r^3 - \frac{1}{3}\pi r^3.$$

Daher gilt für das Volumen der ganzen Kugel: $V = 2 \cdot V_{Halbkugel} = 2 \cdot \frac{2}{3}\pi r^3 = \frac{4}{3}\pi \cdot r^3$.

Um eine Formel für den Oberflächeninhalt einer Kugel zu finden, kann man sich die Kugel in sehr viele kleine Körper zerlegt denken. Alle diese Körper haben näherungsweise die Form von Pyramiden, deren Spitzen sich im Kugelmittelpunkt M befinden. Mit zunehmender Anzahl der spitzen Körper lässt sich die Wölbung ihrer Grundflächen vernachlässigen, da die Grundflächen immer kleiner werden. Somit kann man die Volumenformel für Pyramiden mit ebener Grundfläche anwenden.

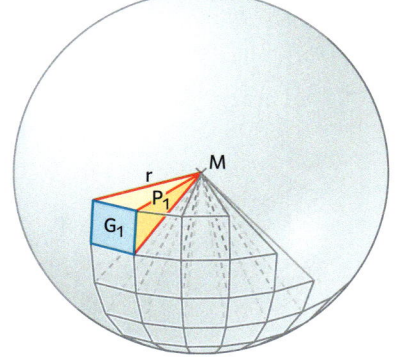

1. Volumenformel einer kleinen Pyramide P_i: $\quad V_{P_i} = \frac{1}{3} G_i \cdot r; \ i = 1, \ldots, n$

2. Also gilt für das Volumen der Kugel: $\quad V_K = \frac{1}{3}(G_1 + G_2 + G_2 + \ldots + G_n) \cdot r$

3. Die Summe aller Grundflächeninhalte G_i bildet den Oberflächeninhalt O: $\quad O = G_1 + G_2 + G_3 + \ldots + G_n$

4. Einsetzen: $\quad V_K = \frac{1}{3} \cdot O \cdot r; \ \text{umgeformt: } O = 3 \cdot \frac{V_K}{r}$

5. Einsetzen der Volumenformel für die Kugel und Kürzen ergeben: $\quad O = 4 r^2 \cdot \pi$

Für das **Volumen** V und für den **Oberflächeninhalt** O **einer Kugel** mit Radius r gilt:

$$V = \frac{4}{3} \cdot \pi \cdot r^3; \quad O = 4 \cdot \pi \cdot r^2.$$

Beispiel Volumen und Oberflächeninhalt einer Kugel berechnen

Berechne für eine Kugel mit r = 7,5 cm

a) das Volumen und

b) den Oberflächeninhalt.

Lösung

a) $V = \frac{4}{3} \cdot \pi \cdot r^3 = \frac{4}{3} \cdot \pi \cdot (7,5\,\text{cm})^3 \approx 1767\,\text{cm}^3$

b) $O = 4 \cdot \pi \cdot r^2 = 4 \cdot \pi \cdot (7,5\,\text{cm})^2 \approx 707\,\text{cm}^2$

Aufgaben

1 Bei einer Kugel ist eine der Größen r, V und O gegeben. Berechne die beiden übrigen.
a) r = 7,5 cm
b) O = 2826 cm²
c) r = 1,12 m
d) V = 113 m³
e) r = 12,5 cm
f) O = 2 m²
g) V = 27 m³
h) V = 2 l

2 Ein kugelförmiger Gaskessel hat einen Außendurchmesser von 36 m und einen Innendurchmesser von 35,2 m.
a) Der Kessel erhält einen neuen Anstrich. Wie viele Quadratmeter sind zu streichen?
b) Berechne das Volumen, das für das Gas zur Verfügung steht.

3 Bestimme den Durchmesser und den Oberflächeninhalt eines kugelförmigen Freiluftballons, der ein Volumen von 1500 cm³ hat.

4 Ein Basketballkorb hat einen Durchmesser von d = 45 cm. Ein Basketball hat einen Umfang von etwa 78 cm. Berechne, wie weit der Ball vom Ring entfernt ist, wenn er genau durch die Mitte des Korbes fällt.

5 Der Äquatorumfang der Erde beträgt 40 000 km. Berechne
a) den Erdradius,
b) die Größe der Erdoberfläche,
c) das Volumen der Erde.

6 Berechne das Volumen des dargestellten Körpers.

a) 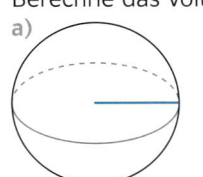   b) 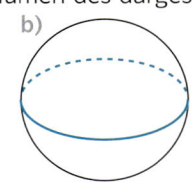   c) 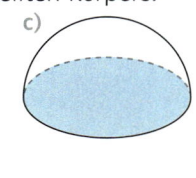   d) 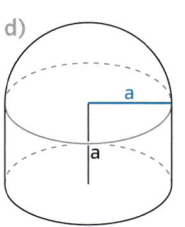   e)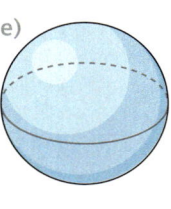

Radius 6,5 cm   Umfang 12,3 cm   Kreisfläche 270 cm²   Radius 7,2 cm   Oberfläche 500 cm²

Bist du schon sicher?

7 Bei einer Kugel ist von den drei Größen r, V und O eine gegeben. Berechne die übrigen.
a) r = 8,5 dm   **b)** O = 2826 dm²   **c)** V = 226 cm³   **d)** V = 1 l

Lösung | Seite 193

8 Bestimme das Volumen V und den Oberflächeninhalt O des Körpers.

a) 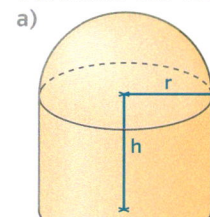   b) 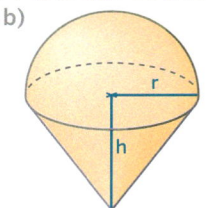   c) 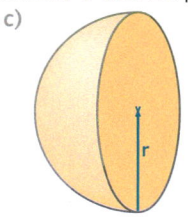   d)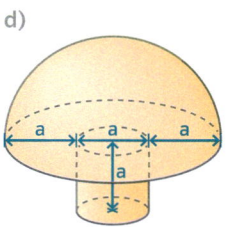

9 Ein kugelförmiger Luftballon wird zu einem Luftballon mit
a) doppeltem Umfang,   **b)** doppelter Oberfläche,   **c)** doppeltem Rauminhalt
aufgeblasen. Wie ändert sich dabei jeweils der Radius des Ballons?

10 Auf einen Zylinder der Höhe 12 cm wird eine Halbkugel mit gleichem Radius gesetzt. Zeichne den Graphen für den Oberflächeninhalt des entstandenen Körpers in Abhängigkeit vom Radius des Zylinders in ein Koordinatensystem. Wähle auf beiden Achsen geeignete Skalierungen.

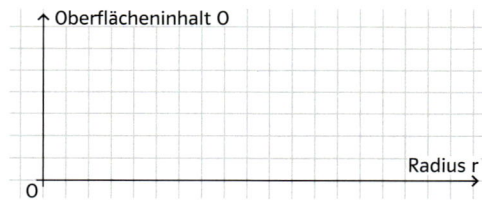

11 Wie viele Kilogramm wiegt eine Kugel mit dem Durchmesser d = 10 cm
a) aus Granit, wenn 1 cm³ Granit 2,9 g wiegt,
b) aus Gold, wenn 1 cm³ Gold 19,3 g wiegt,
c) aus Holz, wenn 1 cm³ Holz 0,5 g wiegt,
d) aus Styropor, wenn 1 cm³ Styropor 0,04 g wiegt?

12 1000 gleich große Bleikugeln mit dem Durchmesser d werden zu einer einzigen Kugel zusammengeschmolzen.
a) Berechne den Durchmesser der neuen Kugel.
b) Vergleiche ihre Oberfläche mit der Gesamtoberfläche der 1000 kleinen Kugeln.

13 Ein Wasserhahn tropft. Die nahezu kugelförmigen Tropfen haben einen Durchmesser von 5 mm. Alle 2 Sekunden fällt ein Wassertropfen. Wie viele Liter Wasser gehen dadurch im Laufe einer Woche verloren? Wenn diese Wassermenge ein kugelförmiger Tropfen wäre, welchen Radius hätte er?

14 Eine Kugel, ein Zylinder und ein Kegel haben denselben Radius r. Bestimme die Höhe des Zylinders und des Kegels so, dass alle drei Körper
a) das gleiche Volumen, b) den gleichen Oberflächeninhalt haben.

15 Ein Öltropfen hat einen Durchmesser von 0,5 cm. Er verteilt sich als kreisförmiger Ölfleck von 1 m Durchmesser auf einer Wasseroberfläche. Berechne die Dicke des Ölflecks.

16 👥 Tauche einen Strohhalm in Seifenlauge und bestimme die Länge des Pfropfens, der sich in dem Strohhalm bildet (Fig. 1). Blase aus dem Pfropfen eine Seifenblase und bestimme näherungsweise die Dicke der Seifenblasenhaut.

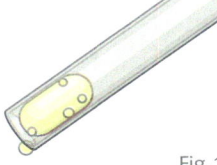

Fig. 1

17 Fig. 2 zeigt den Querschnitt einer Hohlkugel.
a) Zeige: Für eine Hohlkugel gilt die Volumenformel $V = \frac{4}{3} \cdot \pi \cdot \left(r_a{}^3 - r_i{}^3\right)$.
b) Drücke das Volumen V_H einer Hohlkugel durch den Außenradius r_a und die Dicke d der Hohlkugel aus. Vereinfache die Formel so weit wie möglich.
c) Ist der Wert von d sehr viel kleiner als der von r_a, so gilt näherungsweise $V \approx O \cdot d = 4\pi r_a{}^2 \cdot d$. Begründe diese Näherung.
d) Vergleiche für $r_a = 10$ cm, $d = 0,5$ cm den Näherungswert mit dem genauen Volumen.

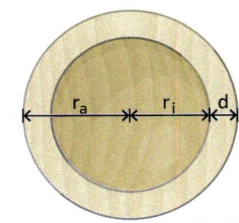

Fig. 2

18 Ein Tennisball hat einen Durchmesser von etwa 6,8 cm. Berechne, wie viel Prozent des zur Verfügung stehenden Raumes mindestens leer bleibt, wenn drei Bälle in eine zylindrische Dose verpackt werden.

19 Grönland hat eine Fläche von etwa 2,1 Mio. km² und ist nahezu vollständig von Eis bedeckt. Wie dick müsste das Grönlandeis im Mittel sein, damit der Meeresspiegel bei einer Eisschmelze weltweit um 10 m steigt? Die Erde ist näherungsweise zu $\frac{2}{3}$ von den Weltmeeren bedeckt.

20 👥 Einem Würfel ist eine Kugel einbeschrieben. Dieser Kugel ist wieder ein Würfel einbeschrieben, dessen Ecken auf der Kugeloberfläche liegen. In diesem Würfel befindet sich eine weitere Kugel.
a) Bestimme die Radien der Kugeln und die Kantenlänge des kleinen Würfels, wenn der große Würfel die Kantenlänge a hat.
b) Bestimme die Rauminhalte und die Oberflächeninhalte der Würfel und Kugeln und vergleiche sie jeweils miteinander.
c) Stelle eine Vermutung über das Volumen eines weiteren Würfels in der kleinsten Kugel und einer weiteren Kugel anhand deiner Ergebnisse aus b) auf.

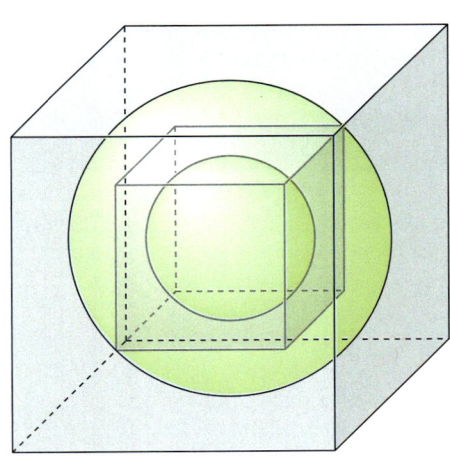

Kannst du das noch?

21 a) In der Figur gilt g ∥ h. Außerdem sind die Strecken b = 1,5 cm, c = 4 cm, d = 2 cm und f = 3,6 cm gegeben. Berechne die Länge der Strecken a und e.
b) Wären die Geraden g und h parallel, wenn die Strecken c = 3 cm, d = 2 cm, e = 1,8 cm und f = 2,7 cm gegeben wären?

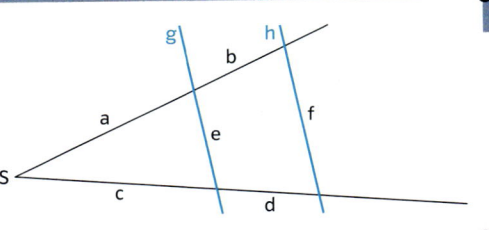

Lösung | Seite 194

1 Das Pulvermaar in der Eifel (Fig. 1) ist ein fast kreisförmiger See vulkanischen Ursprungs. Sein Durchmesser beträgt ungefähr 700 m.
a) Wie groß ist ungefähr der Umfang des Maars? Kannst du in einer Stunde um das Maar herumwandern?
b) Wie groß ist die Fläche des Maars ungefähr?

Fig. 1

2 Am 30. Juni 1908 schlug in Sibirien ein Riesenmeteorit ein. Die Druckwelle richtete bis 65 km Entfernung vom Einschlagzentrum Zerstörungen an. Wie groß war die betroffene Fläche ungefähr?

3 Um den Wassereimer aus dem alten Brunnen heraufzuholen (Fig. 2), muss man die Winde 13-mal drehen. Dabei wickelt sich das Seil um die Trommel. Sie hat einen Durchmesser von 20 cm. Wie tief ist der Brunnen ungefähr? Vernachlässige dabei die Dicke des Seils.

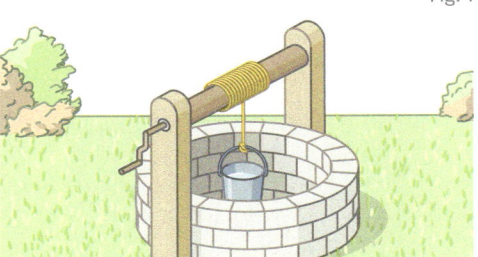

Fig. 2

4 Bei einem Ölbrenner hat die Düse eine Bohrung mit 0,5 mm^2 Querschnitt. Berechne den Durchmesser der Bohrung.

5 Berechne die Länge des Weges, den die Erde
a) in einem Jahr,　　b) an einem Tag,　　c) in einer Stunde
auf ihrer Bahn um die Sonne zurücklegt? Nimm an, dass die Bahn ein Kreis mit r = 150 000 000 km ist.

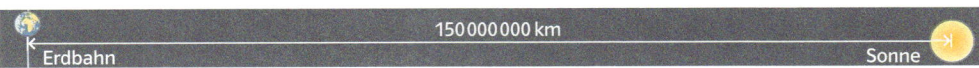

6 Eine Unterlegscheibe soll einen Flächeninhalt von 200 mm^2 überdecken. Bestimme den Außenradius, wenn der Innendurchmesser
a) 5 mm,　　b) 8 mm,　　c) 10 mm
beträgt.

7 Die Innenfläche eines Stadions besteht aus einem Rechteck mit zwei angesetzten Halbkreisen vom Radius r = 36,9 m. Die innere der herumführenden Laufbahnen hat innen eine Länge von 400 m.
a) Wie lang sind die geraden Stücke der Laufbahn?
b) Welche Kurvenvorgabe muss ein Läufer auf der zweiten Bahn von innen bekommen, wenn die Laufbahnen jeweils 1,22 m breit sind?

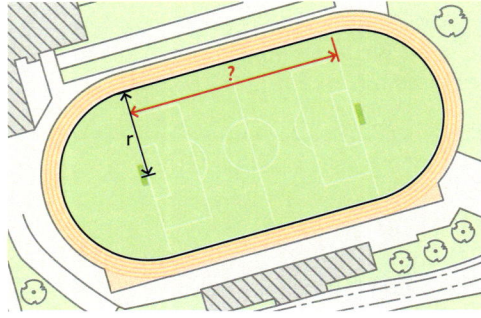

8 Handwerker benutzten früher oft als „Formel" für den Kreisumfang: „Durchmesser mal 3 plus 5%". Mit welcher Näherung für π wurde gerechnet?

9 a) Welchen Flächeninhalt und welchen Umfang hat die „Fledermaus" (Fig. 1) für r = 2,4 cm und α = 60°?
b) Wie groß muss der Radius r bei α = 60° sein, damit die Figur den Flächeninhalt 30 cm² hat?
c) Wie groß muss der Winkel α bei r = 4 cm sein, damit die Figur den Flächeninhalt 40 cm² hat?

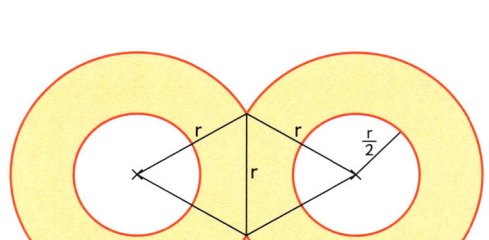

Fig. 1

10 a) Wie lang ist die rote Begrenzungslinie der markierten Fläche in Fig. 2 für r = 2 cm? Wie groß ist ihr Flächeninhalt?
b) Wie groß muss der Radius r sein, damit die Figur den Flächeninhalt 25,2 cm² hat?

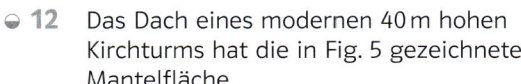

Fig. 2

11 Ein Kegel mit Radius und Höhe r wird einer Halbkugel und diese wiederum einem Zylinder einbeschrieben (Fig. 3).
a) Archimedes von Syrakus (287 v. Chr. bis 212 v. Chr.) entdeckte, dass die Rauminhalte von Zylinder, Halbkugel und Kegel im Verhältnis 3 : 2 : 1 stehen. Begründe diese Behauptung.
b) Wie verhalten sich die Oberflächen der drei Körper zueinander?
c) Wie verhalten sich die Rauminhalte der drei Körper in Fig. 4 zueinander?

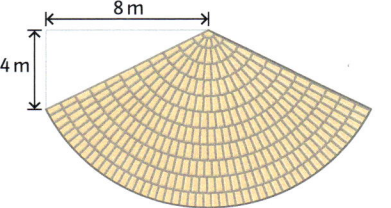

Fig. 3   Fig. 4

Archimedes von Syrakus
(287 v. Chr. bis 212 v. Chr.)

Hinweis:
Nutze bei der Winkelberechnung die Symmetrie aus.

12 Das Dach eines modernen 40 m hohen Kirchturms hat die in Fig. 5 gezeichnete Mantelfläche.
a) Welches Volumen hat es?
b) Wie groß ist die Mantelfläche?
c) 1 m² Dachziegel kosten 375 €. Es ist mit 20 % Verschnitt zu rechnen. Wie viel kostet es, das Dach zu decken?

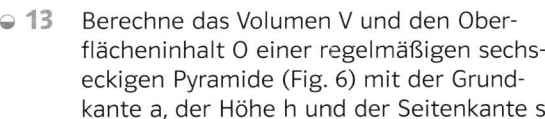

Fig. 5

13 Berechne das Volumen V und den Oberflächeninhalt O einer regelmäßigen sechseckigen Pyramide (Fig. 6) mit der Grundkante a, der Höhe h und der Seitenkante s.
a) s = 5 cm; a = 4 cm
b) a = 33 cm; h = 56 cm
c) h = 20 m; s = 25 m

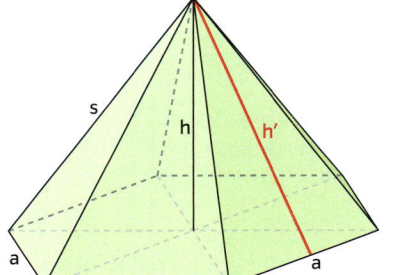

Fig. 6

14 Bei einem Würfel schleift man die Kanten und Ecken gleichmäßig ab (Fig. 1).
a) Zeichne das Schrägbild eines Würfels mit der Kantenlänge 6 cm mit $\alpha = 45°$ und $k = \frac{1}{2}$. Ergänze die Hilfslinien wie in Fig. 1 und zeichne das Schrägbild des Restkörpers.
b) Beschreibe Form und Größe der Flächen des Körpers und gib die jeweilige Anzahl an. Wie viele Ecken hat der Körper?

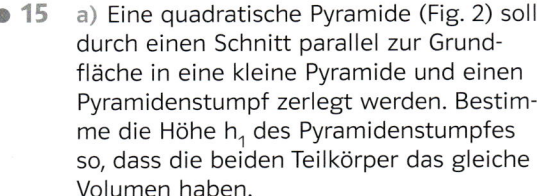

15 a) Eine quadratische Pyramide (Fig. 2) soll durch einen Schnitt parallel zur Grundfläche in eine kleine Pyramide und einen Pyramidenstumpf zerlegt werden. Bestimme die Höhe h_1 des Pyramidenstumpfes so, dass die beiden Teilkörper das gleiche Volumen haben.
b) Ein Kegel soll ebenfalls durch einen Schnitt parallel zur Grundfläche in zwei Teilkörper zerlegt werden (Fig. 3), deren Volumina sich zueinander wie 2:1 verhalten. Welche Höhe h_1 hat der Kegelstumpf?

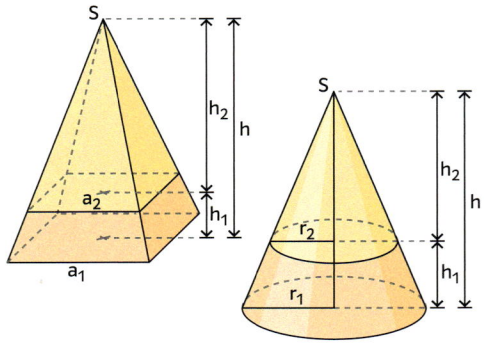

Fig. 2 Fig. 3

16 Berechne Volumen und Oberflächeninhalt der Kegel- bzw. Pyramidenstümpfe in Fig. 4.
a) b) c) d)

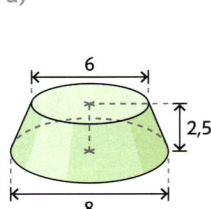 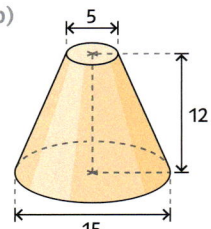 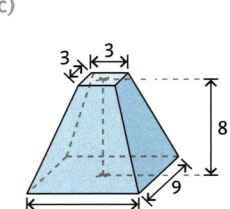 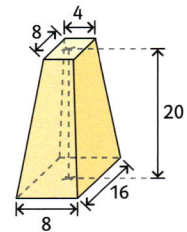

Fig. 4

17 Können die folgenden Figuren (Fig. 5) „Schatten" des Kantenmodells eines Würfels (Fig. 6) bei einer Parallelprojektion sein? Wenn ja, wie liegen dann Würfel, Bildebene und Projektionsgeraden zueinander? Wenn nein, begründe deine Antwort.
a) b) c) d)

  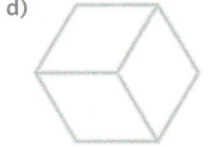 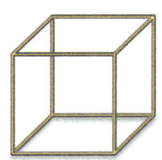

Fig. 5 Fig. 6

18 Die Flächen in Fig. 7 rotieren um die Achse a. Beschreibe die entstehenden Drehkörper. Stelle jeweils eine Formel für das Volumen und den Oberflächeninhalt auf.

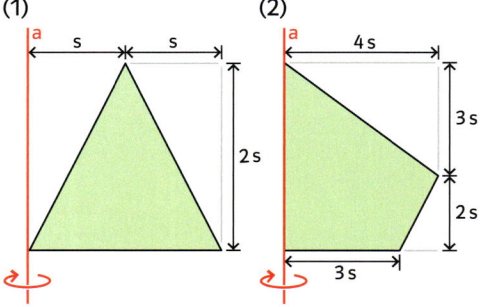

19 Ein Würfel der Kantenlänge a ist mit n^3 Kugeln vom Durchmesser $\frac{a}{n}$ gefüllt.
a) Vergleiche Volumen und Oberflächeninhalt aller Kugeln und des Würfels.
b) Wie hängt das Volumen des luftgefüllten Restkörpers von n ab?

Fig. 7

20 Zwei Leitungsrohre mit einem Außendurchmesser von 5 cm werden wie in Fig. 8 verschweißt. Berechne das Gesamtvolumen des Körpers und die Größe der Außenfläche.

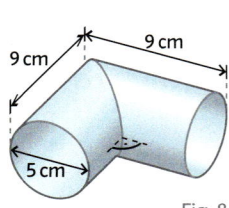

Fig. 8

Schätzen der Kreiszahl π mit statistischen Verfahren

Man kann die Fläche eines Kreises auch mit statistischen Methoden bestimmen. Eine solche Methode ist zum Beispiel die **Monte-Carlo-Methode**. Dazu stellt man sich das folgende Gedankenexperiment vor. Auf einer quadratischen Platte der Länge 1 m ist ein Viertelkreis mit dem Radius 1 m eingezeichnet (Fig. 1). Auf diese Platte fallen gleichmäßig Regentropfen. Man zählt alle Regentropfen, die auf die Platte fallen und stellt gleichzeitig fest, wie viele von diesen in den Viertelkreis fallen. Man kann dann schätzen, dass der Anteil der Regentropfen, die in den Viertelkreis fallen, in etwa dem Anteil der Fläche des Viertelkreises an der Fläche des Quadrats entspricht. die Fläche des Quadrats 1 m^2 beträgt, kann man so die Fläche $\frac{\pi}{4}$ des Viertelkreises näherungsweise bestimmen. Je größer die Anzahl der Tropfen ist, desto zuverlässiger ist der Näherungswert.

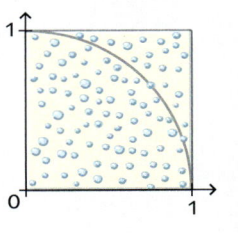

Fig. 1

Mithilfe von **Zufallszahlen** kann man den Regen **simulieren**. Man erzeugt Zufallszahlen x und y und fasst sie zu einem Paar (x|y) zusammen. Im Koordinatensystem kann man dem Zahlenpaar einen Punkt P zuordnen. Dieser Punkt liegt innerhalb oder auf dem Rand des Viertelkreises, wenn $x^2 + y^2 \leq 1$ erfüllt ist (Fig. 2).

Zufallszahlen kann man mit einem Glücksrad, einem Computer oder auch direkt mit dem GTR erzeugen. Dabei geht man mit dem GTR wie folgt vor.

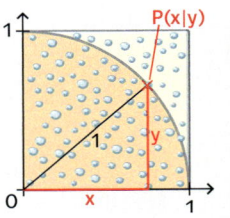

Fig. 2

(1.) Zunächst wird eine Zufallszahl x erzeugt und dann ihr Quadrat x^2.

(2.) Man erzeugt eine zweite Zufallszahl y und dann ihr Quadrat y^2. Die beiden Zufallszahlen x und y kann man als die beiden Koordinaten eines Punktes P(x|y) auffassen.

(3.) Man testet, ob der Punkt P(x|y) mit den beiden Zufallszahlen als Koordinaten innerhalb des Viertelkreises liegt, also ob $x^2 + y^2 \leq 1$ erfüllt ist.

(4.) Durch Wiederholen von 1. bis 3. erhält man eine Liste von zum Beispiel 100 Ziffern – Nullen, wenn P nicht im Viertelkreis liegt und Einsen, wenn P im Viertelkreis liegt.

(5.) Für die weitere Auswertung wird die Liste abgespeichert.

(6.) Zum Schluss wird die Liste aufsummiert und durch 100 dividiert, weil die Liste 100 Summanden enthält. Damit ergibt sich ein Schätzwert für $\frac{\pi}{4}$. Multipliziert man mit 4, so erhält man bei der in Fig. 3 dargestellten Simulation für π den Schätzwert 3,12.

Ein wichtiges Gesetz aus der Wahrscheinlichkeitsrechnung – das empirische „Gesetz der großen Zahlen" – besagt anschaulich gesprochen, dass der Schätzwert um so genauer ermittelt werden kann, je größer die Anzahl der „Tropfen" ist und je häufiger man das Verfahren anwendet.

Das **Buffon'sche Nadelproblem** führt zu einer weiteren statistischen Methode zur näherungsweisen Bestimmung von π. Nach Georges-Louis Leclerc Buffon (1707–1788) lässt man eine Nadel der Länge l cm viele Male auf ein Blatt Papier fallen, auf dem parallele Linien in Abständen von 2 l cm eingezeichnet sind. Führt man X Nadelwürfe aus (X sehr groß) und fällt bei Y der Würfe die Nadel auf eine der Linien, so ergibt $\frac{X}{Y}$ eine Näherung für π.

1 ▨ ⚇ Bestimmt mithilfe einer Simulation von Regentropfen einen Näherungswert für π. Erzeugt dabei, wie oben beschrieben, jeweils Listen mit 500 Überprüfungen. Fasst eure Ergebnisse in der Klasse zusammen.

2 ⚇ Bestimmt π näherungsweise nach dem Nadelproblem von Buffon. Zeichnet waagerechte parallele Geraden in Abständen von 4 cm auf ein Papier. Schneidet von einem Streichholz ein Stück der Länge 2 cm ab und werft das Stück 50-mal (100-mal, 200-mal) auf das Papier. Vergleicht eure Näherungswerte für π.

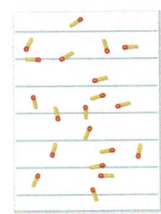

Zum Buffon'schen Nadelproblem

Kreis

Für einen Kreis mit dem Radius r bzw. dem Durchmesser d gilt:
Umfang $U = \pi \cdot d$ bzw. $U = 2 \cdot \pi \cdot r$;
Flächeninhalt $A = \pi \cdot r^2$.
Für die Kreiszahl π gilt: $\pi \approx 3{,}14$.

Für einen Kreis mit dem Durchmesser
d = 8 cm gilt:
Radius r = 4 cm;
Umfang U = $\pi \cdot 8$ cm $\approx$ 25,1 cm;
Flächeninhalt A = $\pi \cdot 4^2$ cm² $\approx$ 50,3 cm².

Kreisausschnitt und Kreisbogen

Für einen Kreisausschnitt mit dem Mittelpunktswinkel α gilt:

Flächeninhalt $A_\alpha = \dfrac{\alpha}{360°} \cdot \pi \cdot r^2$;

Länge b des Kreisbogens $b_\alpha = \dfrac{\alpha}{360°} \cdot 2\pi r$.

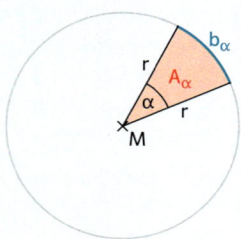

Zylinder

Für einen Zylinder mit der Höhe h und dem Radius r gilt:
Volumen $V = G \cdot h = \pi r^2 \cdot h$;
Mantelfläche $M = 2\pi r \cdot h$;
Oberflächeninhalt $O = 2G + M = 2\pi r \cdot (r + h)$.

$\alpha = 42°$; r = 1,5 cm

$A = \dfrac{42°}{360°} \cdot \pi \cdot 1{,}5^2$ cm² $\approx$ 0,82 cm²

$b = \dfrac{42°}{360°} \cdot 2 \cdot \pi \cdot 1{,}5$ cm $\approx$ 1,10 cm

Pyramide

Für eine Pyramide mit der Grundfläche G und der Höhe h gilt:

Volumen $V = \dfrac{1}{3} G \cdot h$.

Die Oberfläche besteht aus Dreiecken und der Grundfläche.

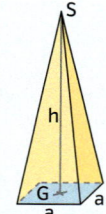

Grundfläche:
Quadrat mit Seitenlänge
a = 5 cm
Höhe: h = 15 cm

$V = \dfrac{1}{3} G \cdot h = 125$ cm³

Kegel

Ein Kreis mit dem Radius r ist die Grundfläche G eines Kegels. Für einen Kegel mit der Grundfläche G und der Höhe h gilt:

Volumen $V = \dfrac{1}{3} G \cdot h = \dfrac{1}{3} \cdot \pi \cdot r^2 \cdot h$.

Der Kegelmantel ist ein Kreisausschnitt mit dem Radius
$s = \sqrt{h^2 + r^2}$.
Dieser Kreisausschnitt hat die Bogenlänge $2\pi r$.
Flächeninhalt der Mantelfläche: $M = \pi \cdot r \cdot s$
Oberflächeninhalt: $O = G + M = \pi \cdot r^2 + \pi \cdot r \cdot s$

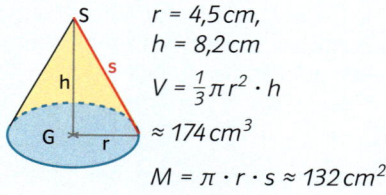

r = 4,5 cm,
h = 8,2 cm

$V = \dfrac{1}{3}\pi r^2 \cdot h$

$\approx$ 174 cm³

$M = \pi \cdot r \cdot s \approx$ 132 cm²

Kugel

Für eine Kugel mit dem Radius r gilt:

Volumen $V = \dfrac{4}{3} \cdot \pi \cdot r^3$;

Oberflächeninhalt $O = 4 \cdot \pi \cdot r^2$.

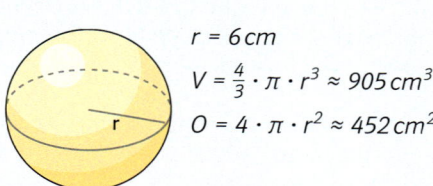

r = 6 cm

$V = \dfrac{4}{3} \cdot \pi \cdot r^3 \approx$ 905 cm³

$O = 4 \cdot \pi \cdot r^2 \approx$ 452 cm²

Runde 1

○⟶ Lösungen | Seite 194

1 Bei einem Kreis interessieren der Radius r, der Durchmesser d, der Umfang U und der Flächeninhalt A. Berechne die fehlenden Größen.
    a) r = 3,8 cm   **b)** U = 1,8 dm

2 Ein Rohr hat einen Innendurchmesser von 70 mm. Berechne den Flächeninhalt seines Querschnitts.

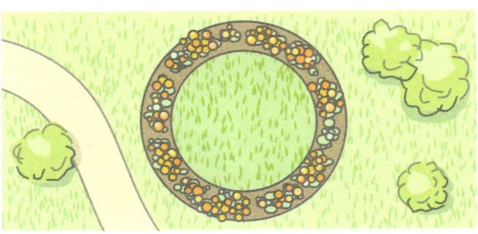

3 Eine 10 m² große kreisförmige Rasenfläche soll ringförmig mit einem ebenfalls 10 m² großen Blumenbeet umgeben werden. Wie breit wird dieses?

4 Berechne für einen Kegel mit Radius r, Höhe h und der Mantellinie s das Volumen V, den Flächeninhalt des Mantels M und den Oberflächeninhalt O.
    a) r = 9 cm; s = 40 cm   **b)** h = 33 cm; s = 65 cm

5 Bei einer Kugel ist von den Größen r, V und O eine gegeben. Berechne die beiden fehlenden Größen.
    a) r = 4,23 cm   **b)** V = 200 Liter

Runde 2

○⟶ Lösungen | Seite 194

1 Bei Kreisteilen interessieren der Radius r, der Mittelpunktswinkel α, der Kreisbogen b und der Flächeninhalt A. Berechne die fehlenden Stücke des Kreissektors (Kreisausschnitts).
    a) r = 4,6 m; b = 8 m   **b)** α = 40°; A = 15 cm²

2 Welche Querschnittsfläche hat ein 3 cm dickes Stahlseil?

3 Bei einer Kugel ist von den Größen r, V und O eine gegeben. Berechne die beiden fehlenden.
    a) r = 4,23 m   **b)** V = 26 244 π l

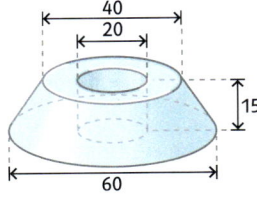

Fig. 1

4 Berechne das Volumen des Werkstücks in Fig. 1. Die Maße sind in mm gegeben.

5 Die Fläche in Fig. 2 rotiert um die Achse a.
    a) Beschreibe den Drehkörper.
    b) Stelle eine Formel für das Volumen V und den Oberflächeninhalt O des Drehkörpers auf.
    c) Bestimme r so, dass V = 85,75 π cm³ beträgt.

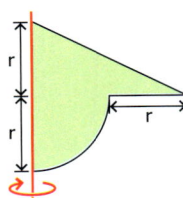

Fig. 1

IV Exponentialfunktion und Wachstumsprozesse

Ausbreitung, Vermehrung, Entwicklung...
Wachstum kommt in vielen Formen daher.

Das kannst du schon

– Prozentangaben im Sachzusammenhang deuten
– Potenzgesetze zur Termumformung verwenden
– Funktionen und Terme mittels Tabelle, Graph
  oder mit Worten beschreiben

➡ Sicher ins Kapitel IV
   Seite 168

Das kannst du bald

- Änderungen unterscheiden
- Exponentielles Wachstum verstehen
- Wachstum rekursiv oder explizit beschreiben
- Wachstum modellieren

Schätzt den Zinseszins-Effekt – ein Spiel für zwei bis vier Spieler

Das Spiel

Würfelt reihum mit je zwei Würfeln. Das Produkt der Augenzahlen ergibt den Jahreszinssatz. Bei bereits vorgekommenem Produkt würfelt ihr erneut. Legt die Dauer einer Runde fest.

Ihr könnt euch während des Spiels Notizen machen, die euch beim Schätzen helfen.

1. Runde: Schätzt nach jedem Wurf innerhalb von 20 Sekunden, nach wie vielen Jahren sich ein Kapital von 1000 € bei dem gewürfelten Zinssatz verdoppelt hat. Überprüft eure Schätzungen mit dem Taschenrechner. Für die beste Schätzung gibt es einen Punkt. Der Spieler mit den meisten Punkten gewinnt die Runde.
2. Runde: Verfahrt wie in der 1. Runde und schätzt, wann sich die 1000 € verdreifacht haben.
3. Runde: Wann haben sich die 1000 € vervierfacht?

Rückblick

Vergleicht in eurer Spielgruppe die Notizen, die ihr während des Spiels gemacht habt. Welche Erkenntnisse über das Anwachsen des Guthabens bei verschiedenen Zinssätzen habt ihr gewonnen? Fasst eure Ergebnisse zusammen und stellt sie der Klasse vor.

Lerneinheit 2
Seite 111

Tipp: Stellt eure Ergebnisse tabellarisch bzw. grafisch dar.

Was kostet die Welt?

Welche Auswirkungen das Anhäufen von Zinsen und Zinseszinsen haben kann, macht folgendes Gedankenexperiment klar.

Lerneinheit 2
Seite 111

Forschungsauftrag 1: Der Joseph-Cent

Stell dir vor, Joseph hätte bei Jesu Geburt 1 Cent zur Seite gelegt und dieser würde jährlich mit 5 % verzinst.

1. Welche Summe an Zinsen hätten die Nachkommen von Joseph im Jahr 2017 insgesamt erhalten, wenn die Zinsen jedes Jahr ausbezahlt worden wären?
2. Welche Summe hätten die Nachkommen im Jahr 2017 zur Verfügung, wenn die Zinsen mitverzinst worden wären? Schätze zunächst. Stelle dann einen Term auf und schreibe das Ergebnis als Zahl und in Worten (recherchiere nach den Namen großer Zahlen).

Die Schuldenuhr in Berlin am 29.12.2016.

Forschungsauftrag 2: Veranschaulichung des Joseph-Kapitals

1. 🖥 Stelle mit einem Tabellenkalkulationsprogramm die „Vermehrung" des Joseph-Cents mit Zins und Zinseszins tabellarisch und grafisch dar. Beschreibe die Entwicklung des Kapitals in eigenen Worten.
2. Vergleiche das Kapital im Jahr 2017 mit den Schulden der Bundesrepublik im Jahr 2016 (siehe Fig. 1). Wie viel Geld erhielte jeder nach Tilgung der Staatsschulden, wenn Josephs Geld auf alle Bundesbürger verteilt würde?
3. Vergleiche das Kapital im Jahr 2017 mit dem Wert, den ein Goldklumpen von der Größe der Erde besäße. (Gold hat eine Dichte von 19,32 g/cm^3. Der Erdradius beträgt ca. 6370 km.)

Kritischer Rückblick

„Das Zinssystem ist instabil, es muss zwangsläufig auf dem Geldmarkt immer Zusammenbrüche geben, bei denen viele Menschen viel Geld verlieren."

– Kommentiere diese Aussage vor dem Hintergrund deiner Ergebnisse aus den Forschungsaufträgen. Welche Ereignisse könnten solche Zusammenbrüche darstellen?
– Erkläre, warum es sich bei dem Joseph-Cent um ein „Gedankenexperiment" handelt.

Eine Feinunze entspricht exakt 31,103 476 8 g. Die Feinunze Gold kostete im Jahr 2017 etwa 1200 €.

Moore's Law

Moore's Law describes an important trend in the history of computer hardware.
In 1965 Moore made the observation that the number of transistors on integrated circuits had doubled every year since the integrated circuit was invented. The current definition of Moore's Law says that transistor density doubles every 18 to 24 months. Most experts, including Moore himself, expect Moore's Law to hold for at least another two decades.

Below the growth of transistor counts for different Intel processors are shown.

name (year)		transistors/chip	name (year)		transistors/chip
4004	(1971)	2300	Pentium 3	(1999)	28 100 000
8086	(1978)	29 000	Pentium 4	(2000)	42 000 000
286	(1982)	134 000	Itanium 2	(2002)	221 000 000
386	(1985)	275 000	Itanium dual core	(2006)	2 × 1 700 000 000
486	(1989)	1 200 000	Xeon Nehalem	(2010)	8 × 2 300 000 000
Pentium	(1993)	3 100 000	Xeon Haswell	(2014)	18 × 5 560 000 000
Pentium 2	(1997)	7 500 000	Xeon Broadwell	(2016)	22 × 7 200 000 000

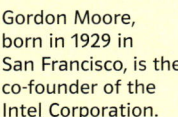

Gordon Moore, born in 1929 in San Francisco, is the co-founder of the Intel Corporation.

1. Fig. 1 shows the further development of integrated circuits for several periods of time.
   – Describe these diagrams in your own words.
   – Draw another diagramm showing the period from 1971 to 2016.

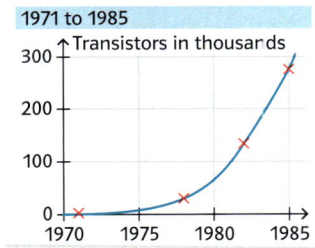
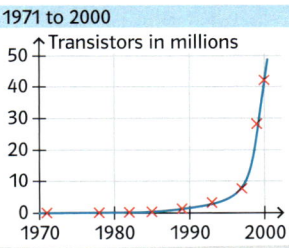
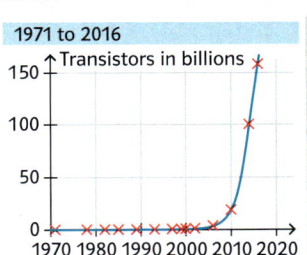

Fig. 1

integrated circuits = integrierte Schaltungen, gemeint sind Mikrochips
density = Dichte
decade = Jahrzehnt
to hold = gelten
period of time = Zeitspanne
to verify = verifizieren
prediction = Vorhersage
respectively = bzw.

2. Moore says the number of transistors doubles every 18 to 24 months.
   – Verify his prediction on the basis of the data given. You do this as follows:
     Draw the first diagram of fig. 1 and add another two graphs, one showing the number of transistors exactly doubling within a period of 18 months and another one showing it exactly doubling within a period of 24 months.
   – Fill in the table in fig. 2 and create a mathematical expression for calculating the counts of transistors after a given number of periods lasting 18 months and 24 months respectively.
   – The growth of transistors is also called an exponentially growing process. Explain the meaning of the word "exponential".

periods	years	transistors
0	0	2300
1	1,5	2300 · 2
2	3	2300 · ...

Fig. 2

Using Excel could be very helpful here.

3. The fact that Moore's Law has held for more than fifty years now is regarded as very exceptional.
   – Can you give a good reason to explain why it is regarded as very exceptional?
   – In 2008 the Intel Corporation announced that the development of integrated circuits could even progress according to Moore's Law until 2029 at least. How many transistors are expected to be on an integrated circuit in 2029 if the number of transistors doubles every 24 months?
   – Why do people think Moore's Law will not hold forever?

1 Wachstum – absolute und relative Änderung

Frankfurt. Die Jahre 2009 bis 2012 waren gute Börsenjahre: Fast alle Aktienwerte sind deutlich gestiegen, ebenso die Preise für Edelmetalle. Wer in dieser Zeit Silber oder Gold besaß, durfte sich über einen beachtlichen Wertzuwachs freuen – wobei die Besitzer von Silber im Vergleich zu den Goldbesitzern noch größere Gewinne gemacht haben.

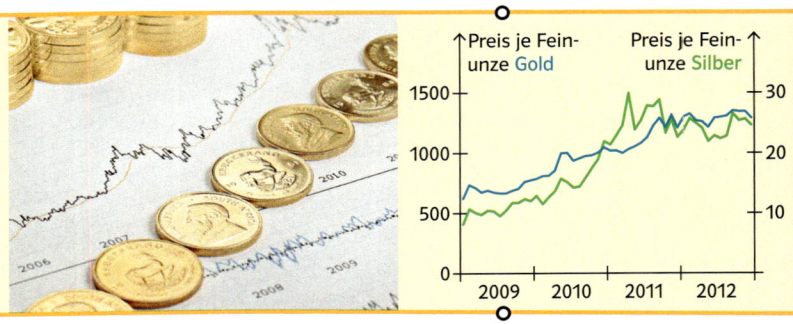

Bei vielen Größen verändert sich der **Bestand B** mit der Zeit, zum Beispiel die Einwohnerzahl einer Stadt, das Körpergewicht eines Menschen oder der Alkoholgehalt im Blut. Nach dem Konsum von Alkohol kann man diesen im Blut nachweisen. In einem Experiment wird die im Blut befindliche Alkoholmenge stündlich nach dem Konsum gemessen. Fig. 1 und Fig. 2 zeigen Messwerte für einen Erwachsenen nach dem Konsum von 50 g Alkohol (zum Beispiel nach etwa 1 Liter Bier).

Zeit t nach Einnahme (in h)	Alkoholmenge B(t) (in g)
0	0
1	3,5
2	5,0
3	4,5
4	3,75
5	3,0
6	2,25

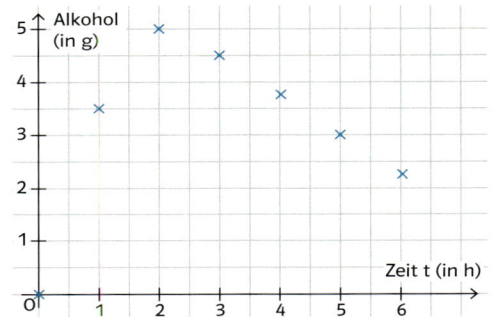

Fig. 1 ⟶ Fig. 2

Hier ist mit Bestand die Alkoholmenge gemeint. B(3) = 4,5 bedeutet: Nach drei Stunden befinden sich 4,5 g Alkohol im Blut.

Um zu beschreiben, wie schnell sich der Blutalkohol im Laufe der Zeit ändert, betrachtet man die absolute oder relative Änderung. Dabei geht man unterschiedlich vor.

1. Man betrachtet die **absolute Änderung** für einen Zeitschritt. Dazu berechnet man die Differenz der Werte.
Änderung von der 1. zur 2. Stunde:

$$B(2) - B(1) = 5,0 - 3,5 = 1,5$$

Die Alkoholmenge im Blut nimmt von der 1. zur 2. Stunde um 1,5 g zu.
Änderung von der 2. zur 3. Stunde:
$$B(3) - B(2) = 4,5 - 5,0 = -0,5$$
Die Alkoholmenge im Blut nimmt von der 2. zur 3. Stunde um 0,5 g ab.

2. Man betrachtet die **relative** oder **prozentuale Änderung** für einen Zeitschritt.

Relative Änderung von der 1. zur 2. Stunde:
$$\frac{B(2) - B(1)}{B(1)} = \frac{1,5}{3,5} \approx 0,43 = 43\%$$

Die Alkoholmenge im Blut nimmt von der 1. zur 2. Stunde um 43 % zu.
Relative Änderung von der 2. zur 3. Stunde:
$$\frac{B(3) - B(2)}{B(2)} = \frac{-0,5}{5} = -0,1 = -10\%$$

Die Alkoholmenge im Blut nimmt von der 2. zur 3. Stunde um 10 % ab.

Solche Veränderungen fasst man unter dem Begriff **Wachstum** zusammen. Hierbei kann der Bestand zu- oder abnehmen. Man spricht dann von positivem oder negativem Wachstum. Kleine absolute Änderungen können als relative (prozentuale) Änderung sehr groß sein, wenn der zugrundeliegende Bestand klein ist.

Für einen Zeitschritt zwischen den Zeitpunkten t und t + 1 (t = 0, 1, 2, …) kann man das Wachstum eines Bestandes B auf verschiedene Weisen beschreiben.
1. Man gibt die **absolute Änderung** als Differenz d = B(t + 1) – B(t) von aufeinander-folgenden Werten an.
2. Man gibt die **relative** oder **prozentuale Änderung** als Quotient $p = \frac{B(t + 1) - B(t)}{B(t)} = \frac{d}{B(t)}$ an.

Beispiel Berechnung des Wachstums
Der öffentliche Gesamthaushalt Deutschlands für die Jahre 2013, 2014 und 2015 betrug 1 208 300 Millionen €, 1 236 659 Millionen € und 1 272 807 Millionen €.
a) Gib jeweils die jährliche Änderung und die jährliche prozentuale Änderung an.
b) Der Haushalt für das erste Halbjahr 2016 änderten sich gegenüber 2015 um 3 %. Bestimme die Höhe des Haushalts für das erste Halbjahr 2016.
Lösung
a)

Jahre	2014 gegenüber 2013	2015 gegenüber 2014
Absolute Änderung	28 359	36 148
Relative Änderung	$\frac{28359}{1208300} \approx 0{,}0234$ Zunahme um etwa 2,3 %	$\frac{36148}{1236659} \approx 0{,}0292$ Zunahme um etwa 2,9 %

b) Die Zunahme von 3 % entspricht einer Multiplikation mit dem Faktor 1,03.
1 272 807 · 1,03 ≈ 1 310 991
Der Haushalt im ersten Halbjahr betrug etwa 1 310 991 Millonen €.

Aufgaben

1 Beschreibe die Änderung des Wachstums.
a) Janika bekommt monatlich 20 € Taschengeld. Jedes Jahr soll es um 5 € erhöht werden.
b) Max verdient 10 € in der Stunde. Jedes Jahr soll der Stundenlohn um 5 % steigen.
c) Eine Kerze wird angezündet. Jede Minute brennt sie um 2 mm herunter.
d) Ein Computer kostet 1000 €. Jedes Jahr verliert er die Hälfte seines Wertes.
e) Eine Hefekultur mit 5 g Hefe verdreifacht stündlich ihre Masse.

2 Aus dem Wirtschaftsteil einer Zeitung:

A Der Umsatz des Unternehmens hat sich im letzten Jahr von 3,2 Millionen € auf 3,45 Millionen € erhöht.

B Der Gewinn der Firma betrug im letzten Jahr 560 000 € und hat sich in diesem Jahr um 7,8 % verringert.

C Im abgelaufenen Jahr wurden 45 600 Geräte verkauft. Das war gegenüber dem vorausgegangenen Jahr eine Steigerung von 6500. Auch im kommenden Jahr sollen wieder 6500 Geräte mehr verkauft werden.

D In diesem Jahr konnte die Verschuldung um 8 % auf 62 000 € gedrückt werden. Auch im kommenden Jahr ist eine Verringerung der Schulden um 8 % geplant.

a) Bestimme für A die absolute Änderung und die relative Änderung.
b) Wie groß ist bei B der Gewinn in diesem Jahr?
c) Bestimme für C die prozentualen Änderungen im abgelaufenen bzw. kommenden Jahr.
d) Bestimme für D die absoluten Änderungen im abgelaufenen bzw. kommenden Jahr.

3 In der Figur ist ein Wachstumsvorgang in Zeitschritten von einer Stunde grafisch dargestellt.
a) Bestimme die absolute und die prozentuale Änderung für jeden Zeitschritt.
b) Ist der Zeitschritt mit der größten Zunahme auch derjenige mit der größten prozentualen Zunahme? Begründe.
c) Die prozentuale Änderung von der 5. zur 6. Stunde beträgt −20%. Wie groß ist B(6)?

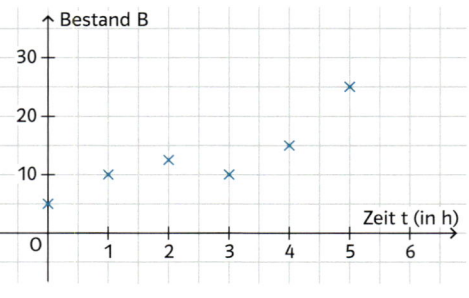

4 a) Für einen Bestand gilt B(1) = 1,6. Er nimmt im Zeitintervall [1; 2] um 12% zu. Berechne B(2).
b) Für einen Bestand gilt B(8) = 34. Er nimmt im Zeitintervall [8; 9] um 4,3% ab. Berechne B(9).
c) Ein Bestand nimmt im Zeitintervall [4; 5] um 7,5% auf B(5) = 12,8 zu. Berechne B(4).

Die Schreibweise „nimmt im Intervall [1; 2] um 12% zu" bedeutet dasselbe wie „nimmt von t = 1 bis t = 2 um 12% zu".

Bist du schon sicher?

5 Die Tabelle zeigt die Entwicklung eines Bestandes. Bestimme für jeden Zeitschritt die Änderung und die prozentuale Änderung.

t	0	1	2	3	4
B(t)	80	76	80	100	80

6 Für einen Wachstumsvorgang gilt B(8) = 2500. Bestimme B(9), wenn für das Intervall [8; 9] gilt:
a) Die relative Änderung ist −25%.
b) Die relative Zunahme ist 0,3%.
c) Die absolute Änderung ist 8.
d) Die relative Änderung ist 100%.

Lösungen | Seite 195

7 Die Grafik rechts zeigt die Entwicklung der Anzahl von Glasfaser-Anschlüssen in Deutschland.
a) In welchem Zeitschritt ist die absolute Änderung am größten, in welchem die relative Änderung?
b) Wie kann es vorkommen, dass der Zeitschritt mit der größten absoluten Änderung nicht mit dem Zeitschritt mit der größten relativen Änderung übereinstimmt?

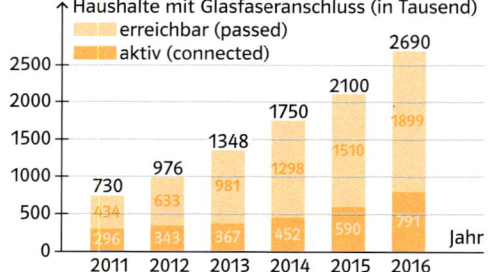

8 Auf dem Meer verursachen die Gezeiten einen Wechsel von Niedrigwasser zu Hochwasser in etwa 6 Stunden.

t	0	1	2	3	4	5	6
h(t)	0,4	0,5	0,85	1,45	1,9	2,2	2,3

Die Tabelle zeigt den Pegelstand h (in m) für Helgoland für die Zeit t (in h) nach Niedrigwasser. Im Intervall [6; 12] sinkt die Wasserhöhe entsprechend wieder auf h = 0,4.
a) Stelle die Entwicklung der Wasserhöhe für das Intervall [0; 12] grafisch dar.
b) Bestimme die Wasserhöhe für t = 22 und die Änderung für das Intervall [22; 23].
c) Die Differenz der Pegelstände von Niedrigwasser und Hochwasser bezeichnet man als Tidenhub. Berechne für die ersten sechs Stunden die stündliche relative Änderung des Wasserstands. Vergleiche die absoluten und relativen Änderungen. Was stellst du fest?

Kannst du das noch?

9 Berechne die fehlenden Größen des Dreiecks.
a) a = 5 cm, b = 6 cm, γ = 90°
b) c = 8,4 cm, α = 90°, β = 50,5°

Lösung | Seite 195

2 Lineares und exponentielles Wachstum

Carlo und René haben für den 10 000-m-Lauf trainiert, der am Schulsportfest stattfindet. Sie erzählen Sabrina, wie sie sich vorbereitet haben. Kann das stimmen? Erkläre.

Ich habe 40 Tage vorher mit 2000 m angefangen und bin jeden Tag 200 m weiter gelaufen!

Echt?

Ich habe 40 Tage vorher mit 2000 m angefangen und bin jeden Tag 10 % mehr gelaufen als am Vortag!

In einem afrikanischen Wild Life Resort hat man in drei aufeinanderfolgenden Jahren den Bestand an Gnus gezählt: Bestand nach dem 1. Jahr: 30 000, nach dem 2. Jahr: 33 000, nach dem 3. Jahr: 36 100.
Die Verwaltung des Tierparks versucht, die weitere Entwicklung der Gnuanzahl vorherzusagen, also eine Annahme über die weitere Entwicklung zu erstellen. Dabei kann man zu verschiedenen Aussagen kommen.

1. Annahme:
Man vermutet als Ursache des Anstiegs eine gleichbleibende Zuwanderung aus umliegenden Gebieten.
Man nimmt an:
Die Anzahl der Gnus wird jährlich um ca. 3000 zunehmen.

2. Annahme:
Man vermutet als Ursache die Abnahme der Anzahl von Raubtieren, sodass immer mehr Gnus Junge aufziehen können.
Man nimmt an:
Die Anzahl der Gnus wird jährlich um ca. 10 % zunehmen.

Die Tabellen zeigen die mögliche Entwicklung der Gnuanzahl. Dabei bezeichnet B (t) die Anzahl der Gnus t Jahre nach der ersten Zählung.

t (in Jahren)	0	1	2	3	...	10
B (t) (in Tsd.)	30	33	36	39	...	60

+3000 +3000 +3000 +3000

t (in Jahren)	0	1	2	3	...	10
B (t) (in Tsd.)	30	33	36,3	39,9	...	77,8

· 1,1   · 1,1   · 1,1   · 1,1

Die Wachstumsart für die Zahlenfolge B (0), B (1), B (2), ... nennt man bei Annahme 1 **lineares Wachstum** und bei Annahme 2 **exponentielles Wachstum**.
In beiden Fällen kann man den Bestand B (t) berechnen, wenn man den Bestand B (t − 1) kennt.

1. B (t) = B (t − 1) + 3000; (t = 1, 2, 3, ...)   2. B (t) = B (t − 1) · 1,1; (t = 1, 2, 3, ...)

Diese rechnerische Darstellung nennt man **rekursive Darstellung** eines Wachstums.

Die Folge der Zahlen B (0), B (1), ... nennt man auch **arithmetische Folge** (1.) und **geometrische Folge** (2.).

recurrere (lat.): zurückgehen

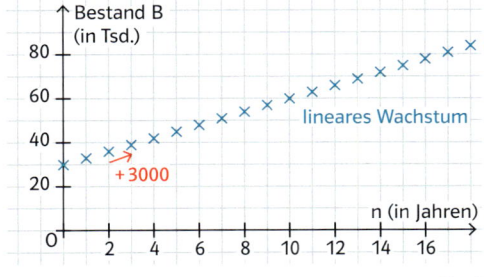

Fig. 1

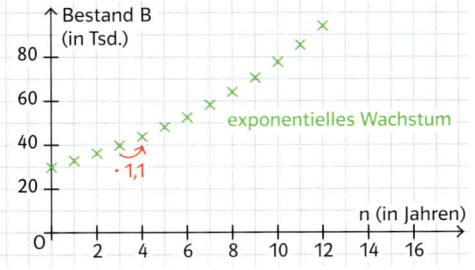

Fig. 2

Bei der grafischen Darstellung von linearem Wachstum liegen die Punkte auf einer Geraden. Deshalb heißt es „lineares" Wachstum.

In beiden Fällen lassen sich die Bestände, zum Beispiel der Bestand B(3), auch direkt berechnen **(explizite Berechnung)**.

explicare (lat.): entwickeln

Lineares Wachstum
$$B(3) = B(2) + 3000$$
$$= B(1) + 3000 + 3000$$
$$= B(1) + 2 \cdot 3000$$
$$= B(0) + 3000 + 2 \cdot 3000 + \cancel{3000}$$
$$= B(0) + 3 \cdot 3000$$
Allgemein:
$$B(t) = B(0) + t \cdot 3000$$

Exponentielles Wachstum
$$B(3) = B(2) \cdot 1{,}1$$
$$= B(1) \cdot 1{,}1 \cdot 1{,}1$$
$$= B(1) \cdot 1{,}1^2$$
$$= B(0) \cdot 1{,}1 \cdot 1{,}1^2$$
$$= B(0) \cdot 1{,}1^3$$
Allgemein:
$$B(t) = B(0) \cdot 1{,}1^t$$

Ob es sich um ein lineares oder exponentielles Wachstum handelt, erkennt man, wenn man die Änderungen betrachtet.

Lineares Wachstum liegt vor, wenn die Differenz $d = B(t+1) - B(t)$ für alle Werte von t konstant ist.

Exponentielles Wachstum liegt vor, wenn die relative Änderung $p = \frac{B(t+1) - B(t)}{B(t)}$ für alle

Werte von t konstant ist. Wegen $\frac{B(t+1) - B(t)}{B(t)} = \frac{B(t+1)}{B(t)} - 1$ ist damit auch $q = \frac{B(t+1)}{B(t)} = p + 1$

konstant. Dabei heißt der Quotient q Wachstumsfaktor.

Lineares Wachstum
Die Differenz $d = B(t+1) - B(t)$ ist konstant.

Rekursive Berechnung
$$B(t+1) = B(t) + d$$
Explizite Berechnung
$$B(t) = B(0) + t \cdot d$$

Exponentielles Wachstum
Der Quotient $q = \frac{B(t+1)}{B(t)}$ ist konstant und heißt Wachstumsfaktor.

Rekursive Berechnung
$$B(t+1) = q \cdot B(t)$$
Explizite Berechnung
$$B(t) = B(0) \cdot q^t$$

Der Wachstumsfaktor q ist stets positiv.
$0 < q < 1$: Abnahme
$q > 1$: Zunahme

Beispiel 1 Unterscheiden von linearem und exponentiellem Wachstum
Untersuche für beide Tabellen, ob lineares oder exponentielles Wachstum vorliegt und begründe deine Entscheidung. Berechne jeweils B(14).

n	0	1	2	3	4	5
B(n)	9,4	8,2	7,0	5,8	4,6	3,4

n	0	1	2	3	4
B(n)	1,6	2,0	2,5	3,125	3,906

Bei Wachstumsvorgängen wird die Anzahl von Zeitschritten oft auch mit n statt t bezeichnet

Lösung

Die Differenz d aufeinander folgender Bestände ist immer $d = -1{,}2$. Es handelt sich um lineares Wachstum (lineare Abnahme). Es gilt $B(14) = 9{,}4 + 14 \cdot (-1{,}2) = -7{,}4$.

Der Quotient q aufeinanderfolgender Bestände ist immer $q = 1{,}25$. Es handelt sich um exponentielles Wachstum (exponentielle Zunahme). Es gilt $B(14) = 1{,}6 \cdot 1{,}25^{14} \approx 36{,}38$.

Beispiel 2 Beschreibung von Wachstumsfaktoren
Ordne den Textbausteinen die richtigen Wachstumsfaktoren zu.

(A) steigt um 2%   (B) sinkt auf 85%   (D) nimmt um 5% ab

(1) q = 0,95   (2) q = 1,15   (C) steigt auf 115%

(3) q = 1,02   (4) q = 0,85

Lösung
Zu (A) gehört (3). Zu (B) gehört (4). Zu (C) gehört (2). Zu (D) gehört (1).

Beispiel 3 Beschreiben von exponentieller Abnahme

In einem Testbericht steht: „Das Auto kostet neu 24 800 €. Es ist mit einer Wertminderung von jährlich 18 % des jeweiligen Restwerts zu rechnen."
a) Stelle die Entwicklung des Fahrzeugwertes für die ersten fünf Jahre in einer Tabelle zusammen.
b) Berechne den Restwert des Fahrzeugs nach zehn Jahren.

Lösung

a) In jedem Jahr ist die relative Änderung $p = -0,18$ gleich. Es handelt sich um exponentielles Wachstum. Der Wachstumsfaktor ist $q = -0,18 + 1 = 0,82$.
Es gilt $B(1) = 0,82 \cdot 24\,800 = 20\,336$; $B(2) = 0,82 \cdot 20\,336 \approx 16\,676$ usw.

Mit dem GTR kann man Teilaufgabe a) so bearbeiten:

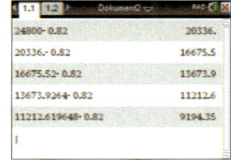

Nach der dritten Zeile wiederholt ENTER drücken.

n (in Jahren)	0	1	2	3	4	5
Wert (in €)	24 800	20 336	16 676	13 674	11 213	9 194

b) Für den Fahrzeugwert nach zehn Jahren gilt $B(10) = 24\,800 \cdot 0,82^{10} \approx 3409$.
Nach zehn Jahren ist das Auto noch 3409 € wert.

Aufgaben

1 Handelt es sich um lineares oder um exponentielles Wachstum? Berechne $B(20)$.

a)
n	0	1	2	3	4	5
B(n)	1	3	5	7	9	11

b)
n	0	1	2	3	4	5
B(n)	1	2	4	8	16	32

c)
n	0	1	2	3	4	5
B(n)	2	3,6	6,48	11,66	21,00	37,79

d)
n	0	1	2	3	4	5
B(n)	10	8	6,4	5,12	4,10	3,28

2 Untersuche, ob es sich bei den grafisch dargestellten Wachstumsprozessen um lineares oder um exponentielles Wachstum oder um keines von beiden handelt.
Bestimme $B(5)$.

Auch Sachverhalte, bei denen keine Zeitschritte auftreten, lassen sich als Wachstumsvorgänge auffassen.

	n = 0	n = 1	n = 2	n = 3
a) B(n) ist die Anzahl der Streichhölzer.				
b) B(n) ist die Anzahl der Würfelchen.				

3 Ein Bestand mit dem Anfangswert $B(0) = 5000$ nimmt monatlich um 4 % ab.
a) Stelle die Entwicklung des Bestandes in den ersten 12 Monaten in einer Tabelle dar.
b) Wie groß ist jeweils die absolute Änderung, wie groß die prozentuale Änderung des Bestandes von $n = 0$ zu $n = 1$ bzw. von $n = 20$ zu $n = 21$?

4 Handelt es sich um lineares oder um exponentielles Wachstum? Berechne $B(1)$ bis $B(6)$ und $B(12)$. Erläutere, was $B(12)$ im gegebenen Zusammenhang bedeutet.
a) Der Umsatz im Januar betrug $B(1) = 100\,000$ €. Er erhöht sich monatlich um 3000 €.
b) Babys wiegen bei der Geburt durchschnittlich 3200 g. Sie nehmen wöchentlich um 4 % zu.
c) Die Schulden einer Firma betragen zurzeit 1 Million Euro. Es ist beabsichtigt, die Schulden von Jahr zu Jahr zu halbieren.

○ **5** Untersuche, ob lineares oder exponentielles Wachstum vorliegt. Berechne B(9).

a)

n	0	1	2	3	4
B(n)	33,00	29,70	26,73	24,06	21,65

b)

n	0	1	2	3	4
B(n)	5,03	4,88	4,73	4,58	4,43

Lösung | Seite 195

6 Bei einem exponentiellen Wachstumsvorgang ist der Anfangsbestand B(0) = 200.
Bestimme B(6) bei
a) einem Wachstumsfaktor von 1,2, b) einer prozentualen Zunahme von 25 %,
c) einer prozentualen Abnahme von 15 %, d) einem Wachstumsfaktor von 0,92.

7 Eine Wohnung kostet 120 000 €. Stelle die Wertentwicklung für die nächsten sechs Jahre
zusammen und berechne den Wert in 20 Jahren unter der Annahme, dass der Wert
a) jährlich um 2400 € sinkt, b) jährlich um 1,5 % steigt.

8 Martinas Uhr geht gegenüber der Fernsehuhr in einer Woche um 5 s vor. Im Moment geht
sie bereits 15 s vor. Nach wie vielen Wochen beträgt die Abweichung 1 min?

Darstellung von Wachstum mit dem GTR
Exponentielles und lineares Wachstum kann man mithilfe einer Wertetabelle und eines
Graphen veranschaulichen.
Beispiel: B(n) = 200 · 1,07^n und B(n) = 200 + 7 · n

Info

Mit dem GTR kann man
sich bei einem Wachs-
tumsvorgang schnell
einen Überblick über die
Bestände verschaffen

1. Eingabe der Formeln   2. Darstellung als Wertetabelle   3. Darstellung als Graph

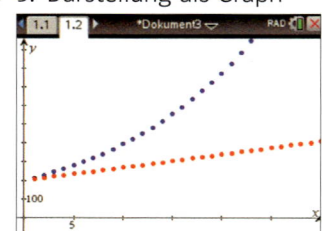

9 ⊞ Eine Firma verkauft monatlich 2400 Stück eines Artikels. Prüfe nach, ob die folgende
Behauptung wahr ist.
a) Wenn die Verkaufszahlen monatlich um 1,5 % steigen, wird auf Dauer mehr verkauft als
bei einer monatlichen Zunahme um 40 Stück.
b) Bei einer monatlichen Zunahme um 1 % werden die Verkaufszahlen nie das Doppelte
des heutigen Absatzes erreichen.
c) Wenn die Verkaufszahlen monatlich um 5 % abnehmen, wird in 20 Monaten gar nichts
mehr verkauft.

10 a) Von einer Raute (Fig. 1) sind a = 10,0 cm
und α = 60° bekannt. Berechne die Län-
gen der Diagonalen d und e.
b) Von einem Parallelogramm (Fig. 2) sind
die Seiten a = 4,0 cm, b = 8,5 cm und die
Höhe h = 7,0 cm bekannt. Berechne die
Größe des Winkels α.

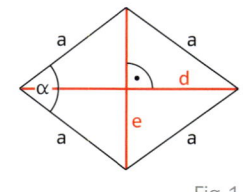

Fig. 1

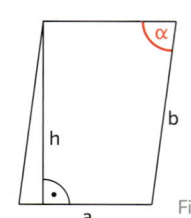

Fig. 2

Lösung | Seite 195

3 Exponentialfunktionen

Ein Blatt Papier ist etwa 0,1 mm dick. Faltet man das Blatt einmal, wird der Stapel doppelt so dick. Wenn man es nur oft genug faltet, entspricht die Dicke der Entfernung zum Mond (≈ 384 000 km).

Die Anzahl der Bakterien in einer Kultur verdoppelt sich stündlich. Am Anfang der Beobachtung sind 1 Million Bakterien vorhanden.
In der ersten Tabelle ist die Anzahl der Bakterien (in Millionen) in Abhängigkeit von der Zeit (in Stunden) dargestellt.

Die Bakterienzahl B beträgt nach einer Stunde $B(1) = 1 \cdot 2$ Millionen. Nach 2 Stunden sind $B(2) = B(1) \cdot 2 = 2^2$ Millionen Bakterien vorhanden, nach 3 Stunden gibt es $B(3) = B(2) \cdot 2 = 2^3$ Millionen Bakterien.

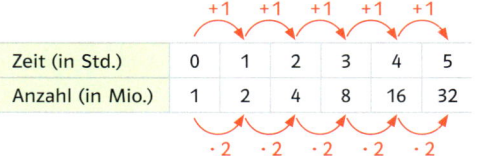

Mit der Formel $B(n) = 2^n$ kann man die Bakterienanzahl nach n Stunden berechnen.
Pro Zeiteinheit nimmt die Anzahl der Bakterien um den gleichen Faktor zu.
Diese Eigenschaft gilt auch dann, wenn man statt einer Stunde zum Beispiel 30 Minuten = 0,5 Stunden als Zeiteinheit wählt. Der Bestand wächst pro halbe Stunde um den Faktor $2^{0,5}$, denn $2^{0,5} \cdot 2^{0,5} = 2^1$.

Anzahl (in Mio.) nach 0,5 Stunden:
$B(0,5) = 2^{0,5} \approx 1,41$
Anzahl (in Mio.) nach 1,5 Stunden:
$B(1,5) = 2^{1,5} \approx 2,83$

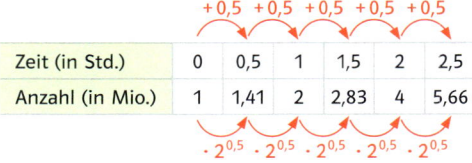

Die **Exponentialfunktion** mit dem Funktionsterm $f(t) = 2^t$ gestattet die Berechnung der Anzahl der Bakterien zu jedem Zeitpunkt.
Die Figur zeigt den Graphen der Funktion f. Mithilfe des Funktionsterms kann man auch Anzahlen berechnen, die vor dem Beobachtungsbeginn vorhanden waren. Beispielsweise gab es eine Stunde vor dem Beobachtungsbeginn $f(-1) = 2^1 = 0,5$ Mio. Bakterien.

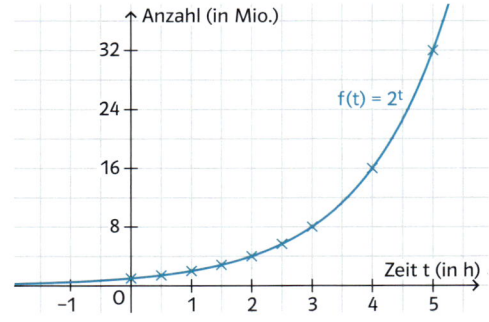

Eine Funktion f mit dem Funktionsterm $f(x) = b^x$ (b > 0; b ≠ 1) heißt **Exponentialfunktion** mit der Basis b.

Eigenschaften der Funktion f mit $f(x) = b^x$

1. Ist $b > 1$, so nehmen die Funktionswerte zu, wenn x größer wird; die Funktion ist wachsend.

   Ist $0 < b < 1$, so nehmen die Funktionswerte ab, wenn x größer wird; die Funktion ist fallend.

2. Alle Graphen von f mit $f(x) = b^x$ verlaufen durch den Punkt $P(0|1)$.

3. Spiegelt man den Graphen von f mit $f(x) = b^x$ an der y-Achse, so erhält man den Graphen von g mit $g(x) = b^{-x} = \left(\frac{1}{b}\right)^x$.

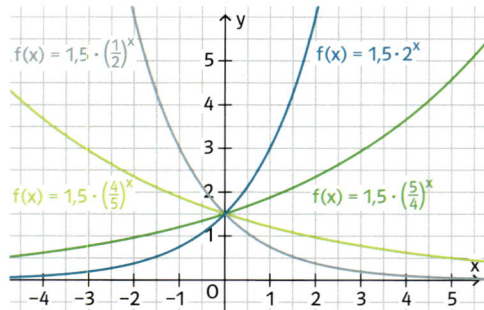

Streckung des Graphen

Den Übergang von der Funktion f mit $f(x) = b^x$ zur Funktion g mit $g(x) = a \cdot b^x$ kann man als Streckung des Graphen von f in Richtung der y-Achse mit dem Streckfaktor a auffassen, da alle Funktionswerte von f mit dem Faktor a multipliziert werden.

Der Graph von g verläuft durch den Punkt $P(0|a)$.

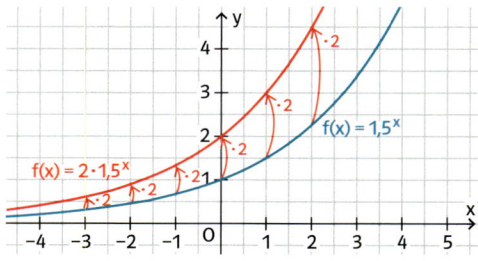

Verschieben des Graphen parallel zu den Koordinatenachsen

Der Graph der Funktion $g(x) = b^x + c$ entsteht aus dem Graphen von $f(x) = b^x$ durch Verschieben in y-Richtung um c Einheiten.

Verschiebt man den Graphen von $f(x) = b^x$ um d Einheiten in x-Richtung, so erhält man den Graphen der Funktion $h(x) = b^{x-d}$.

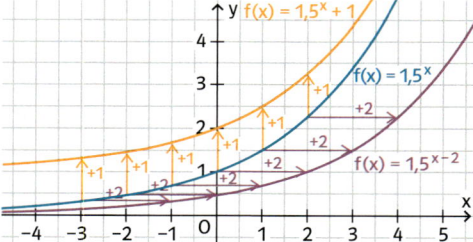

Beispiel 1 Basis berechnen

Bestimme den Funktionsterm der Exponentialfunktion f mit $f(x) = b^x$, deren Graph durch den Punkt $P(3|27)$ bzw. $P(-2|9)$ verläuft.

Lösung

Aus $b^3 = 27$ folgt $b = 3$, also $f(x) = 3^x$ und aus $b^{-2} = 9$ folgt $b = \frac{1}{3}$, also $f(x) = \left(\frac{1}{3}\right)^x$.

Beispiel 2 Funktionsterm bestimmen

Die Menge des radioaktiv zerfallenden Jod-131 nimmt exponentiell ab. Dadurch nimmt die Anzahl der vorhandenen Jod-131-Atome ebenfalls exponentiell ab. Nach 8 Tagen ist die Anzahl auf die Hälfte gesunken. Zu Beginn der Messung sind 250 mg Jod-131 vorhanden.

a) Bestimme einen Funktionsterm, der die Anzahl der noch nicht zerfallenden Jod-131-Atome beschreibt.

b) Berechne die Menge des strahlenden Materials nach 20 Tagen.

Lösung

a) Aus den Angaben im Text erhält man $f(0) = a = 250$ und $f(8) = \frac{1}{2} \cdot a$.

Daraus ergibt sich $250 \cdot b^8 = 125$, also $b^8 = 0{,}5$. Damit erhält man $b = \sqrt[8]{0{,}5} \approx 0{,}917$.

Die Gleichung der Exponentialfunktion lautet $f(x) = 250 \cdot 0{,}917^x$.

b) $f(20) = 250 \cdot 0{,}917^{20} \approx 44{,}19$

Nach 20 Tagen sind noch etwa 44,19 mg strahlendes Material vorhanden.

Aufgaben

1 Der Graph einer Exponentialfunktion f mit $f(x) = b^x$ verläuft durch den Punkt P. Bestimme b und gib an, ob die Funktion wächst oder fällt.
a) $P(1|3)$ b) $P(1|0,25)$ c) $P(2|6)$ d) $P(-1|3)$

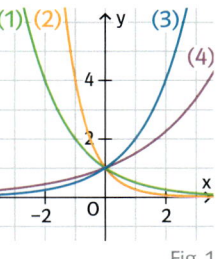

Fig. 1

2 Die Graphen in Fig. 1 gehören zu Exponentialfunktionen f mit $f(x) = b^x$. Bestimme b.

3 Zeichne den Graphen der Funktion f mithilfe einer Wertetabelle. Zeichne dann den Graphen von g durch Multiplikation der Funktionswerte von f mit dem Streckfaktor.
a) $f(x) = 1,2^x$; $g(x) = 3 \cdot 1,2^x$ b) $f(x) = 0,4^x$; $g(x) = 5 \cdot 0,4^x$ c) $f(x) = 2^x$; $g(x) = 0,3 \cdot 2^x$

4 In Fig. 2 bis Fig. 5 ist jeweils der Graph einer Exponentialfunktion f mit $f(x) = a \cdot b^x$ dargestellt. Bestimme a und b.

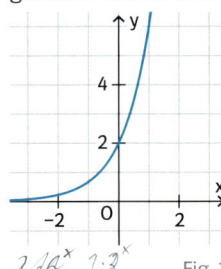
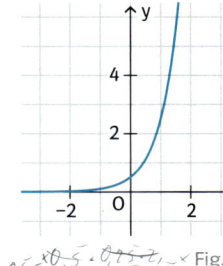
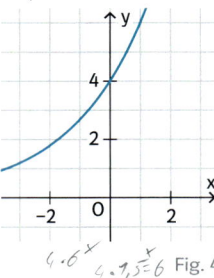
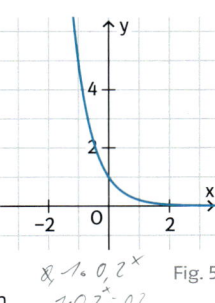

Fig. 2   Fig. 3   Fig. 4   Fig. 5

5 Schreibe die Funktion in der Form $f(x) = a \cdot b^x$. Zeichne ihren Graphen.

a) $f(x) = 2^{x-1}$ b) $f(x) = 2^{2x}$ c) $f(x) = 2^{2x+4}$ d) $f(x) = \left(\frac{1}{2}\right)^{x-1}$

e) $f(x) = (\sqrt{2})^{2x+4}$ f) $f(x) = (\sqrt{3})^{4x-2}$ g) $f(x) = (\sqrt{2})^{3x+5}$ h) $f(x) = (\sqrt[3]{5})^{6x-3}$

6 Der Wildbestand eines Naturparks nimmt seit Jahren exponentiell ab und sinkt innerhalb von 5 Jahren um rund 4 %. Im Jahr 2010 wurden 1780 Tiere gezählt.
a) Beschreibe die Entwicklung des Wildbestands durch eine Exponentialfunktion und skizziere den zugehörigen Graphen für den Zeitraum zwischen 1990 und 2100.
b) Wie viele Tiere gab es im Jahr 2000 und mit welcher Anzahl rechnet man im Jahr 2030?
c) Überprüfe die Aussage: Innerhalb von zwanzig Jahren nimmt der Bestand um 15 % ab.

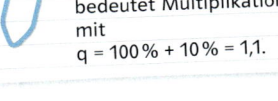

Zunahme um 10 % bedeutet Multiplikation mit
q = 100 % + 10 % = 1,1.

7 In einem See verringert sich je 1 m Wassertiefe die Helligkeit (Beleuchtungsstärke) um 40 %. In 1 m Wassertiefe zeigt der Belichtungsmesser 3000 Lux.
a) Die Funktion *Tiefe → Beleuchtungsstärke* hat den Term $f(x) = a \cdot b^x$.
Bestimme a und b. Zeichne den Graphen.
b) Bestimme am Graphen, nach wie viel m jeweils die Beleuchtungsstärke halbiert wird.

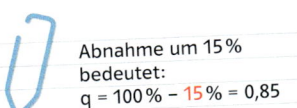

Abnahme um 15 % bedeutet:
q = 100 % − 15 % = 0,85

Bist du schon sicher?

8 Eine Wassermelone wiegt 0,3 kg. Sie verdoppelt unter idealen Bedingungen alle sechs Tage ihr Gewicht. Die Funktion *Zahl der Tage → Gewicht* (in kg) hat den Funktionsterm $f(x) = a \cdot b^x$. Bestimme a und b.

9 Die Anzahl der Milchsäurebakterien verdoppelt sich bei 37 °C etwa alle 30 Minuten.
a) Beschreibe die Entwicklung der Bakterienanzahl mithilfe einer Exponentialfunktion, wenn sich am Anfang etwa 10 000 Bakterien in der Kultur befinden. Wie viele Bakterien sind nach 10 Minuten n (nach 5,5 Stunden, nach 12 Stunden) in der Kultur vorhanden?
b) Die Kultur aus a) wird am 1. Juli um 10:00 Uhr angelegt. Prüfe die folgende Behauptung: Die Anzahl der Bakterien wird noch am 1. Juli die Billionengrenze überschreiten.
c) Eine Kultur enthält um 17:00 Uhr rund 20 Milliarden Bakterien. Wie viele waren es etwa um 6:00 Uhr desselben Tages?

Milchsäurebakterien werden z. B. zur Herstellung von Joghurt eingesetzt.

Lösungen | Seite 195

10 Ein von der Zeit t abhängiger Bestand kann näherungsweise durch die Funktion f mit $f(t) = 20 \cdot 0{,}95^t$ (t in Tagen) beschrieben werden.
a) Wie groß ist der Bestand nach 3, 4, 8, 16 bzw. 24 Stunden?
b) Wie groß war der Bestand vor einem, zwei bzw. drei Tag(en)?
c) Gib die tägliche und die wöchentliche Abnahme in Prozent an.

11 Die Temperatur einer Flüssigkeit, die in einen Kühlschrank gestellt wird, kann näherungsweise durch die Funktion f mit $f(t) = 100 \cdot 0{,}98^t$ (t in Minuten) beschrieben werden.
a) Wie hoch ist die Temperatur der Flüssigkeit nach 20 Minuten?
b) Nach wie vielen Minuten ist die Flüssigkeit auf etwa 50 °C abgekühlt?
c) Welche Temperatur wird die Flüssigkeit nach diesem Modell niemals unterschreiten?

12 Wie ändert sich bei einer Funktion f mit $f(x) = b^x$ der Funktionswert $f(x)$, wenn man
a) x um 1 vergrößert, b) x um 2 verkleinert, c) x verdoppelt,
d) x halbiert, e) x mit 3 multipliziert, f) x durch 3 dividiert?

13 Für welche Werte von b ist die Exponentialfunktion wachsend, für welche Werte von b ist sie fallend?
a) $f(x) = (b + 1)^x$ b) $f(x) = (1 - b)^x$ c) $f(x) = \left(\frac{b}{2}\right)^x$ d) $f(x) = (3b)^x$

14 Ordne die Funktionen mit den angegebenen Termen den Graphen auf dem Rand zu.
a) $f(x) = 0{,}5^x$ b) $f(x) = 0{,}5^x + 2$ c) $f(x) = 0{,}5^{x-1}$ d) $f(x) = 0{,}5^{x-1} + 1$

15 Tine und Luzie vergleichen die beiden Exponentialfunktionen f und g mit $f(x) = 2^x$ und $g(x) = 2 \cdot 2^x$. Tine behauptet, der Graph von g entstehe aus dem Graphen von f durch eine Streckung in Richtung der y-Achse. Luzie meint, der Graph von f lasse sich auf den Graphen von g durch eine Verschiebung abbilden.

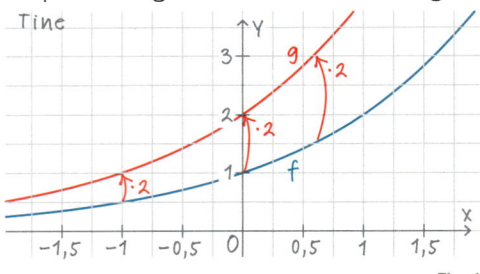

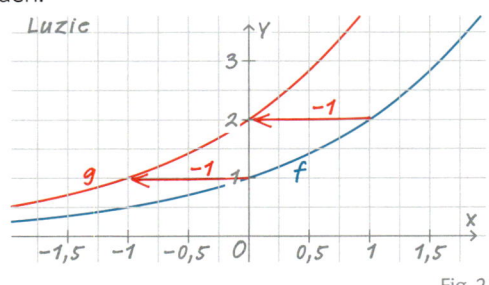

Fig. 1　　　　　Fig. 2

a) Stelle mithilfe von Fig. 1 und Fig. 2 dar, wie Tine und Luzie argumentieren könnten.
b) Zeichne die Graphen der Funktionen $f(x) = 2^x$, $g(x) = 2^{x+2}$ und $h(x) = 0{,}5 \cdot 2^x$. Begründe grafisch und mithilfe der Funktionsterme, dass die Graphen von g und h aus dem von f durch eine Verschiebung oder eine Streckung hervorgehen.

Kannst du das noch?

16 Eine quadratische Pyramide hat die Seitenlänge $a = 6$ cm und die Höhe $h = 8$ cm. Berechne den Winkel α an der Basis einer gleichschenkligen Seitenfläche.

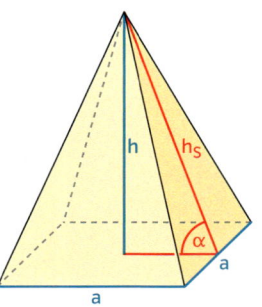

Lösung | Seite 195

4 Exponentialgleichungen und Logarithmen

Felicitas erfährt um 9 Uhr eine tolle Neuigkeit. Nach einer Minute erzählt sie diese ganz vertraulich einer Freundin weiter. Nach einer weiteren Minute erzählen beide wieder ganz vertraulich die Neuigkeit jeweils einem weiteren Mitschüler. Felicitas glaubt, dass bis Schulschluss alle 1000 Schülerinnen und Schüler ihrer Schule die Neuigkeit kennen.

In der Gleichung $3^x = 243$ ist der Exponent x gesucht, sodass die Potenz mit der Basis 3 die Zahl 243 ergibt. Diese Art Gleichung bezeichnet man als **Exponentialgleichung.**
Die Lösung dieser Gleichung erhält eine besondere Bezeichnung:
Man nennt die Zahl 5, mit der man 3 potenzieren muss, um 243 zu erhalten, den **Logarithmus** von 243 zur Basis 3 oder kurz $5 = \log_3(243)$.

logos arithmos (griech.): Verhältniszahl

Der Koffeingehalt im Blut bei anfänglich 150 mg Koffein und einem stündlichen Abbau von 20 % beträgt nach x Stunden $f(x) = 150 \cdot 0,8^x$. Es soll untersucht werden, nach welcher Zeit sich der Koffeingehalt um 40 % reduziert hat. Hierfür muss ein x gefunden werden, das die Exponentialgleichung $150 \cdot 0,8^x = 90$ bzw. $0,8^x = 0,6$ erfüllt.
Anhand des Graphen bzw. einer Wertetabelle lässt sich eine Näherungslösung ermitteln: $x \approx 2,3$.
Es gilt also $\log_{0,8}(0,6) \approx 2,3$.

x	0	0,5	1	1,5	2	2,5	3	3,5	4
f(x)	1	0,89	0,8	0,72	0,64	0,57	0,51	0,46	0,41

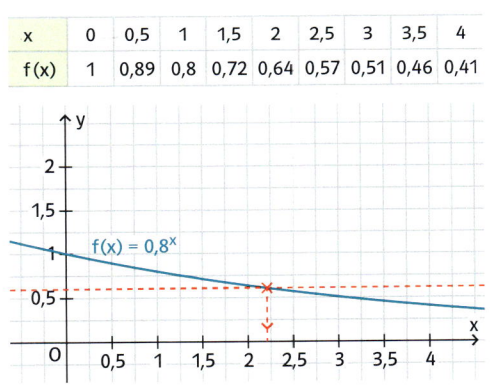

Entsprechend lässt sich die Lösung der Exponentialgleichung $b^x = a$ für beliebige positive Zahlen a und b als Logarithmus schreiben.

> Die Exponentialgleichung $b^x = a$ $(a, b > 0; \ b \neq 1)$ hat genau eine Lösung, die man als Logarithmus von a zur Basis b bezeichnet. Man schreibt $x = \log_b(a)$.

$\log_a(b)$ ist diejenige Zahl, mit der man a potenzieren muss, um b zu erhalten.

Nach der Definition des Logarithmus gilt:

$\log_2(8) = \log_2(2^3) = 3$ und $2^{\log_2(8)} = 2^{\log_2(2^3)} = 8$

Die Operationen Potenzieren und Logarithmieren heben sich also gegenseitig auf, sind damit Umkehroperationen zueinander, wie zum Beispiel die Operationen Quadrieren und Wurzelziehen.

Für Logarithmen zur Basis 10 (dekadische Logarithmen) schreibt man statt $\log_{10}$ auch kurz log. Zwischen den Logarithmen zu verschiedenen Basen lässt sich ein Zusammenhang herleiten (siehe Rand).

$\log_b(a) = \frac{\log(a)}{\log(b)}$

Beispiel 1 Logarithmen bestimmen

Bestimme den Logarithmus. Begründe dein Ergebnis.

a) $\log_2(8)$ b) $\log_{10}(100\,000)$ c) $\log_9\left(\frac{1}{81}\right)$

Lösung

a) $\log_2(8) = 3,$ denn $2^3 = 8$ oder $\log_2(8) = \log_2(2^3) = 3$

b) $\log_{10}(100\,000) = 5,$ denn $10^5 = 100\,000$ oder $\log_{10}(100\,000) = \log(10^5) = 5$

c) $\log_9\left(\frac{1}{81}\right) = -2,$ denn $9^{-2} = \frac{1}{9^2} = \frac{1}{81}$ oder $\log_9\left(\frac{1}{81}\right) = \log_9(9^{-2}) = -2$

Beispiel 2 Exponentialgleichungen lösen

Bestimme die Lösung der Exponentialgleichung.

a) $2^x = 32$ b) $10^{2x-1} = -1$ c) $3 \cdot 5^x = 225 - 6 \cdot 5^x$

Lösung

a) $x = \log_2(32) = \log_2(2^5) = 5$ b) keine Lösung, da 10^{2x-1} stets positiv ist

c) $3 \cdot 5^x = 225 - 6 \cdot 5^x$

    $\Leftrightarrow 9 \cdot 5^x = 225$

    $\Leftrightarrow 5^x = 25 \Leftrightarrow x = \log_5(25)$

    $\Leftrightarrow x = \log_5(5^2)$

    $\Leftrightarrow x = 2$

Aufgaben

1 Schreibe als Logarithmus wie im Beispiel auf dem Rand.

a) $4^3 = 64$ b) $7^2 = 49$ c) $3^{-2} = \frac{1}{9}$ d) $\left(\frac{1}{3}\right)^{-3} = 27$

e) $36^{0,5} = 6$ f) $8^0 = 1$ g) $\left(\sqrt{10}\right)^{-6} = \frac{1}{1000}$ h) $x^y = z$

Beispiel zu Aufgabe 1:
$2^5 = 32;\ 5 = \log_2(32)$

2 Schreibe als Potenzgleichung wie im Beispiel auf dem Rand

a) $\log_5(125) = 3$ b) $\log_5(0,2) = -1$ c) $\log_5(5) = 1$ d) $\log_5(1) = 0$

e) $\log_{0,5}(8) = -3$ f) $\log_{0,2}(0,04) = 2$ g) $\log_{\sqrt[3]{2}}(0,25) = -4$ h) $\log_B(a) = c$

Beispiel zu Aufgabe 2:
$\log_4(16) = 2;\ 4^2 = 16$

3 Bestimme den Logarithmus. Begründe dein Ergebnis.

a) $\log_2(64)$ b) $\log(1)$ c) $\log_3(27)$ d) $\log_7(7)$

e) $\log_2\left(\frac{1}{16}\right)$ f) $\log_5\left(\frac{1}{\sqrt{5}}\right)$ g) $\log_6\left(\frac{1}{\sqrt[3]{6}}\right)$ h) $\log_{\sqrt[3]{6}}\left(\frac{1}{6}\right)$

4 Bestimme die Lösung der Exponentialgleichung.

a) $5^x = 625$ b) $7^{2x-1} = 343$ c) $2^x - 3 = 9 - 5 \cdot 2^x$ d) $6^x = \frac{1}{216}$

5 Was gehört zusammen? Bilde aus den Kärtchen Paare bzw. Tripel.

$x = 0,5^3$	$-x^2 = -\frac{1}{64}$	$256^x = 2$	$0,5^{-2} = x$	$x = -0,125$
$\log_{256}(2) = x$	$x = 0$	$256 = 2^x$	$x = \log_{256}(1)$	$x^5 = 1024$
$x = 8$	$x = 4$	$x = 0,125$	$256^x = 1$	$\log_2(256) = x$

6 Berechne ohne Verwendung eines Taschenrechners.

a) $\log_3(9^4)$ b) $\log(10^{1,5})$ c) $\log_5(125^{-1})$ d) $\log_a(a^3)$

e) $\log_4(2^{200})$ f) $\log(10^{-120})$ g) $\log_{0,5}(2^5)$ h) $\log_3\left(\sqrt{27}^{-1}\right)$

7 Wie oft muss man mindestens …
a) die Zahl 5 verdoppeln, um mehr als das 106-Fache der Zahl 5 zu erhalten?
b) die Zahl 20 verdoppeln, um mehr als das 109-Fache der Zahl 20 zu erhalten?
c) eine Zahl mit 1,3 multiplizieren, um mehr als das 100-Fache dieser Zahl zu erhalten?
d) eine Zahl dritteln, um weniger als ein Millionstel dieser Zahl zu erhalten?

8 a) Begründe, warum die Gleichungen $2^x = -3$ bzw. $1^x = 3$ keine Lösung haben.
b) Gib jeweils zwei verschiedene Gleichungen der Form $a^x = b$ an, die die Lösung 5 besitzen bzw. keine natürliche Zahl als Lösung haben können.

Bist du schon sicher?

9 Bestimme den Logarithmus ohne Taschenrechner.
a) $\log_3(81)$
b) $\log_7(\sqrt{7})$
c) $\log_2(0{,}25)$
d) $\log(1)$

10 Berechne näherungsweise mit dem GTR. Runde auf zwei Dezimalen.
a) $\log(4)$
b) $\log(0{,}25)$
c) $\log_4(30)$
d) $\log_{0{,}25}(30)$
e) $\log_4\left(\frac{1}{30}\right)$
f) $\log_3(2)$
g) $\log_3(6)$
h) $\log_3(18)$

11 Bestimme die Lösung der Exponentialgleichung.
a) $3^x = \frac{1}{81}$
b) $10^{1-x} = 2{,}5$
c) $5^x + 3 = 8 - 3 \cdot 5^x$
d) $6^{-x} = -36$

Lösungen | Seite 195

12 Berechne die Basis b.
a) $\log_b(25) = 2$
b) $\log_b\left(\frac{1}{49}\right) = 2$
c) $\log_b(16) = -4$
d) $\log_b\left(\sqrt{125}\right) = \frac{3}{2}$

13 Berechne die Zahl a.
a) $\log_3(a) = 4$
b) $\log_4(a) = 3$
c) $\log_9(a) = 1{,}5$
d) $\log(a) = -4$

14 Forme mithilfe der Potenzrechengesetze in eine Gleichung der Form $b^x = a$ um.
Löse die erhaltene Gleichung.
a) $2^x + 3 = 2^{x+1}$
b) $7 \cdot 2^x = 13 \cdot 3^x$
c) $3^{2x} \cdot 9^{-x} = 5$
d) $2^{x+1} + 2^{x+2} = 48$

15 Begründe, dass die Exponentialgleichung keine Lösung hat.
a) $2^x = -3$
b) $2^x = -\frac{1}{3}$
c) $2^x = 0$
d) $1^x = 3$

16 Tritt in Gleichungen mit Potenzen, wie z.B. $3^5 = 243$, ein unbekannter Wert x auf, sind grundsätzlich drei Fragestellungen möglich:

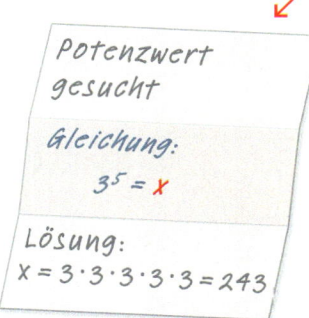

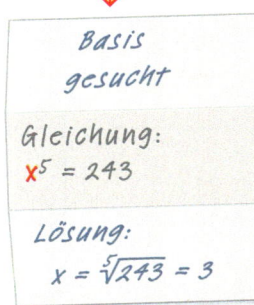

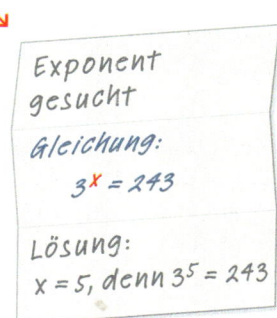

Nehmt euch zu zweit ein Blatt Papier. Schreibe eine der drei Fragestellungen darauf. Dein Partner knickt diese um und formuliert eine dazu passende Gleichung. Diese löst du dann. Prüft, ob alles zusammenpasst. Danach wählt dein Partner eine der Fragestellungen aus.

● **17** Die Lichtintensität nimmt bei klarem Wasser um ca. 11 % pro Meter ab.

a) Stelle einen Funktionsterm für die Abnahme der Lichtintensität im Wasser auf und zeichne den Graphen der Funktion.

b) In welcher Tiefe beträgt die Lichtintensität 90 %, 50 % bzw. 10 % des Ausgangswerts? Überprüfe deine Ergebnisse am Graphen.

c) In einem See beträgt die Lichtintensität in 4 m Tiefe 55 %. Wie stark nimmt die Lichtintensität hier pro Meter ab?

● **18** Der Luftdruck nimmt mit zunehmender Höhe ab. Lässt man den Einfluss der Temperatur außer Acht, so lässt sich der von der Höhe abhängige Luftdruck mit der Näherungsformel $p = 1013 \cdot 0,8825^h$ berechnen (h: Höhe über dem Meeresspiegel (in km); p: Luftdruck (in hPa)).

a) Berechne den Luftdruck, der in einer Höhe von 10 km (20 km, 40 km) herrscht.

b) Zeige, dass der Luftdruck nach jeweils etwa 5,5 km auf die Hälfte absinkt.

● **19** 👥 a) Berechne $\log_5(125)$, $\log_5\left(\frac{1}{125}\right)$ und $\log_{\frac{1}{5}}(125)$. Was stellst du fest?

b) Lass deinen Partner $\log_3(\sqrt{3})$, $\log_{\frac{1}{3}}(\sqrt{3})$ und $\log_3\left(\frac{1}{\sqrt{3}}\right)$ bestimmen.

c) Sucht gemeinsam vergleichbare Beispiele und begründet eure Beobachtung allgemein.

● **20** 👥 a) Berechne $\log_2(32)$, $\log_2(8)$, $\log_2(32 \cdot 8)$ und $\log_2\left(\frac{32}{8}\right)$. Was stellst du fest?

b) Lass deinen Partner $\log(0,1)$, $\log(\sqrt[3]{100})$, $\log(0,1 \cdot \sqrt[3]{100})$ und $\log\left(\frac{0,1}{\sqrt[3]{100}}\right)$ bestimmen.

c) Sucht gemeinsam vergleichbare Beispiele und begründet eure Beobachtung allgemein.

● **21** Die Exponentialgleichung $2^{2x} - 6 \cdot 2^x + 8 = 0$ lässt sich zu einer quadratischen Gleichung umformen, wenn man 2^x durch eine neue Variable, zum Beispiel u, ersetzt. Wegen $2^{2x} = (2^x)^2$ ergibt sich $u^2 - 6u + 8 = 0$ mit den Lösungen 2 und 4. Nun sind noch die Exponentialgleichungen $2^x = 2$ und $2^x = 4$ zu lösen. Man erhält die Lösungen 1 und 2 für x. Löse entsprechend, indem du zunächst durch eine geeignete Substitution in eine quadratische Gleichung umformst.

Das Ersetzen eines Terms durch eine neue Variable heißt **Substitution**.

a) $10^{2x} - 5 \cdot 10^x + 4 = 0$ b) $3^{2x+1} + 2 \cdot 3^{x+2} - 648 = 0$ c) $5^{x-1} = 10,2 \cdot (\sqrt{5})^{x-2} - 0,4$

Kannst du das noch?

22 Berechne die Höhe h des Turms. Ermittle dazu zunächst den Abstand x des Punktes B vom Fußpunkt des Turms.

Tipp: Überprüfe das Ergebnis deiner Berechnungen durch Konstruktion mit einem dynamischen Geometrieprogramm.

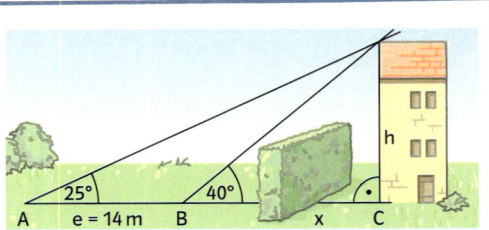

Lösung | Seite 196

Lösung | Seite 196

5 Beschränktes Wachstum

Vieles wächst, aber nicht alles in gleicher Weise: ein Guthaben, ein Baum, die Anzahl der Internetanschlüsse, die geförderte Ölmenge aus einer Ölquelle …

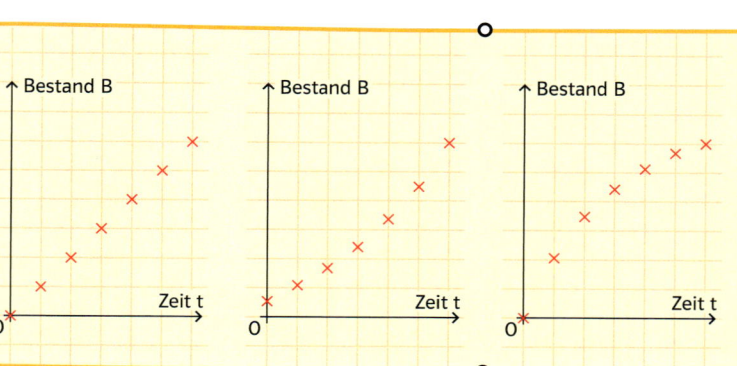

Bisher wurden zwei Wachstumsvorgänge unterschieden: Bei linearem Wachstum ist die absolute Änderung immer gleich, bei exponentiellem Wachstum ist die absolute Änderung proportional zum Bestand. Der folgende Wachstumsvorgang unterliegt einer anderen Gesetzmäßigkeit.

Ein Unternehmen hat das Nachfolgemodell einer Werkzeugmaschine entwickelt. Zu Planungszwecken wird eine Prognose über die erwarteten Verkaufszahlen erstellt. Erfahrungsgemäß sind die Verkaufszahlen im ersten Jahr am größten und werden dann immer kleiner.

Das Unternehmen geht für die Prognose von folgenden Grundannahmen aus:
(1) Es werden maximal 100 000 Maschinen verkauft.
(2) In jedem Jahr werden 20 % der noch möglichen Verkäufe getätigt. Dann bleiben in jedem Jahr 80 % der noch vorhandenen Maschinen unverkauft.

Die mathematische Beschreibung dieser Grundannahmen sieht so aus:
(1) Das Wachstum hat eine Schranke S. Es gilt S = 100 000.
(2) Für den Restbestand $R(n)$ nach n Jahren gilt dann $R(n) = S - B(n)$.

Die Anzahl der noch möglichen Verkäufe nennt man auch Sättigungsmanko.

Wie sich dieser Restbestand $R(n)$ für das Beispiel berechnen lässt, verdeutlicht die Figur:

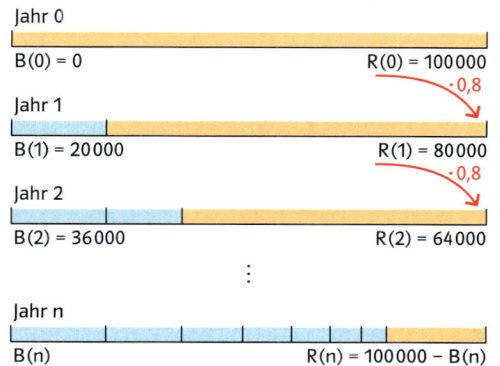

Jahr 0

$B(0) = 0$ $R(0) = 100 000$ $R(0) = 100 000$

Jahr 1

$B(1) = 20 000$ $R(1) = 80 000$ $R(1) = 100 000 \cdot 0,8 = 80 000$

Jahr 2

$B(2) = 36 000$ $R(2) = 64 000$ $R(2) = 80 000 \cdot 0,8 = 100 000 \cdot 0,8 \cdot 0,8 = \overset{64\,000}{\cancel{80 000}}$
$= 100 000 \cdot 0,8^2 = 64 000$

⋮

Jahr n

$B(n)$ $R(n) = 100 000 - B(n)$ $R(n) = 100 000 \cdot 0,8^n = 100 000 \cdot (1 - 0,2)^n$
$R(n) = S \cdot (1 - c)^n$, mit $S = 100 000$ und $c = 0,2$

Für den Bestand $B(n)$ nach n Jahren ergibt sich somit
$B(n) = 100 000 - R(n) = 100 000 - 100 000(1 - 0,2)^n = S - S(1 - c)^n$.
Für die Änderung erhält man $B(n + 1) - B(n) = c \cdot (S - B(n))$.

In diesem Fall ist der Anfangsbestand $B(0) = 0$.
Allgemein gilt $B(n) = S - (S - B(0)) \cdot (1 - c)^n$.

Beispiel 1 Schrittweises Berechnen der Bestände bei beschränktem Wachstum
Für ein beschränktes Wachstum gilt $B(n) = 0{,}7 \cdot B(n-1) + 10$, $B(0) = 10$.
a) Berechne den Bestand $B(n)$ für $n = 1, 2, 3, \ldots, 6$.
b) Zeige mit dem GTR, dass es sich um ein beschränktes Wachstum handelt und bestimme die Schranke.
Lösung
a)

n	1	2	3	4	5	6
B(n)	17	21,9	25,33	27,731	29,4117	30,5882

b)

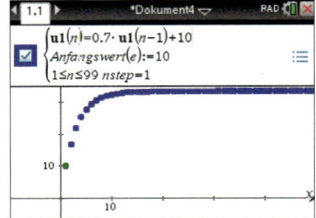 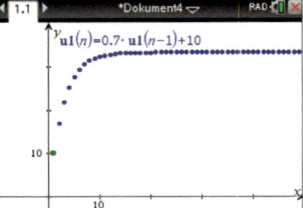 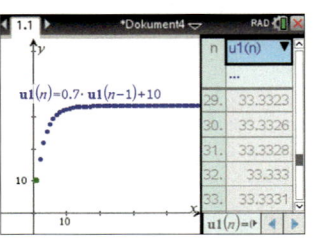

Achtung:
Der GTR benutzt zur Berechnung immer $B(n)$ statt $B(n+1)$.

Als Schranke erhält man $S = 33{,}333$.

Beispiel 2 Bestimmen des Proportionalitätsfaktors bei beschränktem Wachstum
Ein Glas Wasser mit der Temperatur 6 °C wird in ein Zimmer mit der Raumtemperatur 26 °C gestellt. Nach 10 Minuten ist die Wassertemperatur auf 10 °C gestiegen.
Begründe mit der Angabe auf dem Rand, dass es sich bei der Zunahme der Wassertemperatur um beschränktes Wachstum handelt.
Gib eine rekursive Darstellung dieses Wachstums an und bestimme die Wassertemperatur nach 30 Minuten.
Lösung
Zimmertemperatur 26 °C   *Diese Temperatur kann das Wasser nicht überschreiten.*
$B(0) = 6$ (in °C)   *Das ist die Temperatur des Wassers zu Beginn.*
Zeitschritt: 10 min
$B(n)$ ist die Temperatur in °C nach n Schritten von je 10 min.
Da die Zunahme pro Zeitschritt proportional zur Differenz $26 - B(n)$ ist, handelt es sich um beschränktes Wachstum mit der Schranke $S = 26$.
Also gilt $B(n+1) = B(n) + c \cdot (26 - B(n))$.
Bestimmen des Proportionalitätsfaktors c mithilfe von $B(0) = 6$ und $B(1) = 10$:
$10 = 6 + c \cdot (26 - 20)$; c = 2 $c = 0{,}2$
Die rekursive Darstellung lautet:
$B(0) = 6$ und $B(n+1) = B(n) + 0{,}2 \cdot (26 - B(n))$.
Die Wassertemperatur nach 30 min entspricht $B(3) = 15{,}76$. Sie beträgt etwa 15,8 °C.

Die Temperaturzunahme des Wassers pro Zeitschritt ist proportional zur Differenz von Wassertemperatur und Zimmertemperatur.

$B(0) = 6$
$B(1) = 10$
$B(2) = 13{,}2$
$B(3) = 15{,}8$

Dieses Beispiel lässt sich auch mithilfe der Restbestände
$R(n) = 26 - B(n)$ lösen.

Aufgaben

1 Berechne den Bestand B(3) für das beschriebene beschränkte Wachstum.

a) $B(0) = 20$ und $B(n + 1) = B(n) + 0,25 \cdot (60 - B(n))$

b) Anfangsbestand: 150
Schranke: 300
Proportionalitätsfaktor: 0,4

c) $B(0) = 1200$; $B(1) = 1320$; Schranke: 1800

d) $B(0) = 400$ und $B(n + 1) = B(n) + 0,2 \cdot (600 - B(n))$

2 Für ein beschränktes Wachstum gilt $B(n + 1) = 0,8 \cdot B(n) + 50$, $B(0) = 10$.
a) Berechne den Bestand $B(n)$ für $n = 1, 2, 3, \ldots, 10$.
b) Zeige mit dem GTR, dass es sich um ein beschränktes Wachstum handelt und bestimme die Schranke.

3 Herr Wenig holt eine Flasche Rotwein aus dem Keller (Temperatur 6 °C) in die Wohnung (Temperatur 22 °C), damit sie sich langsam erwärmen kann.
a) Begründe, dass man die Temperatur des Weines mit beschränktem Wachstum beschreiben kann. Was ist für eine rekursive Darstellung des Wachstums bekannt, was fehlt noch?
b) Weil Herr Wenig den Wein erst mit 16 °C genießen will, misst er nach einer Stunde die Temperatur. Sie beträgt 10 °C. Wie lange muss er noch warten?

4 In einem entlegenen Gebiet in Asien sollen 100 000 Menschen vom Flughafen aus mit Medikamenten versorgt werden. Die Anzahl der versorgten Menschen soll mathematisch mit einem Wachstum beschrieben werden.

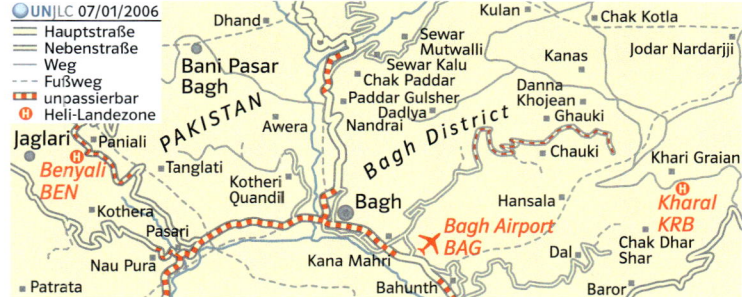

a) Gib Gründe dafür an, warum ein beschränktes Wachstum besser geeignet ist als ein lineares Wachstum oder ein exponentielles Wachstum.
b) Die Anzahl der versorgten Menschen wird mit einem beschränkten Wachstum beschrieben. Man nimmt an, dass monatlich 40 % der noch nicht versorgten Menschen erreicht werden können. Wann sind 90 % der Menschen versorgt?

Bist du schon sicher?

5 Für ein beschränktes Wachstum gilt die rekursive Darstellung $B(0) = 40$ und $B(n + 1) = B(n) + 0,3(65 - B(n))$.
a) Berechne $B(1)$, $B(2)$ und $B(3)$.   b) Für welche n gilt $B(n) > 64$?

6 Von einem neuen Produkt sollen insgesamt 240 000 Stück verkauft werden. Für die Verkaufszahlen wird ein beschränktes Wachstum prognostiziert. Nach dem Verkaufsstart werden im ersten Monat 18 000 Stück verkauft.
Wie viel Stück werden nach der Prognose am Ende des ersten Verkaufsjahres verkauft sein?

Lösungen | Seite 196

7 Eine Firma bringt in einer Stadt mit 40 000 Haushalten einen Haushaltsartikel auf den Markt. Die Firma geht davon aus, dass drei Viertel der Haushalte den Artikel kaufen werden und sich die Anzahl der verkauften Artikel durch ein beschränktes Wachstum beschreiben lässt.
Im ersten Monat werden 2400 Stück verkauft. Kann man aufgrund dieser Erfahrung davon ausgehen, dass im ersten Jahr 20 000 Artikel verkauft werden?

8 In einem Land mit 78 Millionen Einwohnern kommen laut Statistik auf 1000 Einwohner 9 Geburten und 11 Todesfälle. Die Statistik gibt ferner an, dass im Durchschnitt jährlich 40 000 Personen auswandern und 180 000 Personen einwandern.
a) Mit welcher Einwohneranzahl ist nach einem Jahr (2, 3, 4, 5 Jahren) zu rechnen?
b) Zeige, dass die Entwicklung der Einwohneranzahl dem Gesetz des beschränkten Wachstums folgt. Mit welcher Einwohneranzahl wäre demnach langfristig zu rechnen?

9 Für die Zucht von Karpfen sind flache und großflächige Gewässer geeignet. Da an heißen Tagen 0,5 % des Wassers verdunstet, muss laufend frisches Wasser zugeführt werden.
a) Wie viele Kubikmeter Wasser müssen zum Ausgleich zugeführt werden?
b) An jedem Abend werden 25 m³ zugeführt. Bestimme die Wassermenge im Teich nach einem Tag, nach zwei Tagen und auf lange Sicht.
c) Zeige, dass man die Veränderung der Wassermenge in Teilaufgabe b) durch beschränktes Wachstum darstellen kann.

Flächeninhalt: 6500 m²
Durchschnittliche Tiefe: 60 cm

10 Um zu untersuchen, ob eine Bauchspeicheldrüse normal arbeitet, spritzt man dem Patienten einen Farbstoff und misst, wie schnell er ausgeschieden wird. Man weiß, dass die Bauchspeicheldrüse pro Minute etwa 4 % der jeweils vorhandenen Farbstoffmenge ausscheidet.
a) Einem Patienten werden 0,3 g des Farbstoffes gespritzt. Nach 20 Minuten sind 0,1 g ausgeschieden. Arbeitet seine Bauchspeicheldrüse normal?
b) Wie viel Prozent des vorhandenen Farbstoffes scheidet die untersuchte Bauchspeicheldrüse pro Minute aus? Vergleiche mit einem gesunden Organ.
c) Wie lange dauert es bei einer gesunden Bauchspeicheldrüse, bis die Hälfte des gespritzten Farbstoffes ausgeschieden ist?
Wie lange dauert es bei dem untersuchten Patienten?

11 Der Bestand B einer Größe beträgt zu Beginn 400. Die Veränderung lässt sich durch beschränktes Wachstum beschreiben. Die Veränderungen wurden in Zeitschritten von 5 Minuten protokolliert.
a) Bestimme die Schranke S.
b) Setze die Tabelle um drei Schritte fort.

Zeit (in min)	0	5	10	15
Bestand	400	470	526	571

Kannst du das noch?

12 Berechne die fehlenden Größen des Dreiecks.
a) α = 62°; β = 48°; b = 9,25 m
b) a = 6,1 m; b = 8,2 m; γ = 98,4°
c) a = 36,5 m; c = 57,3 m; β = 103,8°

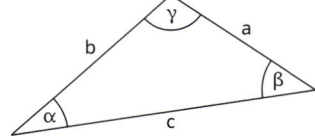

Lösung | Seite 196

6 Modellieren von Wachstumsprozessen

Erläutere die Überlegungen, die in den beiden Zeitungstexten angestellt werden. Welcher Einschätzung würdest du dich anschließen? Begründe deine Entscheidung.

„Eisiges Vergnügen" teurer

Auch dieses Jahr haben die ersten Sonnenstrahlen wieder viele in die Eisdielen gelockt – und manchem wird dieses zunehmend teure Vergnügen die Gaumenfreuden geschmälert haben: Waren im letzten Jahr noch rund 90 Cent für eine Kugel Eis üblich, sind es in diesem Jahr schon 1,10 €. Wir dürfen uns also darauf gefasst machen, im nächsten Sommer 1,35 € zu zahlen...

Der glatte Luxus: Eis

Letztes Jahr zahlten wir fast überall schon 90 Cent für die kalte Kugel, in diesem Jahr sind es schon 1,10 €. Nehmen wir es mit Humor und versuchen wir, auch dieses Jahr die beliebte Kugel zu genießen – immerhin sieht es so aus, dass wir sie wohl 20 Cent billiger bekommen als nächstes Jahr…

Wachstumsvorgänge lassen sich je nach Art des Wachstums mit verschiedenen **mathematischen Modellen** beschreiben. Bei der Annahme eines linearen Wachstums verwendet man eine lineare Funktion, bei der Annahme eines exponentiellen Wachstums eine Exponentialfunktion. Dabei beschreibt das Modell die Wirklichkeit immer nur näherungsweise. In manchen Fällen geht aus den Voraussetzungen direkt hervor, welche Wachstumsform vorliegt. Wenn dies nicht sofort erkennbar ist, ist es sinnvoll, einen Ansatz mit beiden Wachstumsformen zu wählen und die Modelle anschließend im Vergleich kritisch zu prüfen.

modell (lat.): Muster, Nachbildung, Entwurf

In einem Schulprojekt wurden Stabheuschrecken gezüchtet und gezählt.

Anzahl der Tage	0	90	100	105	130
Anzahl der Tiere	7	30	33	35	50

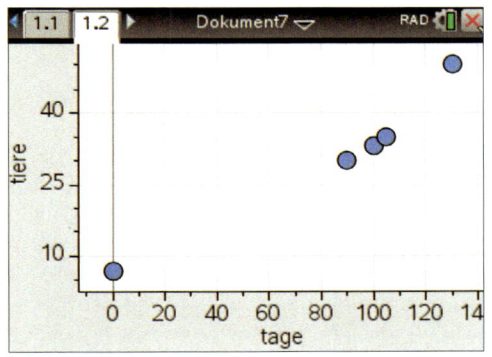

Die Schülerinnen und Schüler möchten vorhersagen, mit wie vielen Stabheuschrecken nach 200 Tagen in etwa zu rechnen ist. Die grafische Darstellung der Daten lässt exponentielles Wachstum vermuten. Da lineares Wachstum jedoch nicht ausgeschlossen scheint, sollen sowohl ein lineares als auch ein exponentielles Modell entwickelt und beide Modelle verglichen werden.

Für die Modellierung wählt man zwei Datenpunkte, die im Trend des Verlaufs des gedachten Graphen liegen. Ausreißer, die von dem zu erwartenden Graphen der Modellfunktion recht weit entfernt liegen, werden nicht berücksichtigt.

Im vorliegenden Beispiel ist es sinnvoll, die beiden äußeren Punkte (0|7) und (130|50) zu wählen.

Lineares Modell: $f(x) = m \cdot x + n$
Annahme: gleiche Zeitabschnitte, Änderung des Bestands um denselben Summanden
- (0|7) liefert die Gleichung
  $7 = m \cdot 0 + n$, also $n = 7$.
- Mit (130|50) erhält man
  $50 = m \cdot 130 + 7$, also $m \approx 0{,}331$.
  Funktionsterm: $f(x) = 0{,}331 \cdot x + 7$

Exponentielles Modell: $g(x) = a \cdot b^x$
Annahme: gleiche Zeitabschnitte, Änderung des Bestands um denselben Faktor
- (0|7) liefert die Gleichung
  $7 = a \cdot b^0 = a \cdot 1$, also $a = 7$.
- Mit (130|50) erhält man
  $50 = 7 \cdot b^{130}$, also $b^{130} = \frac{50}{7}$ bzw.
  $b = \sqrt[130]{\frac{50}{7}} \approx 1{,}015\,24$.
  Funktionsterm: $g(x) = 7 \cdot 1{,}015\,24^x$

Zur Erinnerung: Potenzgleichungen mit geraden Exponenten haben zwei betragsgleiche Lösungen. Die negative Lösung ist im Sachzusammenhang nicht sinnvoll.

Modellkritik

Um zu beurteilen, welche der Modellfunktionen die Zunahme der Stabheuschrecken besser beschreibt, vergleicht man die gemessenen Daten (Originaldaten) mit den Funktionswerten. Diese sind auf ganze Zahlen gerundet, weil es sich um Anzahlen handelt.

Anzahl der Tage	0	90	100	105	130
Anzahl der Tiere – Originaldaten	7	30	33	35	50
lineares Modell: $f(x) = 0{,}331 \cdot x + 7$	7	37	40	42	50
Abweichung von den Originaldaten	0	+7	+7	+7	0
exponentielles Modell: $f(x) = 7 \cdot 1{,}01524^x$	7	27	32	34	50
Abweichung von den Originaldaten	0	−3	−1	−1	0

Die Summe der Beträge der Abweichungen von den Originaldaten ist bei der linearen Funktion (Summe: 21) größer als bei der Exponentialfunktion (Summe: 5). Das exponentielle Modell scheint also geeigneter. Ob dieses Modell allerdings für eine längerfristige Prognose tauglich ist, lässt sich nicht sicher sagen. Unter der Annahme, dass das Modell über diesen Zeitraum trägt, können die Schülerinnen und Schüler nach 200 Tagen etwa $g(200) = 7 \cdot 1{,}01524^{200} \approx 144$ Tiere erwarten.

> Die mathematische Beschreibung eines realen Wachstums nennt man **Modellierung**.
> Eine Modellierung stimmt nicht immer mit allen Vorgaben aus der Realität überein.

Beispiel 1 Wachstumsform erkennen und Modell aufstellen

Entscheide, welches Wachstumsmodell zur Beschreibung der Daten in Fig. 1 sinnvoll ist. Stelle einen Funktionsterm auf und prognostiziere den Bestand für x = 10.

Lösung
Bei linearem Wachstum sind die Differenzen der in gleichen Zeitabschnitten aufeinanderfolgenden Bestände gleich, bei exponentiellem Wachstum entsprechend die Quotienten.
Differenzen: $106 − 120 = −14$; $94 − 106 = −12$; $83 − 94 = −11$; $(56 − 83):3 \approx −9$
Quotienten: $106:120 \approx 0{,}883$; $94:106 \approx 0{,}887$; $83:94 \approx 0{,}883$; $\sqrt[3]{56:83} = \sqrt[3]{0{,}6747} \approx 0{,}877$
Die Differenzen nehmen dem Betrag nach ab (14, 12, 11, 9), die Quotienten sind annähernd gleich. Es wird also ein exponentielles Modell aufgestellt unter Verwendung der Daten (0|120) und (6|56): Der Anfangsbestand beträgt 120, also a = 120.
Mit (6|56) erhält man $56 = 120 \cdot b^6$ und damit $b^6 \approx 0{,}467$ bzw. $b = \sqrt[6]{0{,}467} \approx 0{,}881$.
Der Funktionsterm des Modells lautet $f(x) = 120 \cdot 0{,}881^x$.
Für x = 10 erwartet man $f(10) = 120 \cdot 0{,}881^{10} \approx 34$.

x	B
0	120
1	106
2	94
3	83
6	56

Fig. 1

Prognosen entstehen immer unter der Annahme, dass das Modell für den betrachteten Zeitraum gilt.

Beispiel 2 Modell aufstellen und die Qualität des Modells überprüfen

Die Tabelle zeigt die Bevölkerungsentwicklung eines Dorfes.

Jahr	1991	1992	1993	1994	2004	2007
Bevölkerungszahl	512	501	488	479	365	345

Welche Bevölkerungszahl kann für das Jahr 2015 prognostiziert werden?

Lösung
Da sich die ersten vier Daten jeweils auf aufeinanderfolgende Jahre beziehen, kann man aus diesen leicht die Wachstumsrate m für ein mögliches lineares Wachstum und den Wachstumsfaktor a für ein mögliches exponentielles Wachstum bestimmen.

Jahr	1991	1992	1993	1994	2004	2007
Bevölkerungszahl	512	501	488	479	365	345

−11   −13   −9

Fortsetzung der Lösung:

Für ein lineares Wachstum erhält man durch Bilden des Mittelwertes von −11, −13 und −9 die Wachstumsrate m = −11.

Wachstumsgesetz: g(x) = −11x + 512

Modellierung durch ein exponentielles Wachstumsgesetz: $f(x) = a \cdot b^x$

Jahr	1991	1992	1993	1994	2004	2007
Bevölkerungszahl	512	501	488	479	365	345

· 0,979   · 0,974   · 0,982

Wenn man als Startwert x = 0 das Jahr 1991 festlegt, dann entsprechen die Jahre 1992, 1993, 1994, 2004 und 2007 den Werten 1, 2, 3, 13 und 16 für x.

Damit erhält man den Anfangswert a = f(0) = 512.

Für ein exponentielles Wachstum erhält man durch Bilden des Mittelwertes von 0,979, 0,974 und 0,982 den Wachstumsfaktor b = 0,978.

Wachstumsgesetz: $f(x) = 512 \cdot 0,978^x$

Die Berechnung der Funktionswerte für die beiden Modelle ergibt:

Jahr	1991	1992	1993	1994	2004	2007
x	0	1	2	3	13	16
Bevölkerungsanzahl	512	501	488	479	365	345
lineares Modell	512	501	490	479	369	336
exponentielles Modell (ganzzahlig gerundet)	512	501	490	479	383	359

Die Abweichungen von den Originaldaten sind bei der linearen Funktion insgesamt geringer, sodass eher von linearem Wachstum ausgegangen werden kann.

Im Jahre 2015 (hier ist x = 24) sind ca. 250 Einwohner zu erwarten, denn g(24) = −11 · 24 + 512 = 248.

Aufgaben

○ **1** Stelle zu der Messreihe einen Funktionsterm auf, sodass die Abweichungen von den Originaldaten möglichst gering sind. Die Variable t gibt die Zeit in Stunden und B(t) den von der Zeit abhängigen Bestand an.

a)

t (in h)	1	2	4	6	8
B(t)	5,8	9,2	12,9	23,6	30,2

b)

t (in h)	4	5	8	12	15
B(t)	13,4	18,9	50,1	199,5	546,2

○ **2** Entwickle eine Modellierung für das dargestellte Wachstum einer Pflanzenpopulation. Prüfe zuerst, ob lineares oder exponentielles Wachstum vorliegt.

a)

Jahr	0	1	2	3	4
Anzahl	1000	9800	9600	9400	9200

−200   −200   −200   −200

b)

Jahr	0	1	2	3	4
Anzahl	2000	2100	2210	2315	2430

·1,05   ·1,05   ·1,05   ·1,05

○ **3** Die Messreihe enthält Daten, die in gleichen Zeitabständen erhoben wurden. Stelle die Datenreihe grafisch dar und entscheide, welches Wachstumsmodell die Messreihe treffend beschreibt.

a) 20,4; 19,5; 18,7; 17,8; 16,9; 15,9

b) 15; 10; 7; 4,5; 2,6; 2,2; 1,2; 1; 0,8

c) 0,55; 1,00; 1,80; 3,90; 4,90; 8,95; 16,3

d) 20; 15; 11,25; 8,44; 6,33; 4,74

e) 1,3; 3,66; 6,03; 8,38; 10,75; 13,11; 15,45

f) 5,25; 5,46; 5,68; 5,91; 6,14; 6,39; 6,64

○ **4** Ein Ferkel wiegt 10 kg. Sein Gewicht nimmt wöchentlich um rund 4 % zu.

a) Entscheide, um welche Wachstumsform es sich hierbei handelt. Stelle einen Funktionsterm zur Beschreibung der Situation auf und zeichne den Graphen.

b) Berechne, wie viel das Schwein nach 50 Wochen ca. wiegen könnte. Erläutere, unter welchen Voraussetzungen das berechnete Ergebnis realistisch ist.

c) Nach wie vielen Wochen könnte das Schwein ca. 50 kg wiegen?

○ **5** Herr Rische hat vor fünf Jahren Aktien für 6500 € gekauft, deren Wert in den Folgejahren 6812 €, 7163 €, 7532 €, 7923 € und 8327 € betrug.

a) Begründe, warum man die Wertentwicklung der Aktien annähernd durch die Gleichung für exponentielles Wachstum $B(t) = B(0) \cdot a^t$ beschreiben kann.

b) Beschreibe die Entwicklung des Aktienwertes in einem Term und stelle tabellarisch und grafisch dar, mit welchem Wert in den nächsten zehn Jahren zu rechnen ist.

c) Nach wie vielen Jahren könnte sich der Aktienwert seit dem Kauf verdreifacht haben? Erläutere, warum solche Prognosen immer kritisch betrachtet werden sollten.

Bist du schon sicher?

○ **6** Die Anzahl der in Deutschland registrierten Personenautos nimmt jedes Jahr zu.

Jahr	1994	1995	1996	1997	1998	1999	2000
Anzahl (in Mio.)	39,2	39,9	40,5	41	41,3	41,7	42,4

Jahr	2001	2002	2003	2004	2005	2006
Anzahl (in Mio.)	43,8	44,4	44,66	45,02	45,36	46,09

a) Stelle die Daten grafisch dar und bestimme einen geeigneten Funktionsterm.

b) Beurteile, wie gut dein Funktionsterm aus Teilaufgabe a) die Daten beschreibt. Erläutere.

c) Prognostiziere, wie viele Autos im Jahr 2015 in Deutschland registriert sein werden.

Lösung | Seite 196

○ **7** Das Bevölkerungswachstum in den USA von 1860 bis 1920 ist in der Tabelle dargestellt.

Jahr	1860	1870	1880	1890	1900	1910	1920
Bevölkerungsanzahl (in Mio.)	31,43	39,82	50,16	62,95	75,99	91,92	105,71

a) Entwickle ein lineares und ein exponentielles Modell zur Bevölkerungsentwicklung in den USA. Vergleiche die Modelle.

b) Beurteile beide Modelle unter Berücksichtigung der Tatsache, dass die USA im Jahr 1790 etwa 3,93 Millionen Einwohner hatten.

○ **8** Bier wird auch nach der Bierschaumhaltbarkeit beurteilt. Diese wird als gut bezeichnet, wenn die Halbwertszeit des Schaumzerfalls größer als 110 Sekunden ist. Die Halbwertszeit gibt die Zeit an, in der die Hälfte des Schaums zerfallen ist, in der sich also die Höhe des Schaums auf die Hälfte reduziert. Modelliere den Schaumzerfall mithilfe einer geeigneten Regression und beurteile die Bierschaumqualität.

a)

Zeit (in s)	0	50	170	300	600
Schaumhöhe (in cm)	10,1	8,2	4,8	3,0	0,9

b)

Zeit (in s)	0	20	400	500
Schaumhöhe (in cm)	9,2	8,2	0,4	0,2

9 Die Datenreihe soll mithilfe einer Exponentialfunktion modelliert werden.

x	0	2	3	5	6	7	9	11	14	15	18	19
y	6,0	5,3	5,4	5,7	5,8	4,5	6,2	6,5	7,0	7,2	7,0	7,8

a) Stelle die Daten grafisch dar und bestimme einen geeigneten Funktionsterm.
b) Welche Werte „passen nicht so gut" zur Datenreihe, sind sogenannte „Ausreißer"?
c) Führe eine erneute Modellierung durch, bei der zunächst einer der „Ausreißer" nicht berücksichtigt wird. In weiteren Modellierungen sollen dann zwei und schließlich alle „Ausreißer" unberücksichtigt bleiben. Was stellst du dabei fest?
d) Welche Folgerungen ergeben sich hinsichtlich des Umgangs mit „Ausreißern" innerhalb einer Datenreihe?

10 In einem artesischen Brunnen in Dresden wurde die Wassertemperatur (in °C) in verschiedenen Tiefen (in m) gemessen. Man erhielt die folgenden Messdaten.

Tiefe (in m)	40	150	220	270
Temp. (in °C)	1,2	4,7	9,3	10,5

Welche Temperatur herrscht in einer Tiefe von 350 m? Begründe deine Aussage.

11 Die Daten der Messreihe lassen ein unterschiedliches Wachstum für verschiedene Zeitabschnitte vermuten. In Fig. 1 sind die Daten aus Teilaufgabe a) dargestellt.
Gib geeignete Zeitabschnitte an und bestimme für diese jeweils einen geeigneten Funktionsterm.

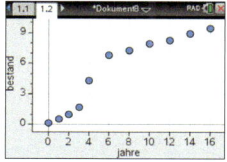

a)
Zeit t (in s)	0	1	2	3	4	6	8	10	12	14	16	18
Bestand B	0,13	0,26	0,49	0,94	1,71	4,30	6,82	7,30	7,91	8,24	8,91	9,43

b)
Zeit t (in s)	0	1	3	4	6	8	9	13	15	17	18	19
Bestand B	2,9	4,1	7,6	10,0	15,2	19,3	15	10	8	7	6	6,2

Fig. 1

12 In der Figur sind die Außenhandelsdaten (Export und Import) der Bundesrepublik Deutschland zwischen 2003 und 2016 in Milliarden Euro dargestellt.
a) Beschreibe die Entwicklung der Export- und Importzahlen.
b) Lassen sich Export- und Importzahlen auf der Basis der Daten vergangener Jahrzehnte für die nächsten Jahre prognostizieren? Begründe deine Aussage(n).

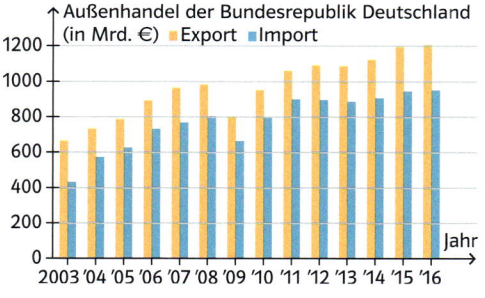

Kannst du das noch?

13 Berechne das Volumen des Körpers.

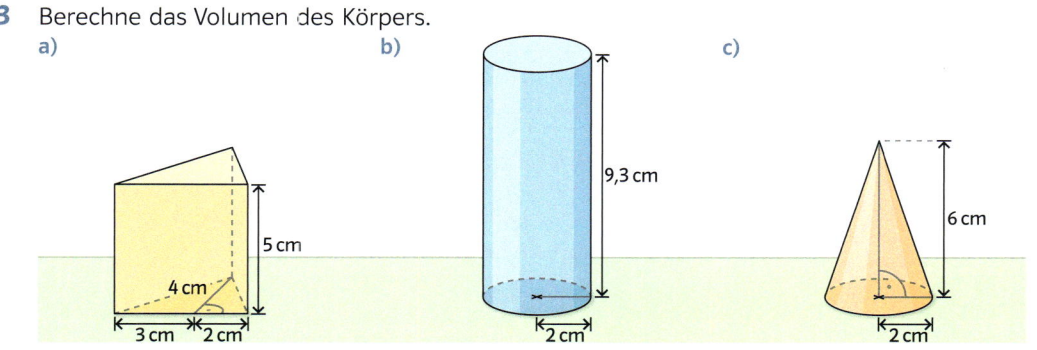

a) b) 9,3 cm c) 6 cm
5 cm
4 cm
3 cm 2 cm 2 cm 2 cm

Lösung | Seite 196

1 Prüfe, ob die verschiedenen Aussagen über die Wasserhyazinthe zusammenpassen.

„Dieser Fluss ist fast vollständig mit Wasserhyazinthen zugewachsen. Etwa alle 15 bis 20 Tage verdoppelt das driftende Pflanzengeflecht seine Ausmaße."

(Projektwerkstatt
The waterhyacinth chair 2000)

„... Große Schädlinge in fremden Biotopen seien der Nilbarsch und im afrikanischen Viktoria-See die Wasserhyazinthe. Sie wächst so schnell, dass sich die von ihr bedeckte Fläche in 12 Tagen verdoppelt ..."

(Frankfurter Rundschau, 12.5.01)

... Die Wasserhyazinthe breitet sich mit einem Tempo aus, „bei dem einem schwindlig werden könnte: In vier Monaten werden aus einer Pflanze 600!"

(Katalog Tee-Kampagne 2000)

2 In der Amtssprache der Vereinten Nationen (UN) heißen die Entwicklungsländer „Less Developed Countries" (LDC), die anderen Länder „More Developed Countries" (MDC). Das Unterscheidungskriterium ist das Pro-Kopf-Einkommen. In Fig. 1, 2 und 3 sind einige Informationen über LDC und MDC zusammengestellt.

Weltbevölkerung	Vermutete Wachstumsraten der Bevölkerung			Energiebedarf pro Person und Stunde	
im Jahr 2000		LDC	MDC	im Jahr 2000	
MDC 1,19 Mrd.	2000 – 2010	1,34 %	0,25 %		6 kWh
4,89 Mrd.	2010 – 2020	1,14 %	0,16 %	0,6 kWh	
LDC					

Fig. 1   Fig. 2   Fig. 3

a) Wie viel Prozent der Weltbevölkerung lebten im Jahr 2000 in den LDC, wie viel Prozent in den MDC? Wie wird diese Verteilung vermutlich im Jahr 2020 aussehen?

b) 👤👤👤 Bestimme den gesamten Energiebedarf pro Stunde in den LDC bzw. den MDC im Jahr 2020, wenn man jeweils eines der folgenden Modelle voraussetzt.

I. Der Energiebedarf pro Person bleibt auf dem Stand des Jahres 2000.

II. Der Energiebedarf nimmt in den LDC pro Jahr um 4 %, in den MDC um 1 % zu.

III. Der Energiebedarf nimmt in den LDC pro Jahr um 2 % zu, in den MDC um 0,2 % ab.

3 Ein Somatogramm hilft dem Kinderarzt zu erkennen, ob ein Kleinkind auffällig groß oder klein ist. Die beiden Linien sind so gezogen, dass zwischen ihnen die Körpergrößen von 95 % aller Kinder in dem entsprechenden Alter liegen. In der Zeile „U" sind die Zeitpunkte der acht Vorsorgeuntersuchungen ablesbar.

a) Wie groß sind Kinder im Mittel bei der Geburt, nach 6 Monaten, 1 Jahr, 1,5 Jahren und nach 2 Jahren? Lies dazu aus dem Somatogramm jeweils die beiden Werte auf den durchgezogenen Linien ab.

b) Berechne mit den Mittelwerten aus Teilaufgabe a) die halbjährliche Änderung und die prozentuale Änderung.

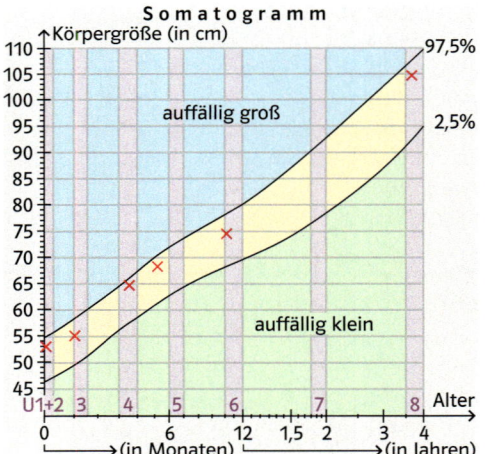

Somatisch ist ein medizinischer Ausdruck für „auf den Körper bezogen".

4 Der pH-Wert eines Stoffes ist der negative Zehnerlogarithmus der Wasserstoffionen-Konzentration (genauer: H_3O^+-Konzentration in $\frac{mol}{l}$). Ist z.B. der pH-Wert einer Seifenlösung 8,5, so beträgt die H^+-Konzentration $10^{-8,5}\frac{mol}{l}$.

a) Welchen pH-Wert hat eine Lauge mit doppelt so hoher H^+-Konzentration?

b) Der Regen mit dem bisher höchsten Säuregehalt hatte den pH-Wert 2,4. Wievielmal größer als in reinem Wasser (pH = 7) war die H^+-Konzentration?

5 Das Signal eines WLAN-Routers wird beim Durchgang durch Wände und Decken gedämpft. Dabei nimmt die Intensität der Strahlung bei 1 cm Ziegelstein um 1% ab.
a) Wie viel Prozent der vom Router ausgesandten Strahlungsleistung kommt hinter einer 24 cm dicken Ziegelsteinwand bei orthogonaler Durchdringung noch an?
b) Wie viele Ziegelsteinwände der Dicke 24 cm dürfen sich zwischen Router und Empfangsgerät maximal befinden, wenn die Signalstärke beim Empfänger noch mindestens 40 % des Ausgangssignals betragen soll?

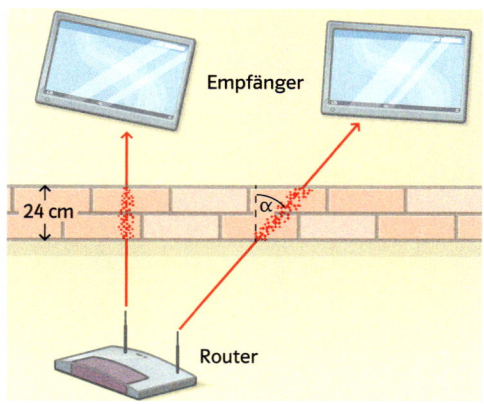

c) Bei schräger Durchdringung erhöht sich die vom Signal zu durchlaufende Strecke in der Wand. Bei welchem Winkel α kommt hinter einer 24 cm dicken Ziegelwand beim Empfänger noch die Hälfte der Ausgangsleistung des Routers an?

6 Beim Hören wird ein z. B. von einem Lautsprecher ausgehender Reiz von uns als Ton wahrgenommen. Man muss dabei zwischen der Intensität I des Reizes und der Lautstärke L (in Dezibel, dB) unterscheiden, in der wir den Ton hören. Nach Weber-Fechner gilt $L = 10 \cdot \log_{10}\left(\frac{I}{I_0}\right)$ (I_0: Intensität, bei der wir den Ton eben noch hören).
a) Wie ändert sich die Lautstärke, wenn eine Reizintensität I von $1000\,I_0$ (von $10\,000\,I_0$; von $100\,000\,I_0$) um $20\,000\,I_0$ erhöht wird?
b) Wie müsste bei einer Lautstärke von 40 dB die Reizintensität erhöht werden, um die doppelte Lautstärke zu erzeugen?

7 Kompliziertere Exponentialgleichungen knacken
a) In der nebenstehenden Rechnung wurde eine komplexere Exponentialgleichung mit einem Trick gelöst. Erläutere die einzelnen Lösungsschritte und beschreibe, worin der „Trick" besteht.
b) 👥 Stelle eigene ähnlich komplexe Exponentialgleichungen auf und lasse deinen Partner diese mit dem in a) dargestellten Verfahren lösen. Kontrolliere die Ergebnisse.
c) Kennst du weitere Lösungsverfahren, in denen ein ähnlicher „Trick" angewendet wird?

$$3^{2x+4} = 10 \qquad 2x + 4 = y$$
$$3^y = 10$$
$$y = \log_3(10) \approx 2{,}0959$$
$$2x + 4 = 2{,}0950 \qquad y = 2x + 4$$
$$x = -0{,}952$$

$$3^{2 \cdot (-0{,}952)+4} = 10{,}0011 \approx 10$$

HÖRSCHÄDEN
DURCH DISCO-BESUCH
Fachleute weisen darauf hin, dass immer mehr Jugendliche unter Hörschäden leiden. Al̶ Ursache w̶

8 Beim Tauchen wird im Körper mehr Stickstoff gelöst als an der Erdoberfläche. Die Menge hängt von der Tauchtiefe und -dauer ab. Beim Auftauchen wird der über den normalen Wert im Körper gelöste Stickstoff wieder abgebaut. Im Allgemeinen ist jedoch die Auftauchzeit zu kurz, um allen überflüssigen Stickstoff abzubauen. Taucht man zu schnell auf, kann es zur Dekompressionskrankheit kommen: Der Stickstoff perlt in Bläschen aus. Diese können dann die Blutbahn verstopfen oder Gelenke blockieren. Der Körper verträgt nur eine gewisse Übersättigung.
Bei einer wissenschaftlichen Untersuchung wurde die Veränderung des Stickstoffgehaltes in einem Gewebe nach dem Auftauchen in Abständen von 10 Minuten gemessen.

Zeit (in min)	0	10	20	30	40	50	60
p (in %)	100	52,3	24,1	14	5,9	3,0	1,8

a) Zeichne die Werte in ein Koordinatensystem. Prüfe auf exponentielles Wachstum.
b) Ermittle einen Funktionsterm, der den Verlauf der Werte näherungsweise beschreibt.

Halbwertszeiten radioaktiver Stoffe

Am 26. April 1986 ereignete sich im Atomkraftwerk Tschernobyl bei Kiew ein schwerer Reaktorunfall. Bei dem GAU (Größter Anzunehmender Unfall) wurden große Mengen der radioaktiven Stoffe I 131 und Cs 137 und in geringem Umfang auch Sr 90 freigesetzt. Diese Stoffe wurden durch den Wind über große Teile Europas verbreitet. Durch Ablagerungen auf Böden und Pflanzen gelangten diese Stoffe auch in die Nahrungskette.

Radioaktive Stoffe wandeln sich unter Abgabe von Strahlung in andere Stoffe um (sie „zerfallen"). Die Menge des radioaktiven Ausgangsstoffes nimmt dabei exponentiell ab. Die Geschwindigkeit der Abnahme („Zerfallsgeschwindigkeit") kann mithilfe der **Halbwertszeit** beschrieben werden. Eine Halbwertszeit von z. B. 8 Tagen bedeutet, dass nach jedem Zeitschritt von 8 Tagen nur noch jeweils die halbe Menge des radioaktiven Stoffes vorliegt.

HALBWERTSZEIT
Nach dieser Zeit ist jeweils die Hälfte der Atomkerne eines radioaktiven Isotops zerfallen.

Die Zahl hinter den Elementnamen gibt an, wie viele Protonen und Neutronen das Atom enthält. Man nennt sie Nukleonenzahl.

| C 14 5730 a β⁻ | Sr 90 28,79 a β⁻ | Tc 99 6 h γ / 211100 a β⁻ |
| I 131 8,02 d β⁻ | Cs 137 30,17 a β⁻ | Pu 239 24 110 a α |

1 **a)** Wie lange dauert es jeweils, bis bei den radioaktiven Stoffen I 131 bzw. Cs 137 nur noch ein Achtel einer bestimmten Ausgangsmenge vorliegt?
b) Wie viel Prozent einer bestimmten Ausgangsmenge liegt von den radioaktiven Stoffen I 131 bzw. Cs 137 nach zehn Halbwertszeiten noch vor?

2 Der radioaktive Zerfall eines Stoffes verläuft exponentiell. Die nach der Zeit t vorhandene Menge $B(n)$ eines Stoffes lässt sich also durch $B(n) = B(0) \cdot q^n$ berechnen.
a) Bestimme den Wachstumsfaktor q für den Zerfall von Cs 137, wenn n die Zeitschritte in Jahren sind.
b) Vervollständige in deinem Heft die grafische Darstellung in der Figur in Zeitschritten von zehn Jahren.
c) Wann werden nur noch 5 % des in Tschernobyl freigesetzten Cäsiums in der Umwelt vorhanden sein?

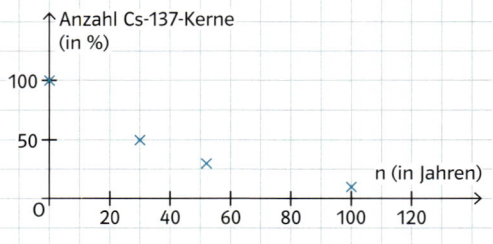

3 In einem Leitartikel der Badischen Zeitung über Strombedarf ging es auch um Risiken von Atomkraftwerken.
a) Wie viel Prozent einer Ausgangsmenge Plutonium ist nach 24 000 Jahren bzw. nach 48 000 Jahren noch vorhanden?
b) Nimm Stellung zum Artikel.

„Die wichtigste Zahl dabei ist die Halbwertszeit von Plutonium, des giftigsten Stoffes überhaupt: 24 000 Jahre. Doppelt so lange also dauert es, bis Plutonium sich in eine nicht mehr strahlende, harmlose Materie verwandelt hat." (29.7.1998)

Übrigens …
Plutonium schädigt sowohl durch Strahlung als auch durch chemische Giftwirkung. Auch das Zerfallsprodukt ist giftig – also keinesfalls eine „harmlose Materie".

Die C-14-Methode (Radiokarbonmethode) zur Altersbestimmung

Überall auf der Erde findet man das Element Kohlenstoff (chemisches Zeichen C). Pflanzen nehmen beim Atmen CO_2 auf und damit auch Kohlenstoff. Durch die Nahrungskette gelangt Kohlenstoff in Tiere und Menschen.

Ein Teil des auf der Erde vorkommenden Kohlenstoffes ist das radioaktive Kohlenstoffisotop C 14. Obwohl es mit einer Halbwertszeit von 5730 Jahren zerfällt, ist sein Anteil auf der Erde immer gleich, weil es durch kosmische Strahlung ständig neu gebildet wird. Stirbt ein Organismus, so wird kein Kohlenstoff mehr aufgenommen. Das radioaktive C 14 zerfällt, der nichtradioaktive Kohlenstoff bleibt nahezu erhalten. Damit verändert sich das Verhältnis von radioaktivem und nichtradioaktivem Kohlenstoff im Laufe der Zeit.

1 Wie viel Prozent des ursprünglichen Gehalts an Kohlenstoff C 14 wird noch gemessen, wenn der Organismus 5730 Jahre bzw. 11 500 Jahre tot ist?

2 Wie lange ist ein Organismus bereits tot, wenn der ursprüngliche Anteil von C 14 auf 12,5 % gesunken ist?

3 Im Jahr 1991 wurde in den Ötztaler Alpen die Gletschermumie „Ötzi" gefunden. Die Mumie enthielt nur noch ca. 53 % des Kohlenstoffs C 14, der in lebendem Gewebe enthalten ist. Vor wie vielen Jahren hat „Ötzi" etwa gelebt?

4 Zeichne einen Graphen, der dem Alter einer Probe den noch vorhandenen C-14-Gehalt nach einer Halbwertszeit, nach zwei Halbwertszeiten, nach drei Halbwertszeiten usw. zuordnet. Ergänze diesen Graphen mit Werten in Schritten von 1000 Jahren.

5 Die Lascaux-Höhle in Frankreich ist berühmt für ihre Höhlenmalereien. Holzkohle aus einer Fundstelle in der Höhle hatte im Jahr 1950 einen C-14-Gehalt von ca. 6,3 % verglichen mit dem C-14-Gehalt in lebendem Holz. Wann entstanden diese Höhlenmalereien vermutlich?

Mit dem Graphen aus Aufgabe 4 kann man die Ergebnisse der Aufgaben 5 und 6 überprüfen.

6 Das Alter der kleinen Frauenfiguren wurde mit der C-14-Methode bestimmt. Die Elfenbein-Figur von Gönnersdorf (rechts) enthielt ca. 15,5 %, die Figur von Lespugue aus Mammutelfenbein (links) ca. 5,5 % des ursprünglichen C-14-Gehalts. Wie alt sind die beiden Figuren etwa?

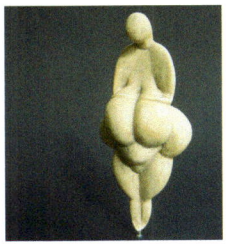 

Exponentialfunktion

Eine Funktion f mit dem Term $f(x) = a \cdot b^x (b > 0)$ heißt Exponentialfunktion. Hierbei ist b der Wachstumsfaktor und a der Funktionswert an der Stelle $x = 0$ (Anfangswert).

Eigenschaften:
Ist $b > 1$, so nehmen die Funktionswerte für größer werdende Werte von x zu; die Funktion ist wachsend.
Ist $0 < b < 1$, so nehmen die Funktionswerte für größer werdende Werte von x ab; die Funktion ist fallend.
Der Graph der Funktion verläuft durch die Punkte $P(0|a)$ und $Q(1|a \cdot b)$.

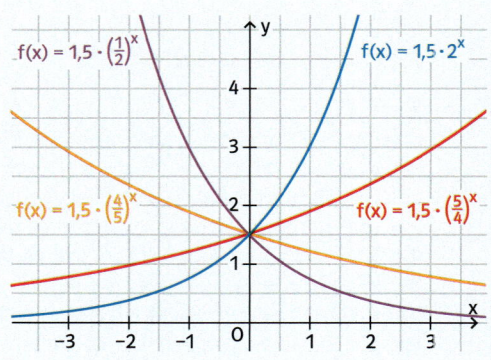

Exponentialgleichungen

Eine Exponentialgleichung vom Typ $a = b^x$ hat die Lösung $x = \log_a(b)$.

$2^x = 3 \Leftrightarrow x = \log_2(3) \approx 1{,}585$

Absolute und relative Änderung

Die Änderung eines Bestandes in einem Zeitschritt kann man wie folgt angeben.

Absolute Änderung: $d = B(n + 1) - B(n)$

Relative Änderung: $p = \dfrac{B(n + 1) - B(n)}{B(n)}$

n (in Jahren)	0	1	2	3
Bestand B (n)	23	24	30	28

*Im Zeitschritt von $n = 1$ zu $n = 2$ gilt:
Änderung: $d = 30 - 24 = 6$,
relative Änderung:*

$p = \dfrac{30 - 24}{24} = 0{,}25 = 25\,\%.$

Exponentielles Wachstum

Wenn bei einem Wachstum die relative Änderung p bei jedem Zeitschritt gleich ist, liegt ein exponentielles Wachstum vor.
Bei einem exponentiellen Wachstum ist die absolute Änderung proportional zum Bestand $B(n)$.

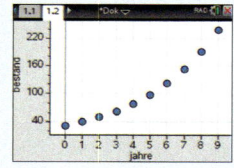

n (in Jahren)	0	1	2	3
Bestand B (n)	32	40	50	62,5

*relative Änderung in jedem Zeitschritt:
$p = 0{,}25 = 25\,\%$
absolute Änderung von n zu $(n + 1)$:
$0{,}25 \cdot B(n)$*

n	0	1	2	3
B (n)	B (0)	B (1) $= B(0) \cdot (1 + p)$	B (2) $= B(1) \cdot (1 + p)$	B (3) $= B(2) \cdot (1 + p)$

rekursive Berechnung: $B(n + 1) = (1 + p) B(n)$, $B(0)$ ist bekannt
explizite Berechnung: $B(n) = B(0) \cdot (1 + p)^t$

*rekursive Berechnung:
$B(0) = 32$ und $B(n + 1) = 1{,}25 \cdot B(n)$
explizite Berechnung: $B(n) = 32 \cdot 1{,}25^n$*

Schranke $S = 100$

Beschränktes Wachstum

Ist bei einem Wachstum die absolute Änderung bei jedem Zeitschritt proportional zum Restbestand $R(n) = S - B(n)$, so liegt ein beschränktes Wachstum vor. Ein beschränktes Wachstum hat eine Schranke S.

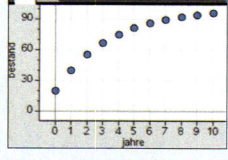

n (in Jahren)	0	1	2	3
Bestand B (n)	20	40	55	66,25
Restbestand R (n)	80	60	45	43,75

n	0	1	2	3
B (n)	B (0)	B (1) $= c \cdot (S - B(0))$	B (2) $= c \cdot (S - B(1))$	B (3) $= c \cdot (S - B(2))$

rekursive Berechnung: $B(n + 1) = B(n) + c \cdot (S - B(n))$; $B(0)$ ist bekannt
explizite Berechnung: $B(n) = S - R(n) = S - (S - B(0))(1 - c)^n$

*Änderung in jedem Zeitschritt:
$0{,}25 \cdot (100 - B(n))$
rekursive Berechnung:
$B(0) = 20$ und
$B(n + 1) = B(n) + 0{,}25 \cdot (100 - B(n))$
explizite Berechnung:
$B(n) = 100 - (100 - 20)(1 - 0{,}25)^n$*

Runde 1

○→ Lösungen | Seite 196

1 Die Tabellen zeigen exponentielle Wertentwicklungen. Gib einen Term an und fülle die Lücken aus.

a)

Jahr	0	1	2	3	4
Wert	5550	5286			

b)

Jahr	0	1	2	4	8
Wert		366	383		

2 Schreibe als Logarithmus wie im Beispiel auf dem Rand.

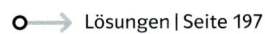
$5^2 = 25; \ 2 = \log_5(25)$

a) $5^3 = 125$ **b)** $2^{-3} = \frac{1}{8}$ **c)** $10^{\frac{2}{3}} = \sqrt[3]{100}$ **d)** $3^{-\frac{1}{2}} = \frac{1}{\sqrt{3}}$

3 Bestimme die Exponentialfunktion, deren Graph durch die Punkte P und Q verläuft.
a) $P(0|6)$, $Q(1|2)$ **b)** $P(2|1)$, $Q(5|27)$ **c)** $P(0|4)$, $Q(2|1)$ **d)** $P(-2|5)$, $Q(2|20)$

4 **a)** Nach welcher Zeit hat sich ein Kapital bei einem Zinssatz von 3,8 % verdoppelt?
b) Wie viel muss man anlegen, damit man nach 12 Jahren und einem Zinssatz von 4,2 % einen Betrag von 15 000 € gespart hat?
c) Ab dem wievielten Jahr hat ein Kapital von 18 500 € bei einem Zinssatz von 3,25 % einen Kapitalzuwachs von über 5000 € erzielt?
d) Wie groß ist das Startkapital, wenn man nach sieben Jahren bei einem Zinssatz von 5,15 % einen Kapitalzuwachs von 1541,71 € erzielt hat?

Runde 2

○→ Lösungen | Seite 197

1 Bestimme ohne Rechner.
a) $\log_6(216)$ **b)** $\log_2(0,125)$ **c)** $\log_{0,5}(8)$ **d)** $\log(0,000\,001)$

2 Löse die Exponentialgleichung.
a) $10^x = 0,01$ **b)** $3^{2x} - 15 = 12$ **c)** $4^{x+1} = 0,5$ **d)** $2^{2-x} - 2^{-x} = 24$

3 **a)** Für einen Kredit über 24 500 € werden monatlich 0,75 % Schuldzinsen berechnet. Gib jeweils einen Term an, der das Anwachsen der Schuldsumme für t in Monaten, Vierteljahren bzw. Jahren beschreibt.
b) Berechne die Schuldsumme, die nach 5 Monaten, 15 Monaten bzw. 2 Jahren anfällt.
c) In welchen Zeitabständen wächst die Schuldsumme immer um ca. 3 % an?

4 In einem Land nimmt die Bevölkerungszahl jährlich um 2,7 % zu. Im Jahr 2006 lebten dort 14 Millionen Menschen.

5 Stelle zu der Messreihe einen Funktionsterm auf, sodass die Abweichungen möglichst gering sind. Die Variable t gibt die Anzahl der Zeitschritte und B(t) den von der Zeit abhängigen Bestand an.

a)

t	0	3	6	11	12
B(t)	12,1	26,6	58,4	216,9	281,9

b)

t	1	2	4	7	9	18
B(t)	6,8	4,5	3,5	1,9	1,1	0,2

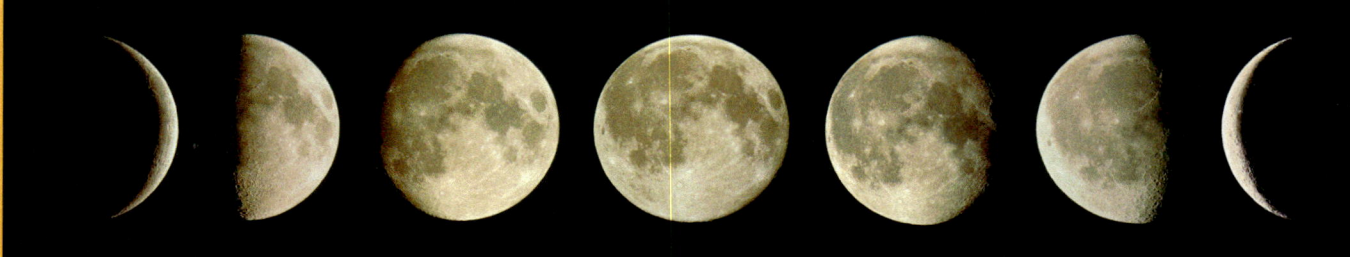

Das kannst du schon

- Werte von Sinus und Kosinus bestimmen
- Mit Sinus und Kosinus Dreiecke berechnen

o—→ Sicher ins Kapitel V
Seite 169

Das kannst du bald

- Mit dem Bogenmaß rechnen
- Mit der Sinusfunktion arbeiten und weitere
  Sinusfunktionen erzeugen
- Periodische Vorgänge mit Funktionen beschreiben

Lerneinheit 1
Seite 142

Die Pendelschwingung

Forschungsauftrag 1

– Bastelt ein Pendel aus einem 1,5 m langen Faden und einer 1-Euro-Münze oder einem Ring. Befestigt euer selbst gebautes Pendel an einem geeigneten Ort, z.B. an der Zimmerdecke. Lasst das Pendel schwingen und beobachtet die Bewegung (vgl. Fig. 1).

– In den Bildern sind verschiedene Möglichkeiten dargestellt, wie sich die Auslenkung des Pendels in Abhängigkeit von der Zeit verändern könnte. Welche Graphen passen gut zur Bewegung des Pendels?

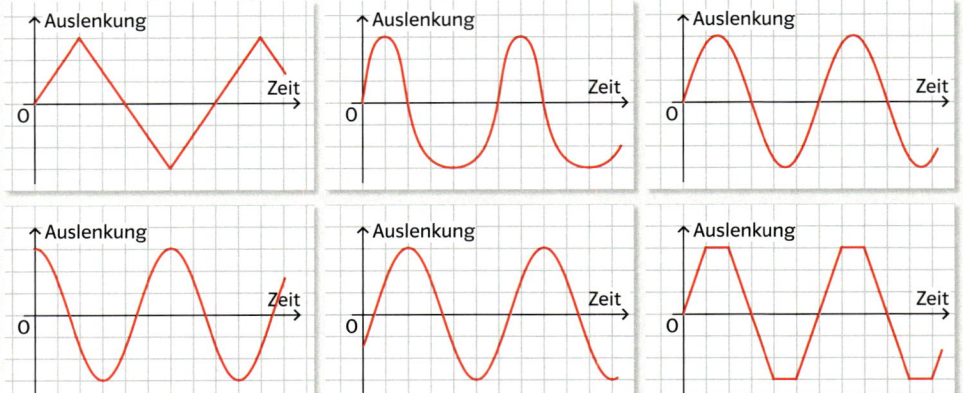

Materialien für Forschungsauftrag 1: Faden, 1-Euro-Münze oder Ähnliches, Klebestreifen

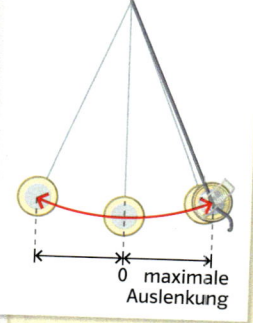

Fig. 1

Forschungsauftrag 2

– Messt die Zeit, die das Pendel aus Forschungsauftrag 1 benötigt, um einmal hin und her zu schwingen. Dies ist leichter, wenn ihr die Zeit messt, die das Pendel benötigt, um fünfmal hin und her zu schwingen und diese anschließend durch fünf teilt.

– Wählt nun drei andere maximale Auslenkungen (vgl. Fig. 1) und messt erneut die Zeit für eine „vollständige" Schwingung. Hat die maximale Auslenkung einen Einfluss auf diese Zeit?

– Skizziert drei Graphen in ein Koordinatensystem, die eure drei Pendel-schwingungen mit verschiedenen maximalen Auslenkungen beschreiben.

Forschungsauftrag 3

– Untersucht Pendel mit anderen Fadenlängen. Wie ändert sich die Schwingungs-dauer (Zeit für eine komplette Schwingung) in Abhängigkeit von der Fadenlänge? Probiert mindestens drei verschiedene Fadenlängen aus und skizziert die zugehörigen Graphen.

Forschungsauftrag 4

– Benutzt zum Pendeln statt der Münze andere Gegenstände. Welchen Einfluss hat das Gewicht des Gegenstandes auf die Schwingungsdauer? Skizziert auch für dieses Pendel einen Graphen.

Forschungsauftrag 5

– Nun untersucht ihr die Schwingung eines Pendels, indem ihr einen Gefrierbeutel mit Quarzsand als Pendel verwendet. Stecht mit einer Nadel ein kleines Loch in den Gefrierbeutel, sodass während des Pendelns Sand aus dem Beutel rieselt. Lasst den Sand auf einen langen Papierstreifen rieseln, den ihr während des Schwingens gleichmäßig in eine Richtung zieht. Der Papierstreifen muss senkrecht zur Schwingungsrichtung gezogen werden. Wenn der Papierstreifen zuvor mit Kleister eingekleistert wird, hält der Sand besser.

Materialien für Forschungsauftrag 5: Faden, Gefrierbeutel, Vogelsand, Papierstreifen (etwa 1 m × 3 m, ggf. von einer Tapetenrolle) und ggf. Kleister

Transformationen der Sinusfunktion

In Fig. 2 ist der Graph der Sinusfunktion f mit dem Term $f(x) = \sin(x)$ abgebildet.
Mithilfe einer Wertetabelle (Fig. 1) kann man den Verlauf des Graphen nachvollziehen.
Der x-Wert entspricht hier dem Winkel im Bogenmaß (Fig. 3).

Lerneinheit 3
Seite 150

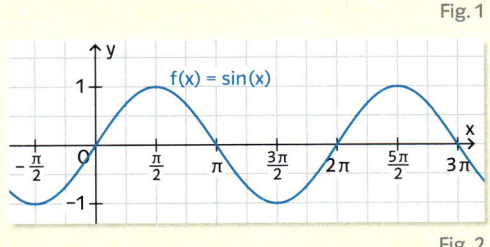

x	$-\frac{\pi}{2}$	0	$\frac{\pi}{2}$	π	$\frac{3\pi}{2}$	2π	$\frac{5\pi}{2}$
$\sin(x)$	-1	0	1	0	-1	0	1

Fig. 1

Umrechung vom Gradmaß
ins Bogenmaß:

Gradmaß	Bogenmaß
360°	2π
1°	$\frac{2\pi}{360} = \frac{\pi}{180}$
α	$\frac{\alpha}{180°} \cdot \pi$

Fig. 3

Hinweis: Beim Rechnen mit
dem CAS muss das richtige
Winkelmaß eingestellt sein.

Die vier Forschungsaufträge
dieser Erkundung können
auch in einem Gruppenpuzzle
bearbeitet werden.
Für den Forschungsauftrag 4
sollten neue Gruppen gebildet
werden, wobei je mindestens
ein Mitglied der Gruppen
1 bis 3 vertreten sein sollte.

Fig. 2

Forschungsauftrag 1 – Gruppe 1
Erzeugt durch Veränderung der Funktion $f(x) = \sin(x)$ das Bild
von Fig. 4.
– Was kann man über den Verlauf des Graphen der allgemeinen
Funktion f_c mit $f_c(x) = \sin(x - c)$ sagen?

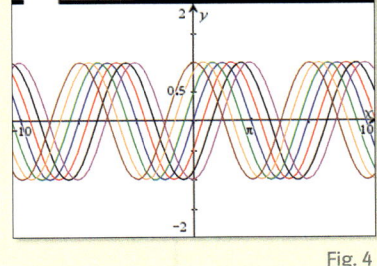

Fig. 4

Forschungsauftrag 2 – Gruppe 2
Erzeugt durch Veränderung der Funktion $f(x) = \sin(x)$ das Bild
von Fig. 5.
– Was kann man über den Verlauf des Graphen der allgemeinen
Funktion f_a mit $f_a(x) = a \cdot \sin(x)$ sagen?

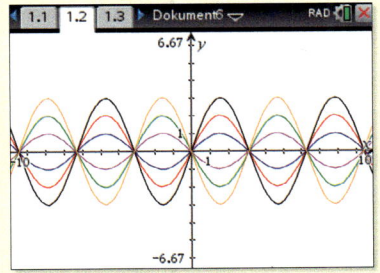

Fig. 5

Forschungsauftrag 3 – Gruppe 3
Erzeugt durch Veränderung der Funktion $f(x) = \sin(x)$ das Bild
von Fig. 6.
– Was kann man über den Verlauf des Graphen der allgemeinen Funktion f_d mit $f_d(x) = \sin(x) + d$ sagen?

Forschungsauftrag 4 – Gruppe 4
– Beschreibt den Verlauf der Graphen der Funktionen f_1 bis f_3 mit
$f_1(x) = 2\sin(x - \pi) + 1$,
$f_2(x) = \frac{1}{2}\sin(x + \frac{\pi}{2}) - 0{,}5$,
$f_3(x) = -2\sin(x - 2) + 2$,
– Beschreibt den Einfluss von a, c und d auf den Verlauf des
Graphen der Funktion f mit $f(x) = a \cdot \sin(x - c) + d$.
– Jedes Gruppenmitglied gibt jeweils einen Funktionsterm und
einen Graphen vor. Der Partner muss den zugehörigen Graphen
bzw. den zugehörigen Funktionsterm bestimmen.

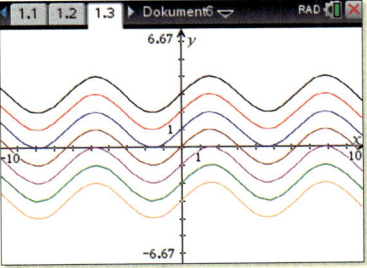

Fig. 6

1 Periodische Vorgänge

Mithilfe eines Elektrokardiogramms (EKG) kann man die Bewegungen des Herzens sichtbar machen.
Katharina: „Der Zweite ist aber ganz schön aufgeregt!"
Ken: „Ich glaube, der ist richtig krank!"

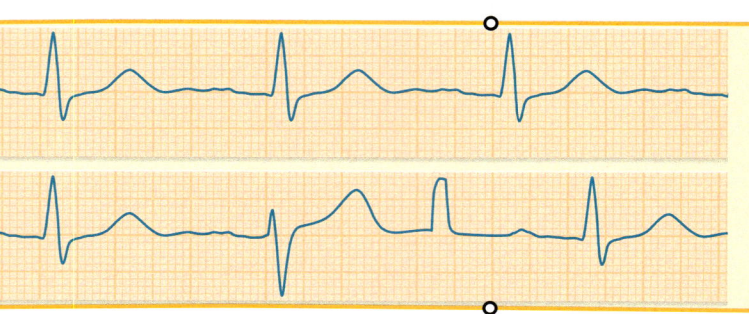

In Natur und Technik gibt es Vorgänge, die sich zeitlich wiederholen. Die Figur zeigt den Graphen der Funktion f: *Zeit → Wasserstand* für ein Überlaufgefäß, in das kontinuierlich ein dünner Wasserstrahl läuft. Die Funktion f beschreibt einen Vorgang, der sich alle 4 min wiederholt. Dies erkennt man am Graphen daran, dass dieser durch eine Verschiebung um 4 Einheiten parallel zur Zeitachse auf sich abgebildet wird. Es gilt: Für jeden Zeitpunkt t muss der Wasserstand f(t) mit dem Wasserstand nach 4 min übereinstimmen.
Es muss also für jeden Wert von t gelten: $f(t + 4) = f(t)$. Solche Funktionen nennt man **periodische Funktionen**.

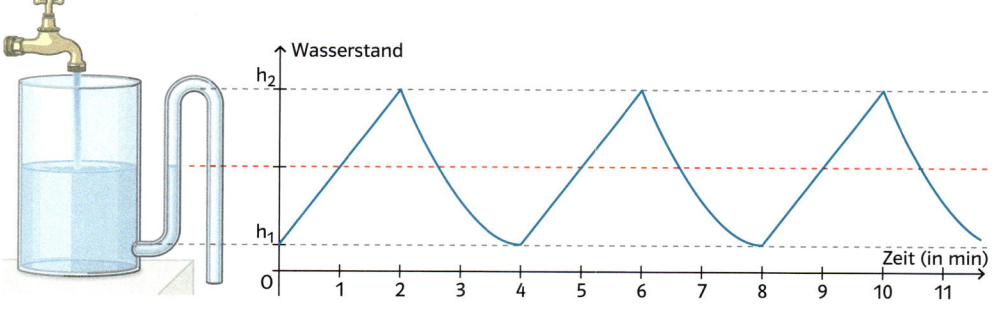

> Eine Funktion f heißt **periodisch**, wenn es eine Zahl $p > 0$ gibt, sodass für alle reellen Zahlen x gilt: $f(x + p) = f(x)$.
> Die kleinste positive Zahl p mit dieser Eigenschaft nennt man die **Periodenlänge** von f.

Eine Funktion f ist genau dann periodisch, wenn sich ihr Graph durch Verschiebung parallel zur x-Achse auf sich selbst abbilden lässt. Die kürzeste Pfeillänge dieser Verschiebungen ist die Periodenlänge.

Beispiel Periodenlänge bestimmen
Die Figur zeigt den Graphen einer Funktion. Untersuche, ob sich der Graph durch Verschiebung parallel zur x-Achse auf sich selbst abbilden lässt und bestimme gegebenenfalls die Periodenlänge.

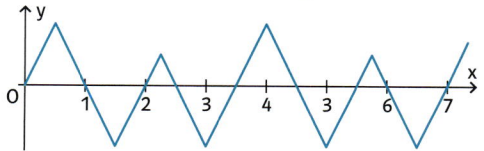

Lösung
Der Graph wird auf sich selbst abgebildet, wenn man ihn um 3,5 Einheiten parallel zur x-Achse verschiebt.
Die Periodenlänge beträgt 3,5.

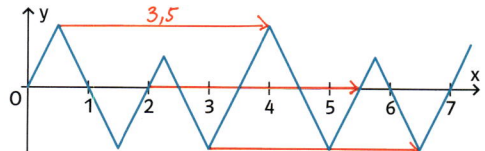

Aufgaben

○ **1** Welche Funktionen sind periodisch? Begründe deine Entscheidung und gib gegebenenfalls die Periodenlänge an.
  a) *Zeit → Abstand der Erde von der Sonne*
  b) *Zeit → Tageslänge in Hannover*
  c) *Zeit → Wasserstand an der Nordseeküste*

◐ **2** Ein Punkt P bewegt sich mit gleichbleibender Geschwindigkeit um das Quadrat in Fig. 1 herum. Fig. 2 zeigt den Graphen der Funktion
  f: *Zeit → Abstand des Punktes von der Geraden g.*
  a) Erläutere den Verlauf des Graphen in Fig. 2.
  b) Gib einige Verschiebungen an, die den Graphen auf sich abbilden.
  c) Wie ändert sich der Graph, wenn sich der Punkt mit dreifacher Geschwindigkeit um das Quadrat herumbewegt?

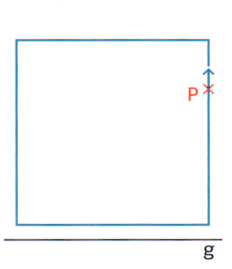

Fig. 1

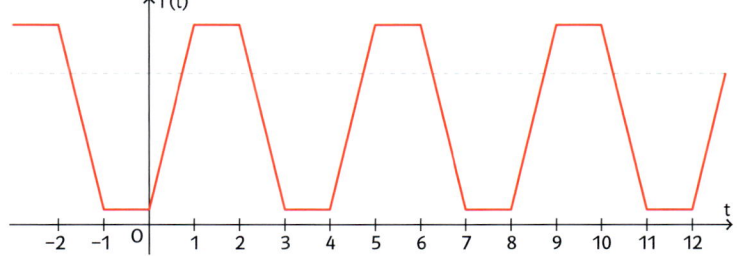

Fig. 2

Bist du schon sicher?

○ **3** Die Figur zeigt Graphen periodischer Funktionen. Bestimme die Periode.

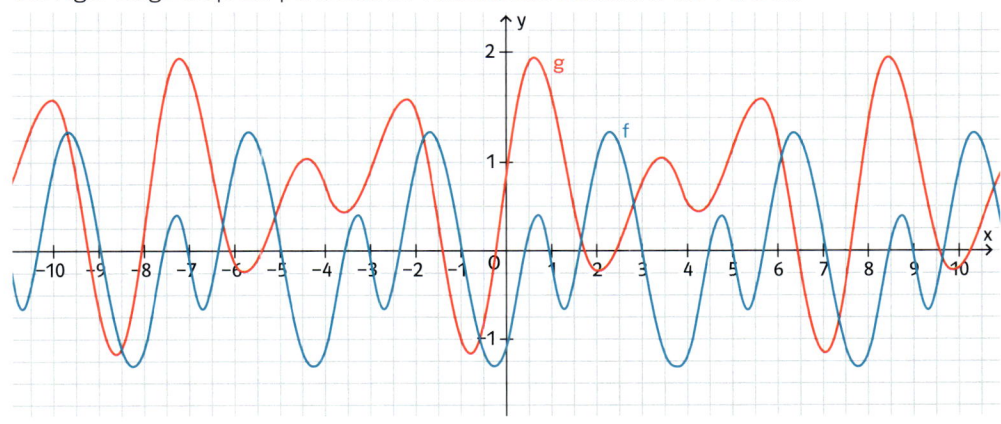

Lösung | Seite 197

◐ **4** a) Unter welcher Bedingung ist die Funktion *Zeit → Höhe des Ventils über der Straße* bei einem fahrenden Fahrrad periodisch?
  b) Skizziere den Graphen einer möglichen Funktion und gib ihre Periodenlänge an.

● **5** Begründe: Wenn die Funktion f die Periodenlänge p hat, dann gilt $f(x + n \cdot p) = f(x)$ für alle x und alle natürlichen Zahlen n.

Kannst du das noch?

6 Zeichne den Graphen der Funktion f mit
  a) $f(x) = 1,5x^2$,
  b) $f(x) = -2x^2$,
  c) $f(x) = -\frac{5}{4}x^2$,
  d) $f(x) = 0,3x^2$.

Lösung | Seite 197

2 Sinusfunktion und Kosinusfunktion

Tom und Lisa fahren mit einem Riesenrad
(Durchmesser 80 m).
Nach etwa einer Minute sind sie schon
20 m hoch.
Wie hoch sind sie nach 2, 3, 4 Minuten usw.?
Wann sind sie am höchsten Punkt und
wann wieder unten?
Skizziere die Situation.

Bisher wurde der Sinus eines Winkels $\alpha < 90°$ als Seitenverhältnis im rechtwinkligen
Dreieck definiert. Man kann den Sinus aber auch für $\alpha \geqq 90°$ festlegen.
Hierfür betrachtet man einen Kreis mit dem Radius 1 um den Ursprung (**Einheitskreis**)
und einen Punkt P auf der Kreislinie. Man stellt sich einen Zeiger $\overrightarrow{OP}$ vor, der sich wie in
Fig. 1 gegen den Uhrzeigersinn dreht. Zu jeder Stellung des Zeigers gehören ein Winkel α
und ein rechtwinkliges Dreieck mit der Hypotenusenlänge 1.

Weil die Hypotenuse die Länge 1 hat,
entspricht im roten Dreieck der Sinus zum
Winkel α der Länge der Gegenkathete und
der Kosinus der Länge der Ankathete:

$$\sin(\alpha) = \frac{\text{Gegenkathete}}{\text{Hypothenuse}} = \frac{\text{Gegenkathete}}{1}$$

$$\cos(\alpha) = \frac{\text{Ankathete}}{\text{Hypotenuse}} = \frac{\text{Ankathete}}{1}$$

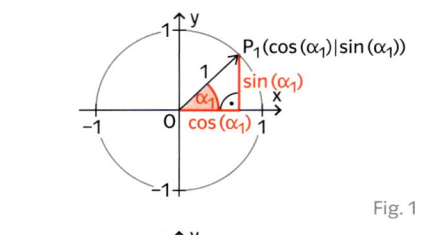

Fig. 1

Der Endpunkt P des Zeigers in Fig. 1 hat
somit die Koordinaten $P(\cos(\alpha) \mid \sin(\alpha))$.
Für Winkel $\alpha \geqq 90°$ legt man Sinus und
Kosinus ebenfalls über die Koordinaten
von Punkten auf dem Einheitskreis fest
(vgl. Fig. 2).

Fig. 2

Wegen der Lage des Endpunktes des
Zeigers in Fig. 2 $(90° < \alpha < 180°)$ ist hier
$\cos(\alpha)$ negativ und $\sin(\alpha)$ positiv.
Der Endpunkt des Zeigers in Fig. 3
$(180° < \alpha < 270°)$ besitzt eine negative x-
und y-Koordinate, also sind hier $\cos(\alpha)$ und
$\sin(\alpha)$ negativ.

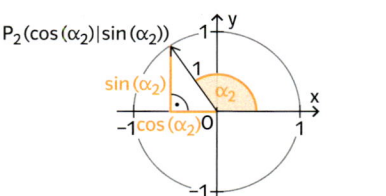

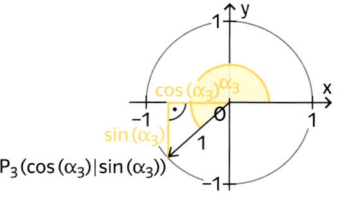

Fig. 3

Das Bewegen des Zeigers entlang des Einheitskreises kann man auch grafisch veranschaulichen. Trägt man auf der x-Achse den Winkel α und auf der y-Achse die y-Koordinate des Endpunktes P des zugehörigen Zeigers ab, erhält man den Graphen der **Sinusfunktion**, wobei α den Winkel im Gradmaß angibt:

α	$\sin(\alpha)$
0°	0
90°	1
180°	0
270°	−1
360°	0

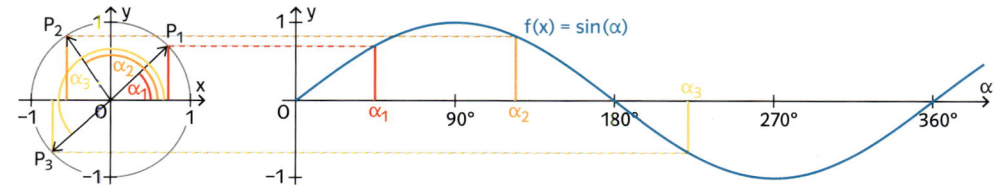

Ebenso kann man auch die **Kosinusfunktion** darstellen, die jedem Winkel α den Kosinus dieses Winkels zuordnet:

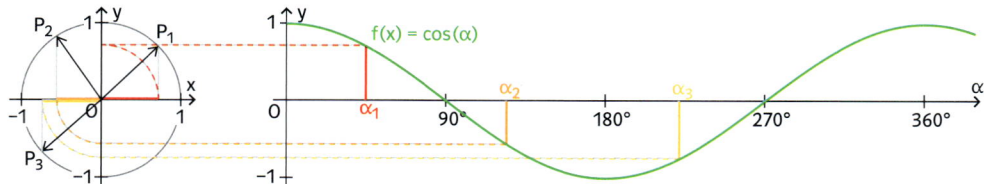

Man erkennt, dass sich der Graph der Kosinusfunktion durch eine Verschiebung des Graphen der Sinusfunktion um 90° nach links (in negative x-Richtung) ergibt.

Neben dem Gradmaß kann man Winkel auch im sogenannten Bogenmaß angeben. Als Bogenmaß wird die Länge x des Bogens bezeichnet, den der Zeiger auf dem Einheitskreis überstreicht (vgl. Fig. 1). Für einen ganzen Kreis beträgt das Gradmaß α = 360° und das Bogenmaß x = 2π, da der Umfang des Einheitskreises 2π ist. Das Bogenmaß eines Winkels ist eine reelle Zahl ohne Einheit.

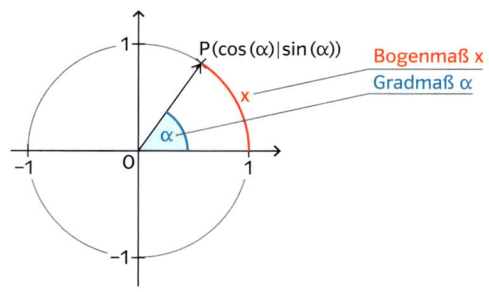

Fig. 1

Umrechnung vom Gradmaß ins Bogenmaß:

Gradmaß	Bogenmaß
360°	2π
1°	$\frac{2\pi}{360} = \frac{\pi}{180}$
α	$\frac{\alpha}{180°} \cdot \pi$

Fig. 2

Wie sich die Größe eines Winkels α vom Gradmaß ins Bogenmaß umrechnen lässt, kann man der Tabelle in Fig. 2 entnehmen.
Trägt man nun auf der x-Achse den Winkel x im Bogenmaß und auf der y-Achse sin(x) ab, erhält man den Graphen der Sinusfunktion.

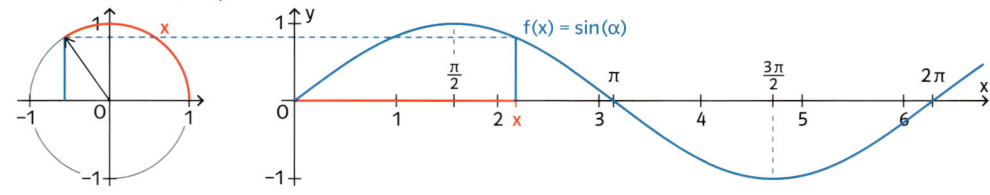

x	sin(x)
0	0
$\frac{\pi}{2}$	1
π	0
$\frac{3\pi}{2}$	−1
2π	0

Die Funktion f mit f(x) = sin(x) heißt **Sinusfunktion** und ordnet dem Winkel mit Bogenmaß x den Sinus dieses Winkels zu.
Für die Umrechnung zwischen dem Gradmaß α und dem Bogenmaß x eines Winkels gilt $x = \frac{\alpha}{180°} \cdot \pi$.
Entsprechend ordnet die **Kosinusfunktion** dem Winkel mit dem Bogenmaß x den Kosinus dieses Winkels zu.

Durchläuft der Zeiger den Einheitskreis einmal, so entspricht dies dem Gradmaß 360° bzw. dem Bogenmaß 2π. Wenn der Zeiger den Einheitskreis eineinhalbmal durchläuft, so entspricht dies einem Gradmaß von 360° + 180° = 540° bzw. einem Bogenmaß von 3π. Der Zeiger befindet sich an derselben Stelle wie nach einer halben Umdrehung, also 180° bzw. π. Deshalb gilt: sin(540°) = sin(180°) bzw. sin(3π) = sin(π).
In der folgenden Tabelle wird dieser Zusammenhang für weitere Winkel dargestellt:

Zur Durchführung von Berechnungen mit Sinus und Kosinus mit dem Taschenrechner kannst du den Rechner auf das Gradmaß „degree" (deg oder D) oder auf das Bogenmaß „radian" (rad oder R) einstellen.

α	0°	360°	720°	n · 360°	90°	450°	810°	90° + n · 360°	270°	630°	990°	270° + n · 360°
x	0	2π	4π	$n \cdot 2\pi$	$\frac{\pi}{2}$	$\frac{5\pi}{2}$	$\frac{9\pi}{2}$	$\frac{\pi}{2} + n \cdot 2\pi$	$\frac{3\pi}{2}$	$\frac{7\pi}{2}$	$\frac{11\pi}{2}$	$\frac{3\pi}{2} + n \cdot 2\pi$
sin(α)/ sin(x)	0	0	0	0	1	1	1	1	−1	−1	−1	−1

Wie man der Tabelle auf der vorherigen Seite entnehmen kann, wiederholen sich die Sinuswerte, wenn man jeweils 360° im Gradmaß bzw. 2π im Bogenmaß zum Winkel addiert.
Man sagt: Die Sinusfunktion ist **periodisch** mit der **Periode 360° bzw. 2π**.
Berücksichtigt man auch negative Umläufe, so gilt allgemein für alle ganzen Zahlen z:
$\sin(\alpha) = \sin(\alpha + 360°) = \sin(\alpha + z \cdot 360°)$ bzw. $\sin(x) = \sin(x + 2\pi) = \sin(x + z \cdot 2\pi)$.

Wegen der Periodizität ergibt sich im Bereich von -5π bis 5π der folgende Graph.

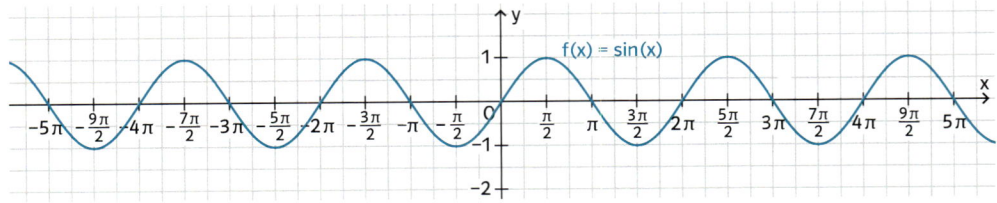

Beispiel Sinus am Einheitskreis

a) Bestimme mithilfe des Einheitskreises einen Näherungswert für $\sin(130°)$.
Überprüfe dein Ergebnis mit dem Taschenrechner.
b) Bestimme mithilfe des Einheitskreises vier verschiedene Winkelgrößen α mit $\sin(\alpha) = 0,5$.

Lösung

a) Am Einheitskreis lassen sich die Koordinaten des Punktes P näherungsweise ablesen. Es ist $\sin(130°) \approx 0,76$.
Der TR liefert $\sin(130°) = 0,766\,04\,\ldots$
b) Am Einheitskreis findet man zwei Punkte, deren y-Koordinate 0,5 ist.
Die zugehörigen Winkel sind 30° und $180° - 30° = 150°$. Wegen der Periodizität der Sinusfunktion gilt außerdem:
$\sin(30° + 360°) = \sin(390°) = 0,5$ und
$\sin(150° + 360°) = \sin(510°) = 0,5$.
Die gesuchten Winkel sind also z. B. 30°, 150°, 390° und 510°.

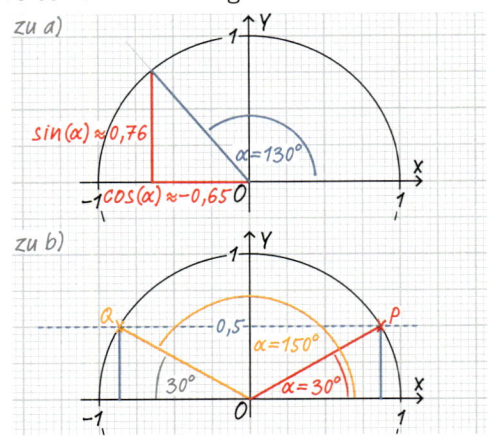

Aufgaben

1 Berechne das Bogenmaß x des Winkels α.
a) $\alpha = 45°$ b) $\alpha = 60°$ c) $\alpha = 240°$ d) $\alpha = -120°$
e) $\alpha = 720°$ f) $\alpha = -270°$ g) $\alpha = -900°$ h) $\alpha = 350°$

2 Berechne das Gradmaß α des Winkels x.
a) $x = \frac{\pi}{2}$ b) $x = \frac{2\pi}{3}$ c) $x = \frac{4\pi}{5}$ d) $x = -\frac{\pi}{5}$
e) $x = 5$ f) $x = -8$ g) $x = -2,5$ h) $x = 20$

3 Bestimme das jeweils andere Winkelmaß (Gradmaß bzw. Bogenmaß).
a) 180° b) 6π c) 225° d) $\frac{-2\pi}{3}$ e) $-250°$ f) 58° g) $0,6\pi$ h) 193°

4 Welche Karten gehören zusammen?

 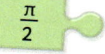    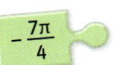

○ **5** Bestimme mithilfe des Einheitskreises grafisch einen Näherungswert für die folgenden Sinuswerte. Kontrolliere dein Ergebnis mit dem Taschenrechner.

a) $\sin(35°)$ b) $\cos(35°)$ c) $\sin(155°)$ d) $\sin(200°)$ e) $\sin(310°)$ f) $\sin(-20°)$

○ **6** a) Die Figur zeigt, wie man Punkte des Graphen der Sinusfunktion ohne Rechner zeichnerisch ermitteln kann. Zeichne so den Graphen der Sinusfunktion für $-90° \leq \alpha \leq 360°$.
b) Zeichne den Graphen der Kosinusfunktion für $-90° \leq \alpha \leq 360°$.

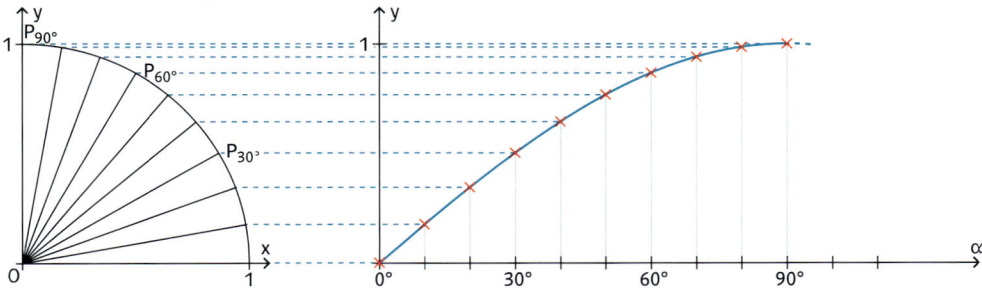

○ **7** Zeichne einen Einheitskreis (Einheit 10 cm) und bestimme zeichnerisch Näherungswerte für $\sin(\alpha)$ und $\cos(\alpha)$.

a) $\alpha = 15°$ b) $\alpha = 25°$ c) $\alpha = 105°$ d) $\alpha = 155°$ e) $\alpha = 205°$ f) $\alpha = 325°$
g) $\alpha = -35°$ h) $\alpha = 425°$ i) $\alpha = -135°$ j) $\alpha = 745°$ k) $\alpha = -380°$ l) $\alpha = -710°$

○ **8** a) Zeichne den Graphen der Sinusfunktion im Bereich von $-720°$ bis $720°$. Lege hierzu zunächst eine geeignete Wertetabelle an.
b) Bestimme mithilfe des Graphen näherungsweise alle Winkel im Bereich von $-720°$ bis $720°$ für die $\sin(\alpha) = \frac{1}{2} \cdot \sqrt{3} \approx 0,87$ gilt. Überprüfe deine Lösungen mit dem TR.

○ **9** ▦ Bestimme auf vier Nachkommastellen genau.

a) $\sin(2,3)$ b) $\cos(1,59)$ c) $\sin\left(\frac{7\pi}{6}\right)$ d) $\cos\left(-\frac{\pi}{4}\right)$ e) $\sin(323°)$ f) $\cos(60°)$

g) $\sin\left(\frac{-\pi}{6}\right)$ h) $\sin(458°)$ i) $\sin(7,8)$ j) $\sin\left(\frac{-8}{9}\right)$ k) $\sin(12°)$ l) $\sin(568)$

○ **10** Entscheide ohne Taschenrechner, ob das Ergebnis positiv oder negativ ist.

a) $\sin(1)$ b) $\sin(2)$ c) $\sin(3)$ d) $\sin(4)$

e) $\sin(-2)$ f) $\sin(-5)$ g) $\sin(11)$ h) $\sin\left(\frac{-3}{5}\right)$

$\frac{\pi}{2} \approx 1,57$
$\pi \approx 3,14$
$\frac{3\pi}{2} \approx 4,71$
$2\pi \approx 6,28$

◔ **11** Bestimme ohne Taschenrechner nur mithilfe der Werte in der Tabelle (Fig. 1) und Überlegungen am Einheitskreis die folgenden Werte:

a) $\sin(150°)$ b) $\sin(330°)$ c) $\cos\left(\frac{5\pi}{4}\right)$ d) $\cos(120°)$

e) $\cos\left(\frac{5\pi}{3}\right)$ f) $\cos(135°)$ g) $\sin\left(\frac{7\pi}{6}\right)$ h) $\sin\left(\frac{3\pi}{4}\right)$

α	$\sin(\alpha)$	$\cos(\alpha)$
0°	$\frac{1}{2}\sqrt{0}$	$\frac{1}{2}\sqrt{4}$
30°	$\frac{1}{2}\sqrt{1}$	$\frac{1}{2}\sqrt{3}$
45°	$\frac{1}{2}\sqrt{2}$	$\frac{1}{2}\sqrt{2}$
60°	$\frac{1}{2}\sqrt{3}$	$\frac{1}{2}\sqrt{1}$
90°	$\frac{1}{2}\sqrt{4}$	$\frac{1}{2}\sqrt{0}$

Fig. 1

◔ **12** a) Zeichne den Graphen der Sinusfunktion im Bereich von -3π bis 5π.
b) Bestimme mithilfe deines Graphen näherungsweise alle x-Werte im Intervall $[-3\pi; 5\pi]$, für die $\sin(x) = 0,7$ gilt. Überprüfe deine Lösungen mit dem Taschenrechner.

Bist du schon sicher?

○ **13** Bestimme näherungsweise am Einheitskreis die folgenden Werte.

a) $\sin(45°)$ b) $\cos(45°)$ c) $\sin(120°)$ d) $\sin(223°)$ e) $\cos(223°)$ f) $\sin(-55°)$

○ **14** Bestimme das jeweils andere Winkelmaß der folgenden Winkel.

a) $165°$ b) $5,5\pi$ c) $248°$ d) $\frac{-7\pi}{3}$ e) $-285°$ f) $32°$ g) $0,8\pi$ h) $327°$

Lösungen | Seite 198

15 Bestimme alle x mit $-2\pi \leq x \leq 2\pi$, die die Gleichung $\sin(x) = -0{,}8$ näherungsweise erfüllen.

16 Das Vorderrad eines Hochrads hat den Radius $r = 1\,m$.

a) In welcher Höhe $h(x)$ über dem Erdboden befindet sich das Ventil, wenn das Hochrad um die Strecke x nach links gefahren ist? Zu Beobachtungsbeginn befindet sich das Ventil am Punkt A (vgl. Foto). Erstelle eine Wertetabelle und zeichne den Graphen von h.

b) Verfahre wie in Teilaufgabe a), wenn sich das Ventil zu Beobachtungsbeginn am Punkt B befindet. Verwende dasselbe Koordinatensystem für den Graphen wie in Teilaufgabe a). Wie gehen die beiden Graphen auseinander hervor?

Das Hochrad wurde als Vorläufer des heutigen Fahrrads in der 2. Hälfte des 19. Jahrhunderts entwickelt. Einige Modelle hatten Vorderräder mit einem Durchmesser bis zu 2,50 m.

17 In Fig. 1 werden die Gleichungen $\sin(x) = -\sin(-x)$ und $\cos(x) = \cos(-x)$ am Einheitskreis veranschaulicht. Welche Zusammenhänge werden in Fig. 2 und Fig. 3 veranschaulicht?

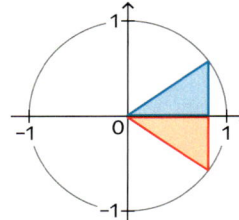

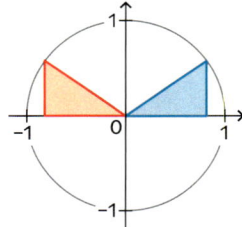

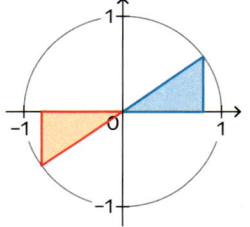

Fig. 1   Fig. 2   Fig. 3

18 a) Beschreibe in eigenen Worten die Eigenschaften der Sinusfunktion. Verwende Begriffe wie kleinster Wert, größter Wert, negativ, positiv, Nullstellen, Periode.

b) Zeichne den Graphen der Kosinusfunktion mithilfe des Einheitskreises oder einer Wertetabelle und dem Taschenrechner im Bereich von $-2\pi \leq x \leq 2\pi$. Beschreibe auch die Eigenschaften der Kosinusfunktion mit eigenen Worten.

19 Für welche Winkel α ist

a) $\sin(\alpha)$ positiv und $\cos(\alpha)$ negativ,

b) $\sin(\alpha)$ negativ und $\cos(\alpha)$ positiv,

c) $\sin(\alpha) < 0{,}5$ und $\cos(\alpha)$ negativ,

d) $\cos(\alpha) > 0{,}5$ und $\sin(\alpha)$ positiv?

20 Für welche Winkel gilt die folgende Gleichung?

a) $\sin(\alpha) = \cos(\alpha)$

b) $\sin(\alpha) = -\cos(\alpha)$

21 Die Tabelle zeigt einige Sinus- und Kosinuswerte, die bisher berechnet wurden. Bestimme mit deren Hilfe ohne CAS die folgenden Sinuswerte und Kosinuswerte.

a) $\sin(120°)$ b) $\cos(150°)$

c) $\sin(210°)$ d) $\cos(225°)$

e) $\sin(330°)$ f) $\sin(315°)$

g) $\sin(405°)$ h) $\cos(780°)$

α	$\sin(\alpha)$	$\cos(\alpha)$
0°	$\frac{1}{2}\sqrt{0}$	$\frac{1}{2}\sqrt{4}$
30°	$\frac{1}{2}\sqrt{1}$	$\frac{1}{2}\sqrt{3}$
45°	$\frac{1}{2}\sqrt{2}$	$\frac{1}{2}\sqrt{2}$
60°	$\frac{1}{2}\sqrt{3}$	$\frac{1}{2}\sqrt{1}$
90°	$\frac{1}{2}\sqrt{4}$	$\frac{1}{2}\sqrt{0}$

Stellen (Winkel im Bogenmaß) zu vorgegebenem Sinuswert ermitteln:
Um mit dem Taschenrechner die Stellen (also die Winkel im Bogenmaß) zu bestimmen, für die die Sinusfunktion den Wert $-0{,}75$ annimmt, verwendet man die Taschenrechnerfunktion $\sin^{-1}$ im Modus „radian" (Bogenmaß).
Man erhält als Ergebnis die Stelle $x_0 \approx -0{,}848$, d.h. es gilt $\sin(x_0) = -0{,}75$.
Da die Sinusfunktion die Periodenlänge 2π hat, gilt auch an der Stelle x_1 mit
$x_1 = x_0 + 2\pi \approx 5{,}435$, dass $\sin(x_1) = -0{,}75$ ist.
Wegen $\sin(x) = \sin(\pi - x)$ ist schließlich $x_2 = \pi - x_0 \approx \pi + 0{,}848 \approx 3{,}990$ neben x_1 die zweite Stelle im Intervall $[0; 2\pi]$ mit $\sin(x) = -0{,}75$.
Durch Addition oder Subtraktion von Vielfachen von 2π zu/von x_1 bzw. x_2 erhält man alle Stellen, an denen die Sinusfunktion den Wert $-0{,}75$ hat.

$x_0 \approx -0{,}848$ (WTR)
$x_1 = x_0 + 2\pi$, da $\sin(x) = \sin(x + 2\pi)$
für alle x
$x_2 = \pi - x_0$, da $\sin(x) = \sin(\pi - x)$
für alle x

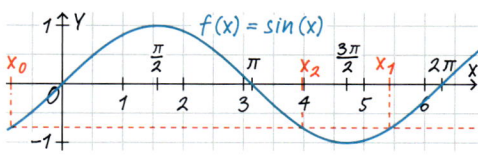

• **22** Bestimme alle reellen Zahlen x mit $0 \leq x < 2\pi$ mit dem vorgegebenen Sinus- bzw. Kosinuswert.
    a) $\sin(x) = 0{,}8$ **b)** $\sin(x) = -0{,}75$ **c)** $\sin(x) = 1$ **d)** $\sin(x) = \frac{5}{6}$
    e) $\cos(x) = 0{,}56$ **f)** $\cos(x) = -0{,}4$ **g)** $\cos(x) = \frac{1}{2}\sqrt{3}$ **h)** $\cos(x) = -1$

• **23** Bestimme mit dem GTR durch Betrachtung des Graphen auf eine Dezimalstelle gerundete Näherungswerte für alle Winkel α zwischen $0°$ und $360°$ mit
    a) $\sin(\alpha) = 0{,}7$,   **b)** $\cos(\alpha) = 0{,}7$,   **c)** $\sin(\alpha) = -0{,}64$,   **d)** $\cos(\alpha) = -0{,}2$,
    e) $\sin(\alpha) = -0{,}958$,   **f)** $\cos(\alpha) = -0{,}958$,   **g)** $\sin(\alpha) = 0{,}23$,   **h)** $\cos(\alpha) = 0{,}638$.

• **24** Jeweils drei Zahlen haben denselben Sinuswert. Gruppiere.

25 Überprüfe, welche der Punkte $A\left(-\frac{1}{3} \mid -\frac{1}{6}\right)$, $B(-4 \mid 2)$, $C\left(2\sqrt{5} \mid 2\right)$ und $E(-3 \mid -13{,}5)$ auf der Parabel mit dem angegebenen Term liegen.
    a) $f(x) = 0{,}1x^2$ **b)** $f(x) = -\frac{3}{2}x^2$ **c)** $f(x) = \frac{2}{5}x^2$ **d)** $f(x) = x^2 - 18$

26 Die Parabel mit dem angegebenen Term verläuft durch die Punkte $A(a \mid 12)$ und $B(b \mid 12)$. Bestimme a und b.
    a) $f(x) = 0{,}75x^2$ **b)** $f(x) = 1{,}2x^2$ **c)** $f(x) = -\frac{2}{3}x^2 + 14$

27 Eine verschobene und an der x-Achse gespiegelte Normalparabel schneidet die y-Achse in $A(0 \mid 12)$ und die x-Achse in $x_1 = 6$.
    a) Bestimme die zweite Nullstelle der zur Parabel gehörenden Funktion.
    b) Gib den Term der Parabel in der Scheitelform und der allgemeinen Form an.
    c) Eine Normalparabel hat denselben Scheitelpunkt wie die aus Teilaufgabe b), ist aber nach oben geöffnet. Gib den Term dieser Parabel in der allgemeinen Form an.

Lösungen | Seite 198

3 Einfluss von Parametern

Peter sagt: „Der Wasserstand in einem Hafen an der Nordseeküste lässt sich mithilfe einer Sinusfunktion beschreiben." Anna widerspricht: „Das glaube ich nicht, schließlich schwankt die Sinusfunktion immer zwischen −1 und 1 und die Periodenlänge passt auch nicht!"

Man kann den Graphen der Sinusfunktion durch verschiedene Parameter verändern bzw. anpassen. Dabei wird der Graph in x- bzw. y-Richtung gestreckt/gestaucht, gespiegelt oder verschoben.

Streckung bzw. Stauchung in x-Richtung
Vergleicht man den Graphen der Sinusfunktion (Fig. 1) mit dem Graphen der Funktion g mit $g(x) = \sin(2x)$ (Fig. 2), stellt man fest, dass der Faktor 2 eine Halbierung der Periodenlänge p von 2π auf π bewirkt.
Der Graph der Sinusfunktion wurde also in x-Richtung gestaucht.
Bei der Funktion h mit $h(x) = \sin\left(\frac{1}{3}x\right)$ bewirkt der Faktor $\frac{1}{3}$ eine Verdreifachung der Periode gegenüber der Sinusfunktion f mit $f(x) = \sin(x)$ (vgl. Fig. 3). Die Periode p von h ist also $3 \cdot 2\pi = 6\pi$. Der Graph der Sinusfunktion wurde also in x-Richtung gestreckt.
Allgemein hat die Funktion f mit $f(x) = \sin(bx)$, $b > 0$, die **Periodenlänge** $p = \frac{2\pi}{b}$.
Ist $b < 0$, so wird der Graph der Sinusfunktion zusätzlich an der y-Achse gespiegelt. Die Periodenlänge ist dann $p = \frac{2\pi}{|b|}$.

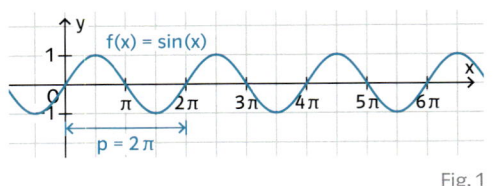

b > 1 → Stauchung in x-Richtung Fig. 2

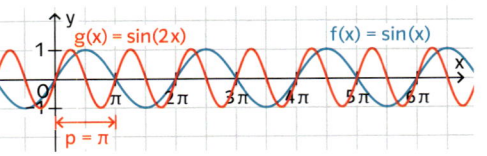

0 < b < 1 → Streckung in x-Richtung Fig. 3

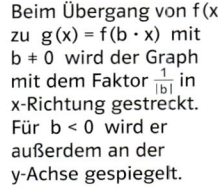

Beim Übergang von f(x) zu $g(x) = f(b \cdot x)$ mit $b \neq 0$ wird der Graph mit dem Faktor $\frac{1}{|b|}$ in x-Richtung gestreckt. Für b < 0 wird er außerdem an der y-Achse gespiegelt.

Fig. 1

Verschiebung in x-Richtung
Den Graphen von g mit $g(x) = \sin(x - 2)$ erhält man, indem man den Graphen der Sinusfunktion f mit $f(x) = \sin(x)$ um 2 Einheiten in positive x-Richtung, also nach rechts, verschiebt.
Allgemein ist der Graph der Funktion g mit $g(x) = \sin(x - c)$ um c Einheiten gegenüber dem Graphen der Sinusfunktion in x-Richtung verschoben.

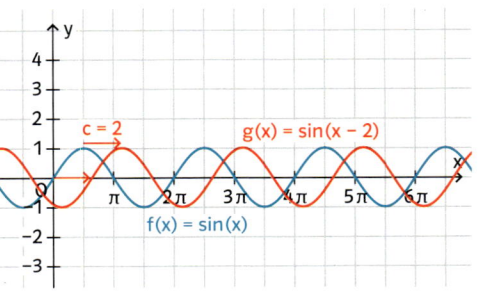

Beim Übergang von f(x) zu $g(x) = f(x - c)$ wird der Graph um c Einheiten in x-Richtung verschoben.

Streckung bzw. Stauchung in y-Richtung

Den Graphen der Funktion g mit
g(x) = 2 · sin(x) erhält man, indem man
den Graphen der Sinusfunktion f mit
f(x) = sin(x) mit dem Faktor 2 in y-Richtung streckt.

Allgemein erhält man den Graphen der
Funktion g mit g(x) = a · sin(x), a > 0,
durch Streckung des Graphen der Sinusfunktion mit dem Faktor a in y-Richtung.
Ist a < 0, so wird der Graph zusätzlich an
der x-Achse gespiegelt.
Den Betrag des Parameters a in g(x) = a · sin(x) bezeichnet man als **Amplitude**.

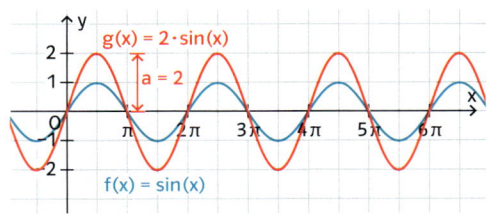

Fig. 1

a > 1 → Streckung in y-Richtung
0 < a < 1 → Stauchung in y-Richtung

Beim Übergang von
f(x) zu g(x) = a · f(x)
wird der Graph mit dem
Faktor a in y-Richtung
gestreckt. Für a < 0
wird er außerdem an
der x-Achse gespiegelt.

Hinweis:
Man bezeichnet häufig
auch Stauchungen als
Streckung mit dem
Streckfaktor a mit
0 < a < 1.

Verschiebung in y-Richtung

Den Graphen der Funktion g mit
g(x) = sin(x) + 1 erhält man, indem man
den Graphen der Sinusfunktion f mit
f(x) = sin(x) um eine Einheit in positive
y-Richtung, also nach oben, verschiebt.
Allgemein ist der Graph der Funktion g mit
g(x) = sin(x) + d um d Einheiten gegenüber dem Graphen der Sinusfunktion in
y-Richtung verschoben.

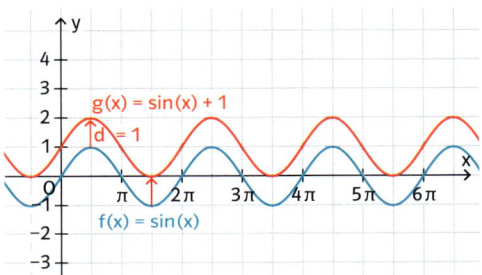

Beim Übergang von f(x)
zu g(x) = f(x) + d wird
der Graph mit um d
Einheiten in y-Richtung
verschoben.

Hintereinanderausführung von Streckungen und Verschiebungen

Führt man, ausgehend vom Graphen der Funktion f mit f(x) = sin(x) die beschriebenen
Streckungen und Verschiebungen nacheinander aus, so erhält man am Ende den Graphen
der Funktion m mit $m(x) = 2 \cdot \sin\left(\frac{1}{3}(x - 2)\right) + 1$.

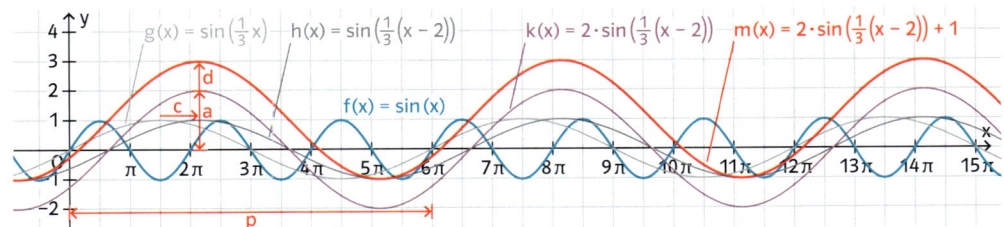

Den Graphen der Funktion m mit m(x) = a · sin(b(x − c)) + d, a,b ≠ 0, kann man sich aus
dem Graphen der Funktion f mit f(x) = sin(x) wie folgt entstanden denken:
1. Strecken/Stauchen in x-Richtung mit dem Faktor $\frac{1}{b}$: g(x) = sin(bx)
   Negative Werte von b spiegeln zusätzlich an der y-Achse. Die Periodenlänge von g
   beträgt $\frac{2\pi}{|b|}$.
2. Verschieben in x-Richtung um c: h(x) = sin(b(x − c))
   Positive Werte von c verschieben den Graphen nach rechts, negative nach links.
3. Strecken/Stauchen in y-Richtung mit dem Faktor a: k(x) = a · sin(b(x − c))
   Negative Werte von a spiegeln zusätzlich an der x-Achse. Die Amplitude der Funktion
   beträgt |a|.
4. Verschieben in y-Richtung um den Faktor d: m(x) = a · sin(b(x − c)) + d

Die Funktion m hat die **Amplitude** |a| und die **Periodenlänge** $p = \frac{2\pi}{|b|}$.

Beispiel 1 Funktionsterm bestimmen

Bestimme einen Funktionsterm zu der
Funktion f mit dem Graphen aus der Figur.

Lösung

Dem Graphen entnimmt man die Amplitude
$a = 1{,}5$ und die Periode $p = \frac{\pi}{2}$.
Wegen $p = \frac{2\pi}{b}$ gilt $b = \frac{2\pi}{p}$, also

$b = \frac{2\pi}{\left(\frac{\pi}{2}\right)} = \frac{(2\pi \cdot 2)}{\pi} = 4$.

Also gehört der Graph zur Funktion f mit
dem Funktionsterm $f(x) = 1{,}5 \cdot \sin(4x)$.

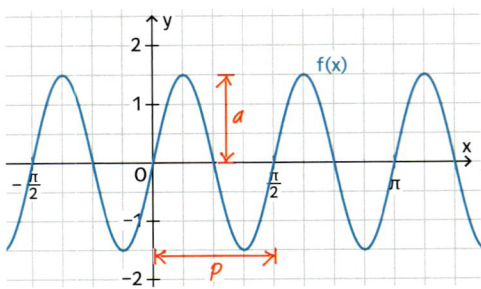

Beispiel 2 Graph schrittweise aus der Sinusfunktion erzeugen

Beschreibe, wie man schrittweise den
Graphen der Funktion g mit
$g(x) = 0{,}5 \cdot \sin(2x) + 4$ aus dem Graphen
der Funktion f mit $f(x) = \sin(x)$ erzeugen
kann. Skizziere die Graphen auch.

Lösung

1. Streckung in x-Richtung mit dem
   Faktor $\frac{1}{2}$
2. Stauchung in y-Richtung mit dem
   Faktor 0,5
3. Verschiebung um 4 Einheiten in positive
   y-Richtung

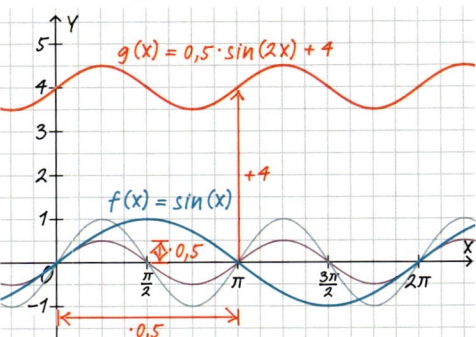

Aufgaben

1 Gib die Amplitude und die Periode der Funktion f an. Skizziere den Graphen.

a) $f(x) = \sin(x)$ b) $f(x) = 4\sin(x)$ c) $f(x) = \sin(\pi x)$ d) $f(x) = 2\sin\left(\frac{1}{10}x\right)$

e) $f(x) = \sin(2\pi x)$ f) $f(x) = \frac{1}{2}\sin\left(\frac{1}{2}x\right)$ g) $f(x) = 2\sin\left(\frac{\pi}{2}x\right)$ h) $f(x) = \frac{1}{3}\sin\left(\frac{2}{3}\pi x\right)$

2 Gib eine Funktion mit der Periodenlänge p und der Amplitude a an.

a) $p = 2\pi$; $a = 3$ b) $p = \pi$; $a = 0{,}5$ c) $p = 2$; $a = 1$ d) $p = 3$; $a = 4$

3 Gib zu jedem Graphen die Periode, die Amplitude und einen Funktionsterm an.

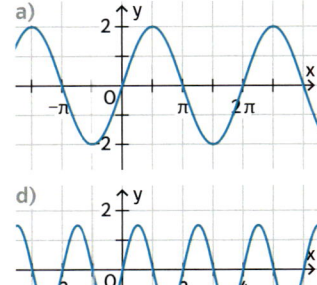

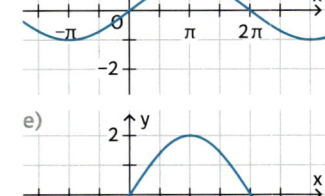

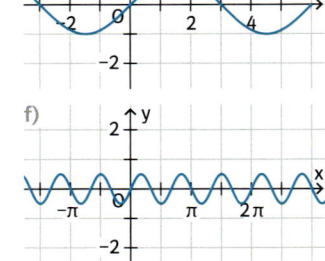

4 Durch welche Veränderungen am Graphen der Sinusfunktion erhält man den Graphen von f?

a) $f(x) = \sin(\pi x)$ b) $f(x) = -2\sin(x) + 1$ c) $f(x) = \sin(1{,}5x) - 3$ d) $f(t) = 4\sin\left(\frac{\pi}{3}t\right)$

5 Bestimme die Funktionsterme der Funktionen mit den folgenden Graphen.

a)
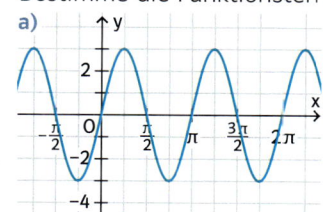

b)
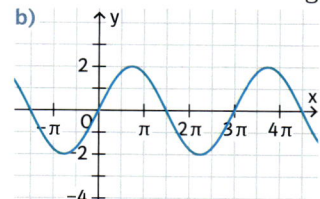

c)
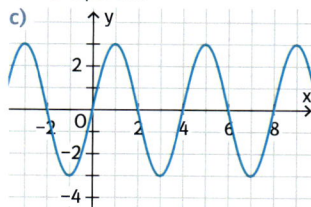

6 Gib die Amplitude und die Periode der Funktion f an und skizziere ihren Graphen.

a) $f(x) = 3\sin(x)$ b) $f(x) = \sin\left(\frac{1}{6}x\right)$ c) $f(x) = 8\sin(5x)$ d) $f(x) = 0,5\sin(3\pi x)$

Lösungen | Seite 198

7 a) Zeichne den Graphen der Funktion g mit $g(x) = 2\sin(x)$ und den der Funktion f mit $f(x) = -2\sin(x)$ mithilfe einer Wertetabelle im Bereich $-\pi < x < 3\pi$.
b) Wie geht der Graph von f aus dem Graphen von g hervor? Formuliere deine Erkenntnis in einem Satz.
c) Bestimme die Funktionsterme zu den Graphen.

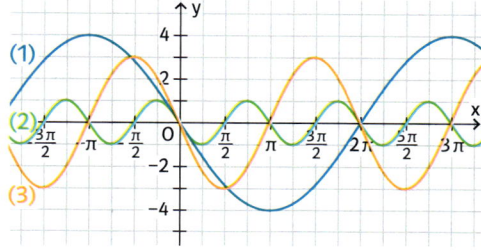

8 Zeichne den Graphen der Funktion f mit $f(x) = \sin(x) + 2$ mithilfe einer Wertetabelle im Bereich $-\pi < x < 3\pi$.
a) Wie geht der Graph von f aus dem Graphen der Funktion g mit $g(x) = \sin(x)$ hervor? Formuliere deine Erkenntnis in einem Satz.
b) Bestimme den Funktionsterm zu den Graphen.

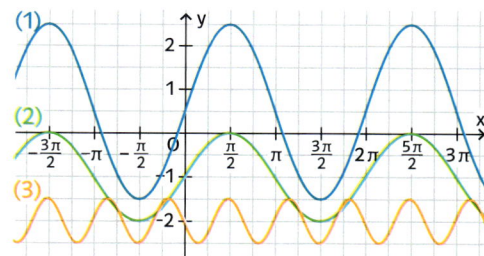

9 Finde die Funktionsterme zu den folgenden Sinusfunktionen vom Typ $f(x) = a \cdot \sin(bx) + d$ mit $a > 0$.

- Graph geht durch $(0|0)$
- Periode $p = \frac{\pi}{3}$
- Amplitude $a = 4$

- Graph geht durch $(0|3)$
- Periode $p = \frac{4\pi}{3}$
- maximaler y-Wert ist $y = 5$

- y-Werte bewegen sich zwischen -5 und 1
- Periode $p = 4$

- Graph geht durch $(0|13)$ und $(1|18)$
- minimaler y-Wert ist $y = 8$

10 Gib zu dem Graphen einen Funktionsterm der Form $f(x) = a \cdot \sin(b \cdot x) + d$ an.

a)
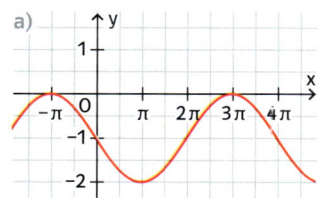

b)
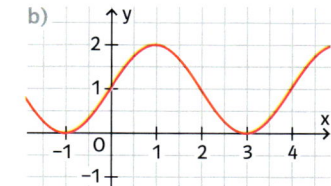

c)
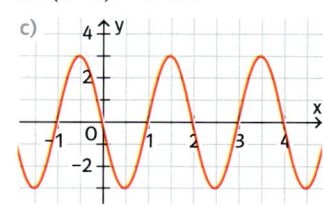

11 Wahr oder falsch? Begründe und korrigiere gegebenenfalls.

a) Der Graph der Funktion f mit $f(x) = 2 \cdot \sin(2 \cdot x)$ geht durch Streckung mit dem Faktor 2 in x- und in y-Richtung aus dem der Sinusfunktion hervor.

b) Die Funktion f mit $f(x) = \sin(4 \cdot x)$ hat eine doppelt so große Periode wie g mit $g(x) = \sin(2 \cdot x)$.

c) Der Graph von f mit $f(x) = \sin(3 \cdot x + 6)$ ist gegenüber dem von g mit $g(x) = \sin(3 \cdot x)$ um −2 in x-Richtung verschoben.

12 👥👥👥 **Spiel für vier Personen im Kreis**

Jeder Spieler erhält ein kariertes DIN-A4-Blatt, das in vier gleich große Teilstücke geknickt wird.

1. Schritt: Jeder Spieler überlegt sich einen Funktionsterm einer Sinusfunktion und schreibt diesen auf das oberste Teilstück seines Blattes. Anschließend wird das Blatt an den jeweils rechts Sitzenden weitergegeben.

2. Schritt: Dieser skizziert in einem selbst erstellten Koordinatensystem den Graphen der Funktion, dessen Term auf dem 1. Teilstück steht. Die Amplitude und die Periode der Funktion müssen sich ablesen lassen. Vor dem Weitergeben wird der Funktionsterm auf dem 1. Teilstück so weggefaltet, dass man nur noch den Graphen im 2. Teilstück sehen kann.

3. Schritt: Der dritte Schüler versucht einen Funktionsterm zu dem Graphen auf dem 2. Teilstück aufzustellen und faltet anschließend den Graphen auf dem 2. Teilstück nach hinten.

4. Schritt: Der jeweils letzte Schüler in der Kette zeichnet den Graphen zu dem Funktionsterm auf dem 3. Teilstück und gibt das Blatt an den Eigentümer zurück.

5. Schritt: Der Erfinder des ersten Funktionsterms bespricht mit den anderen Gruppenmitgliedern alle Teilstücke – die Graphen der Teilstücke 1 und 3 bzw. die Funktionsterme der Teilstücke 2 und 4 müssten übereinstimmen. Gegebenenfalls werden Fehler gemeinsam korrigiert.

13 Bringe den Funktionsterm in die Form $f(x) = a \cdot \sin(b \cdot (x - c))$ und skizziere den Graphen von f in einem geeigneten Intervall.

a) $f(x) = \sin(2x + \pi)$　　　b) $f(x) = 2 \cdot \sin(\pi x - \pi)$　　　c) $f(x) = -\sin(0{,}5 x - \pi)$

14 ☒ Finde die beiden Funktionsterme, die zu jeweils einem der Graphen (1) bis (3) passen.

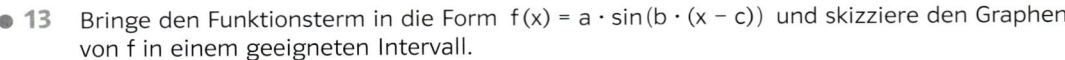

A $f(x) = 1{,}5 \cdot \sin(2 \cdot (x - \frac{\pi}{2})) + 1$　　B $f(x) = -1{,}5 \cdot \sin(\pi \cdot (x + 1)) + 1$　　C $f(x) = 1{,}5 \cdot \sin(\pi \cdot x + 2\pi) + 1$

D $f(x) = 1{,}5 \cdot \sin(2\pi \cdot (x + 1)) + 1$　　E $f(x) = 1{,}5 \cdot \sin(2\pi \cdot (x - 1)) + 1$　　F $f(x) = -1{,}5 \cdot \sin(2 \cdot (x - \pi)) + 1$

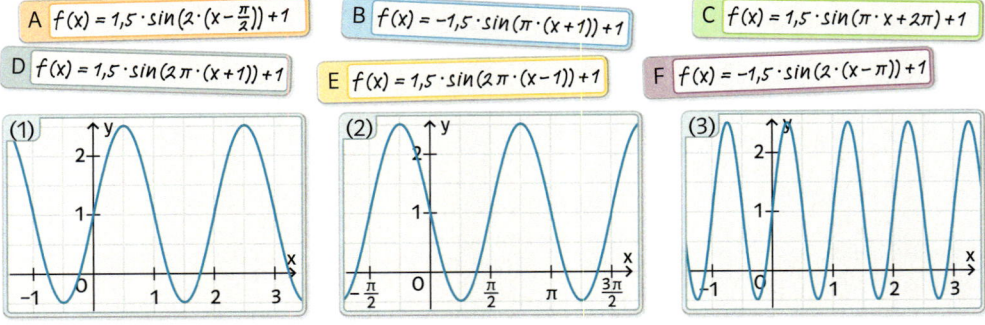

15 Gegeben sind die Funktionen f mit $f(x) = 2{,}5 \cdot \sin\left(2\left(x - \frac{\pi}{2}\right)\right)$ und g mit $g(x) = 2{,}5 \cdot \sin\left(2x - \frac{\pi}{2}\right)$. Beschreibe die Gemeinsamkeiten und Unterschiede von f und g.

Kannst du das noch?

16 Gib den Funktionsterm einer quadratischen Funktion an, deren Graph eine

a) um 4 Einheiten nach unten,

b) um 6 Einheiten nach links,

c) um zwei Einheiten nach oben und um eine Einheit nach rechts verschobene Normalparabel ist.

Lösung | Seite 199

4 Modellieren periodischer Vorgänge

Bei den Aufnahmen ist der Verlauf der Sonne dargestellt. Wie und wo könnten die Aufnahmen entstanden sein?

Viele periodische Vorgänge können durch Sinusfunktionen modelliert werden, z.B. die Tageslänge im Verlaufe eines Jahres. Als Tageslänge wird die Zeit zwischen Sonnenaufgang und Sonnenuntergang bezeichnet. Sie hängt von der Jahreszeit und von dem Breitengrad ab, auf dem der Ort liegt. Da die verschiedenen Tageslängen im Laufe der Jahre periodisch wiederkehren, kann man versuchen, die Tageslänge mithilfe einer Sinusfunktion der Form $f(x) = a \cdot \sin(b(x - c)) + d$ mit $a, b > 0$ zu beschreiben. Hierbei ist a die Amplitude, $p = \frac{2\pi}{b}$ die Periodenlänge der Funktion f, c die Verschiebung des Graphen von f in x- und d die Verschiebung in y-Richtung gegenüber der Sinusfunktion g mit $g(x) = \sin(x)$.

In Osnabrück wurden die folgenden Tageslängen gemessen:

	Datum	21.03.	21.06.	21.09.	21.12.
x	Tag im Jahr	80	172	264	355
f(x)	Tageslänge (in h)	12,27	16,65	12,27	7,9

Wenn es gelingt, aus den Messwerten die Parameter a, b, c und d zu bestimmen, so kann man den Funktionsterm angeben und für beliebige Zeitpunkte die Tageslängen berechnen.

Da man weiß, dass in unseren Breiten
– der 21.06. der längste Tag,
– der 21.12. der kürzeste Tag und
– der 21.03. und der 21.09. die Tage mit mittlerer Länge sind,

sind mit $y_{max} = 16{,}65$ der maximale und mit $y_{min} = 7{,}9$ der minimale Funktionswert der gesuchten Funktion festgelegt.

Damit lässt sich eine Skizze anfertigen.

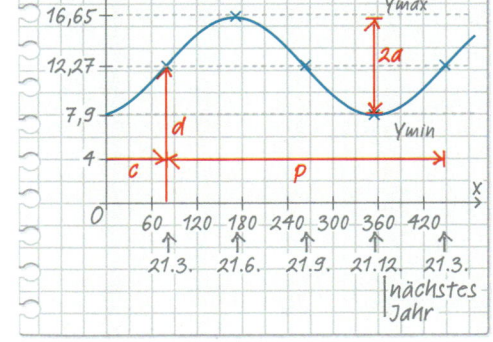

Mithilfe der Skizze lassen sich die Parameter a, b, c und d des Funktionsterms $f(x) = a \cdot \sin(b(x - c)) + d$ bestimmen:
– Für die Amplitude a gilt: $a = \frac{y_{max} - y_{min}}{2} = \frac{16{,}65 - 7{,}90}{2} = 4{,}375$.
– Die Periodendauer p beträgt 1 Jahr, d.h. 365 Tage, also gilt für $b = \frac{2\pi}{p} = \frac{2\pi}{365} \approx 0{,}0172$.
– Die Verschiebung $d = 12{,}27$ in Richtung der y-Achse entspricht der mittleren Tageslänge im Jahr. Man kann diese Verschiebung auch als Mittelwert des maximalen und minimalen y-Wertes berechnen. Für d gilt also $d = (y_{max} + y_{min}) : 2$.
– Die Verschiebung c in Richtung der x-Achse erhält man, indem man die erste positive Stelle betrachtet, an der ein Maximum der Funktion f liegt. Dieses liegt bei $x_{max} = 172$. Ohne Verschiebung in x-Richtung wäre dieses Maximum bei einer Viertelperiode nach dem Zeitpunkt 0, also bei $x = \frac{p}{4} = \frac{365}{4} = 91{,}25$. Damit beträgt die Verschiebung $c = 172 - 91{,}25 = 80{,}75$ (Tage) in positive-x-Richtung.

Man erhält nun den Funktionsterm f(x) = 4,375 · sin(0,0172 · (x − 80,75)) + 12,27. Der Graph von f beschreibt den Verlauf der Tageslängen, wobei x = 0 dem Jahreswechsel entspricht.

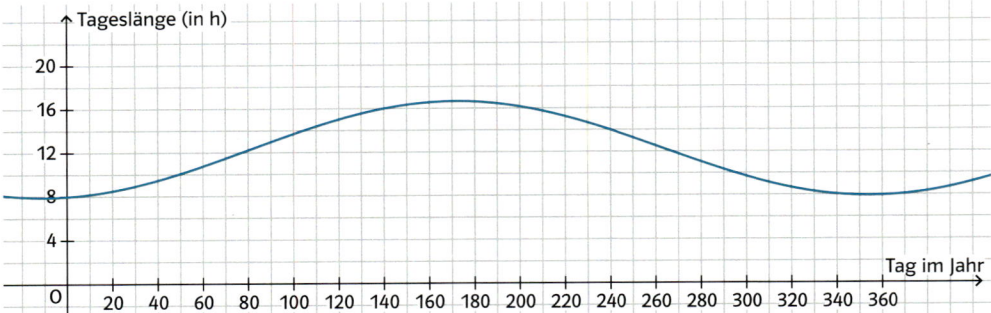

Mithilfe des Funktionsterms kann man nun im gewählten Modell zu allen Tagen die Tageslänge berechnen.

Natürlich erhält man keine exakten Werte, da die Sinusfunktion zwar ein gutes Modell ist, aber kein exaktes Modell zur Beschreibung der Tageslängen darstellt.

Mithilfe der Funktion f mit f(x) = a · sin(b(x − c)) + d kann man periodische Vorgänge beschreiben. Zum Aufstellen des Funktionsterms benötigt man den maximalen sowie minimalen Wert der Datenreihe y_{max} und y_{min}, die Stelle x_{max}, an der ein Maximum auftritt, und die Periodenlänge p des Vorgangs. Damit kann man die Parameter a, b, c und d von f wie folgt bestimmen:

1. Für die Amplitude a (a > 0) gilt: $a = \frac{y_{max} - y_{min}}{2}$
2. Den Parameter b erhält man aus der Periodenlänge p: $b = \frac{2\pi}{p}$
3. Den Parameter d erhält man als Mittelwert aus Maximum und Minimum. Er gibt an, wie weit die Sinuskurve in y-Richtung verschoben ist: $d = \frac{y_{max} + y_{min}}{2}$.
4. Den Paramter c erhält man aus der ersten Maximalstelle $x_{max} > 0$ und der Periodenlänge p durch $c = x_{max} - \frac{p}{4}$. Der Parameter c gibt an, wie weit die Sinuskurve in x-Richtung verschoben ist.

Beispiel 1 Bewegung eines schwingenden Körpers beschreiben

Durch den Funktionsgraphen in der Figur wird die Schwingung eines Federpendels beschrieben. Zum Zeitpunkt t = 0 s schwingt das Pendel von unten nach oben durch die sogenannte Ruhelage. x bezeichnet die Höhe des schwingenden Körpers in cm über dem Boden.

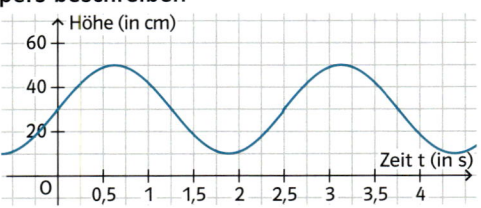

a) Bestimme den Funktionsterm einer Funktion, die die Bewegung des Pendels näherungsweise beschreibt.

b) In welcher Höhe befindet sich der schwingende Körper nach 9 Sekunden ungefähr?

Lösung

a) Dem Graphen entnimmt man die Amplitude a = 20 cm und die Periode p = 2,5 s. Die maximale Höhe wird zur Zeit $\frac{2,5}{4}$ s erreicht und beträgt 0,5 m. Die minimale Höhe beträgt 10 cm. Damit folgt a = 20, b ≈ 2,513, c = 0 und d = 30. Dieser Funktionsterm lautet $f(t) = 20\sin\left(\frac{4}{5}\pi \cdot t\right) + 30$.

b) Wegen $f(9) = 20\sin\left(\frac{4}{5}\pi \cdot 9\right) + 30 ≈ 18,24$ befindet sich der Körper nach 9 Sekunden etwa 18,2 cm über dem Boden.

Aufgaben

○ **1** Gib für die Graphen den jeweiligen Funktionsterm in der Form $f(x) = a \cdot \sin(bx) + d$ an.

a)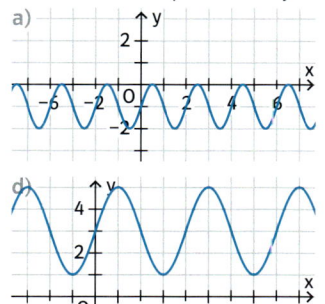

b)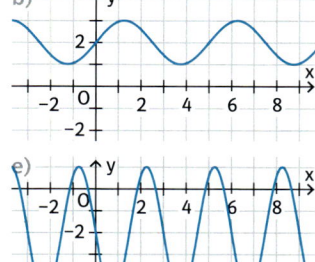

c)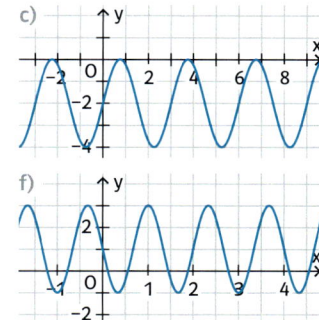

d)

e)

f)

○ **2** Das Diagramm zeigt die mittleren Monatstemperaturen in Hannover. Die Beobachtung beginnt im April (t = 0).
a) Gib die Amplitude und Periode des Temperaturverlaufs an.
b) Modelliere den Temperaturverlauf mit einer Funktion f der Form
$f(t) = a \cdot \sin(b \cdot t) + d$.

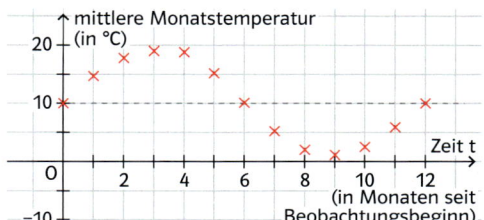

Monat	Temperatur
Januar	1 °C
April	10 °C
Juli	19 °C

○ **3** Gegeben sind die Datenreihen von periodischen Vorgängen und die Funktionsterme mehrerer Funktionen. Welche Funktion beschreibt welche Datenreihe relativ gut? Begründe.

$f_1(x) = 3,5 \cdot \sin(0,15 \cdot x)$ $f_2(x) = 2,5 \cdot \sin(1,2 \cdot x)$ $f_3(x) = 5 \cdot \sin(0,523 \cdot x) + 10$

a)

x	1	2	3	4	8	9	10	14	15	16
f(x)	12,5	14,2	15,0	14,3	5,6	5,0	5,7	14,3	15,0	14,4

b)

x	0	1	2	3	4	5	6	7	8	9
f(x)	0	2,4	1,7	−1,2	−2,5	−0,8	2,1	2,2	−0,4	−2,6

○ **4** Durch den Funktionsgraphen in Fig. 1 wird die Schwingung eines Pendels näherungsweise (Fig. 2) beschrieben. Zum Zeitpunkt t = 0 s schwingt das Pendel von links nach rechts genau durch die sogenannte Ruhelage.
a) Wie weit schwingt das Pendel in Bezug auf die Ruhelage maximal aus?
b) Wie lange braucht es, bis es erneut von links nach rechts die Ruhelage durchläuft?
c) Wie groß ist die Auslenkung des Pendels ungefähr nach einer Minute?

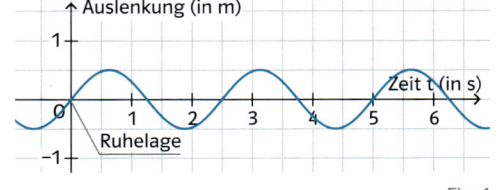
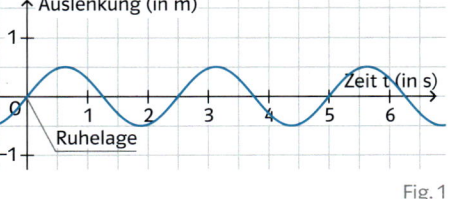

Fig. 1

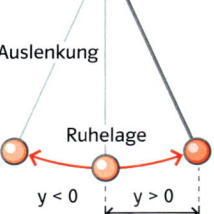

Fig. 2

○ **5** Das Monatsmittel der Lufttemperatur in °C an einem Ort lässt sich in Abhängigkeit vom Monat annähernd durch eine Funktion f mit $f(x) = a \cdot \sin(bx) + d$ beschreiben. Bestimme einen Funktionsterm unter der Annahme, dass jeweils im Januar und im Juli die minimalen bzw. maximalen Temperaturen liegen. Fertige eine Skizze an.
a) Hamburg – Jan: 1 °C/Juli: 17 °C
b) Jakutsk – Jan: −43 °C/Juli: 19 °C
c) Sydney – Jan: 22 °C/Juli: 12 °C
d) Singapur – Jan: 26 °C/Juli: 27 °C

6 Die Tabelle zeigt jeweils zur Monatsmitte die Sonnenhöchststände in Grad in Braunschweig. Beschreibe den Verlauf mithilfe einer Funktion. Beurteile das Ergebnis.

Jan	Feb	Mär	Apr	Mai	Jun	Jul	Aug	Sept	Okt	Nov	Dez
19	27	39	50	61	66	63	55	42	31	22	18

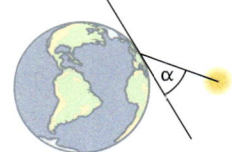

Bist du schon sicher?

7 Die Tabelle gibt die mittlere monatliche Tiefsttemperatur (2. Zeile) und Höchsttemperatur (3. Zeile) der „Solarstadt" Freiburg jeweils in °C an.

Jan	Feb	Mär	Apr	Mai	Jun	Jul	Aug	Sept	Okt	Nov	Dez
−1,6	−1,0	1,7	5,0	8,9	12,0	13,8	13,3	10,7	6,4	2,5	−0,8
4,0	5,6	11,1	15,3	19,7	22,8	24,7	24,3	20,8	14,3	8,5	4,6

a) Beschreibe die Temperaturverläufe mittels Funktionen des Typs $f(x) = a \cdot \sin(bx) + d$.
b) Zeichne den Graphen der Funktionen aus Teilaufgabe a) und vergleiche die Funktionswerte mit den tatsächlichen Daten. Beurteile anschließend die Qualität der Beschreibung.

Lösung | Seite 199

8 An einer Schraubenfeder hängt eine rote Kugel. In der Figur sind mehrere Zustände von Messungen dargestellt, die jeweils 226 Millisekunden auseinanderliegen. Die Schwingungshöhe der Kugel wird in cm gemessen.

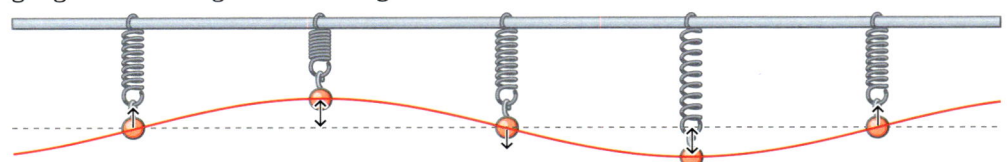

Judith und Hans beschreiben die Schwingungshöhe in Abhängigkeit von der Zeit wie folgt: Judith: $f(t) \approx 1{,}35 \cdot \sin(0{,}006\,950\,426\,2 \cdot t)$; Hans: $g(t) = 1{,}35 \cdot \sin\left(\frac{2 \cdot \pi}{904} \cdot t\right) + 1{,}35$.
a) Begründe, dass beide Funktionsterme die Schwingungshöhe beschreiben. Wie kommt Hans auf den Term $\sin\left(\frac{2 \cdot \pi}{904} \cdot t\right)$?
b) Wie viele cm legt die Kugel von der minimalen zur maximalen Auslenkung zurück?
c) Welche Auslenkung im Vergleich zur Ruhelage besitzt die Kugel nach fünf Minuten? Beurteile die Qualität des Modells für eine längere Schwingungsdauer.

9 Die Wassertiefe bei der Einfahrt zu einer Anlegestelle eines kleineren Hafens variiert infolge der Gezeiten. Am Tag der Beobachtung ist die Flut um 04:20 Uhr bei einer Wassertiefe von 5,2 m, die Ebbe ist um 10:32 Uhr bei einer Wassertiefe von 2,0 m.
a) Fertige eine Skizze an und gib eine von der Zeit abhängige Funktion an, die die Wassertiefe beschreibt.
b) Ein größeres Schiff benötigt mindestens 3 m Wassertiefe, um anzulegen. Zu welchen Zeiten am Nachmittag ist dies möglich?

Kannst du das noch?

10 Berechne ohne Taschenrechner: 10^5; $5 \cdot 2^5$; $3 \cdot 4 - 3^4$; $(-10)^6 - 10^5$; $-10^6 - 10^5$.

11 Multipliziere aus und fasse so weit wie möglich zusammen.
a) $(x - 3)(5 + x)$ **b)** $(a + 3)(2a + 5)$ **c)** $-(2 + b)(4b + 7)$ **d)** $(4 - b)(4 - b)$

Lösungen | Seite 200

1 Welche Terme ergeben denselben Wert? Entscheide, ohne CAS zu verwenden.

$\sin(30°)$ $\sin\left(\frac{\pi}{4}\right)$ $\cos\left(-\frac{\pi}{4}\right)$ $\cos(3\pi)$ $\cos(0)$ $\cos\left(\frac{7}{3}\pi\right)$ $\sin(90°)$ $\cos\left(\frac{\pi}{4}\right)$

2 Bestimme näherungsweise die Lösungen der Gleichung im Intervall $[0;\ 2\pi]$.
a) $\sin(x) = 0{,}35$ b) $\cos(x) = -0{,}58$ c) $\sin(x) = -0{,}27$ d) $\cos(x) = 0{,}64$

3 a) Zeichne die Graphen der Funktionen f mit $f(x) = \sin\left(x - \frac{5}{4}\pi\right)$ und g mit
$g(x) = \sin\left(x + \frac{3}{4}\pi\right)$ in dasselbe Koordinatensystem und vergleiche. Begründe das Ergebnis.
b) Zeichne die Graphen der Funktionen f mit $f(x) = \sin\left(x - \frac{\pi}{3}\right)$ und g mit
$g(x) = \sin\left(x + \frac{2}{3}\pi\right)$ in dasselbe Koordinatensystem und vergleiche. Begründe das Ergebnis.
c) Zeige: $f(x) = -2\sin\left(x + \frac{\pi}{6}\right)$ und $g(x) = 2\sin\left(x - \frac{5}{6}\pi\right)$ beschreiben dieselbe Funktion.

4 a) Bestimme den Term der Funktion, deren Graph aus dem Graphen der Funktion f mit
$f(x) = \sin(x)$ dadurch entsteht, dass zuerst mit $c = -2$ und $d = 2$ verschoben und dann
mit $a = 1{,}5$ gestreckt wird.
b) Welche Funktion ergibt sich, wenn man zuerst die Streckung mit $a = 1{,}5$ durchführt,
dann mit $d = 2$ und zuletzt mit $c = -2$ verschiebt? Was ist der Grund der Veränderung?
c) Es wird zuerst mit $a = 1{,}5$ gestreckt. Welche Verschiebung muss man durchführen,
wenn man dieselbe Funktion erhalten möchte wie in Teilaufgabe a)?

5 Gib zum Graphen der Funktion die Amplitude, die Periodenlänge und einen möglichen
Funktionsterm an.

a) 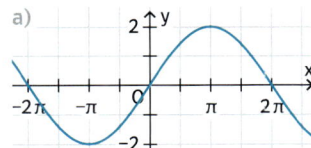   b) 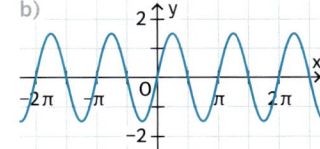   c)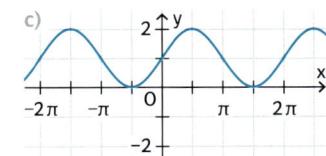

6 Bestimme die Amplitude und die Periodenlänge. Skizziere dann den Graphen im
Intervall $[-2\pi;\ 2\pi]$. Wähle eine passende Achseneinteilung. Überprüfe mit dem CAS.

a) $f(x) = 1{,}5\sin(x)$ b) $f(x) = 2\sin\left(x - \frac{\pi}{2}\right)$ c) $f(x) = \sin(2\pi x)$

d) $f(x) = 3\sin(2x)$ e) $f(x) = 2\sin\left(x - \frac{3}{2}\pi\right)$ f) $f(x) = -\frac{1}{2}\sin\left(\frac{\pi}{2}x\right)$

7 Für eine Schwingung gilt $T = 0{,}5\,s$, $c = \frac{\pi}{4}$ und $s_{max} = 1{,}5\,cm$. Schreibe die zugehörige
Schwingungsgleichung in der Form $s(t) = a \cdot \sin(b \cdot t - c)$.

T bezeichnet die Schwingungsdauer. Das ist die Periodendauer der Schwingung.

8 Im Mittelmeerraum kann durch Ziegen,
Kamele und Schafe das Bakterium Brucella
melitensis auf den Menschen übertragen
werden, der in der Folge an Maltafieber –
einem Fieber mit stark schwankendem,
wellenförmigem Verlauf – erkranken
kann. Das Fieber kann bis zu drei Wochen
andauern.

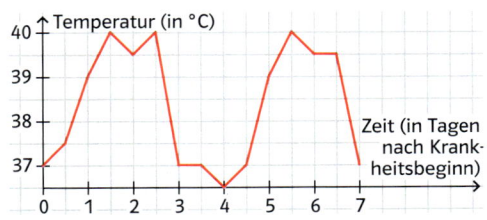

a) Triff geeignete Vereinfachungen zur Modellierung.
b) Bestimme eine Modellierungsfunktion und skizziere ihren Graphen.
c) Beantworte mithilfe des Graphen: An welchen Tagen liegt das Fieber über 39 °C?
In welchen Zeiträumen ist man nahezu fieberfrei?

Sinusfunktionen in Natur und Technik

Wechselspannungen und Töne

In der Natur und in der Technik spielen Sinusfunktionen eine wichtige Rolle. Im Haushalt verwendet man zum Betrieb elektrischer Geräte, die an die übliche Steckdose angeschlossen werden, eine Wechselspannung mit einer Frequenz von 50 Hertz (50 Hz). Das bedeutet, dass sich die Spannung in ihrer Richtung und in ihrer Größe periodisch verändert. Die Frequenz f ist dabei der Kehrwert der Periodenlänge p, zu der Frequenz 50 Hz gehört also die Periodenlänge $\frac{1}{50\,Hz}$ = 0,02 s. Den zeitlichen Verlauf einer Wechselspannung kann man mithilfe eines Oszilloskops sichtbar machen.

50 Hertz bedeutet: 50 Perioden pro Sekunde!

Schließt man an einen Lautsprecher eine solche Wechselspannung, so versetzt der Lautsprecher die Luft in eine Schwingung mit der entsprechenden Frequenz bzw. Periodenlänge. Die Schwingung breitet sich dann als Schallwelle durch die Luft aus und versetzt wiederum unser Trommelfell in eine Schwingung entsprechender Frequenz: Man hört einen Ton.

Schlägt man eine Stimmgabel an, so beginnt diese zu schwingen. Wie eben beschrieben, wird auch hier die Luft in Schwingungen versetzt und man hört einen Ton. Befestigt man an der Stimmgabel eine Nadel und zieht die schwingende Stimmgabel über eine rußgeschwärzte Platte, so erkennt man eine sinusähnliche Kurve.

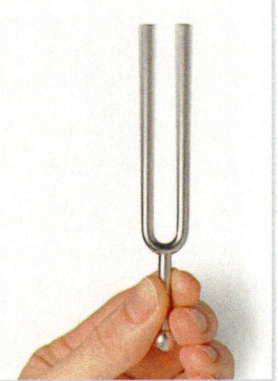

Töne sind also Schwingungen und können durch periodische Funktionen beschrieben werden. Dabei bestimmt die Frequenz die Tonhöhe und die Amplitude die Lautstärke des Tons. Je höher die Frequenz (je kleiner also die Periodendauer), desto höher ist der Ton. Menschen können Töne mit Frequenzen zwischen 20 Hz und 20 000 Hz wahrnehmen, wobei die Hörfähigkeit besonders bei den hohen Tönen mit dem Alter abnimmt. Oberhalb von 20 000 Hz liegt der sogenannte Ultraschallbereich. Der Mensch kann Töne mit solchen Frequenzen nicht wahrnehmen. Fledermäuse hingegen jagen und verständigen sich mit solchen Tönen.

Mit einem Mikrofon kann man einen Ton aufnehmen und eine dazugehörige Wechselspannung erzeugen. Diese kann man wieder mit dem Oszilloskop darstellen und so den Ton analysieren, also zum Beispiel die Frequenz und damit die Tonhöhe bestimmen.

Töne aus Sinusfunktionen zusammensetzen

Der Kammerton a hat eine Frequenz von 440 Hz. Er ist die Tonhöhe, auf die die Instrumente einer Musikgruppe gleich hoch eingestimmt werden. Spielt man diesen Ton auf verschiedenen Instrumenten, so hört er sich allerdings auch verschieden an. Analysiert man die Töne der Instrumente mit dem Oszilloskop, so stellt man fest, dass die Töne von Horn und Klarinette nicht durch reine Sinusfunktionen dargestellt werden und sich auch voneinander unterscheiden. Gemeinsam ist beiden Tönen aber die Frequenz von 440 Hz bzw. die Periodenlänge von 2,27 Millisekunden.

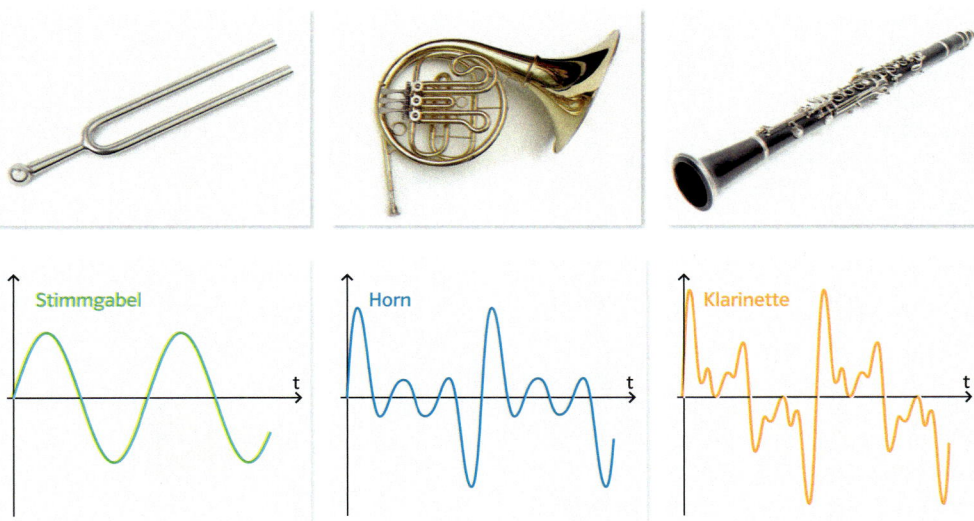

Man kann die Töne von Horn und Klarinette aber durch eine Überlagerung (Addition) von reinen Sinusfunktionen beschreiben. Dabei haben die zu addierenden Funktionen Frequenzen von $f_1 = 440$ Hz und ganzzahligen Vielfachen von f_1 (also $f_2 = 880$ Hz, $f_3 = 1320$ Hz, …). Die Töne mit den Frequenzen $f_2 = 880$ Hz, $f_3 = 1320$ Hz, … nennt man die sogenannten Obertöne des 440-Hz-Tons. Je nachdem, mit welcher Amplitude sie „beigemischt" werden, verändert sich der Gesamteindruck (die Klangfarbe) des wahrgenommenen Tons. Die folgenden Abbildungen zeigen, mit welchen Amplituden man bei den einzelnen Sinusfunktionen mit der entsprechenden Frequenz wählen muss, damit ihre Summe den oben dargestellten Graphen ergibt.

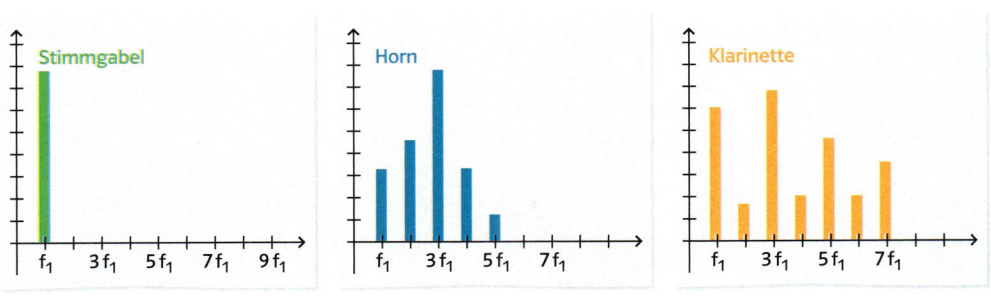

Man kann also auch komplizierte periodische Vorgänge auf eine Beschreibung mit Sinusfunktionen zurückführen. Das entsprechende mathematische Verfahren nennt man **Fourieranalyse** (nach Jean Baptiste Joseph Fourier, 1768 bis 1830, französischer Mathematiker und Physiker).

Jean Baptiste Joseph
Fourier, 1768 bis 1830

Bogenmaß

Jede Winkelgröße kann man im Gradmaß α und im Bogenmaß x angeben.

Umrechnung: $x = \frac{\alpha}{180°} \cdot \pi$ bzw. $\alpha = \frac{x}{\pi} \cdot 180°$.

Wichtige Werte:

α	0°	90°	180°	270°	360°
x	0	$\frac{\pi}{2}$	π	$\frac{3\pi}{2}$	2π

Sinus und Kosinus am Einheitskreis

Zu jedem Winkel x im Bogenmaß gehört ein eindeutiger Punkt $P(u|v)$ auf dem Einheitskreis. Mithilfe der Koordinaten von P definiert man:

$\sin(x) = v$ und $\cos(x) = u$.

$x = \frac{2\pi}{3}$

$\sin\left(\frac{2\pi}{3}\right) \approx 0{,}87$

$\cos\left(\frac{2\pi}{3}\right) = -0{,}5$

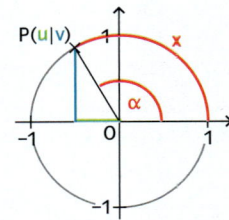

Sinus- und Kosinusfunktion

Die Funktion f mit $f(x) = \sin(x)$ heißt Sinusfunktion, die Funktion g mit $g(x) = \cos(x)$ heißt Kosinusfunktion.

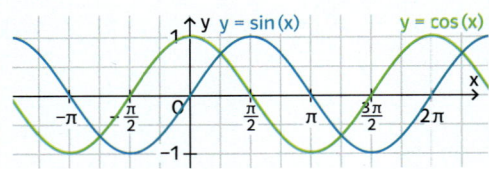

Wichtige Werte:

x	0	$\frac{\pi}{2}$	π	$\frac{3\pi}{2}$	2π
$\sin(x)$	0	1	0	-1	0
$\cos(x)$	1	0	-1	0	1

Die Funktion f mit $f(x) = a \cdot \sin(b \cdot (x - c)) + d$

Den Graphen der Funktion f mit $f(x) = a \cdot \sin(b \cdot (x - c)) + d$ erhält man aus dem Graphen der Sinusfunktion durch

- Streckung mit dem Faktor $\frac{1}{|b|}$ in x-Richtung. Ist $b < 0$, so wird zusätzlich an der y-Achse gespiegelt.
- Verschiebung um c in x-Richtung
- Streckung mit dem Faktor $|a|$ in y-Richtung. Ist $a < 0$, so wird zusätzlich an der x-Achse gespiegelt.
- Verschiebung um d in y-Richtung

$f(x) = 1{,}5 \cdot \sin\left(2 \cdot \left(x - \frac{\pi}{4}\right)\right) - 1$

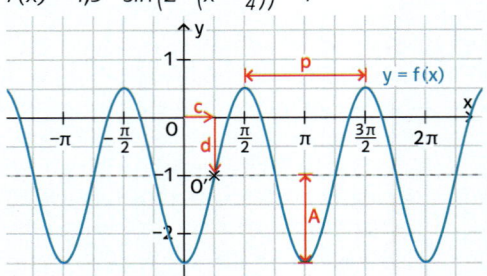

Für die hier dargestellte Funktion gilt:

$|a| = 1{,}5$ und $p = \frac{2\pi}{2} = \pi$.

$f(x) = 1{,}5 \cdot \sin\left(2 \cdot \left(x - \frac{\pi}{4}\right)\right) - 1$

Amplitude und Periode

Die Amplitude der Funktion f mit $f(x) = a \cdot \sin(b \cdot (x - c)) + d$ ist $A = |a|$.

Die Periode p einer Funktion ist die kleinste positive Zahl, für die $f(x) = f(x + p)$ gilt.

Bei trigonometrischen Funktionen gilt $p = \frac{2\pi}{b}$.

Bestimmung der Parameter a, b, c und d aus Periodenlänge und Extrempunkten

Aus der Periodenlänge p und dem größten/kleinsten Funktionswert y_{max} und y_{min} sowie der ersten Maximalstelle $x_{max} > 0$ kann man die Parameter a, b, c und d des Funktionsterms $f(x) = a \cdot \sin(b(x - c)) + d$ einer zur Modellierung geeigneten Funktion bestimmen.

$a = \frac{y_{max} - y_{min}}{2}$

$b = \frac{2\pi}{p}$

$c = x_{max} - \frac{p}{4}$

$d = \frac{y_{max} + y_{min}}{2}$

Runde 1

Lösungen | Seite 200

1 Ergänze die Tabelle:

Winkel im Gradmaß	40°	230°	135°	360°	1480°
Winkel im Bogenmaß	$\frac{2}{9}\pi$	$\frac{23}{18}\pi$	$0,75\,\pi$	-4	$\frac{74}{9}\pi$
$\sin(x)$	0,64	-0,72	0,77	0	0,64

2 ⊠ In der Figur ist der Graph der Funktion f
mit $f(x) = \cos(x)$ abgebildet.
Gib die Koordinaten der Punkte A, B, C und
D an.

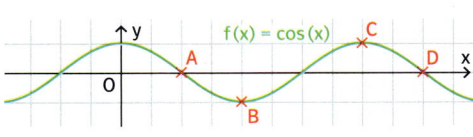

3 Gib zu den Graphen der Funktionen Amplitude, Periode und einen Funktionsterm an.

a)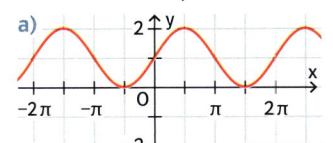
b)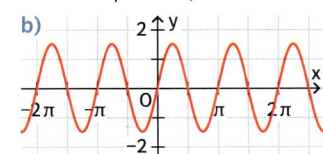
c)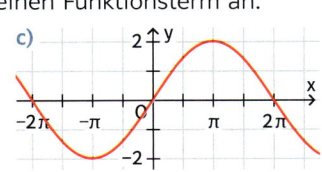

4 Das langjährige Monatsmittel der Lufttemperatur in Moskau in °C lässt sich in Abhängigkeit vom Monat annähernd durch eine Funktion f mit $f(x) = a \cdot \sin(bx) + d$ beschreiben.
Bestimme eine solche Funktion unter der Annahme, dass jeweils im Januar mit $-6\,°C$ die
minimalen und im Juli mit $22\,°C$ die maximalen Temperaturen liegen.
Fertige eine Skizze an.

Runde 2

Lösungen | Seite 200

1 Gib zu dem Graphen einen Funktionsterm der Form $f(x) = a \cdot \sin(b \cdot x)$ an.

a)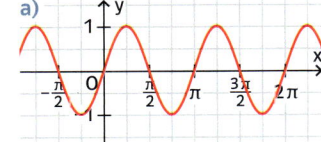
b)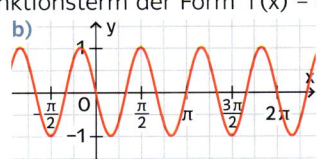
c)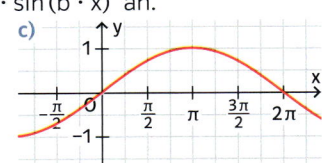

2 Gib an, wie man schrittweise den Graphen der Funktion g mit $g(x) = 2\sin(3(x-4)) + 5$
aus dem Graphen der Sinusfunktion f mit $f(x) = \sin(x)$ erzeugt.

3 Bestimme die Amplituden und die Perioden der Funktionen.

$f(x) = 1,5 \cdot \sin(2 \cdot x) - 0,5$ $g(x) = -1,5 \cdot \sin(3 \cdot x) - 0,5$ $h(x) = 1,5 \cdot \sin(0,5x) - 0,5$

4 Bestimme alle x mit $-2 < x < 7$, für die $\sin(x) = 0,6$ gilt.

5 ⊠ Skizziere den Graphen der Funktion f für $-\pi \leq x \leq 2\pi$.

a) $f(x) = \sin\left(x - \frac{\pi}{2}\right)$ b) $f(x) = \sin(x) + 2$ c) $f(x) = 2 \cdot \cos(x)$ d) $f(x) = -\cos(x)$

Grundlagen überprüfen und trainieren

Beim Sport wärmst du dich vor dem Training oder einem Wettkampf auf.
Du kannst dich auch „mathematisch aufwärmen", bevor du mit einem neuen Kapitel deines Mathebuches beginnst.
Auf den folgenden Seiten findest du zu jedem Kapitel einige passende „Aufwärm-übungen".

Bevor mit einem Kapitel begonnen wird, kannst du überprüfen, ob du schon fit genug bist.

Für jedes Kapitel gibt es eine **Checkliste**, mit der du zunächst einschätzen kannst, wie gut du bestimmte Dinge noch kannst, die für das Kapitel wichtig sind. Wenn du nicht genau weißt, was gemeint ist, sieh dir die entsprechende Aufgabe an.

Du kannst die Liste entweder in dein Heft übertragen oder über den angegebenen Code herunterladen. Kreuze dann in der Liste das passende Kästchen an.

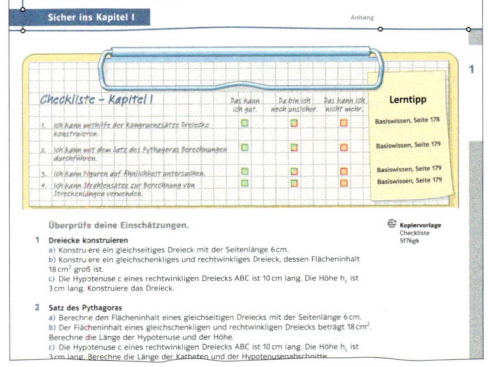

Kontrolliere anschließend deine Selbsteinschätzung, indem du die Aufgaben bearbeitest.
Zu Punkt 1 gehört Aufgabe 1, zu Punkt 2 gehört Aufgabe 2 usw.

Deine Ergebnisse kannst du mit den Lösungen weiter hinten im Buch vergleichen.

Ein **Lerntipp** zeigt dir, wo du im Buch nachlesen kannst, wenn du etwas nicht mehr genau weißt.

Wenn es anschließend noch Themen geben sollte, bei denen du unsicher bist, solltest du diese Inhalte nacharbeiten. Eine Hilfe zu manchen Themen bietet dir das **Basiswissen** am Ende des Buches.
Deine Grundlagen kannst du zudem trainieren, indem du die Aufgaben zu **„Kannst du das noch?"** am Ende einer jeden Lerneinheit bearbeitest.

Lerntipp

Basiswissen, Seite 178

Basiswissen, Seite 179

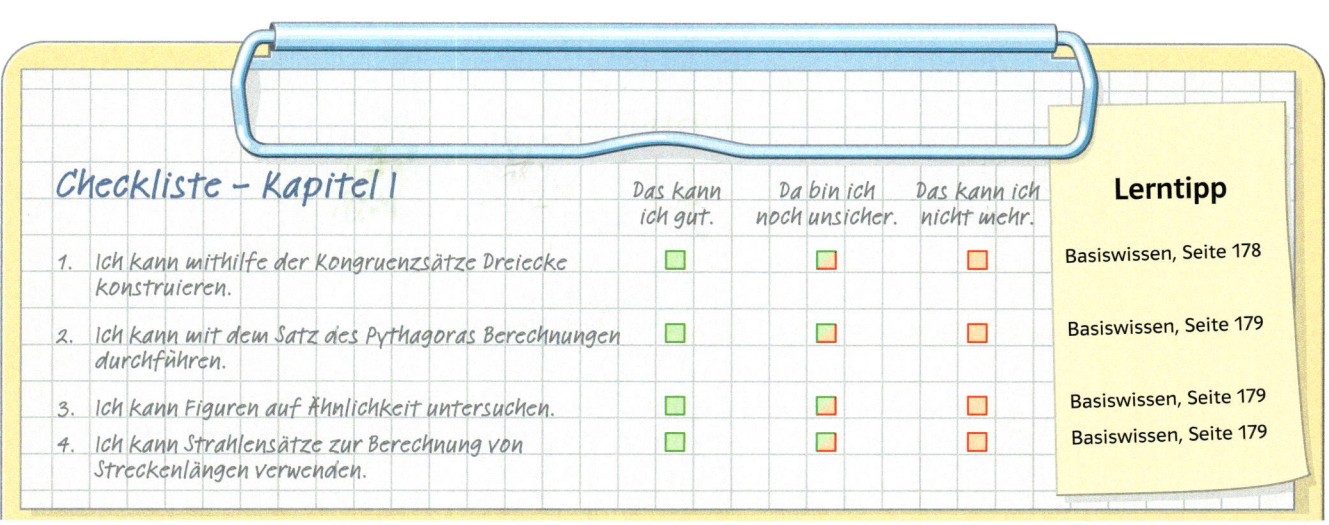

Checkliste – Kapitel I

	Das kann ich gut.	Da bin ich noch unsicher.	Das kann ich nicht mehr.	Lerntipp
1. Ich kann mithilfe der Kongruenzsätze Dreiecke konstruieren.	☐	☐	☐	Basiswissen, Seite 178
2. Ich kann mit dem Satz des Pythagoras Berechnungen durchführen.	☐	☐	☐	Basiswissen, Seite 179
3. Ich kann Figuren auf Ähnlichkeit untersuchen.	☐	☐	☐	Basiswissen, Seite 179
4. Ich kann Strahlensätze zur Berechnung von Streckenlängen verwenden.	☐	☐	☐	Basiswissen, Seite 179

Überprüfe deine Einschätzungen.

⊕ **Kopiervorlage** Checkliste 5f76gk

1 Dreiecke konstruieren
a) Konstruiere ein gleichseitiges Dreieck mit der Seitenlänge 6 cm.
b) Konstruiere ein gleichschenkliges und rechtwinkliges Dreieck, dessen Flächeninhalt 18 cm² groß ist.
c) Die Hypotenuse c eines rechtwinkligen Dreiecks ABC ist 10 cm lang. Die Höhe h_c ist 3 cm lang. Konstruiere das Dreieck.

2 Satz des Pythagoras
a) Berechne den Flächeninhalt eines gleichseitigen Dreiecks mit der Seitenlänge 6 cm.
b) Der Flächeninhalt eines gleichschenkligen und rechtwinkligen Dreiecks beträgt 18 cm². Berechne die Länge der Hypotenuse und der Höhe.
c) Die Hypotenuse c eines rechtwinkligen Dreiecks ABC ist 10 cm lang. Die Höhe h_c ist 3 cm lang. Berechne die Länge der Katheten und der Hypotenusenabschnitte.

3 Ähnlichkeit erkennen und anwenden
Ein Rechteck hat die Seitenlängen a = 8 cm und b = 6 cm. Zeichnet man wie in der Figur von A und C aus die Orthogonalen zur Diagonale, so erhält man verschiedene Dreiecke.
a) Welche Dreiecke sind ähnlich? Begründe deine Entscheidung.
b) Berechne die Seitenlängen der Dreiecke AED und ABE.

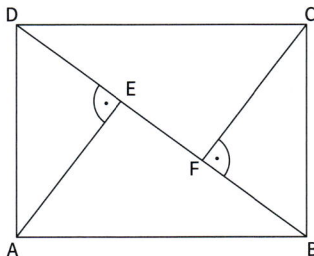

4 Strahlensätze anwenden
Kathrin und Bernd peilen aus ihrem Zimmer heraus einen Lichtmast auf der anderen Straßenseite an. Um die Entfernung zu berechnen, haben sie die Strecken im Zimmer gemessen. Die Fensteröffnung beträgt 1,20 m. Welche Entfernung können die beiden für den Mast bestimmen?

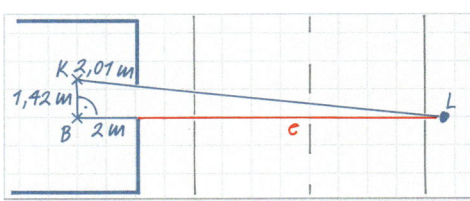

○→ Lösungen | Seite 201

Checkliste – Kapitel II

Checkliste – Kapitel II	Das kann ich gut.	Da bin ich noch unsicher.	Das kann ich nicht mehr.	Lerntipp
1. Ich kann Terme mit Variablen aufstellen und umformen.	☐	☐	☐	Basiswissen, Seite 173
2. Ich kann Potenzen als Kurzschreibweise von Produkten verwenden.	☐	☐	☐	
3. Ich kann lineare und quadratische Gleichungen lösen.	☐	☐	☐	Basiswissen, Seite 181
4. Ich kann lineare und quadratische Funktionen grafisch darstellen.	☐	☐	☐	Basiswissen, Seite 182

Überprüfe deine Einschätzungen.

⊕ **Kopiervorlage**
Checkliste
4xa8qg

1 **Terme mit Variablen aufstellen**
a) Prüfe, ob die Terme zur Berechnung des Umfangs der Figur geeignet sind.
(1) $3x + x + 2x + 2x + 2x + 10x$
(2) $2 \cdot (5x + 2x + 3x)$
(3) $5x + 3x + 2x + x$
b) Stelle zwei verschiedene Terme zur Berechnung des Flächeninhalts auf.

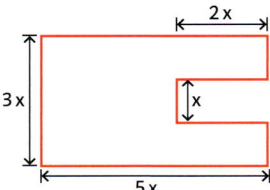

2 **Potenzen verwenden**
a) Zerlege die Zahl 48 in Primfaktoren und fasse gleiche Faktoren zu Potenzen zusammen.
b) Schreibe das Produkt $y \cdot 2 \cdot x \cdot 5 \cdot x \cdot y \cdot 7 \cdot x \cdot y \cdot x$ mit möglichst wenigen Faktoren, benutze Potenzen.
c) Prüfe, ob die Umformung richtig ist und korrigiere gegebenenfalls den Fehler.
(1) $3x \cdot (2y - 5xy) = 6xy - 15x^2y$
(2) $4x \cdot (2xz) = 4x \cdot 2x \cdot 4x \cdot z = 32x^3z$

3 **Gleichungen lösen**
Löse die Gleichungen.
a) $3(x + 3) + 2x = 10x - 1$
b) $(2x - 5)(x + 2) = 5x^2 - 12$
c) $(x - 1)(x + 1) = (2x + 3)(3 - 2x) - 14$

4 **Quadratische Funktionen skizzieren**
a) Erläutere, wie der Graph der Funktion $f(x) = (x - 2)^2 - 3$ aus der Normalparabel entstanden ist. Bestimme den Scheitelpunkt und skizziere die Parabel.
b) Berechne die Schnittpunkte der Parabel $y = 2x^2 - 3x + 1$ mit der Geraden $y = x + 6$. Überprüfe deine Ergebnisse mithilfe einer Skizze.

○⟶ Lösungen | Seite 202

Checkliste – Kapitel III

	Das kann ich gut.	Da bin ich noch unsicher.	Das kann ich nicht mehr.
1. Ich kann Längen–, Flächen– und Volumenangaben in andere Einheiten umrechnen.	☐	☐	☐
2. Ich kann den Umfang und den Flächeninhalt von Vierecken und Dreiecken berechnen.	☐	☐	☐
3. Ich kann das Volumen eines Quaders berechnen.	☐	☐	☐

Lerntipp

Basiswissen, Seite 175

Basiswissen, Seite 176
Basiswissen, Seite 176

Überprüfe deine Einschätzungen.

🌐 **Kopiervorlage**
Checkliste
af3y8u

1 Einheiten umrechnen
Rechne in die vorgegebene Einheit um.
a) 23,8 m in cm   b) 15,4 cm in m   c) 234,5 km in m   d) 1235 mm in m
e) 15 m^2 in cm^2 f) 12,3 ha in m^2 g) 24 005 m^2 in ha   h) 25,5 km^2 in m^2
i) 15 m^3 in l   j) 25,38 l in dm^3 k) 24 400 l in m^3 l) 1520 cm^3 in ml

2 Umfang und Flächeninhalt
Berechne Umfang und Flächeninhalt der Figur.
a)

b)
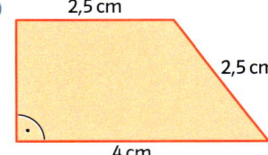

c)
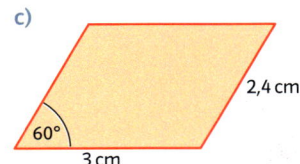

3 Quader
a) Zeichne das Netz eines Quaders mit a = 3 cm, b = 4 cm und c = 5 cm und berechne den Oberflächeninhalt und das Volumen des Quaders.
b) Die Grundfläche eines Quaders ist 6 cm lang und 7 cm breit. Sein Volumen beträgt 520,8 cm^3. Berechne die Höhe des Quaders.

o→ Lösungen | Seite 202

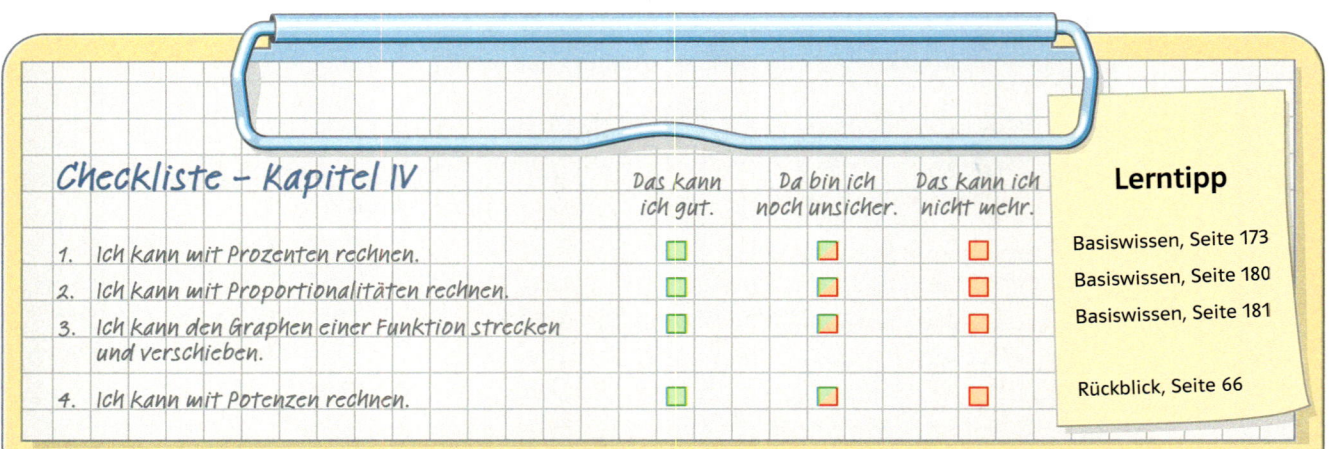

Checkliste – Kapitel IV

	Das kann ich gut.	Da bin ich noch unsicher.	Das kann ich nicht mehr.	Lerntipp
1. Ich kann mit Prozenten rechnen.	☐	☐	☐	Basiswissen, Seite 173
2. Ich kann mit Proportionalitäten rechnen.	☐	☐	☐	Basiswissen, Seite 180
3. Ich kann den Graphen einer Funktion strecken und verschieben.	☐	☐	☐	Basiswissen, Seite 181
4. Ich kann mit Potenzen rechnen.	☐	☐	☐	Rückblick, Seite 66

Überprüfe deine Einschätzungen.

Kopiervorlage
Checkliste
pq7mf8

1 Rechnen mit Prozenten

Bei der Bundestagswahl 2013 haben sich ca. 71,5 % der 62 Mio. Wahlberechtigten an der Wahl beteiligt. Die Stimmenverteilung für die einzelnen Parteien ist in der Figur dargestellt.

a) Gib die Anteile der Stimmenverteilung als Bruch und in Dezimaldarstellung an.

b) Berechne, wie groß der Stimmenanteil der einzelnen Parteien bezogen auf alle 62 Mio. Wahlberechtigten ist.

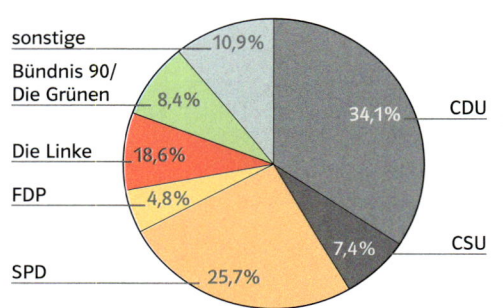

2 Proportionalität

Untersuche, ob die Tabelle zu einer proportionalen Zuordnung gehört und bestimme gegebenenfalls den Proportionalitätsfaktor.

a)

x	0	2	5	10	12
y	0	3,5	8,75	17,5	21

b)

x	0	−1	1	3,5	5
y	0	0,2	−0,2	0,7	−1

3 Graph strecken und verschieben

Zeichne in ein Koordinatensystem den Graphen der Funktion f und der Funktion g und gib an, um wie viel man den Graphen von f verschieben und strecken muss, um den Graphen von g zu erhalten.

a) $f(x) = x^2$; $g(x) = 2(x-3)^2 - 1$ **b)** $f(x) = 2x - 1$; $g(x) = 4x - 5$

4 Rechnen mit Potenzen

Vereinfache.

a) $x^3 \cdot x^5$ **b)** $\dfrac{a^7}{a^4}$ **c)** $\dfrac{p^3}{p^8}$ **d)** $(z^3)^7$

e) $(2r)^3$ **f)** $\dfrac{2^9 \cdot 3^9}{6^7}$ **g)** $(u^2v)^3 \cdot (uv^3)^2$ **h)** $\dfrac{(a^2b)^7}{(ab^2)^3}$

Lösungen | Seite 203

Checkliste – Kapitel V

	Das kann ich gut.	Da bin ich noch unsicher.	Das kann ich nicht mehr.	Lerntipp
1. Ich kann Berechnungen an rechtwinkligen Dreiecken durchführen.	☐	☐	☐	Rückblick, Seite 36
2. Ich kann Berechnungen an Figuren durchführen.	☐	☐	☐	Merkkasten, Seite 18
3. Ich kann Beziehungen zwischen Sinus, Kosinus und Tangens begründen und anwenden.	☐	☐	☐	Merkkasten, Seite 14

Überprüfe deine Einschätzungen.

Kopiervorlage
Checkliste
gg9938

1 Berechnungen am rechtwinkligen Dreieck

a) Die Katheten eines rechtwinkligen Dreiecks sind 5 cm und 9 cm lang. Berechne die Winkelmaße des Dreiecks.

b) In einem rechtwinkligen Dreieck gilt $\alpha = 25°$ und c = 15 cm. Der rechte Winkel liegt gegenüber der Seite c. Bestimme die Längen aller Seiten.

c) Die Hypotenuse eines rechtwinkligen Dreiecks ist 12 cm lang, eine Kathete ist 10 cm lang. Berechne die Länge der anderen Kathete und die Winkelmaße.

2 Berechnungen an Figuren

Berechne die fehlenden Seitenlängen und Winkelmaße sowie den Flächeninhalt.

a)

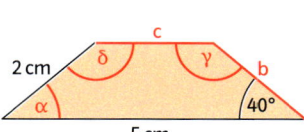

b)

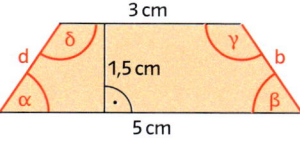

c)

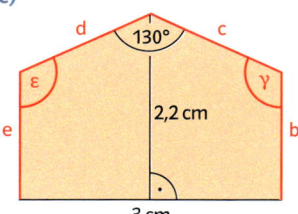

3 Beziehungen zwischen Sinus, Kosinus und Tangens

a) Zeige mithilfe eines rechtwinkligen Dreiecks, dass die folgenden Beziehungen gelten.

(1) $\sin(\alpha) = \cos(90° - \alpha)$ (2) $\cos(\alpha) = \sin(90° - \alpha)$ (3) $\tan(90° - \alpha) = \dfrac{1}{\tan(\alpha)}$

b) Prüfe, ob die Umformung richtig ist. Korrigiere, falls notwendig.

(1) $\tan(\alpha) \cdot \sin(90° - \alpha) = \sin(\alpha)$

(2) $\tan(90° - \alpha) = \dfrac{\cos(\alpha)}{\sin(\alpha)}$

(3) $1 + \cos^2(\alpha) = \sin^2(\alpha)$

○——→ Lösungen | Seite 203

Zahlen und Operationen

Terme

Wenn nur Punktrechnungen (· und :) oder nur Strichrechnungen (+ und –) vorkommen, dann wird von links nach rechts gerechnet.

$12 + 7 - 8 = 19 - 8 = 11$
$119 : 17 \cdot 5 = 7 \cdot 5 = 35$

Bei Termen mit Klammern berechnet man zuerst das, was in der Klammer steht.

$7 \cdot (12 - 8) = 7 \cdot 4 = 28$

Punktrechnungen (· und :) werden vor Strichrechnungen (+ und –) ausgeführt.

$23 - (4 + 5 \cdot 8) : 11 = 23 - (4 + 40) : 11$
$= 23 - 44 : 11 = 23 - 4 = 19$

Anteile als Bruch, Dezimalbruch und in Prozent

Anteile kann man als Bruch, als Dezimalbruch oder in Prozent angeben.
Die Zahl über dem Bruchstrich heißt der Zähler und die Zahl unter dem Bruchstrich der Nenner des Bruches. Der Nenner gibt an, in wie viele gleich große Teile man ein Ganzes teilt. Der Zähler gibt an, wie viele dieser Teile man betrachtet.
Anteile werden auch häufig in Prozent angegeben.
Dabei ist 1% eine andere Schreibweise für $\frac{1}{100}$. Dies entspricht dem Dezimalbruch 0,01.

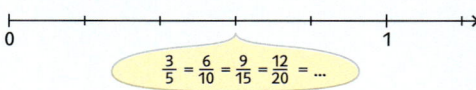

Das Ganze wurde in zehn gleiche Teile geteilt. Der gefärbte Anteil ist $\frac{4}{10}$ oder

0,4 oder $\frac{40}{100} = 40\%$.

0,4 $= \frac{4}{10} = \frac{40}{100} = 40\%$

Erweitern und Kürzen

Ein Bruch wird erweitert, indem man den Zähler und den Nenner mit derselben natürlichen Zahl (ungleich null) multipliziert.
Ein Bruch wird gekürzt, indem man den Zähler und den Nenner durch dieselbe natürliche Zahl (ungleich null) dividiert.
Alle Brüche, die aus einem Bruch durch Erweitern oder Kürzen entstehen, bezeichnen dieselbe Zahl. Sie werden auf dem Zahlenstrahl an derselben Stelle eingetragen.

$\frac{5}{6}$ mit 3 erweitert ergibt $\frac{15}{18}$.

$\frac{8}{12}$ mit 4 gekürzt ergibt $\frac{2}{3}$.

$$\frac{3}{5} = \frac{6}{10} = \frac{9}{15} = \frac{12}{20} = \dots$$

Dezimalbrüche und Brüche

Dezimalbrüche mit einer, zwei, drei … Nachkommastellen sind eine andere Schreibweise für Brüche mit dem Nenner 10, 100, 1000 …
Will man einen Bruch in einen Dezimalbruch umwandeln, so erweitert oder kürzt man den Nenner auf eine Zehnerpotenz, oder man dividiert den Zähler durch den Nenner.
Wandelt man einen Bruch durch Division in einen Dezimalbruch um, so erhält man einen abbrechenden oder einen periodischen Dezimalbruch.

$0,4 = \frac{4}{10}$

$0,17 = \frac{17}{100}$

$0,513 = \frac{513}{1000}$

$\frac{12}{75} = \frac{4}{25} = \frac{16}{100} = 0,16$

$\frac{15}{40} = 15 : 40 = 0,375$

$\frac{15}{99} = 15 : 99 = 0,151515\dots = 0,\overline{15}$

Dezimalbrüche und Brüche vergleichen

Dezimalbrüche vergleicht man, indem man die Ziffern stellenweise miteinander vergleicht.
Brüche lassen sich vergleichen, indem man sie so erweitert oder kürzt, dass die Nenner oder die Zähler gleich sind. Sind die Nenner gleich, so ist der Bruch mit dem größeren Zähler größer. Sind die Zähler gleich, so ist der Bruch mit dem kleineren Nenner größer.

$0,4 < 0,5 \qquad 0,091 < 0,126 \qquad 0,0102 < 0,02$

$\frac{2}{5} < \frac{1}{2}$, denn $\frac{2}{5} < \frac{2}{4} = \frac{1}{2}$

$\frac{1}{7} < \frac{4}{21}$, denn $\frac{1}{7} = \frac{3}{21} < \frac{4}{21}$

Addieren bzw. Subtrahieren von Brüchen

1. Man bringt die Brüche auf gleiche Nenner.
2. Man schreibt die Brüche auf einen gemeinsamen Bruchstrich.
3. Man addiert bzw. subtrahiert die Zähler.

$$\frac{1}{3} + \frac{3}{4} = \frac{4}{12} + \frac{9}{12} = \frac{4+9}{12} = \frac{13}{12}$$

$$\frac{5}{8} - \frac{1}{4} = \frac{5}{8} - \frac{2}{8} = \frac{5-2}{8} = \frac{3}{8}$$

Addieren bzw. Subtrahieren von Dezimalbrüchen

Man addiert oder subtrahiert Dezimalbrüche, indem man sie so untereinanderschreibt, dass Komma unter Komma steht. Dann addiert bzw. subtrahiert man stellenweise.

$$\begin{array}{r} 23{,}126 \\ +\ \ 0{,}075 \\ \hline {}^{1\ 1} \\ 23{,}201 \end{array} \qquad \begin{array}{r} 6{,}00 \\ -\ 0{,}07 \\ \hline {}^{1\ 1} \\ 5{,}93 \end{array}$$

Multiplizieren von Brüchen

Man multipliziert zwei Brüche miteinander, indem man Zähler mit Zähler und Nenner mit Nenner multipliziert.

$$\frac{5}{24} \cdot \frac{16}{17} = \frac{5 \cdot 16}{24 \cdot 17} = \frac{5 \cdot 2}{3 \cdot 17} = \frac{10}{51}$$

$$\frac{2}{3} \cdot 5 = \frac{2 \cdot 5}{3} = \frac{10}{3}$$

$$4 \cdot \frac{3}{7} = \frac{4}{1} \cdot \frac{3}{7} = \frac{4 \cdot 3}{1 \cdot 7} = \frac{12}{7}$$

Dividieren durch einen Bruch

Man dividiert durch einen Bruch, indem man mit seinem Kehrbruch multipliziert.

$$\frac{7}{9} : \frac{5}{18} = \frac{7}{9} \cdot \frac{18}{5} = \frac{7 \cdot 18}{9 \cdot 5} = \frac{7 \cdot 2}{1 \cdot 5} = \frac{14}{5}$$

$$\frac{5}{3} : 7 = \frac{5}{3} : \frac{7}{1} = \frac{5}{3} \cdot \frac{1}{7} = \frac{5 \cdot 1}{3 \cdot 7} = \frac{5}{21}$$

$$5 : \frac{3}{4} = \frac{5}{1} : \frac{3}{4} = \frac{5}{1} \cdot \frac{4}{3} = \frac{5 \cdot 4}{3} = \frac{20}{3}$$

Multiplizieren von Dezimalbrüchen

1. Man multipliziert zuerst, ohne auf das Komma zu achten.
2. Man setzt das Komma so, dass das Ergebnis genauso viele Stellen nach dem Komma hat wie beide Faktoren zusammen.

$$\begin{array}{l} 2{,}1 \cdot 6{,}34 \\ \hline 126 \\ \ \ 63 \\ \ \ \ \ 84 \\ \hline 13{,}314 \end{array} \qquad \begin{array}{l} 0{,}23 \cdot 0{,}4 \\ \hline \quad\quad 92 \\ \hline 0{,}092 \end{array}$$

Dividieren durch Dezimalbrüche

Man verschiebt das Komma der beiden Zahlen um gleich viele Stellen nach rechts, sodass die Zahl, durch die dividiert wird, eine natürliche Zahl ist.

$$\begin{array}{l} 3{,}78 : 1{,}4 = 37{,}8 : 14 = 2{,}7 \\ \ \underline{-28} \\ \ \ \ \ 98 \\ \ \ \underline{-98} \\ \ \ \ \ \ \ 0 \end{array}$$

Anordnung – Gegenzahl – Betrag

Von zwei rationalen Zahlen ist diejenige größer, die auf der Zahlengeraden weiter rechts liegt.
Die Gegenzahl zu einer rationalen Zahl liegt auf der Zahlengeraden spiegelbildlich zu null.
Den Abstand einer rationalen Zahl zur Zahl Null nennt man ihren Betrag.

Addieren und Subtrahieren rationaler Zahlen

Addieren einer positiven Zahl: Gehe auf der Zahlengeraden nach rechts.
Subtrahieren einer positiven Zahl: Gehe auf der Zahlengeraden nach links.
Addieren einer negativen Zahl: Gehe auf der Zahlengeraden nach links (lässt sich als Subtraktion ausdrücken).
Subtrahieren einer negativen Zahl: Gehe auf der Zahlengeraden nach rechts (lässt sich als Addition ausdrücken).

$$-5 + 8 = 3$$

$$1 - 3 = -2$$

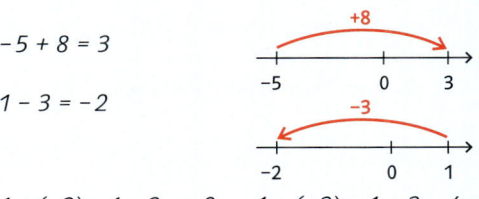

$$1 + (-3) = 1 - 3 = -2 \qquad 1 - (-3) = 1 + 3 = 4$$

Multiplizieren und Dividieren rationaler Zahlen

Multipliziert oder dividiert man zwei negative Zahlen, so ist das Ergebnis positiv.
Multipliziert oder dividiert man eine negative und eine positive Zahl, so ist das Ergebnis negativ.
Durch 0 kann man nicht dividieren.

$$8 \cdot 4 = 32 \qquad\qquad 8 : 4 = 2$$
$$(-8) \cdot (-4) = 32 \qquad (-8) : (-4) = 2$$
$$(-12) \cdot 3 = -36 \qquad (-12) : 3 = -4$$
$$12 \cdot (-3) = -36 \qquad 12 : (-3) = -4$$

Dezimalbrüche in die Prozentschreibweise umwandeln

Um einen Dezimalbruch in der Prozentschreibweise anzugeben, verschiebt man das Komma um zwei Stellen nach rechts und ergänzt das Prozentzeichen. Auch periodische Dezimalbrüche lassen sich so in Prozent schreiben.

$$0,2 = 20\,\%$$
$$0,125 = 12,5\,\%$$
$$0,1\overline{6} = 0,166\ldots = 16,\overline{6}\,\%$$

Brüche in die Prozentschreibweise umwandeln

Um einen Bruch in der Prozentschreibweise anzugeben, erweitert man ihn auf den Nenner 100, sofern dies möglich ist.
Man kann einen Bruch auch in die Prozentschreibweise umwandeln, indem man ihn zunächst in einen Dezimalbruch umformt. Auf diese Weise lassen sich auch Brüche in Prozent schreiben, deren Nenner sich nicht auf 100 erweitern lassen.

$$\frac{1}{5} = \frac{20}{100} = 20\,\%$$
$$\frac{5}{4} = \frac{125}{100} = 125\,\%$$
$$\frac{1}{3} = 1 : 3 = 0,\overline{3} = 33,\overline{3}\,\%$$

Zahlbereiche

Natürliche Zahlen $\mathbb{N}$ (z.B. 0; 2; 45; 1024)
Ganze Zahlen $\mathbb{Z}$ (z.B. -12; -5; 0; 2)
Rationale Zahlen $\mathbb{Q}$ $\left(\text{z.B. } -5;\ -3,41;\ 0;\ 2;\ \frac{11}{13}\right)$

Reelle Zahlen $\mathbb{R}$ (z.B. -5; 0,2; $\sqrt{2}$; 1,10110111011110 …)

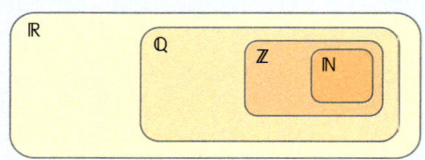

Irrationale Zahlen

Irrationale Zahlen sind Dezimalzahlen, die weder abbrechen noch periodisch sind.

$\frac{3}{4} = 0,75$ und $\frac{2}{7} = 0,\overline{285714}$

sowie $\sqrt{6,25} = 2,5$ sind rational.
$0,101101110111110\ldots$ ist irrational.

Quadratwurzeln

Mit $\sqrt{a}$ wird diejenige nicht negative Zahl bezeichnet, deren Quadrat a ergibt.
Wurzeln aus natürlichen Zahlen sind entweder auch natürliche Zahlen oder sie sind irrationale Zahlen.

$$\sqrt{1024} = 32; \quad \sqrt{\frac{4}{9}} = \frac{2}{3}$$

$\sqrt{7}$ ist irrational.

Rechnen mit Quadratwurzeln

Multiplikationsregel: $\sqrt{a}\,\sqrt{b} = \sqrt{a\,b}$ für $a, b \geq 0$

$$\sqrt{2} \cdot \sqrt{18} = \sqrt{2 \cdot 18} = \sqrt{36} = 6$$

Divisionsregel: $\dfrac{\sqrt{a}}{\sqrt{b}} = \sqrt{\dfrac{a}{b}}$ für $a \geq 0$ und $b > 0$

$$\frac{\sqrt{72}}{\sqrt{8}} = \sqrt{\frac{72}{8}} = \sqrt{9} = 3$$

Ausklammern: $x\sqrt{a} + y\sqrt{a} = (x + y)\sqrt{a}$ für alle x, y und $a \geq 0$

$$11 \cdot \sqrt{7} + 3 \cdot \sqrt{7} = (11 + 3) \cdot \sqrt{7} = 14 \cdot \sqrt{7}$$

Ausmultiplizieren: $\sqrt{a}\,(x + y) = x\sqrt{a} + y\sqrt{a}$ für alle $a \geq 0$

$$\sqrt{3} \cdot (\sqrt{27} - \sqrt{12}) = \sqrt{3} \cdot \sqrt{27} - \sqrt{3} \cdot \sqrt{12}$$
$$= \sqrt{81} - \sqrt{36} = 9 - 6 = 3$$

Teilweises Wurzelziehen: $\sqrt{b\,a^2} = \sqrt{b}\,\sqrt{a^2} = a\sqrt{b}$ für $a, b \geq 0$

$$\sqrt{50} = \sqrt{25 \cdot 2} = \sqrt{25} \cdot \sqrt{2} = 5 \cdot \sqrt{2}$$

Prozentangaben

Der Ausdruck 15 % ist eine andere Schreibweise für $\frac{15}{100}$.

$\frac{1}{1} = 100\,\%$ $\frac{1}{2} = 50\,\%$ $\frac{1}{3} = 33\frac{1}{3}\,\%$

$\frac{1}{4} = 25\,\%$ $\frac{1}{10} = 10\,\%$ $\frac{2}{1} = 200\,\%$

Prozentsatz – Prozentwert – Grundwert

Um den Prozentsatz auszurechnen, teilt man den Prozentwert durch den Grundwert.

$$\text{Prozentsatz} = \frac{\text{Prozentwert}}{\text{Grundwert}}$$

Berechnen des Prozentsatzes
Prozentwert: 40 €
Grundwert: 200 €

Prozentsatz: $\frac{40\,€}{200\,€} = \frac{20}{100} = 20\,\%$

Der Prozentwert lässt sich aus dem Grundwert und dem Prozentsatz mit dem Dreisatz berechnen:

:100 ⟨   100 % entsprechen dem Grundwert.   ⟩ :100

· Prozentsatz ⟨   1% entspricht $\frac{\text{Grundwert}}{100}$.   ⟩ · Prozentsatz

Der Prozentwert entspricht

Prozentsatz · $\frac{\text{Grundwert}}{100}$.

Berechnen des Prozentwertes
Grundwert: 250 €
Prozentsatz: 15 %

:100 ⟨   *100 % entsprechen 250 €.*   ⟩ :100

·15 ⟨   *1% entspricht 2,5 €.*   ⟩ ·15

   15 % entsprechen 37,5 €.

kurz: 250 € : 100 · 15 = 37,5 €
Prozentwert: 37,50 €

Der Grundwert lässt sich aus dem Prozentwert und dem Prozentsatz mit dem Dreisatz berechnen:

: Prozentsatz ⟨   Der Prozentsatz entspricht dem Prozentwert.   ⟩ : Prozentsatz

· 100 ⟨   1% entspricht $\frac{\text{Prozentwert}}{\text{Prozentsatz}}$.   ⟩ · 100

Der Grundwert entspricht

$\frac{\text{Prozentwert}}{\text{Prozentsatz}}$ · 100.

Berechnen des Grundwertes
Prozentwert: 280
Prozentsatz: 80 %

:80 ⟨   *80 % entsprechen 280.*   ⟩ :80

·100 ⟨   *1% entspricht 3,5.*   ⟩ ·100

   100 % entsprechen 350.

kurz: 280 : 80 · 100 = 350
Grundwert: 350

Termumformungen
Rechenregeln, Rechengesetze und Rechenvorteile

Bei Termen mit Klammern berechnet man zuerst das, was in der Klammer steht.

$7 \cdot (12 - 8) = 7 \cdot 4 = 28$

Punktrechnungen (· und :) werden vor Strichrechnungen (+ und −) ausgeführt.

$23 - (4 + 5 \cdot 8) : 11 = 23 - (4 + 40) : 11$
$= 23 - 44 : 11 = 23 - 4 = 19$

Durch Anwenden von Rechengesetzen kann man einen Term in einen äquivalenten Term umformen. Dabei werden vor allem folgende Rechengesetze angewendet.

Assoziativgesetz: $a + (b + c) = (a + b) + c$ und
   $a \cdot (b \cdot c) = (a \cdot b) \cdot c$

Kommutativgesetz: $a + b = b + a$
   $a \cdot b = b \cdot a$

Distributivgesetz: $a \cdot (b + c) = a \cdot b + a \cdot c$ und
   $a \cdot (b - c) = a \cdot b - a \cdot c$

$2 + (4 + x) = (2 + 4) + x$
$5 \cdot (3 \cdot x) = (5 \cdot 3) \cdot x$
$7 + x = x + 7$
$6 \cdot x = x \cdot 6$
$3 \cdot (2 + x) = 3 \cdot 2 + 3 \cdot x$
$5 \cdot (x - 4) = 5 \cdot x - 5 \cdot 4$

2

Ausmultiplizieren und Ausklammern

Durch Anwenden des Distributivgesetzes kann man Produkte zu Summen und Summen zu Produkten umformen.

$(a + b) \cdot (c + d) = ac + ad + bc + bd$ (Ausmultiplizieren)

$a \cdot x + a \cdot y = a \cdot (x + y)$ (Ausklammern)

$(3 + x) \cdot (2 - x) = 3 \cdot 2 - 3x + x \cdot 2 - x \cdot x$

$\qquad\qquad\qquad = 6 - x - x^2$

$5b - b^2 = b \cdot (5 - b)$

Vereinfachen von Termen mit mehreren Variablen

Für Terme mit mehreren Variablen gelten die bekannten Rechenregeln. Beim Vereinfachen geht man in folgenden Schritten vor:
1. Gleiche Faktoren in Produkten zu Potenzen zusammenfassen,
2. Klammern auflösen,
3. ordnen,
4. diejenigen Summanden zusammenfassen, bei denen gleiche Variablen in gleichen Potenzen vorkommen.

$3ab^2 + a \cdot 4ab - (ba \cdot (-a) + 2ab \cdot b)$
$= 3ab^2 + 4a^2b - (-a^2b + 2ab^2)$
$= 3ab^2 + 4a^2b + a^2b - 2ab^2$
$= 3ab^2 - 2ab^2 + 4a^2b + a^2b$
$= ab^2 + 5a^2b$

Binomische Formeln

1. binomische Formel: $(a + b)^2 = a^2 + 2ab + b^2$
2. binomische Formel: $(a - b)^2 = a^2 - 2ab + b^2$
3. binomische Formel: $(a + b) \cdot (a - b) = a^2 - b^2$

$(3x + 5y)^2 = 9x^2 + 30xy + 25y^2$
$(2u - 4v)^2 = 4u^2 - 16uv + 16v^2$
$(3p + 2q) \cdot (3p - 2q) = 9p^2 - 4q^2$

Gleichungen und Ungleichungen

Zahlen, die beim Einsetzen für die Variable eine Gleichung erfüllen, heißen Lösungen der Gleichung.

Eine Ungleichung kann mehrere Lösungen haben. Diese Lösungen können an einer Zahlengeraden veranschaulicht werden.

Die Gleichung $5x + 6 = 16$ hat die Lösung 2. Bei der Ungleichung $5x + 6 < 16$ sind alle Zahlen kleiner als 2 Lösungen.

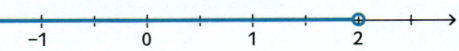

Äquivalenzumformungen von Gleichungen

Eine Umformung einer Gleichung, bei der alle Lösungen erhalten bleiben und keine neuen Lösungen hinzukommen, heißt Äquivalenzumformung.

Wichtige Äquivalenzumformungen von Gleichungen sind:
- beidseitige Addition oder Subtraktion einer Zahl oder eines Terms,
- beidseitige Multiplikation oder Division mit einer Zahl ungleich null.

$3 \cdot (4x - 5) = 8x - 27$ | Vereinfachen
$\quad 12x - 15 = 8x - 27$ | $- 8x$
$\qquad 4x - 15 = -27$ | $+ 15$
$\qquad\quad 4x = -12$ | $: 4$
$\qquad\quad\ x = -3$

Größen und Messen

Gewichtseinheiten
Tonne t
Kilogramm kg   1000 kg = 1 t
Gramm g   1000 g = 1 kg

$5000\,kg = 5\,t$ $3050\,kg = 3{,}05\,t$
$9000\,g = 9\,kg$ $4\,kg\ 300\,g = 4300\,g$

Längeneinheiten
Kilometer km
Meter m   1000 m = 1 km
Dezimeter dm   10 dm = 1 m
Zentimeter cm   10 cm = 1 dm
Millimeter mm   10 mm = 1 cm

$3000\,m = 3\,km$
$80\,dm = 8\,m$
$741\,cm = 7\,m\ 41\,cm$
$1{,}1\,cm = 11\,mm$

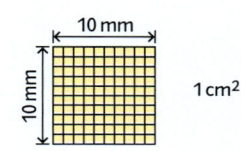

2

Flächeneinheiten
Flächeninhalte kann man in den Einheiten $1\,mm^2$, $1\,cm^2$, $1\,dm^2$, $1\,m^2$, 1a, 1ha und $1\,km^2$ messen.
Multipliziert man eine Flächeneinheit mit 100, so erhält man die nächstgrößere, bei Division durch 100 die nächstkleinere Einheit.

Quadratkilometer km^2
Hektar ha   100 ha = $1\,km^2$
Ar a   100 a = 1 ha
Quadratmeter m^2 100 m^2 = 1 a
Quadratdezimeter dm^2 100 dm^2 = $1\,m^2$
Quadratzentimeter cm^2 100 cm^2 = $1\,dm^2$
Quadratmillimeter mm^2 100 mm^2 = $1\,cm^2$

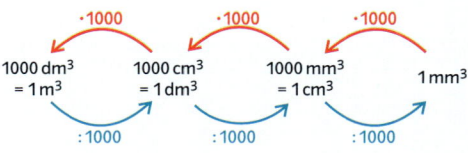

$12\,ha = 0{,}12\,km^2$
$= 1200\,a$
$20\,050\,mm^2$
$= 200\,cm^2\ 50\,mm^2$

Volumeneinheiten
Volumina kann man in den Einheiten $1\,mm^3$, $1\,cm^3 = 1\,ml$, $1\,dm^3 = 1\,l$ und $1\,m^3$ messen.
Multipliziert man eine Volumeneinheit mit 1000, so erhält man die nächstgrößere, bei Division durch 1000 die nächstkleinere Einheit.

Kubikmeter m^3
Kubikdezimeter dm^3 Liter l   1000 dm^3 = $1\,m^3$
Kubikzentimeter cm^3 Milliliter ml   1000 cm^3 = $1\,dm^3$ = 1 l
Kubikmillimeter mm^3 1000 mm^3 = $1\,cm^3$ = 1 ml

$12\,m^3 = 12\,000\,dm^3$
$= 12\,000\,l$
$143\,dm^3\ 3\,cm^3$
$= 143\,003\,cm^3$

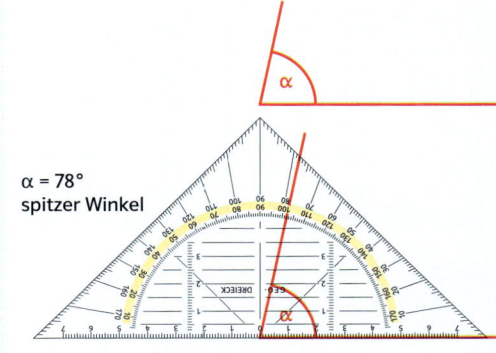

Messen von Winkelgrößen
Zum Messen von Winkelgrößen benutzt man Skalen, wie man sie auf dem Geodreieck findet.
Die Größe von Winkeln wird in Grad angegeben.
Je nach Größe unterscheidet man verschiedene Winkelarten:

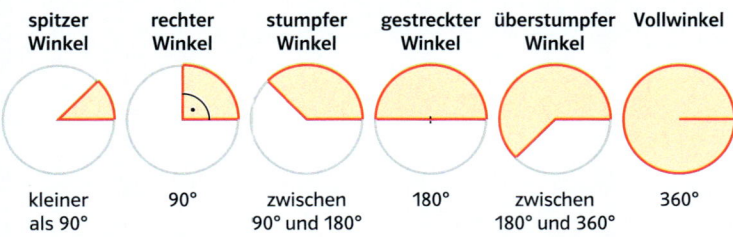

spitzer Winkel	rechter Winkel	stumpfer Winkel	gestreckter Winkel	überstumpfer Winkel	Vollwinkel
kleiner als 90°	90°	zwischen 90° und 180°	180°	zwischen 180° und 360°	360°

$\alpha = 78°$
spitzer Winkel

Raum und Form

Scheitelwinkel und Nebenwinkel

An zwei sich schneidenden Geraden sind Scheitelwinkel gleich groß. Nebenwinkel ergeben zusammen 180°.

Stufenwinkel

Wenn zwei zueinander parallele Geraden von einer weiteren Geraden geschnitten werden, dann sind die Stufenwinkel gleich groß. Wenn die Geraden g und h von der Geraden k geschnitten werden und die Winkel β und γ gleich groß sind, dann sind die Geraden g und h zueinander parallel.

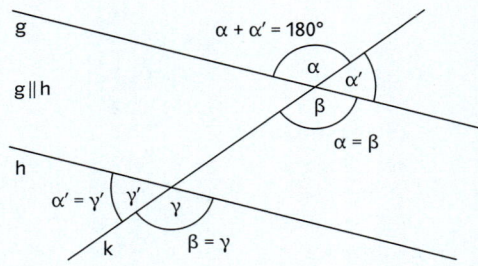

Volumen und Oberflächeninhalt eines Quaders

$V = a \cdot b \cdot c$

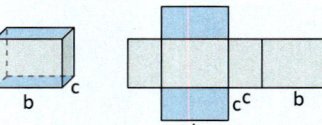

$O = 2 \cdot a \cdot b + 2 \cdot b \cdot c + 2 \cdot a \cdot c$

Für ein Quader mit $a = 4\,cm$, $b = 2\,cm$ und $c = 3\,cm$ gilt:
$V = 4\,cm \cdot 2\,cm \cdot 3\,cm = 24\,cm^3$

$O = 2 \cdot 4\,cm \cdot 2\,cm + 2 \cdot 2\,cm \cdot 3\,cm$
$\quad + 2 \cdot 4\,cm \cdot 3\,cm = 52\,cm^2$

Volumen und Oberflächeninhalt von Prismen

Für ein Prisma mit der Grundfläche G, der Höhe h und der Mantelfläche M gilt:
$V = G \cdot h$
$O = 2G + M$

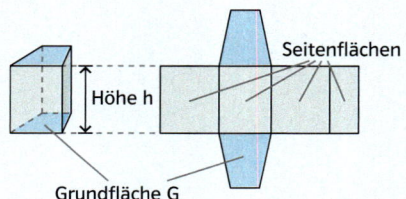

Für ein Prisma der Höhe 11 cm, dessen Grundfläche ein rechtwinkliges Dreieck mit $a = 6\,cm$, $b = 8\,cm$, $c = 10\,cm$ und $\gamma = 90°$ ist, gilt:

$G = \frac{1}{2} \cdot 6\,cm \cdot 8\,cm = 24\,cm^2$,

$V = 24\,cm^2 \cdot 11\,cm = 264\,cm^3$,
$M = (6\,cm + 8\,cm + 10\,cm) \cdot 11\,cm = 264\,cm^2$,
$O = 2 \cdot 24\,cm^2 + 264\,cm^2 = 312\,cm^2$.

Flächeninhalt eines Dreiecks

$A = \frac{1}{2} \cdot a \cdot h_a$

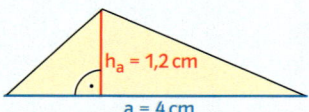

$A = \frac{1}{2} \cdot 4\,cm \cdot 1,2\,cm = 2,4\,cm^2$

Flächeninhalt besonderer Vierecke

Parallelogramm: $A = a \cdot h_a$

Trapez: $A = \frac{1}{2} \cdot (a + c) \cdot h$

Drachen: $A = \frac{1}{2} \cdot e \cdot f$

Raute: $A = a \cdot h$

$A = 2,6\,cm \cdot 1,3\,cm$
$\quad = 3,38\,cm^2$

$A = \frac{1}{2}\,(2,4\,cm + 1,6\,cm)$
$\quad \cdot 1,1\,cm = 2,2\,cm^2$

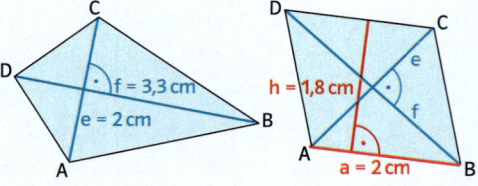

$A = \frac{1}{2} \cdot 2\,cm \cdot 3,3\,cm$
$\quad = 3,3\,cm^2$

$A = 2\,cm \cdot 1,8\,cm$
$\quad = 3,6\,cm^2$

Winkelsumme im Dreieck

In jedem Dreieck beträgt die Summe der drei Innenwinkel 180°.

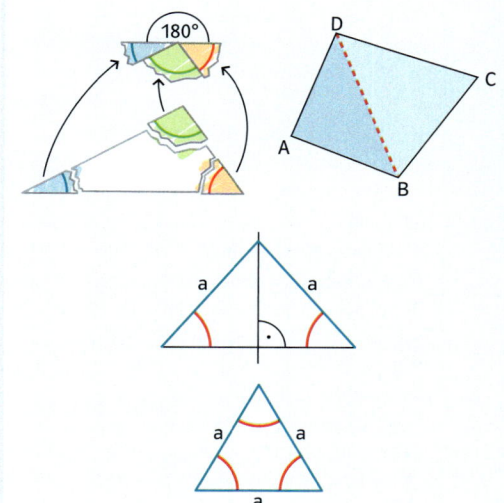

Winkelsumme im Viereck

In jedem Viereck beträgt die Summe der vier Innenwinkel 360°.

Gleichschenkliges und gleichseitiges Dreieck

Ein Dreieck mit zwei gleich langen Seiten nennt man gleichschenklig.
Ein Dreieck mit drei gleich langen Seiten nennt man gleichseitig.
Wenn ein Dreieck gleichschenklig ist, dann sind die Basiswinkel gleich groß (Basiswinkelsatz).
Umgekehrt gilt auch: Wenn in einem Dreieck zwei Winkel gleich groß sind, dann ist es gleichschenklig.
In einem gleichseitigen Dreieck sind alle Winkel 60° groß.

2

Vierecke

Parallelogramm:	Viereck, bei dem gegenüberliegende Seiten parallel sind
Raute:	Viereck mit vier gleich langen Seiten
Rechteck:	Viereck mit vier rechten Winkeln
Quadrat:	Viereck mit vier gleich langen Seiten und vier rechten Winkeln
Trapez:	Viereck mit (mindestens) einem Paar paralleler Seiten
symmetrisches Trapez:	Trapez mit Symmetrieachse
Drachen:	Viereck, in dem die eine Diagonale die andere halbiert
symmetrischer Drachen:	Drachen mit einer Diagonale als Symmetrieachse

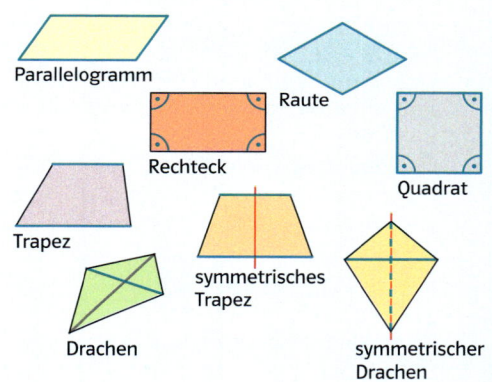

Großes Haus der Vierecke

Rot: Symmetrieachsen und -zentren
Blau: Definitionen

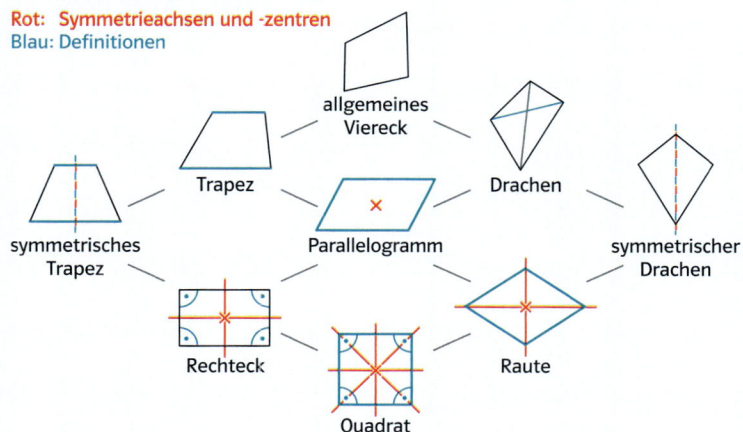

*Jedes Parallelogramm ist ein Drachen.
Jedes Rechteck ist ein symmetrisches Trapez.
Da jedes Quadrat auch ein Rechteck ist, ist ein Quadrat auch ein symmetrisches Trapez.*

Im großen Haus der Vierecke gilt: Wenn zwei Vierecke durch eine oder mehrere Verbindungslinien in gleicher Richtung miteinander verbunden sind, dann „erbt" das „untere" Viereck die Eigenschaften des „oberen" Vierecks.

Satz des Thales

Wenn ein Punkt C auf dem Halbkreis über einer Strecke $\overline{AB}$ liegt, dann hat das Dreieck ABC bei C einen rechten Winkel.
Ein solcher Kreis heißt Thaleskreis.

Umkehrung des Satzes von Thales

Wenn das Dreieck ABC im Punkt C rechtwinklig ist, dann liegt der Punkt C auf dem Thaleskreis über der Strecke $\overline{AB}$.

Mittelsenkrechte und Winkelhalbierende

Die Gerade, die senkrecht zu einer Strecke $\overline{AB}$ ist und durch deren Mittelpunkt verläuft, heißt Mittelsenkrechte der Strecke $\overline{AB}$.
Auf der Mittelsenkrechten zu einer Strecke $\overline{AB}$ liegen diejenigen Punkte, die von A und B den gleichen Abstand haben.
Die Gerade, die einen Winkel α in zwei gleich große Teile teilt, heißt Winkelhalbierende von α.
Auf der Winkelhalbierenden eines Winkels liegen diejenigen Punkte, die von den Schenkeln des Winkels den gleichen Abstand haben.

Umkreis, Inkreis, Schwerpunkt

In jedem Dreieck schneiden sich die drei Mittelsenkrechten, die drei Winkelhalbierenden und die drei Seitenhalbierenden jeweils in einem Punkt. Dadurch ergeben sich der Umkreis- und Inkreismittelpunkt sowie der Schwerpunkt des Dreiecks.

Höhen eines Dreiecks

In jedem Dreieck schneiden sich die drei Höhenlinien in einem Punkt, dem Höhenschnittpunkt.

Zueinander kongruente Figuren

Zwei Figuren sind zueinander kongruent, wenn sie in Form und Größe übereinstimmen, d.h., wenn man sie so übereinanderlegen kann, dass sie sich vollständig zur Deckung bringen lassen.

Kongruenzsätze

Wenn zwei Dreiecke in
- den drei Seiten (sss),
- einer Seite und zwei Winkeln (wsw),
- zwei Seiten und dem eingeschlossenen Winkel (sws),
- zwei Seiten und dem der längeren Seite gegenüberliegenden Winkel (Ssw)

übereinstimmen, dann sind sie zueinander kongruent.

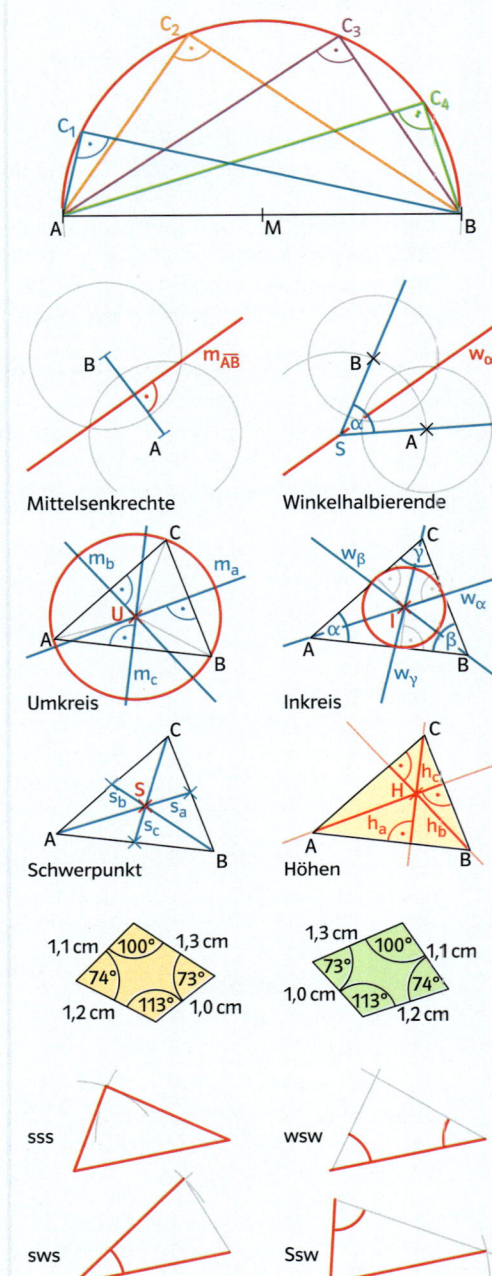

Ähnliche Figuren

Zwei Figuren sind ähnlich, wenn die Längenverhältnisse entsprechender Seiten und die entsprechenden Winkel gleich groß sind.
$\frac{a}{w} = \frac{b}{x} = \frac{c}{y} = \frac{d}{z}$ und $\alpha = \alpha'$; $\beta = \beta'$; $\gamma = \gamma'$; $\delta = \delta'$

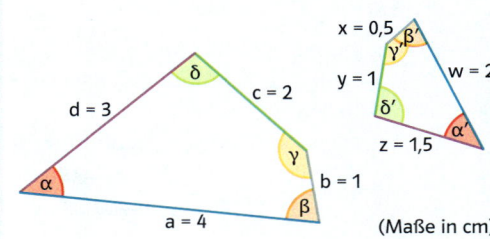

(Maße in cm)

Ähnliche Dreiecke

Stimmen zwei Dreiecke in allen drei Winkeln überein, dann sind sie ähnlich: $\alpha = \alpha'$, $\beta = \beta'$, $\gamma = \gamma'$.

Stimmen zwei Dreiecke in allen einander entsprechenden Seitenverhältnissen überein, dann sind sie ähnlich: $\frac{a}{x} = \frac{b}{y} = \frac{c}{z}$.

2

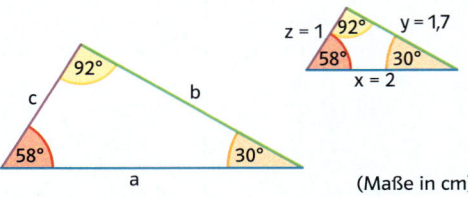

(Maße in cm)

Die Dreiecke stimmen in allen Winkeln überein. Daraus folgt:
$\frac{a}{x} = \frac{b}{y} = \frac{c}{z} = \frac{2}{1} = 2.$

Also ist $a = 2 \cdot x = 2 \cdot 2 = 4$ und $b = 2 \cdot y = 2 \cdot 1{,}7 = 3{,}4.$

Strahlensätze

In jeder Strahlensatzfigur verhalten sich die von S aus gemessenen Abschnitte auf einem Strahl (einer Geraden) wie die entsprechenden Abschnitte auf dem (der) anderen.

$\frac{\overline{SA'}}{\overline{SA}} = \frac{\overline{SB'}}{\overline{SB}}$ (1. Strahlensatz)

In jeder Strahlensatzfigur verhalten sich die Abschnitte auf den Parallelen wie die von S aus gemessenen entsprechenden Abschnitte auf jedem Strahl (jeder Geraden).

$\frac{\overline{A'B'}}{\overline{AB}} = \frac{\overline{SA'}}{\overline{SA}}$ und $\frac{\overline{A'B'}}{\overline{AB}} = \frac{\overline{SB'}}{\overline{SB}}$ (2. Strahlensatz)

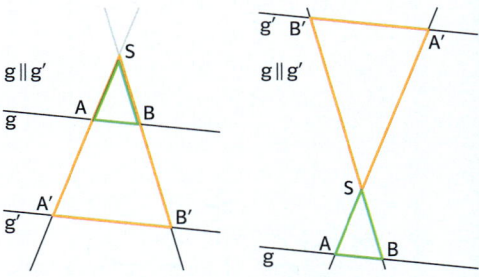

$\overline{AB} = 3{,}2\,cm$, $\overline{SB} = 5\,cm$, $\overline{SB'} = 12{,}5\,cm$

Mit dem 2. Strahlensatz gilt:
$\frac{\overline{A'B'}}{\overline{AB}} = \frac{\overline{SB'}}{\overline{SB}} = \frac{12{,}5\,cm}{5\,cm} = 2{,}5,$ *also*
$\overline{A'B'} = 2{,}5 \cdot \overline{AB} = 2{,}5 \cdot 3{,}2\,cm = 8\,cm$

Satz des Pythagoras

Für jedes rechtwinklige Dreieck gilt:
Die beide Kathetenquadrate haben zusammen den gleichen Flächeninhalt wie das Hypotenusenquadrat.
$a^2 + b^2 = c^2$

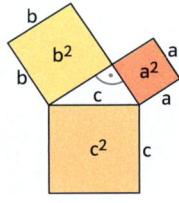

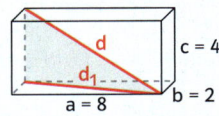

Ist d_1 die Diagonale der Grundfläche, so gilt nach dem Satz des Pythagoras
$d_1^2 = a^2 + b^2.$
Für das markierte Dreieck gilt nach dem Satz des Pythagoras
$d^2 = d_1^2 + c^2.$
Einsetzen ergibt
$d^2 = a^2 + b^2 + c^2,$
$d = \sqrt{a^2 + b^2 + c^2} \approx 9{,}2\,cm.$

Umkehrung des Satzes von Pythagoras

Wenn für die Seiten eines Dreiecks die Gleichung $a^2 + b^2 = c^2$ gilt, dann bilden die Seiten a und b einen rechten Winkel.

Funktionaler Zusammenhang

Darstellungen von Zuordnungen
Eine Zuordnung kann dargestellt werden
- in Form einer Tabelle,
- durch ein Diagramm oder eine andere bildliche Veranschaulichung,
- mithilfe von Pfeilen,
- durch einen Text.

Bei der Angabe einer Zuordnung benennt man die Ausgangswerte und die zugeordneten Werte und verbindet die beiden Begriffe durch einen Pfeil. Die Einheiten werden in Klammern angegeben.

Graphen von Zuordnungen
Um eine Zuordnung durch einen Graphen darzustellen, werden die Wertepaare als Punkte in ein Koordinatensystem eingetragen. Wenn es sinnvoll ist, werden die Punkte durch eine passende Linie verbunden.
Verschiedene Eigenschaften einer Zuordnung lassen sich anhand des Graphen auf einen Blick erkennen.

Zuordnungsvorschriften
Viele Zuordnungen können durch eine Zuordnungsvorschrift beschrieben werden.

Proportionale Zuordnungen
Bei einer proportionalen Zuordnung wird dem 2-, 3- bzw. n-fachen Ausgangswert auch der 2-, 3- bzw. n-fache zugeordnete Wert zugeordnet. Der Quotient aus einem zugeordneten Wert und dem dazugehörigen Ausgangswert ist stets gleich (Quotientengleichheit); man nennt diesen Proportionalitätsfaktor. Ist der Proportionalitätsfaktor z.B. 4, so lautet die Zuordnungsvorschrift $x \mapsto 4 \cdot x$.

Dreisatz bei proportionalen Zuordnungen
Liegt eine proportionale Zuordnung vor, so kann man Wertetabellen über einen Zwischenschritt vervollständigen. Man rechnet dabei auf beiden Seiten „gleichartig".

Antiproportionale Zuordnungen
Bei einer antiproportionalen Zuordnung wird dem 2-, 3- bzw. n-fachen Ausgangswert der 2., 3. bzw. n-te Teil des zugeordneten Wertes zugeordnet. Das Produkt aus einem Ausgangswert und dem zugeordnetem Wert ist für alle Wertepaare gleich (Produktgleichheit). Ist dieses Produkt z.B. 5, so lautet die Zuordnungsvorschrift $x \mapsto \frac{5}{x}$.

Dreisatz bei antiproportionalen Zuordnungen
Liegt eine antiproportionale Zuordnung vor, so kann man Wertetabellen über einen Zwischenschritt vervollständigen. Man rechnet dabei auf den unterschiedlichen Seiten „auf entgegengesetzte Weise".

Uhrzeit	6	9	12	15
Temperatur (in °C)	– 4	0	2	1

Uhrzeit → Temperatur (in °C)

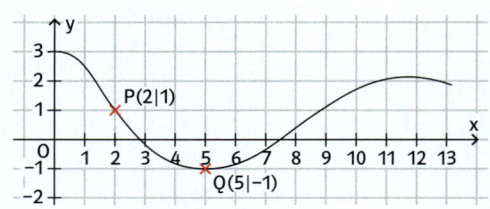

Bei Quadraten mit der Seitenlänge s betrachtet man die Zuordnung Seitenlänge (in cm) → Umfang (in cm).
Zuordnungsvorschrift: $s \mapsto 4 \cdot s$
(sprich: „s wird $4 \cdot s$ zugeordnet.")

25 l Benzin kosten 30 €. Wie viel kosten 60 l Benzin?
Die Zuordnung Benzinmenge (in l) → Preis (in €) ist proportional. Dreisatz:

Benzinmenge (in l)	Preis (in €)
25	30
5	6
60	72

$:5$ $\cdot 12$ auf der linken Seite, $:5$ $\cdot 12$ auf der rechten Seite

60 l Benzin kosten 72 €.

Ein Heuvorrat reicht für 6 Kühe 50 Tage. Wie lange reicht der Vorrat für 10 Kühe?
Die Zuordnung Anzahl der Kühe → Zeit (in Tagen) ist antiproportional. Dreisatz:

Anzahl der Kühe	Zeit (in Tagen)
6	50
1	300
10	30

$:6$ $\cdot 10$ auf der linken Seite, $\cdot 6$ $:10$ auf der rechten Seite

Für 10 Kühe reicht der Vorrat 30 Tage.

Funktion und Funktionsgraph

Eine Zuordnung, die jedem Wert für x genau einen Wert für y zuordnet, heißt Funktion.
Ein Graph ist nur dann der Graph einer Funktion, wenn jede Parallele zur y-Achse den Graphen in höchstens einem Punkt schneidet.

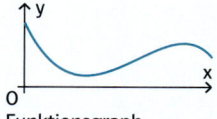

Funktionsgraph

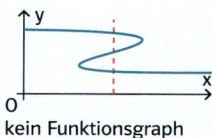

kein Funktionsgraph

Funktionsterm

Lässt sich eine Funktion f mit f(x) durch einen Term beschreiben, so kann man zu jedem Wert von x den zugeordneten Funktionswert f(x) mithilfe des Funktionsterms berechnen.
Die Menge aller Punkte P(x|f(x)) erfüllen, bilden den Funktionsgraphen.

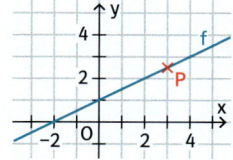

$f(x) = 0,5x + 1$
$P(3|2,5)$ liegt auf dem Graphen von f, da $f(3) = 0,5 \cdot 3 + 1$
$= 2,5.$

Lineare Funktionen

Eine Funktion mit $f(x) = mx + b$ heißt lineare Funktion. Ihr Graph ist eine Gerade mit der Steigung m und dem y-Achsenabschnitt b.
Ist $m = 0$, so verläuft der Graph der Funktion parallel zur x-Achse. Im Falle $b = 0$ liegt eine proportionale Funktion vor.

Sind $P(x_1|y_1)$ und $Q(x_2|y_2)$ Punkte des Graphen einer linearen

Funktion $g(x) = mx + b$, so gilt: $m = \frac{y_2 - y_1}{x_2 - x_1}$.

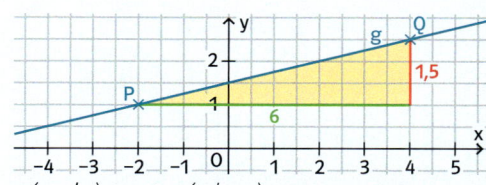

$P(-2|1)$ und $Q(4|2,5)$ liegen auf dem Graphen einer linearen Funktion
$g(x) = mx + b.$

Wegen $m = \frac{2,5 - 1}{4 - (-2)} = \frac{1,5}{6} = \frac{1}{4}$ gilt

Bei bekannter Steigung ergibt sich der Wert für b aus der Geradengleichung $y = mx + b$ durch Einsetzen der Koordinaten von P oder Q.

$g(x) = \frac{1}{4}x + b.$
Insbesondere ist $g(-2) = \frac{1}{4} \cdot (-2) + b = 1.$
Es ergibt sich $b = 1,5$, also $g(x) = \frac{1}{4}x + 1,5.$

Lineare Gleichungen

Die Lösung der linearen Gleichung $mx + b = c$ ist die Stelle x, an der die lineare Funktion $g(x) = mx + b$ den Funktionswert c annimmt.

Im Sonderfall $c = 0$ ist die Lösung der Gleichung die **Nullstelle** der Funktion. An dieser Stelle schneidet der Graph die x-Achse.

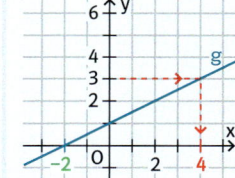

$0,5x + 1 = 3 \quad |-1$
$0,5x = 2 \quad |\cdot 2$
$x = 4$

$0,5x + 1 = 0 \quad |-1$
$0,5x = -1 \quad |\cdot 2$
$x = -2$

Lineare Gleichungssysteme mit zwei Variablen

Zwei lineare Gleichungen mit zwei Variablen bezeichnet man als lineares Gleichungssystem.
Ein Zahlenpaar, das beide Gleichungen eines linearen Gleichungssystems erfüllt, heißt Lösung des Gleichungssystems.
Die Lösung des linearen Gleichungssystems ist der Schnittpunkt der zu den Gleichungen gehörenden Geraden.

$I: \ y = 0,4x + 1$
$II: \ y = -0,6x + 6$
Graphische Lösung

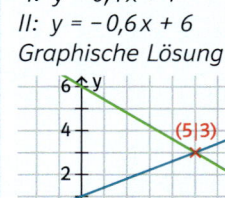

Die Geraden schneiden sich in $S(5|3)$. Also ist $(5|3)$ Lösung des Gleichungssystems.

Lösen linearer Gleichungssysteme mit zwei Variablen

Gleichsetzungsverfahren, Einsetzungsverfahren und Additionsverfahren sind Rechenverfahren zum Lösen linearer Gleichungssysteme. Alle Verfahren haben das Ziel, aus zwei Gleichungen mit zwei Variablen eine einzelne Gleichung zu erzeugen, in der eine der beiden Variablen nicht mehr vorkommt.
Es sind folgende Fälle möglich:

Lösungsmenge	Veranschaulichung
Genau eine Lösung	Geraden schneiden sich
Keine Lösung	Geraden sind parallel
Unendlich viele Lösungen	Geraden sind identisch

Quadratische Funktionen

Eine Funktion f, deren Funktionsterm die Form $f(x) = ax^2$ besitzt, heißt rein quadratische Funktion. Ihr Funktionsgraph ist eine Parabel.
Der Graph von f mit $f(x) = x^2$ heißt **Normalparabel**.

Allgemeine quadratische Funktionen

Für den Funktionsterm allgemeiner quadratischer Funktionen gibt es verschiedene Darstellungsformen.
Scheitelpunktform:
$f(x) = a(x - u)^2 + v$, der Scheitelpunkt ist $S(u\,|\,v)$
Nullstellenform (oder **faktorisierte Form**):
$f(x) = a(x - n)(x - m)$, die Nullstellen sind n und m
Allgemeine (oder **ausmultiplizierte**) **Form**:
$f(x) = ax^2 + bx + c$, der Schnittpunkt mit der y-Achse ist $(0\,|\,c)$

Man kann die unterschiedlichen Darstellungsformen des Funktionsterms ineinander überführen.

Quadratische Gleichungen

Eine Gleichung der Form $ax^2 + bx + c = 0$ (mit $a \neq 0$) heißt quadratische Gleichung. Ihre Lösungen sind die Nullstellen der zugehörigen quadratischen Funktion. Man kann eine quadratische Gleichung zeichnerisch (Näherungslösung) oder rechnerisch lösen.

Man kann jede quadratische Gleichung in die Form $x^2 + px + q = 0$ überführen und durch quadratische Ergänzung lösen.

Führt man die quadratische Ergänzung mit den Variablen p, q durch, so erhält man die **pq-Formel**:
$$x^2 + px + q = 0$$
$$\Leftrightarrow x = -\frac{p}{2} + \sqrt{\left(\frac{p}{2}\right)^2 - q} \ \text{ oder } \ x = -\frac{p}{2} - \sqrt{\left(\frac{p}{2}\right)^2 - q}$$
Der Ausdruck $\left(\frac{p}{2}\right)^2 - q$ heißt **Diskriminante**.

Die quadratische Gleichung besitzt
– zwei verschiedene Lösungen, falls $\left(\frac{p}{2}\right)^2 - q > 0$,
– genau eine Lösung, falls $\left(\frac{p}{2}\right)^2 - q = 0$,
– keine Lösung, falls $\left(\frac{p}{2}\right)^2 - q < 0$.

Gleichungssystem: *I:* $y = 2x$
  II: $x + y = 3$
Lösung mit drei verschiedenen Verfahren:
Einsetzungsverfahren
I in II: $x + 2x = 3$, *also* $x = 1$.
Einsetzen in I (oder II) ergibt $y = 2$.
Gleichsetzungsverfahren
  II: $y = 3 - x$
I = II: $2x = 3 - x$, *also* $x = 1$.
Einsetzen in I (oder II) ergibt $y = 2$.
Additionsverfahren
  I: $2x - y = 0$
I + II: $3x + 0y = 3$, *also* $x = 1$.
Einsetzen in I (oder II) ergibt $y = 2$.
Lösung des Gleichungssystems: $(1\,|\,2)$

Betrachtet wird der Graph der Funktion f mit $f(x) = 2x^2 - 12x + 10$.

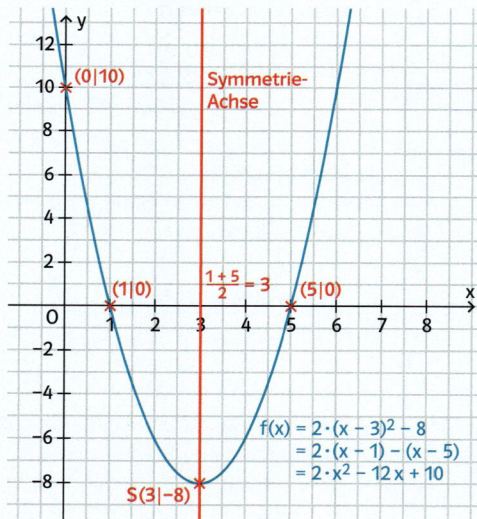

Rechnerische Lösung der Gleichung $2x^2 - 12x + 10 = 0$ *durch quadratische Ergänzung:*
$$2x^2 - 12x + 6 = 0 \qquad |:2$$
$$\Leftrightarrow x^2 - 6x + 5 = 0 \qquad | \, TU$$
$$\Leftrightarrow x^2 - 2 \cdot 3x + 5 = 0 \quad |+4$$
$$\Leftrightarrow x^2 - 2 \cdot 3x + 9 = 4 \quad |\, TU$$
$$\Leftrightarrow (x - 3)^2 = 4 \qquad |\sqrt{\ }$$
$$\Leftrightarrow |x - 3| = 2$$
$$\Leftrightarrow x - 3 = 2 \ \text{ oder } \ x - 3 = -2 \qquad |+3$$
$$\Leftrightarrow x = 5 \qquad \text{ oder } \ x = 1$$

Daten und Zufall

Absolute und relative Häufigkeiten

Durch Auszählen von Daten ermittelt man absolute Häufigkeiten. Beim Vergleichen von absoluten Häufigkeiten kann man jeweils die relative Häufigkeit verwenden:

$$\text{relative Häufigkeit} = \frac{\text{absolute Häufigkeit}}{\text{Gesamtanzahl}}.$$

Die Summe der relativen Häufigkeiten ergibt 100 %.

Tier	kein Haustier	Hund	Katze	Vogel	Hamster
absolute Häufigkeit	6	3	6	6	9
relative Häufigkeit	20 %	10 %	20 %	20 %	30 %

Umfrageergebnis zu „Ich habe (k)ein Haustier"

Diagramme

Beim Darstellen und Vergleichen von Zahlen helfen Diagramme. Bei den Diagrammen muss man u. a. genau auf die verwendeten Skalen, Längen und Flächen achten.

Zum Darstellen von relativen Häufigkeiten eignen sich Kreisdiagramme besonders gut. Grundwert (entspricht 100 %) ist hier der Vollwinkel 360°.

Bei einem Kreisdiagramm spiegeln die Größen der Mittelpunktswinkel die relativen Häufigkeiten wider.

Absolute Häufigkeiten lassen sich übersichtlich in Säulendiagrammen darstellen.

Beim Säulendiagramm werden Streifen verwendet, die aufrecht nebeneinander angeordnet sind.

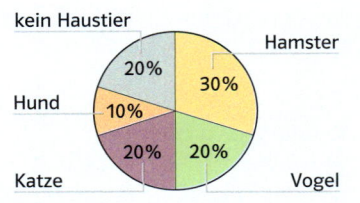

Mittelwert, Zentralwert, Spannweite

Ist eine bestimmte Anzahl von Werten gegeben, so kann man verschiedene Kennzahlen berechnen:

– Den Mittelwert: $\dfrac{\text{Summe der einzelnen Werte}}{\text{Anzahl der Werte}}.$

– Den Zentralwert: Man sortiert die Werte der Größe nach und nimmt den Wert in der Mitte.

– Die Spannweite: Differenz des größten und des kleinsten Werts.

Sechs Freunde bekommen unterschiedlich viel Taschengeld: 12 €, 9 €, 7 €, 8 €, 19 €, 11 €.

Mittelwert: $\dfrac{12\,€ + 9\,€ + 7\,€ + 8\,€ + 19\,€ + 11\,€}{6}$
= 11 €

Zentralwert: 7 €, 8 €, 9 €, 11 €, 12 €, 19 €

$\dfrac{9\,€ + 11\,€}{2} = 10\,€$

Spannweite: 19 € – 7 € = 12 €

Erkennungsmerkmale eines Zufallsexperiments

1. Zu einem Zufallsexperiment wird eine Ergebnismenge festgelegt.
2. Es wird genau ein Ergebnis aus der Ergebnismenge eintreten.
3. Welches der möglichen Ergebnisse auftreten wird, lässt sich nicht vorhersagen.
4. Das Experiment kann unter den gleichen Bedingungen beliebig oft wiederholt werden.

Werfen einer Münze
Ergebnismenge z. B.: S = {Wappen; Zahl}

Würfeln
Ergebnismenge z. B:
S = {gerade Zahl; ungerade Zahl}

Wahrscheinlichkeiten und relative Häufigkeiten

Wenn man ein Zufallsexperiment oft wiederholt, dann sind die ermittelten relativen Häufigkeiten der Ergebnisse gute Schätzwerte für deren Wahrscheinlichkeiten.

Die den einzelnen Ergebnissen zugeordneten Wahrscheinlichkeiten müssen zusammen 1 (= 100 %) ergeben.

2000-maliges Drehen des Glücksrades:

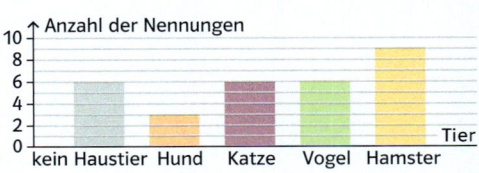

Ergebnis	„gelb"	„grün"	„blau"
absolute Häufigkeit	871	460	669
relative Häufigkeit	43,55 %	23,00 %	33,45 %
geschätzte Wahrscheinlichkeit	43,5 %	23,0 %	33,5 %

Laplace-Experimente

Zufallsexperimente, bei denen man eine Ergebnismenge so angeben kann, dass alle Ergebnisse gleich wahrscheinlich sind, nennt man Laplace-Experimente.

Beim Werfen eines Würfels sind die sechs Ergebnisse „1", „2", „3", „4", „5" und „6" alle gleich wahrscheinlich.

Ereignis

Mehrere Ergebnisse eines Zufallsexperiments können zu einem Ereignis zusammengefasst werden.

mögliche Ereignisse beim Würfeln: „gerade Augenzahl" oder „Augenzahl durch 3 teilbar"

Summenregel

Man berechnet die Wahrscheinlichkeit eines Ereignisses, indem man die Summe der Wahrscheinlichkeiten der zugehörigen Ergebnisse addiert.

Wahrscheinlichkeit für das Ereignis „blau":
$P(blau) = \frac{6}{20} = \frac{3}{10}$
Wahrscheinlichkeit für das Ereignis „rot, grün oder blau":
$P(rot, grün oder blau)$
$= 1 - P(weiß)$
$= 1 - \frac{3}{20} = \frac{17}{20}$

Komplementärregel

Die Wahrscheinlichkeit eines Ereignisses und die Wahrscheinlichkeit des zugehörigen Gegenereignisses ergänzen sich immer zu 1: $P(\text{Ereignis}) + P(\text{Gegenereignis}) = 1$.

Vierfeldertafel

Mit einer Vierfeldertafel lassen sich bei einem Laplace-Experiment die Anzahlen der Ergebnisse von zwei Ereignissen und ihren Gegenereignissen übersichtlich darstellen und Wahrscheinlichkeiten berechnen.

Mitglieder der freiwilligen Feuerwehr

	m	w	Summe
Jugendliche	7	4	11
Erwachsene	11	3	14
Summe	18	7	25

Die Wahrscheinlichkeit, dass ein zufällig ausgewähltes erwachsenes Mitglied weiblich ist, beträgt $p = \frac{3}{14}$.

Kapitel I, Bist du schon sicher?, Seite 12

9

	a	b	c	α	β	γ
a)	4,5 cm	**6,1 cm**	7,6 cm	**36,3°**	**53,7°**	90°
b)	**3,77 dm**	8,61 dm	**7,74 dm**	26°	90°	**64°**
c)	**3,83 m**	3,6 m	13,2 dm	90°	**69,9°**	**20,1°**

Teilweise handelt es sich um gerundete Werte.

10
a) $\sin(\alpha) = \frac{k}{f}$ b) $\sin(\gamma) = \frac{h}{f}$ c) $\sin(\delta) = \frac{g}{f}$ d) $\sin(\beta) = \frac{e}{f}$
e) $\cos(\delta) = \frac{k}{f}$ f) $\tan(\beta) = \frac{e}{h}$ g) $\tan(\alpha) = \frac{k}{g}$ h) $\cos(\gamma) = \frac{e}{f}$

11
a) Es gilt: $\tan(23°) \approx 0,424 = 42,4\%$. Da die Schneeraupe eine maximale Steigung von 50 % bewältigen kann, kann sie auf der Skipiste fahren.
b) Es gilt: $\tan(\alpha) = 0,5$, also ist $\alpha \approx 26,565°$. Der maximale Steigungswinkel, den die Raupe überwinden kann, beträgt also etwa 26,565°.

Kapitel I, Kannst du das noch?, Seite 13

21
a) $P(ANNA) = \frac{1}{2} \cdot \frac{1}{3} \cdot \frac{1}{3} \cdot \frac{1}{2} = \frac{1}{36} \approx 0,027$
b) $P(ANNA) = \frac{1}{2} \cdot \frac{2}{5} \cdot \frac{1}{4} \cdot \frac{2}{3} = \frac{1}{30} \approx 0,03$

Kapitel I, Bist du schon sicher?, Seite 16

8

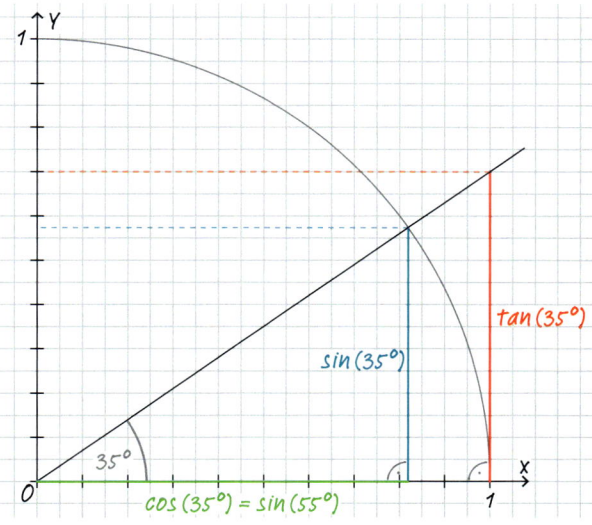

a) $\sin(35°) \approx 0,57$ b) $\cos(35°) \approx 0,82$
c) $\tan(35°) \approx 0,7$ d) $\sin(55°) = \cos(35°) \approx 0,82$

9
a) $\alpha \approx 23°$

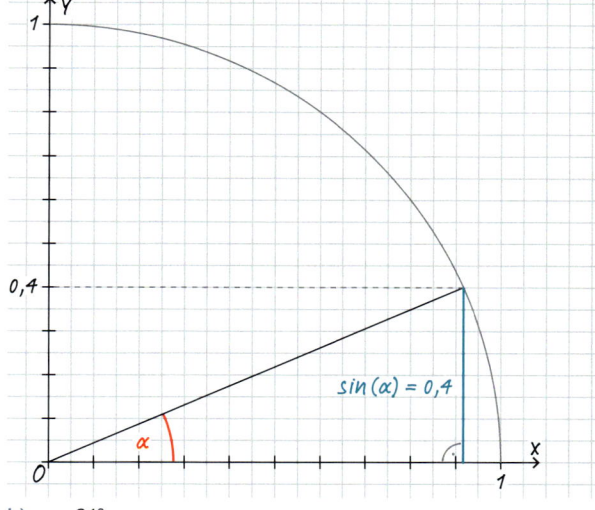

b) $\alpha \approx 31°$

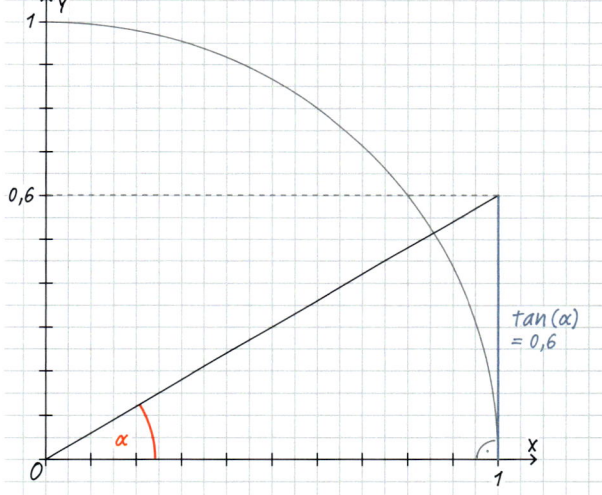

3

185

c) $\alpha \approx 60°$

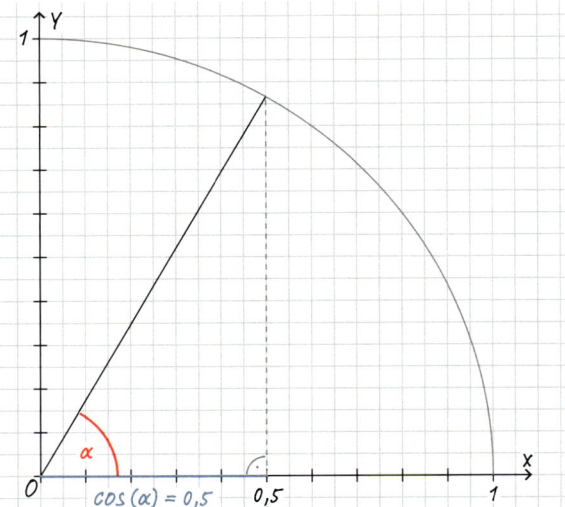

$\cos(\alpha) = 0{,}5$

d) $\alpha \approx 56°$

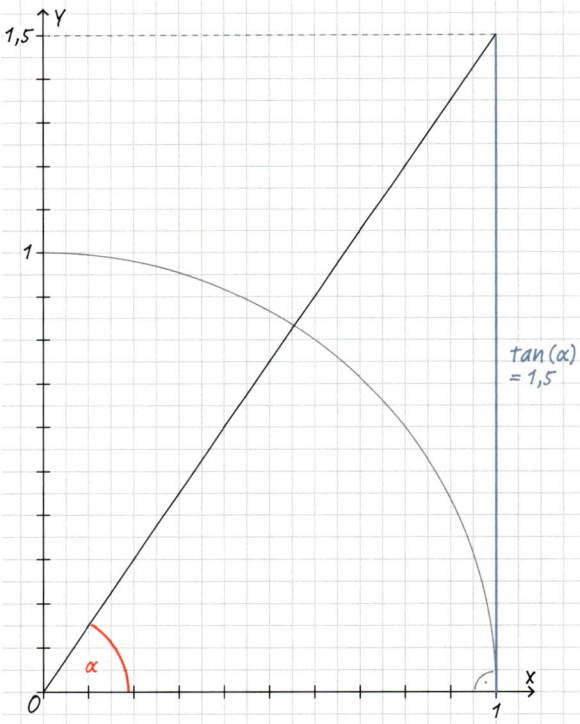

$\tan(\alpha) = 1{,}5$

Kapitel I, Kannst du das noch?, Seite 17

22
a) (1) $S(-1\,|\,3)$ 　　　　(2) $S(-2\,|\,3)$
b) (1) grüner Graph: $f(x) = 3x + 6$; blauer Graph: $f(x) = -3x$
　　(2) grüner Graph: $f(x) = -3x - 3$;

　　　blauer Graph: $f(x) = -\frac{3}{5}x + 1{,}8$

Kapitel I, Bist du schon sicher?, Seite 20

8
Die Symmetrieachse teilt das gleichschenklige Dreieck in
Fig. 2 in zwei kongruente rechtwinklige Dreiecke. Es gilt:

$\tan(\alpha) = \dfrac{h}{\frac{b}{2}} = \dfrac{5{,}4\,\text{m}}{4{,}2\,\text{m}}$, also $\alpha \approx 52{,}1°$;

$a = \sqrt{h^2 + \left(\frac{b}{2}\right)^2} = \sqrt{5{,}4^2 + 4{,}2^2}\ \text{m} \approx 6{,}84\,\text{m}$.

Das Dach hat eine Neigung von etwa 52,1°. Die Dachkante ist
etwa 6,84 m lang.

9
Mit h für den Abstand der parallelen Trapezseiten gilt

$\tan(72°) = \dfrac{h}{\frac{1}{2}(12{,}8 - 9{,}6)\,\text{m}}$, also $h = 1{,}6\,\text{m} \cdot \tan(72°) \approx 4{,}92\,\text{m}$.

Damit hat die trapezförmige Dachfläche den Flächeninhalt

$A = \frac{1}{2}(12{,}8\,\text{m} + 9{,}6\,\text{m}) \cdot h \approx 55{,}15\,\text{m}^2$.

10
$\sin(30°) = \dfrac{h_a}{7{,}2\,\text{cm}}$ 　　　　$A = a \cdot h_a$
　　　$h_a = 7{,}2\,\text{cm} \cdot \sin(30°)$ 　　　$= 12\,\text{cm} \cdot 3{,}6\,\text{cm}$
　　　$h_a = 3{,}6\,\text{cm}$ 　　　　　　$= 43{,}2\,\text{cm}^2$

Kapitel I, Kannst du das noch?, Seite 21

18
Werte in $f(x) = mx + b$ einsetzen.
a) $3 = 2 \cdot 1 + b$ 　　　　　b) $4 = -\frac{1}{2} \cdot (-3) + b$
　$b = 1$ 　　　　　　　　　$b = \frac{5}{2}$
　$f(x) = 2x + 1$ 　　　　　　$f(x) = -\frac{1}{2}x + \frac{5}{2}$

c) $-1 = 1{,}1 \cdot (-4) + b$ 　　　d) $-3 = -4 \cdot 5 + b$
　$b = 3{,}4$ 　　　　　　　　$b = 17$
　$f(x) = 1{,}1x + 3{,}4$ 　　　　　$f(x) = -4x + 17$

Kapitel I, Bist du schon sicher?, Seite 25

7
a) $\alpha_1 = \sin^{-1}(0{,}6) \approx 36{,}9°$ mit dem TR
$\alpha_2 = 180° - \alpha_1 \approx 143{,}1°$
b) $\alpha_1 \approx 26{,}7°$ 　　　　　c) $\alpha_1 \approx 11{,}5°$
　$\alpha_2 \approx 153{,}3°$ 　　　　　　$\alpha_2 \approx 168{,}5°$
d) Es gibt nur eine Lösung: $\alpha = 90°$

8

	a	b	c	α	β	γ
a)	2,7 cm	**2,24 cm**	**0,75 cm**	120°	46°	**14°**
b)	**6,8 cm**	7,9 cm	3,1 cm	**56,3°**	101°	**22,7°**
c)	7,2 cm	**6,24 cm**	3,6 cm	**90°**	**60°**	30°

Teilweise handelt es sich um gerundete Werte.

Kapitel I, Kannst du das noch?, Seite 26

19
a) ja (WW-Satz) 　　　　　b) nein
c) nein 　　　　　　　　d) ja (gleichseitige Dreiecke)
e) nein 　　　　　　　　f) ja (sws-Satz)

Kapitel I, Bist du schon sicher?, Seite 29

6

a) Berechnung der Länge von c mit dem Kosinussatz:

$c = \sqrt{a^2 + b^2 - 2ab \cdot \cos(\gamma)}$

$= \sqrt{4,5^2 + 5,1^2 - 2 \cdot 4,5 \cdot 5,1 \cdot \cos(113°)}$ cm $\approx 8,0$ cm

Berechnung der Größe von α mit dem Sinussatz:

$\sin(\alpha) = \dfrac{a \cdot \sin(\gamma)}{c} \approx \dfrac{4,5 \cdot \sin(113°)}{8,0} \approx 0,518$, also $\alpha \approx 31,2°$,

$\beta = 180° - \alpha - \gamma \approx 180° - 31,2° - 113° = 35,8°$.

b) Berechnung der Länge von b mit dem Kosinussatz:

$b = \sqrt{a^2 + c^2 - 2ac \cdot \cos(\beta)}$

$= \sqrt{5,4^2 + 10^2 - 2 \cdot 5,4 \cdot 10 \cdot \cos(30°)}$ cm $\approx 6,0$ cm

Berechnung der Größe von α mit dem Sinussatz:

$\sin(\alpha) = \dfrac{a \cdot \sin(\beta)}{b} \approx \dfrac{5,4 \cdot \sin(30°)}{6,0} = 0,45$, also $\alpha \approx 26,7°$,

$\gamma = 180° - \alpha - \beta \approx 180° - 26,7° - 30° = 123,3°$.

c) Berechnung der Größe von α mit dem Kosinussatz:

$\cos(\alpha) = \dfrac{a^2 - b^2 - c^2}{-2bc} = \dfrac{4,5^2 - 5,2^2 - 6,2^2}{-2 \cdot 5,2 \cdot 6,2} \approx 0,701$, also ist $\alpha \approx 45,5°$.

Berechnung der Größe von β mit dem Sinussatz:

$\sin(\beta) = \dfrac{b \cdot \sin(\alpha)}{a} \approx \dfrac{5,2 \cdot \sin(45,5°)}{4,5} = 0,824$, also $\beta \approx 55,5°$,

$\gamma = 180° - \alpha - \beta \approx 180° - 45,5° - 55,5° = 79,0°$.

d) $\cos(\alpha) = \dfrac{a^2 - b^2 - c^2}{-2bc} = \dfrac{11,9^2 - 9,8^2 - 8,1^2}{-2 \cdot 9,8 \cdot 8,1} \approx 0,126$, also ist $\alpha \approx 82,75°$.

$\sin(\beta) = \dfrac{b \cdot \sin(\alpha)}{a} \approx \dfrac{9,8 \cdot \sin(82,75°)}{11,9}$, also ist $\beta \approx 54,8°$,

$\gamma = 180° - \alpha - \beta \approx 180° - 82,75° - 54,8° = 42,45°$.

7

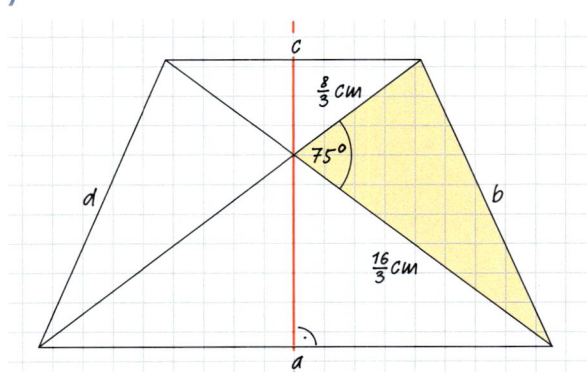

Im gelben Teildreieck sind zwei Seiten und der eingeschlossene Winkel bekannt (sws). Es gilt

$b^2 = \left(\dfrac{8}{3}\,\text{cm}\right)^2 + \left(\dfrac{16}{3}\,\text{cm}\right)^2 - 2 \cdot \dfrac{8}{3}\,\text{cm} \cdot \dfrac{16}{3}\,\text{cm} \cdot \cos(75°)$, also

$b = d \approx 5,3$ cm.

Die Längen der Seiten a und c lassen sich berechnen, indem man zum Beispiel die rechtwinkligen Teildreiecke nutzt, die durch das Einzeichnen der Symmetrieachse entstehen:

$\sin\left(\dfrac{1}{2}(180° - 75°)\right) = \dfrac{\frac{a}{2}}{\frac{16}{3}\,\text{cm}}$, also $a = \dfrac{32}{3}\,\text{cm} \cdot \sin(52,5°) \approx 8,5$ cm

und $\sin(52,5°) = \dfrac{\frac{c}{2}}{\frac{8}{3}\,\text{cm}}$, also $c = \dfrac{16}{3}\,\text{cm} \cdot \sin(52,5°) \approx 4,2$ cm.

Kapitel I, Kannst du das noch?, Seite 30

16

a) $\sqrt{144} = 12$; $\sqrt{0,01} = 0,1$; $\sqrt{0,25} = 0,5$; $\sqrt{3600} = 60$

b) $6\sqrt{2} + 13\sqrt{2} = 19\sqrt{2}$; $5\sqrt{3} - 7\sqrt{12} + \sqrt{75} = 5\sqrt{3} - 14\sqrt{3} + 5\sqrt{3}$
$= -4\sqrt{3}$

Kapitel I, Training Runde 1, Seite 37

1

	α	β	γ	a	b	c
a)	90°	67°	23°	27,9 m	25,72 m	10,92 m
b)	37°	90°	53°	22,6 km	37,5 km	29,9 km
c)	75°	15°	90°	13,2 dm	36 cm	137 cm

2

a) $h = 6,5\,\text{cm} \cdot \sin(48°) \approx 4,8$ cm
$s = 2 \cdot 6,5\,\text{cm} \cdot \cos(48°) \approx 8,7$ cm

b) $\tan(\alpha) = \dfrac{4,8\,\text{cm}}{2,4\,\text{cm}} = 2$, also $\alpha \approx 63,4°$
$r = \dfrac{4,8\,\text{cm}}{\sin(\alpha)} \approx 5,4$ cm

c) $\tan\left(\dfrac{\delta}{2}\right) = \dfrac{3\,\text{cm}}{5\,\text{cm}} = 0,6$, also $\delta \approx 61,9°$; $\gamma = 90° - \dfrac{\delta}{2} \approx 59,05°$

3

a) $\alpha \approx 39,4°$; $\beta \approx 23,1°$; $\gamma \approx 117,5°$; $A = 12,7\,\text{cm}^2$
b) $\gamma \approx 59,8°$; $c \approx 10,16$ cm; $b \approx 11,63$ cm; $A = 36,6\,\text{cm}^2$

4

$a = 6,8$ cm (gegeben);
Schenkel: $b = d \approx 3,2$ cm

Kapitel I, Training Runde 2, Seite 37

1

a) $\sin(\alpha) = \dfrac{p}{r} = \dfrac{4,80\,\text{m}}{6,40\,\text{m}}$ und damit $\alpha \approx 48,6°$

$\beta = 90° - \alpha \approx 41,4°$

$q = \sqrt{r^2 - p^2} = \sqrt{6,4^2 - 4,8^2}$ m $\approx 4,2$ m

b) $\beta = 90° - \alpha = 26°$

$\tan(\alpha) = \dfrac{p}{q}$, also $p = q \cdot \tan(\alpha) = 12,5\,\text{km} \cdot \tan(64°) \approx 25,6$ km

$r = \sqrt{p^2 + q^2} \approx 28,5$ km

c) $\alpha = 90° - \beta = 65°$

$\cos(\beta) = \dfrac{p}{r}$, also $p = r \cdot \cos(\beta) = 5,4\,\text{mm} \cdot \cos(25°) \approx 4,9$ mm

$\sin(\beta) = \dfrac{q}{r}$, also $q = r \cdot \sin(\beta) = 5,4\,\text{mm} \cdot \sin(25°) \approx 2,3$ mm

2

Mit x für den Teil der Balkenlänge von A bis zum First

ergibt sich $\cos(42,5°) = \dfrac{\frac{1}{2} \cdot 7,20\,\text{m}}{x}$, also $x = \dfrac{3,60\,\text{m}}{\cos(42,5°)} \approx 4,88$ m.

Der Balken ist somit etwa $4,88\,\text{m} + 1,20\,\text{m} = 6,08$ m lang.

3

$\tan(\alpha) = \dfrac{a}{\frac{a}{2}\sqrt{2}} = \sqrt{2}$, also $\alpha = 54,7°$

3

4

a) Berechnung der Länge der Seite $\overline{BC} = b$ im Dreieck ABC mit dem Kosinussatz:

$\beta = 180° - \alpha = 180° - 53° = 127°$

$e^2 = a^2 + b^2 - 2ab \cdot \cos(\beta)$,

also ist $b^2 - 2a \cdot \cos(\beta) \cdot b + a^2 - e^2 = 0$.

Lösen der quadratischen Gleichung:

$b^2 - 2 \cdot 6,2 \cdot \cos(127°) \cdot b + 6,2^2 - 9,0^2 = 0$ liefert die positive Lösung $b_1 \approx 3,784$.

Also ist $b \approx 3,8\,cm$.

Berechnung der Länge der Diagonale f im Dreieck ABD mit dem Kosinussatz:

$f = \sqrt{a^2 + b^2 - 2ab \cdot \cos(\alpha)}$

$f \approx \sqrt{6,2^2 + 3,784^2 - 2 \cdot 6,2 \cdot 3,784 \cdot \cos(53°)} \approx 4,952$

Also ist $f \approx 5,0\,cm$.

Flächeninhalt von ABCD:

$A \approx a \cdot h_a = a \cdot b \cdot \sin(\alpha) \approx 18,8\,cm^2$

b) M: Schnittpunkt der Diagonalen

Da sich die Diagonalen halbieren, kann die Größe von φ im Dreieck BCM berechnet werden.

$b^2 = \left(\frac{e}{2}\right)^2 + \left(\frac{f}{2}\right)^2 - 2\frac{e}{2} \cdot \frac{f}{2} \cdot \cos(\varphi)$, also ist

$\cos(\varphi) = \dfrac{\left(\frac{e}{2}\right)^2 + \left(\frac{f}{2}\right)^2 - b^2}{\frac{e \cdot f}{2}}$.

Einsetzen der Längen für e, f und b ergibt

$\cos(\varphi) \approx 0,541$, also $\varphi \approx 57,2°$.

Kapitel II, Bist du schon sicher?, Seite 44

11

individuelle Lösung, zum Beispiel:

a) $42 \cdot 10^4$; $4,2 \cdot 10^5$ **b)** $32 \cdot 10^6$; $3,2 \cdot 10^7$

c) $2 \cdot 10^{-5}$; $20 \cdot 10^{-6}$ **d)** $365 \cdot 10^{-9}$; $3,65 \cdot 10^{-7}$

e) 10^{-4}; $10^2 \cdot 10^{-6}$

12

a) 50 000   **b)** 1 234 000 000   **c)** 0,000 032

d) 0,001   **e)** 0,000 234

13

a) $\frac{3}{32}$ **b)** -320 **c)** $\frac{95}{16}$ **d)** $-\frac{3}{7}$ **e)** 11

Kapitel II, Kannst du das noch?, Seite 44

19

a)

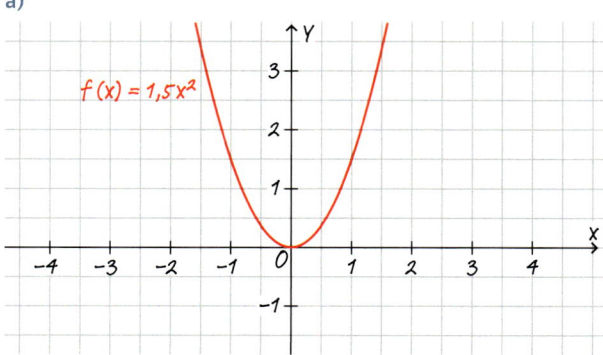

b)

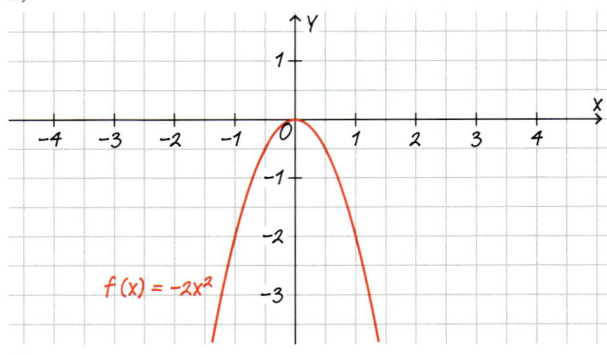

c)

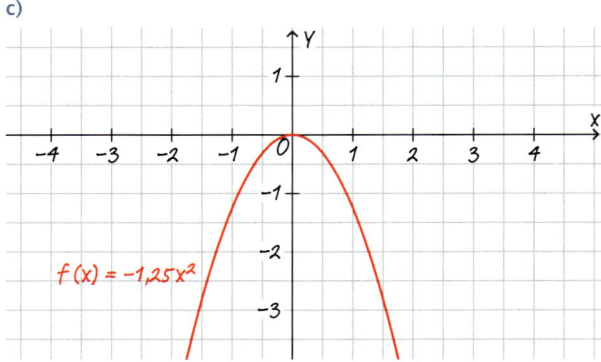

d)

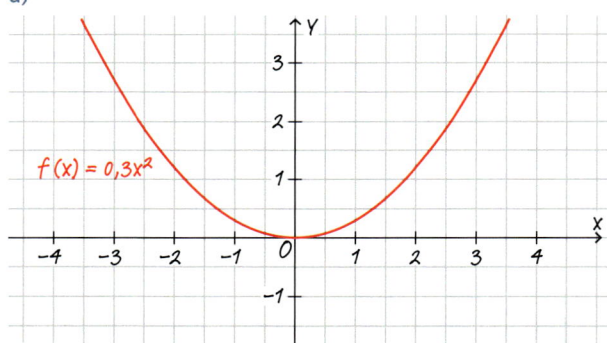

20

a) $f(x) = 0,1x^2$

$f\left(-\frac{1}{3}\right) = \frac{1}{10} \cdot \frac{1}{9} = \frac{1}{90} \neq -\frac{1}{6}$

$f(-4) = 0,1 \cdot 16 = 1,6 \neq 2$

$f(10) = 0,1 \cdot 100 = 10 \neq 40$

$f(2\sqrt{5}) = 0,1 \cdot 4 \cdot 5 = 2$

$f(-3) = 0,1 \cdot 9 = 0,9 \neq -13,5$

$\Rightarrow$ Nur der Punkt D liegt auf der Parabel.

b) $f(x) = -\frac{3}{2}x^2$

$f\left(-\frac{1}{3}\right) = -\frac{3}{2} \cdot \frac{1}{9} = -\frac{1}{6}$

$f(-4) = -\frac{3}{2} \cdot 16 = -24 \neq 2$

$f(10) = -\frac{3}{2} \cdot 100 = -150 \neq 40$

$f(2\sqrt{5}) = -\frac{3}{2} \cdot 4 \cdot 5 = -30 = 2$

$f(-3) = -\frac{3}{2} \cdot 9 = -\frac{27}{2} = -13,5$

$\Rightarrow$ Die Punkte A und E liegen auf der Parabel.

c) $f(x) = \frac{2}{5}x^2 \geqq 0$

$\Rightarrow$ A und E können nicht auf der Parabel liegen.

$f(-4) = \frac{2}{5} \cdot 16 = \frac{32}{5} = 6,4 \neq 2$

$f(10) = \frac{2}{5} \cdot 100 = 40$

$f(2\sqrt{5}) = \frac{2}{5} \cdot 4 \cdot 5 = 8 \neq 2$

$\Rightarrow$ Nur der Punkt C liegt auf der Parabel.

d) $f(x) = x^2 - 18$

$f\left(-\frac{1}{3}\right) = \frac{1}{9} - 18 \neq -\frac{1}{6}$

$f(-4) = 16 - 18 = -2 \neq 2$

$f(10) = 100 - 18 = 82 \neq 40$

$f(2\sqrt{5}) = 20 - 18 = 2$

$f(-3) = 9 - 18 = -9 \neq -13,5$

$\Rightarrow$ Der Punkt D liegt auf der Parabel.

Kapitel II, Bist du schon sicher?, Seite 47

12

a) 8   b) $\frac{1}{64}$ c) 49   d) -32

e) 625   f) $\frac{1}{8}$ g) $\frac{3}{2} = 1\frac{1}{2}$ h) $\frac{25}{16} = 1\frac{9}{16}$

13

a) $x^{-2} = \frac{1}{x^2}$ b) b^{12} c) a^{x+4}

d) y^{2k} e) z^{3n-5} f) $2^{-2} = \frac{1}{4}$

g) $x^{-6} = \frac{1}{x^6}$ h) $8a^{-2} = \frac{8}{a^2}$ i) $a^{-1} \cdot b^{-15} = \frac{1}{ab^{15}}$

j) $x^{-4}y^{-2}z^6 = \frac{z^6}{x^4 y^2}$

Kapitel II, Kannst du das noch?, Seite 47

18

a)

	G	$\overline{G}$	Summe
männlich	324	216	540
weiblich	396	264	660
Summe	720	480	1200

b) $\frac{324}{540} = \frac{6}{10} = 0,6$

c) $\frac{396}{660} = \frac{6}{10} = 0,6$

d) Es wäre nicht überraschend, wenn die beiden Wahrscheinlichkeiten in den Teilaufgaben b) und c) zumindest annähernd gleich wären, denn es gibt keinen ersichtlichen Grund, warum weibliche und männliche Schüler mit deutlich unterschiedlichen Wahrscheinlichkeiten Geschwister haben oder nicht. Es ist jedoch etwas überraschend, dass die den

Wahrscheinlichkeiten zugrundeliegenden relativen Häufigkeiten exakt identisch sind, denn die Stichprobe von Schülern einer einzigen Schule ist doch immer noch verhältnismäßig klein. Die exakt identischen relativen Häufigkeiten bzw. Wahrscheinlichkeiten sind also doch ein wenig überraschend.

Kapitel II, Bist du schon sicher?, Seite 49

7

a) 2^4 b) 1   c) $\left(\frac{5}{2}\right)^{-3}$ d) 245^{-3}

8

a) x^{-2} b) b^{12} c) a^{x+4} d) y^{2k}

e) z^{3n-5} f) $2^{-2} = \frac{1}{4}$ g) x^{-6} h) $8a^{-2}$

i) $a^{-1} \cdot b^{-15}$ j) $x^{-4} \cdot y^{-2} \cdot z^6$

9

a) $2^{2k} = 4^k$ b) $a^4 \cdot b^4 = (ab)^4$ c) $a^{-5} \cdot b^{-1} = \frac{1}{a^5 \cdot b}$

d) $2^{-z} = \frac{1}{2^z}$

Kapitel II, Kannst du das noch?, Seite 50

17

a) Scheitelpunktform des quadratischen Funktionsterms:
$f(x) = -3(x^2 - 80x) - 800$
$\quad = -3(x^2 - 80x + 1600 - 1600) - 800$
$\quad = -3[(x-40)^2 - 1600] - 800$
$\quad = -3(x-40)^2 + 4800 - 800$
$\quad = -3(x-40)^2 + 4000$
Der Scheitelpunkt der Parabel ist $(40 \,|\, 4000)$.
Das Unternehmen muss also 40 Staubsauger pro Tag herstellen, um den Gewinn zu maximieren.
b) Der maximale Gewinn pro Tag ist $4000\,€$.

Kapitel II, Bist du schon sicher?, Seite 53

8

a) $5^{\frac{1}{3}}$ b) $7^{\frac{4}{9}}$ c) $2^{\frac{4}{3}}$

d) $3^{-\frac{4}{3}}$ e) $2^{\frac{3}{4}}$ f) $4^{-\frac{2}{3}} = 2^{-\frac{4}{3}}$

9

a) $3^{\frac{11}{12}}$ b) $5^{-\frac{23}{20}}$ c) $x^{-\frac{3}{k}}$

d) $b^{-\frac{1}{6}}$ e) $a^{-\frac{1}{2}}$ f) $5^{-\frac{2}{3}}$

Kapitel II, Kannst du das noch?, Seite 54

19

a) $D = b^2 - 4ac = 2^2 - 4 \cdot (-1) \cdot (-1) = 0$, also 1 Lösung;
$x = \frac{-b \pm \sqrt{b^2 - 4ac}}{2a} = \frac{-2 \pm \sqrt{0}}{-2} = 1$

b) $10x^2 + 7x + 1 = 0$;
$D = b^2 - 4ac = 7^2 - 4 \cdot 10 \cdot 1 = 9$, also 2 Lösungen;
$x_{1,2} = \frac{-b \pm \sqrt{b^2 - 4ac}}{2a} = \frac{-7 \pm \sqrt{9}}{20} = \frac{-7 \pm 3}{20}$
$x_1 = -\frac{1}{5}; \ x_2 = -\frac{1}{2}$

c) $8x^2 + 2x + 2 = 0$; (oder $4x^2 + x + 1 = 0$)
$D = b^2 - 4ac = 2^2 - 4 \cdot 8 \cdot 2 = -60$, also keine Lösungen

3

20

a) Umgeformt: $x^2 = x + 2$

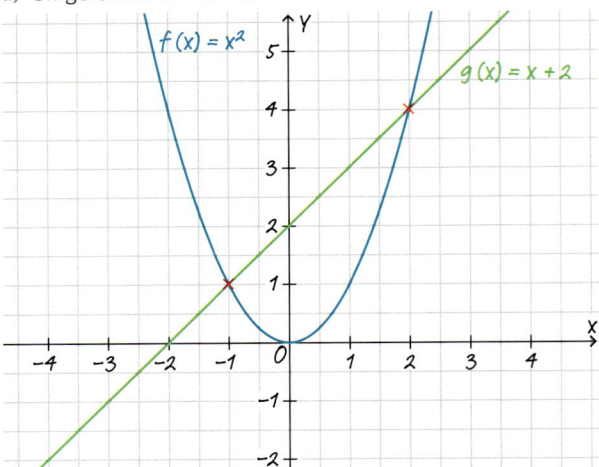

Lösungen: $x_1 = -1$; $x_2 = 2$

b) Umgeformt: $x^2 = -x + 2$

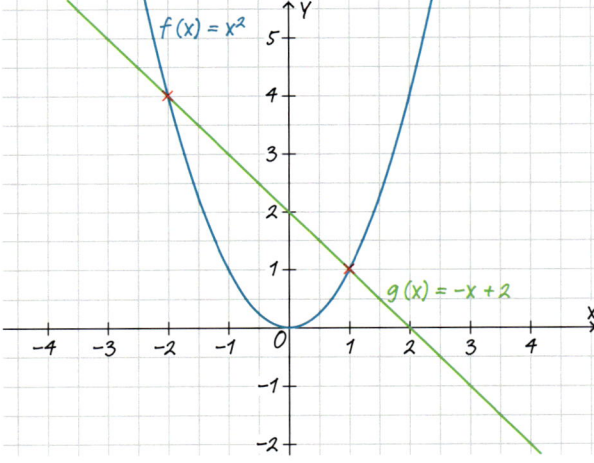

Lösungen: $x_1 = -2$; $x_2 = 1$

c) Umgeformt: $x^2 = 2x$

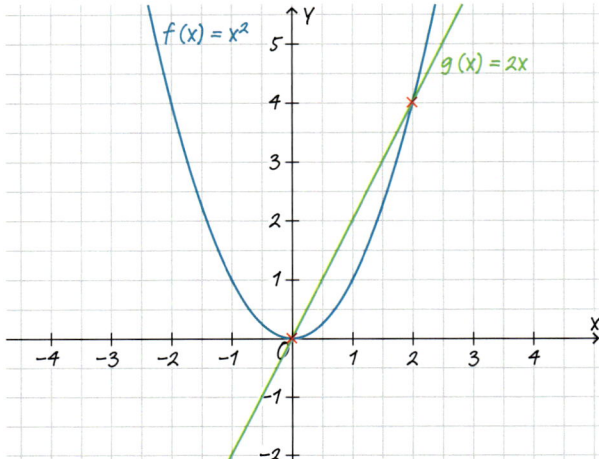

Lösungen: $x_1 = 0$; $x_2 = 2$

d) Umgeformt: $x^2 = -1,5x + 1$

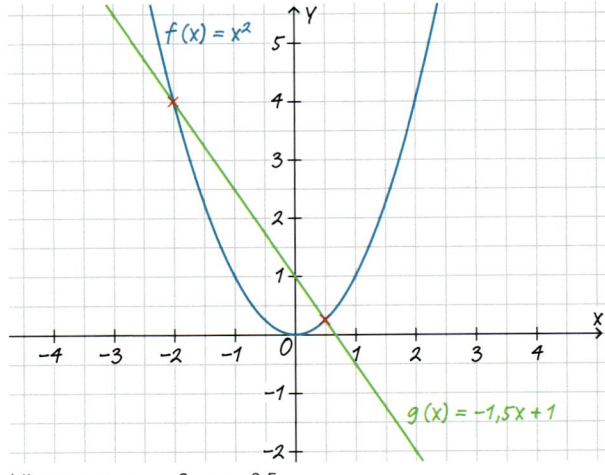

Lösungen: $x_1 = -2$; $x_2 = 0,5$

e) Umgeformt: $x^2 = 1,5x - 1,5$

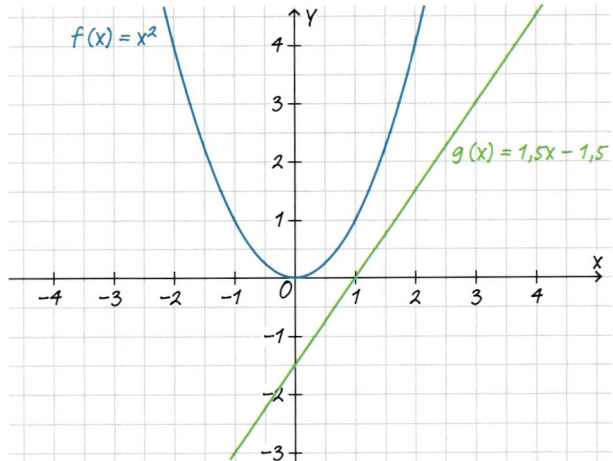

Lösungen: keine

f) Umgeformt: $x^2 = -2x - 1$

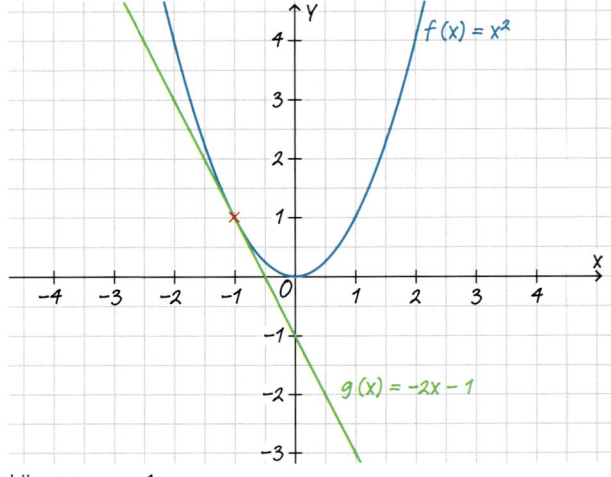

Lösung: $x = -1$

Kapitel II, Bist du schon sicher?, Seite 58

10
a) $f(x) = a \cdot x^{2n}$ für alle $n \geq 1$; $a \neq 0$
oder $f(x) = a \cdot x^{-2n}$ für alle $n \geq 1$; $a \neq 0$
b) z.B.: $f(x) = 3x^2$
c) z.B.: $f(x) = x^2$
allgemein: $f(x) = a \cdot x^{2n}$ für $n \geq 1$ und $a > 0$
oder $f(x) = a \cdot x^{-2n}$ für $n \geq 1$ und $a > 0$
d) z.B.: $f(x) = x^3$

11
a) $8 = a \cdot 2^4$
$8 = 16a$
$a = 0,5$
b) Punkt Q: $\frac{1}{2} \cdot \left(-\frac{1}{2}\right)^4 = \frac{1}{32} \neq \frac{1}{8}$

Punkt Q liegt nicht auf dem Graphen von f.

Punkt R: $\frac{1}{2} \cdot 4^4 = \frac{1}{2} \cdot 256 = 128$

Punkt R liegt auf dem Graphen von f.

Kapitel II, Kannst du das noch?, Seite 58

18
a) $f(x) = 0,5(x + 1,5)^2$
$g(x) = (x + 2,5)^2 - 3$
$h(x) = -2(x - 1,5)^2 + 3$
b) $S_f(-1,5\,|\,0)$; $S_g(-2,5\,|\,-3)$; $S_h(1,5\,|\,3)$

c) $f(0) = 0,5 \cdot 1,5^2 = 1,125$, also Schnittpunkt $F(0\,|\,1,125)$
$g(0) = 2,5^2 - 3 = 3,25$, also Schnittpunkt $G(0\,|\,3,25)$
$h(0) = -2 \cdot (-1,5)^2 + 3 = -1,5$, also Schnittpunkt $H(0\,|\,-1,5)$

Kapitel II, Bist du schon sicher?, Seite 60

4
a) Lösungen: $\sqrt[4]{16} = 2$ und $\sqrt[4]{16} = -2$
b) Lösung: $\sqrt[3]{-8} = -2$
c) Umformung: $x^5 = 32$; Lösung: $\sqrt[5]{32} = 2$
d) Umformung: $x^4 = -12$; keine Lösung

Kapitel II, Kannst du das noch?, Seite 60

8
a) $0,75a^2 = 12 = 0,75b^2$
$a^2 = b^2 = 16$
$a = -4$ und $b = 4$ oder umgekehrt
b) $1,2x^2 = 12$
$x^2 = 10 \Rightarrow x = \pm\sqrt{10}$
$a = -\sqrt{10}$ und $b = \sqrt{10}$ oder umgekehrt
c) $-\frac{2}{3}x^2 + 14 = 12$
$-\frac{2}{3}x^2 = -2$
$x^2 = 3 \Rightarrow x = \pm\sqrt{3}$
$a = -\sqrt{3}$ und $b = \sqrt{3}$ oder umgekehrt

Kapitel II, Training Runde 1, Seite 67

1
a) $\frac{5}{9}$
b) -128
c) 167
d) $10 + 4 \cdot \left(-\frac{1}{8}\right) = 9,5$
e) $14 - 3 \cdot \left(\frac{5}{3}\right)^3 = \frac{1}{9}$
f) $7 \cdot 10^5 = 700\,000$
g) $18 \cdot 10^7 = 180\,000\,000$
h) $2 \cdot 10^{-6} = 0,000\,002$

2
individuelle Lösung, zum Beispiel:
a) $5 \cdot 10^4$; $50 \cdot 10^3$
b) $3,4 \cdot 10^8$; $340 \cdot 10^6$
c) $7 \cdot 10^{-6}$; $0,007 \cdot 10^{-3}$
d) $3,5 \cdot 10^{-8}$; $35 \cdot 10^{-9}$
(Die erste Angabe ist jeweils die wissenschaftliche Schreibweise.)

3
a) a^9
b) $-8x^6 \cdot y^{-9}$
c) $u^2 \cdot v^{-7}$
d) $a^{-1} y^{-\frac{1}{2}}$

4
a) 2
b) $6^{-2} = \frac{1}{36}$
c) $3^{\frac{1}{6}} = \sqrt[6]{3}$
d) $2^{\frac{3}{4}} = \sqrt[4]{8}$

5
Der Vergrößerungsfaktor k ergibt sich aus
$4\,\text{mm} \cdot k^4 = 16\,\text{mm}$. Es gilt $k = 4^{\frac{1}{4}} = 2^{\frac{1}{2}} = \sqrt{2}$.

Kapitel II, Training Runde 2, Seite 67

1
a) $35\,000$
b) $0,000\,012\,5$
c) $-48\,600\,000$
d) $-0,002\,718$

2
a) $3^0 = 1$
b) $4^{\frac{1}{12}} = 2^{\frac{1}{6}} = \sqrt[6]{2}$
c) $5^{-\frac{3}{10}} = \frac{1}{\sqrt[10]{125}}$
d) $81u^6 \cdot v^{-5}$

3
a) $\sqrt[3]{25}$
b) $\frac{1}{\sqrt[7]{9}}$
c) $\sqrt[4]{8x^6 \cdot y^3}$
d) $\frac{1}{\sqrt[5]{4a^3}}$

4
a) $f(x) = x^3$; $g(x) = 2x^3$; $h(x) = -0,25x^3$
b) $f(x) = 2$ für $x \approx 1,3$
$g(x) = 2$ für $x = 1$
$h(x) = 2$ für $x = -2$
c) Bei den Funktionen g und h ergeben sich exakt dieselben x-Werte wie die in Teilaufgabe b) abgelesenen. Bei der Funktion f ist der exakte x-Wert $\sqrt[3]{2}$.

5
a) Mit dem Satz des Pythagoras erhält man für die Seitenlänge s_2 des zweiten Quadrats
$$s_2 = \sqrt{\left(\tfrac{1}{2} \cdot 8\right)^2 + \left(\tfrac{1}{2} \cdot 8\right)^2}\,\text{cm} = \sqrt{\tfrac{1}{2} \cdot 8^2}\,\text{cm} = \frac{8}{\sqrt{2}}\,\text{cm} = 4\sqrt{2}\,\text{cm},$$
für die Seitenlänge s_3 des dritten Quadrats
$$s_3 = \sqrt{\left(\tfrac{1}{2} \cdot \tfrac{8}{\sqrt{2}}\right)^2 + \left(\tfrac{1}{2} \cdot \tfrac{8}{\sqrt{2}}\right)^2}\,\text{cm} = \sqrt{\tfrac{1}{2} \cdot \left(\tfrac{8}{\sqrt{2}}\right)^2}\,\text{cm} = \frac{8}{(\sqrt{2})^2}\,\text{cm} = 4\,\text{cm}.$$
Entsprechend ergibt sich für die Seitenlänge s_{10} des zehnten Quadrats $s_{10} = \frac{8}{(\sqrt{2})^9}\,\text{cm} \approx 0,35\,\text{cm}$, und allgemein gilt für die Kantenlänge s_n des n-ten Quadrats $s_n = \frac{8}{(\sqrt{2})^{n-1}}\,\text{cm}$.

3

b) Je größer n ist, desto kleiner ist die Seitenlänge

$s_n = (\sqrt{2})^{7-n}$:

n	9	13	...	24	25
s_n	0,5	0,125	...	0,00276 ...	0,00195 ...

Durch gezieltes Probieren ergibt sich, dass die Seitenlänge des 24. Quadrats noch größer ist als 0,002 cm. Die Seitenlänge ist erstmals beim 25. Quadrat kleiner als 0,002 cm.

Kapitel III, Bist du schon sicher? Seite 74

5

Der Flächeninhalt H des jeweiligen Halbkreises ergibt sich mithilfe der Gleichung $H = \frac{1}{2}\pi r^2 = \frac{1}{8}\pi d^2$.
a) $H = 312,5\,\pi\,cm^2 \approx 981,75\,cm^2$
b) $H = 7,03125\,\pi\,dm^2 \approx 22,09\,dm^2$
c) $H = 0,21125\,\pi\,m^2 \approx 0,66\,m^2$
d) $H = \frac{25}{72}\,\pi\,cm^2 \approx 1,09\,m^2$

6

Verdoppelt man den Durchmesser eines Kreises, so wird der Flächeninhalt viermal so groß.

Kapitel III, Kannst du das noch?, Seite 74

13
a) 10^2 **b)** 10^3 **c)** 10^4 **d)** 10^6
  10^4 10^2 10^5 10^1

14
a) 2,7 **b)** 102,4 **c)** 0,0008 **d)** 0,00321

Kapitel III, Bist du schon sicher?, Seite 77

7

	a)	b)	c)	d)
Radius	2 m	4 cm	$\approx 7,00$ cm	$\approx 0,16$ m
Durchmesser	4 m	8 cm	$\approx 14,01$ cm	$\approx 0,32$ m
Umfang	$\approx 12,57$ m	$\approx 25,13$ cm	44 cm	1 m

8
Aus $U = 2\pi r = \pi d = 6,5\,cm$ ergibt sich der Durchmesser $d = \frac{6,5}{\pi}\,cm \approx 2,1\,cm$.

Kapitel III, Kannst du das noch?, Seite 77

14
$100\,000 < 10\ \text{Millionen} < 1\ \text{Milliarde} < 10^{10}$

Kapitel III, Bist du schon sicher?, Seite 80

8
$A = \pi \cdot r^2 \cdot \frac{\alpha}{360°} = \pi \cdot (4,5\,cm)^2 \cdot \frac{147°}{360°} \approx 25,98\,cm^2$
$b = \pi \cdot r \cdot \frac{\alpha}{180°} = \pi \cdot 4,5\,cm \cdot \frac{147°}{180°} \approx 11,55\,cm$

9
a) $A = 6 \cdot \pi \cdot (4\,cm)^2 \cdot \frac{44°}{360°} \approx 36,86\,cm^2$
b) $b = 12 \cdot 3,2\,cm + 6 \cdot \pi \cdot 3,2\,cm \cdot \frac{44°}{180°} \approx 53,14\,cm$

Kapitel III, Kannst du das noch?, Seite 81

19
a) $M = O - 2G$ **b)** $G = 0,5 \cdot (O - M)$

Kapitel III, Kannst du das noch?, Seite 83

5
a) $h = \frac{2A}{a+c}$ **b)** $c = \frac{2A - a \cdot h}{h}$

Kapitel III, Bist du schon sicher?, Seite 85

6
Rauminhalt ca. 2043 cm^3; Oberfläche ca. 935 cm^2, Mantelfläche ca. 481 cm^2

7
a) $V = 8,5\,dm \cdot \pi \cdot (3\,dm)^2 \approx 240,33\,l$
b) $V = h \cdot \pi \cdot (3\,dm)^2$
  $\frac{120\,dm^3}{\pi \cdot 9\,dm^2} = h$
  $h \approx 42,44\,cm$

Kapitel III, Kannst du das noch?, Seite 86

15
a)

```
  8 5,7 5 : 7 = 1 2,2 5
- 7
  1 5
- 1 4
    1 7
  - 1 4
      3 5
    - 3 5
        0
```

Probe: 7 · 12,25 = 85,75

b)

```
  9 2,0 4 : 2,6
= 9 2 0,4 : 2 6 = 3 5,4
- 7 8
    1 4 0
  - 1 3 0
      1 0 4
    - 1 0 4
          0
```

Probe 2,6 · 35,4 = 92,04

16
a)

```
  9 8 : 8 = 1 2,2 5
- 8
  1 8
- 1 6
    2 0
  - 1 6
      4 0
    - 4 0
        0
```

$98 : (-8) = -12,25$

b)

```
  3 : 1 5 0 = 0,0 2
- 0
  3 0
-   0
  3 0 0
- 3 0 0
      0
```

$(-3) : 150 = -0,02$

c) $7{,}852 : 13 = 0{,}604$

$$\begin{array}{r} -0 \\ \hline 78 \\ -78 \\ \hline 05 \\ -0 \\ \hline 52 \\ -52 \\ \hline 0 \end{array}$$

d) $5 : 6 = 0{,}833$

$$\begin{array}{r} -0 \\ \hline 50 \\ -48 \\ \hline 20 \\ -18 \\ \hline 20 \\ -18 \\ \hline 2 \end{array}$$

Kapitel III, Bist du schon sicher?, Seite 89

4
a) $G = \frac{1}{2} \cdot 6\,\text{cm} \cdot 4\,\text{cm} = 12\,\text{cm}^2$
$V = G \cdot h = 12\,\text{cm}^2 \cdot 10\,\text{cm} = 120\,\text{cm}^3$
b) Ja, es kann sogar ein beliebiges Vieleck sein. Die einzige Voraussetzung, die dieses Vieleck erfüllen muss, ist, den gleichen Flächeninhalt $(12\,\text{cm}^2)$ zu besitzen wie die Grundfläche (Dreieck) des hier abgebildeten schiefen Prismas. Dann haben all diese (schiefen oder geraden) Prismen wegen des Satzes des Cavalieri das gleiche Volumen.

Kapitel III, Kannst du das noch?, Seite 89

9

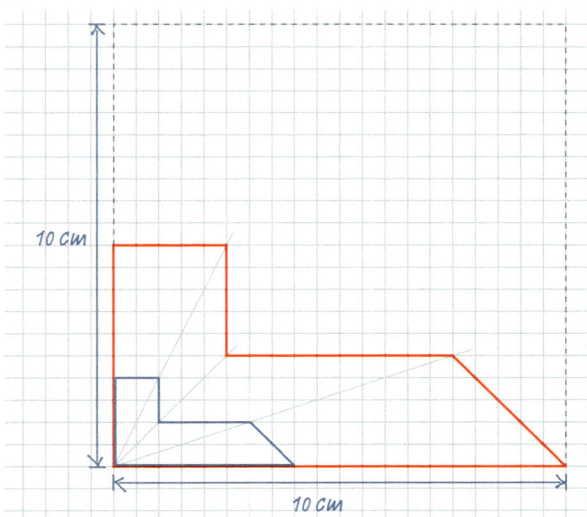

Die längste Seite der Ausgangsfigur bestimmt, wie groß der Vergrößerungsfaktor maximal sein kann. Mit $4\,\text{cm}$ ist die untere Seite die längste der Figur. Demnach kann der Vergrößerungsfaktor maximal 2,5 sein, denn $4\,\text{cm} \cdot 2{,}5 = 10\,\text{cm}$. Würde man einen größeren Vergrößerungsfaktor als 2,5 nehmen, wäre die untere Seite der Bildfigur schon länger als $10\,\text{cm}$ und damit würde die Bildfigur nicht mehr komplett in ein $10\,\text{cm} \times 10\,\text{cm}$ großes Quadrat hineinpassen.

10
In ähnlichen Figuren sind alle Längenverhältnisse einander entsprechender Seiten gleich. Das Längenverhältnis der beiden längsten Seiten der Dreiecke ABC und DEF ist $\frac{2{,}4}{12} = 0{,}2$. Damit gilt für die anderen beiden Seitenlängen des Dreiecks DEF:
Kürzeste Seite a': $\frac{a'}{4\,\text{cm}} = 0{,}2$, also $a' = 0{,}8\,\text{cm}$
Mittlere Seite b': $\frac{b'}{9\,\text{cm}}$, also $b' = 1{,}8\,\text{cm}$

Kapitel III, Bist du schon sicher?, Seite 92

6
a) $V \approx 106{,}7\,\text{cm}^3$ $O \approx 166{,}4\,\text{cm}^2$ ($h_S \approx 6{,}4\,\text{cm}$)
b) $V = V_{\text{Quader}} + V_{\text{Pyramide}} = 269{,}75\,\text{m}^3 + 61{,}75\,\text{m}^3 = 331{,}5\,\text{m}^3$
$O = 12{,}5\,\text{m} \cdot 5{,}2\,\text{m} + 2 \cdot (12{,}5\,\text{m} \cdot 4{,}15\,\text{m} + 5{,}2\,\text{m} \cdot 4{,}15\,\text{m})$
$+ 2 \cdot \frac{12{,}5\,\text{m} \cdot 3{,}9\,\text{m}}{2} + 2 \cdot \frac{5{,}2\,\text{m} \cdot 6{,}9\,\text{m}}{2} \approx 296\,\text{m}^2$
$\left(h_{S_1} \approx 3{,}9\,\text{m};\ h_{S_2} \approx 6{,}9\,\text{m}\right)$

7
a) $V = \frac{3\sqrt{3}}{2} a^2 \frac{h}{3} = \frac{\sqrt{3}}{2} a^2 h \approx 31{,}2\,\text{m}^3$;
$O = \sqrt{\frac{3}{4}a^2 + h^2} \cdot 3a + \frac{3\sqrt{3}}{2}a^2 \approx 66{,}3\,\text{m}^2$
b) $V = \frac{3\sqrt{3}}{2} a^2 \frac{\sqrt{s^2 - a^2}}{3} \approx 507{,}4\,\text{m}^3$;
$O = \sqrt{s^2 - \frac{a^2}{4}} \cdot 3a + \frac{3\sqrt{3}}{2}a^2 \approx 400{,}5\,\text{m}^2$

Kapitel III, Kannst du das noch?, Seite 93

17
a) Sind alle Längenverhältnisse einander entsprechender Seiten in einer Figur gleich, dann sind die beiden Figuren ähnlich. In diesem Fall sind die einander entsprechenden Seiten der beiden Dreiecke a und f, b und e sowie c und d.
$\frac{a}{f} = \frac{3{,}6\,\text{cm}}{0{,}6\,\text{cm}} = 6$; $\frac{b}{e} = \frac{4{,}2\,\text{cm}}{0{,}7\,\text{cm}} = 6$; $\frac{c}{d} = \frac{7{,}2\,\text{cm}}{1{,}2\,\text{cm}} = 6$
Da alle drei Längenverhältnisse gleich sind, sind die beiden Dreiecke ähnlich.
b) In diesem Fall sind die einander entsprechenden Seiten der beiden Dreiecke a und d, b und e sowie c und f.
$\frac{a}{d} = \frac{0{,}8\,\text{cm}}{4\,\text{cm}} = 0{,}2$; $\frac{b}{e} = \frac{1{,}4\,\text{cm}}{7\,\text{cm}} = 0{,}2$; $\frac{c}{f} = \frac{1{,}8\,\text{cm}}{9{,}5\,\text{cm}} \approx 0{,}19$
Da nicht alle drei Längenverhältnisse gleich sind, sind die beiden Dreiecke nicht ähnlich.

Kapitel III, Bist du schon sicher?, Seite 96

7

	r	V	O
a)	8,5 dm	2572 dm³	908 dm²
b)	15 dm	14 137 dm³	2826 dm²
c)	3,8 cm	226 cm³	179 cm²
d)	6,2 cm	1 l	484 cm²

3

Kapitel III, Kannst du das noch?, Seite 97

21

a) Nach dem Strahlensatz gilt:

$$\frac{e}{f} = \frac{c}{c+d}$$

$$\frac{e}{3,6\,cm} = \frac{4\,cm}{4\,cm + 2\,cm}$$

$$\frac{e}{3,6\,cm} = \frac{2}{3}$$

$$e = \frac{2}{3} \cdot 3,6\,cm = 2,4\,cm$$

$$\frac{a}{a+b} = \frac{e}{f}$$

$$\frac{a}{a+1,5\,cm} = \frac{2,4\,cm}{3,6\,cm}$$

$$\frac{a}{a+1,5\,cm} = \frac{2}{3}$$

$$3a = 2 \cdot (a + 1,5\,cm)$$

$$3a = 2a + 3\,cm$$

$$a = 3\,cm$$

b) Nach der Umkehrung des Strahlensatzes gilt: Die Geraden g und h sind parallel, falls folgende Längenverhältnisse gleich sind: $\frac{c}{c+d} = \frac{e}{f}$.

$$\frac{c}{c+d} = \frac{3\,cm}{3\,cm + 2\,cm} = \frac{3}{5}$$

$$\frac{e}{f} = \frac{1,8\,cm}{2,7\,cm} = \frac{2}{3}$$

Da die beiden Längenverhältnisse nicht gleich sind, können die Geraden g und h nicht parallel sein.

Kapitel III, Training Runde 1, Seite 103

1

a) $d = 2r = 7,6\,cm$; $U = 2\pi r = 7,6\pi\,cm \approx 23,9\,cm$;
$A = \pi r^2 = 14,44\pi\,cm^2 \approx 45,4\,cm^2$

b) $r = \frac{U}{2\pi} = \frac{1,8}{2\pi}\,dm \approx 0,29\,dm = 2,9\,cm$; $d = 2r \approx 5,7\,cm$;

$A = \pi r^2 \approx 25,8\,cm^2$
(Bei der Berechnung der Näherungswerte für d und A wurde der ungerundete Wert von r verwendet.)

2
Der Rohrquerschnitt hat den Flächeninhalt

$A = p \cdot \left(\frac{d}{2}\right)^2 = p \cdot (35\,mm)^2 \approx 3848,5\,mm^2 \approx 38,5\,cm^2$.

3
Man berechnet zum Beispiel die Radien r und r' der Kreise mit den Flächeninhalten $10\,m^2$ und $20\,m^2$ und bildet die Differenz $b = r' - r$:

$b = r' - r = \sqrt{\frac{20\,m^2}{\pi}} - \sqrt{\frac{10\,m^2}{\pi}} = \frac{\sqrt{20} - \sqrt{10}}{\sqrt{\pi}}\,m \approx 0,74\,m.$

Das Beet ist somit etwa 74 cm breit.

4
a) $V \approx 40,8\,cm^3$ $\qquad$ $O \approx 83,3\,cm^2$
b) $V \approx 350\,483,4\,cm^3$ $\qquad$ $O \approx 34\,782\,cm^2$

5
a) $V \approx 100,9\,\pi\,cm^3 \approx 317,0\,cm^3$
$O \approx 71,57\,\pi\,cm^2 \approx 224,9\,cm^2$
b) $200\,dm^3 = \frac{4}{3} \cdot \pi \cdot r^3$
$r \approx 3,6\,dm$
$O = 4 \cdot \pi \cdot r^2 \approx 4 \cdot \pi \cdot (3,6\,dm)^2 \approx 165,4\,dm^2$

(Bei der Berechnung des Näherungswertes für O wurde der ungerundete Wert für r verwendet.)

Kapitel III, Training Runde 2, Seite 103

1
a) $b = \frac{\alpha}{360°} \cdot 2\pi r$, also $\alpha = \frac{180°}{\pi r} \cdot b = \frac{180°}{\pi \cdot 4,6\,m} \cdot 8\,m \approx 99,6°$;
$A = \frac{1}{2}br = \frac{1}{2} \cdot 8\,m \cdot 4,6\,m = 18,4\,m^2$
b) $A = \frac{\alpha}{360°} \cdot \pi r^2$, also $r = \sqrt{\frac{360°}{a} \cdot \frac{A}{p}} = \sqrt{\frac{360°}{40°} \cdot \frac{15\,cm^2}{\pi}} \approx 6,56\,cm$;
$A = \frac{1}{2}br$, also $b = \frac{2A}{r} = \frac{30\,cm^2}{r} \approx 4,58\,cm$

2
Die Querschnittsfläche ist ein Kreis mit dem Durchmesser $d = 3\,cm$. Der Flächeninhalt dieses Kreises ist
$A = \pi r^2 = \pi \cdot (1,5\,cm)^2 \approx 7,07\,cm.$

3
a) $V \approx 100,9\,\pi\,m^3 \approx 317,0\,m^3$
$O \approx 71,57\,\pi\,m^2 \approx 224,8\,m^2$

b) $26\,244\,\pi\,dm^3 = \frac{4}{3} \cdot \pi \cdot r^3$
$r = \sqrt[3]{\frac{3 \cdot 26\,244}{4}}\,dm = 27\,dm$
$O = 4 \cdot \pi \cdot r^2 = 4 \cdot \pi \cdot (27\,dm)^2 \approx 9160,9\,dm^2$

4
Das Werkstück ist ein ausgehöhlter Kegelstumpf; die Aushöhlung bildet einen Zylinder.
Berechnung der Höhe des ganzen Kegels mithilfe der Strahlensätze (vgl. Skizze):

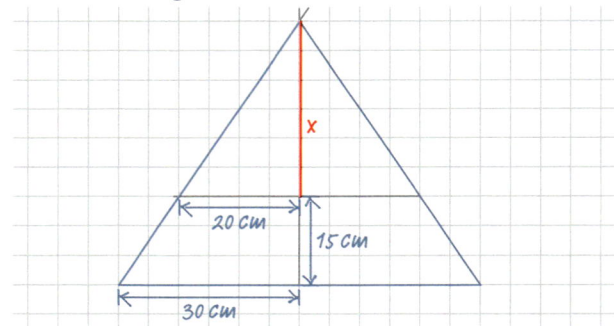

$$\frac{x}{x+15\,mm} = \frac{20\,mm}{30\,mm}$$

$$\frac{x}{x+15\,mm} = \frac{2}{3}$$

$$3x = 2\,(x+15\,mm)$$

$$x = 30\,mm$$

Gesamthöhe des Kegels: 45 mm
Das Werkstück kann man aus dem ganzen Kegel erhalten, indem man erst die Kegelspitze kappt und anschließend aus dem Kegelstumpf den Zylinder herausbohrt.
Volumen des Werkstücks:

$V = V_{Kegel} - V_{kleiner Zylinder}$

$V = \frac{1}{3} \cdot \pi r_{Kegel}^2 \cdot h_{Kegel} - \frac{1}{3} \cdot \pi \cdot r_{Kegelspitze}^2 \cdot x - \pi \cdot r_{Zylinder}^2 \cdot h_{Zylinder}$

$V = \frac{1}{3} \cdot \pi \cdot (30\,mm)^2 \cdot 45\,mm - \frac{1}{3} \cdot \pi \cdot (20\,mm)^2 \cdot 30\,mm$

$- \pi \cdot (10\,mm)^2 \cdot 15\,mm$

$V = 8000\,\pi\,mm^3 \approx 25\,133\,mm^3 \approx 25,1\,cm^3$

5
a) Der Drehkörper besteht aus einem Kegel und einer Halb-kugel.
b) $V = 2\pi r^3$; $O = (2\sqrt{5} + 5)r^2 \cdot \pi$
c) $85{,}75\pi\,cm^3 = 2\pi r^3$
$r = 3{,}5\,cm$

Kapitel IV, Bist du schon sicher?, Seite 110

5

N	0	1	2	3	4
B(t)	80	76	80	100	80
Änderung	−4		4	20	−20
relative Änderung	$\frac{-4}{80} = -0{,}050$ 5% Abnahme		$\frac{4}{76} \approx 0{,}053$ etwa 5,3% Zunahme	$\frac{20}{80} = 0{,}25$ 25% Zunahme	$\frac{-20}{100} = -0{,}2$ 20% Abnahme

6
a) $B(9) = 2500 \cdot 0{,}75 = 1875$ b) $B(9) = 2500 \cdot 1{,}003 = 2507{,}5$
c) $B(9) = 2500 + 8 = 2508$ d) $B(9) = 2500 \cdot 2 = 5000$

Kapitel IV, Kannst du das noch?, Seite 110

9

	a	b	c	α	β	γ
a)	5 cm	6 cm	7.8 cm	39,8°	50,2°	90°
b)	13,2 cm	10,2 cm	8,4 cm	90°	50,5°	39,5°

Kapitel IV, Bist du schon sicher?, Seite 114

5
a) Die Quotienten $\frac{29{,}70}{33{,}00}$; $\frac{26{,}73}{29{,}70}$ usw. ergeben angenähert immer den Wert 0,9. Es handelt sich um exponentielles Wachstum mit dem Wachstumsfaktor $q = 0{,}9$.
$B(9) = 33{,}00 \cdot 0{,}9^9 \approx 12{,}78$
b) Die Differenzen 4,88 − 5,03; 4,73 − 4,88 usw. ergeben immer −0,15. Es handelt sich um lineares Wachstum mit der Änderung $d = -0{,}15$.
$B(9) = 5{,}03 - 9 \cdot 0{,}15 = 3{,}68$

Kapitel IV, Kannst du das noch?, Seite 114

10
a) $\frac{\alpha}{2} = 30°$; $\sin(30°) = \frac{\frac{1}{2}e}{a}$: $10{,}0\,cm \cdot \sin(30°) = \frac{1}{2}e$; $e = 10{,}0\,cm$
$\cos(30°) = \frac{\frac{1}{2}d}{a}$; $10{,}0\,cm \cdot \cos(30°) = \frac{1}{2}d$; $d \approx 17{,}3\,cm$
b) $\sin(\alpha) = \frac{h}{b} = \frac{7{,}0\,cm}{8{,}5\,cm}$; $\alpha \approx 55{,}4°$

Kapitel IV, Bist du schon sicher?, Seite 117

8
$a = 0{,}3$; $f(6) = 2a = 0{,}6$
Damit gilt:
$0{,}3 \cdot b^6 = 0{,}6$; $b = \sqrt[6]{2} \approx 1{,}1225$
$f(x) = 0{,}3 \cdot 1{,}1225^x$

9
a) Ansatz: $f(t) = a \cdot b^t$
$f(0) = a = 10\,000$; $f(3) = 20\,000$ (1 Zeitschritt = 10 Minuten)
Aus $10\,000 \cdot b^3 = 20\,000$ folgt $b = \sqrt[3]{2} \approx 1{,}26$.
Damit ist $f(t) = 10\,000 \cdot 1{,}26^t$.
Anzahl der Bakterien nach 10 Minuten: $f(1) \approx 12\,600$
(nach 5,5 Stunden: $f(33) \approx 20\,500\,000$; nach 12 Stunden: $f(72) \approx 1{,}7 \cdot 10^{11}$)
b) Bis zum Ende des Tages (24:00 Uhr) vergehen 14 Stunden bzw. 840 Minuten; das sind 84 Zeitschritte.
Anzahl der Bakterien 10 Minuten vor Tagesende:
$f(83) \approx 2{,}14 \cdot 10^{12} = 2{,}14$ Billionen
Die Behauptung ist also richtig.
c) Ist um 17:00 Uhr $t = 0$, so ist um 6:00 Uhr (11h = 660 min früher) $t = -66$.
$f(t) = 2 \cdot 10^{10} \cdot 1{,}26^t$ (Da es sich um die gleiche Bakterien-sorte handelt, bleibt b gleich.)
$f(-66) \approx 4749$
Um 6:00 Uhr waren es also 4749 Bakterien.

Kapitel IV, Kannst du das noch?, Seite 118

16
Höhe der gleichschenkligen Seitendreiecke: h_s
$\tan(\alpha) = \frac{h_s}{\frac{a}{2}} = \frac{\sqrt{h^2 + \left(\frac{a}{2}\right)^2}}{\frac{a}{2}} = \frac{\sqrt{(8\,cm)^2 + (3\,cm)^2}}{3\,cm} \approx 2{,}848$; $\alpha \approx 70{,}65°$

Kapitel IV, Bist du schon sicher?, Seite 121

9
a) $\log_3(81) = \log_3(3^4) = 4 \cdot \log_3(3) = 4$
b) $\log_7(\sqrt{7}) = \log_7\left(7^{\frac{1}{2}}\right) = \frac{1}{2} \cdot \log_7(7) = \frac{1}{2}$
c) $\log_2(0{,}25) = \log_2(2^{-2}) = (-2) \cdot \log_2(2) = -2$
d) $\log(1) = \log_{10}(10^0) = 0 \cdot \log_{10}(10) = 0 \cdot 1 = 0$

10
a) $\log(4) \approx 0{,}60$
b) $\log(0{,}25) = -\log(4) \approx -0{,}60$
c) $\log_4(30) = \frac{\log(30)}{\log(4)} \approx 2{,}45$
d) $\log_{0{,}25}(30) = -\log_4(30) \approx -2{,}45$
e) $\log_4\left(\frac{1}{30}\right) = -\log_4(30) \approx -2{,}45$
f) $\log_3(2) = \frac{\log(2)}{\log(3)} \approx 0{,}63$
g) $\log_3(6) = \frac{\log(6)}{\log(3)} \approx 1{,}63$
h) $\log_3(18) = \frac{\log(18)}{\log(3)} \approx 2{,}63$

11
a) Die Gleichung $3^x = \frac{1}{81}$ hat die Lösung $\log_3\left(\frac{1}{81}\right) = -4$.
b) Umgeformt ergibt sich $1 - x = \log(2{,}5)$ und damit die Lösung $1 - \log(2{,}5) \approx 0{,}602$.
c) Umgeformt ergibt sich $4 \cdot 5^x = 5$, also $5^x = 1{,}25$.
Die Lösung ist $\log_5(1{,}25) = \frac{\log(1{,}25)}{\log(5)} \approx 0{,}139$.
d) Die Gleichung $6^{-x} = -36$ hat keine Lösung, weil 6^{-x} stets positiv ist.

3

Kapitel IV, Kannst du das noch?, Seite 122

22
Es gilt:
$h = (14\,m + x) \cdot \tan 25°$ und $h = x \cdot \tan 40°$
Daraus folgt:
$(14\,m + x) \cdot \tan 25° = x \cdot \tan 40°$; $x \approx 17{,}51\,m$ und
$h = 17{,}51\,m \cdot \tan 40° \approx 14{,}69\,m$

Kapitel IV, Bist du schon sicher?, Seite 125

5
a) $B(1) = 40 + 0{,}3 \cdot (65 - 40) = 47{,}5$
$B(2) = 47{,}5 + 0{,}3 \cdot (65 - 47{,}5) = 52{,}75$
$B(3) = 52{,}75 + 0{,}3 \cdot (65 - 52{,}75) = 56{,}425$
b) Lösung mit GTR: Für $n \geq 10$ gilt $B(n) > 64$.

6
$B(n)$ beschreibe die Anzahl der nach n Monaten verkauften
Produkte.
Es gilt: $S = 240\,000$; $B(0) = 0$; $B(1) = 18\,000$ und
$B(n + 1) = B(n) + c \cdot (240\,000 - B(n))$.
Bestimmung des Proportionalitätsfaktors c:
$18\,000 = 0 + c \cdot (240\,000 - 0)$; $c = 0{,}075$
Nach zwölf Monaten sind nach der Prognose etwa 145 830
Produkte verkauft (Lösung mit GTR).

Kapitel IV, Kannst du das noch?, Seite 126

12
a) $a = 10{,}99\,m$; $c = 11{,}70\,m$; $\gamma = 70°$
b) $c = 10{,}91\,m$; $\alpha = 33{,}58°$; $\beta = 48{,}02°$
c) $b = 74{,}92\,m$; $\alpha = 28{,}24°$; $\gamma = 47{,}96°$

Kapitel IV, Bist du schon sicher?, Seite 130

6
a) Aufgrund des Plots versucht
man eine lineare Regression und
erhält mit dem GTR die Funktionsgleichung
$y \approx 0{,}5824\,x - 1122{,}1175$.

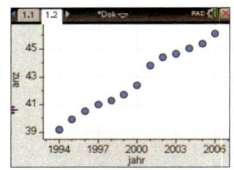

b)

Jahr	1994	1995	1996	1997	1998
Daten (Mio.)	39,2	39,9	40,5	41	41,3
berechnete Daten (Mio.)	39,1881	39,7705	40,3529	40,9353	41,5177
Abweichung	− 0,0119	− 0,1295	− 0,1471	− 0,0647	0,2177

Jahr	1999	2000	2001	2002	2003
Daten (Mio.)	41,7	42,4	43,8	44,4	44,66
berechnete Daten (Mio.)	42,1001	42,6825	43,2649	43,8473	44,4297
Abweichung	0,4001	0,2825	− 0,5351	− 0,5527	− 0,2303

Jahr	2004	2005	2006
Daten (Mio.)	45,02	45,36	46,09
berechnete Daten (Mio.)	45,0121	45,5945	46,1769
Abweichung	− 0,0079	0,2345	0,0869

Wenn man alle Werte mithilfe der Funktionsgleichung
berechnet, erhält man nur bei drei Werten größere Abweichungen (größer als 0,24 für die Jahre 2000, 2001 und 2002).
Daher beschreibt das Modell die Situation bis auf wenige
Ausnahmen recht gut.
c) Jahr 2015: $0{,}5824 \cdot 2015 + 1122{,}1175 = 51{,}4185$
Nach der gewählten Beschreibung würde im Jahr 2015 die
Anzahl der Personenautos in Deutschland etwa 51,42 Millionen betragen.

Kapitel IV, Kannst du das noch?, Seite 131

13
a) $V = G \cdot h = \left(\frac{1}{2} \cdot 5\,cm \cdot 4\,cm\right) \cdot 5\,cm = 50\,cm^3$.
Das Volumen beträgt $50\,cm^3$.

b) $V = G \cdot h = \pi r^2 \cdot h = \pi \cdot (2\,cm)^2 \cdot 9{,}3\,cm = 37{,}2\pi\,cm^3 \approx 117\,cm^3$.
Das Volumen beträgt ca. $117\,cm^3$.

c) $V = \frac{1}{3}G \cdot h = \frac{1}{3}\pi r^2 \cdot h = \frac{1}{3}\pi \cdot (2\,cm)^2 \cdot 6\,cm = 8\pi\,cm^3 \approx 25\,cm^3$.
Das Volumen beträgt ca. $25\,cm^3$.

Kapitel IV, Training Runde 1, Seite 137

1
a) $q = 5286 : 5550 \approx 0{,}952$, also $B(t) = 5550 \cdot 0{,}952^t$.

t	0	1	2	3	4
B(t)	5550	5284	5030	4789	4559

b) $q = 383 : 366 \approx 1{,}046$, also
$B(0) = B(1) : 1{,}046 = 366 : 1{,}046 \approx 350$.
Damit gilt: $B(t) = 350 \cdot 1{,}046\char`^t$.

t	0	1	2	4	8
B(t)	350	366	383	419	502

2
a) $3 = \log_5(125)$
b) $-3 = \log_2\left(\frac{1}{8}\right)$
c) $\frac{2}{3} = \log\left(\sqrt[3]{100}\right)$
d) $-\frac{1}{2} = \log_3\left(\frac{1}{\sqrt{3}}\right)$

3
a) $f(x) = 6 \cdot \left(\frac{1}{3}\right)^x$
b) $f(x) = \frac{1}{9} \cdot 3^x$
c) $f(x) = 4 \cdot \left(\frac{1}{2}\right)^x$
d) $f(x) = 10 \cdot \left(\sqrt{2}\right)^x$

4
Die Entwicklung des Kapitals auf einem Sparbuch kann durch
exponentielles Wachstum modelliert werden.
a) Ansatz: $2 \cdot B(0) = B(0) \cdot 1{,}038^t$; gesucht ist t
Aus $1{,}038^t = 2$ folgt
$t = \log_{1{,}038}(2) = \frac{\log(2)}{\log(1{,}038)} \approx 18{,}6$

Das Kapital hat sich nach 19 Jahren etwas mehr als verdoppelt.

b) Ansatz: $15\,000 = B(0) \cdot 1{,}042^{12}$; gesucht ist $B(0)$;
$B(0) = 15\,000 : 1{,}042^{12} \approx 9155{,}43$.
Man muss 9155,43 € anlegen.
c) Ansatz: $18\,500 \cdot 1{,}0325^{t} = 23\,500$; gesucht ist t

$1{,}0325^{t} = \frac{23\,500}{18\,500} = \frac{47}{37}$. Damit ist:

$t = \log_{1{,}0325}\left(\frac{47}{37}\right) = \frac{\log\left(\frac{47}{37}\right)}{\log(1{,}0325)} \approx 7{,}5$

Ab dem achten Jahr übersteigt der Kapitalzuwachs 5000 €.
d) Ansatz: $B(0) \cdot 1{,}0515^{7} = B(0) + 1541{,}71$; gesucht ist $B(0)$;
$B(0) \cdot (1{,}0515^{7} - 1) = 1541{,}71$; also
$B(0) = 1541{,}71 : (1{,}0515^{7} - 1) \approx 3660{,}00$.
Das Startkapital beträgt 3660 €.

Kapitel IV, Training Runde 2, Seite 137

1

a) 3   **b)** -3 **c)** -3 **d)** -6

2

a) Die Exponentialgleichung $10^{x} = 0{,}01$ hat die Lösung
$\log(0{,}01) = \log(10^{-2}) = -2$.
b) Umformen der Exponentialgleichung $3^{2x} - 15 = 12$ führt
auf $2x = \log_{3}(27)$ und damit auf die Lösung 1,5.
c) Umformen der Exponentialgleichung $4^{x+1} = 0{,}5$ führt auf
$x + 1 = \log_{4}(0{,}5)$ und damit auf die Lösung $-1{,}5$.
d) Wegen $2^{2-x} = 2^{2} \cdot 2^{-x} = 4 \cdot 2^{-x}$ lässt sich die gegebene
Gleichung umformen zu $2^{-x} = 8$. Die Lösung ist -3.

3

a) t in Monaten: $B_{M}(t) = 24\,500 \cdot 1{,}0075^{t}$;
t in Vierteljahren: $B_{V}(t) = 24\,500 \cdot 1{,}0227^{t}$;
t in Jahren: $B_{J}(t) = 24\,500 \cdot 1{,}0938^{t}$
b) Schuldsumme nach 5 Monaten:
$B_{M}(5) = 24\,500 \cdot 1{,}0075^{5} = 25\,432{,}63$;
Schuldsumme nach 15 Monaten:
$B_{V}(5) = 24\,500 \cdot 1{,}0227^{5} = 27\,409{,}89$ bzw.
$B_{M}(15) = 24\,500 \cdot 1{,}0075^{15} = 27\,405{,}76$;
Schuldsumme nach 2 Jahren:
$B_{J}(2) = 24\,500 \cdot 1{,}0938^{2} = 29\,311{,}76$ bzw.
$B_{M}(24) = 24\,500 \cdot 1{,}0075^{24} = 29\,312{,}13$
Die jeweiligen Abweichungen kommen dadurch zustande,
dass die Wachstumsfaktoren in $B_{M}(t)$, $B_{V}(t)$ und $B_{J}(t)$ gerundet sind.
c) Ansatz: $1{,}0075^{t} = 1{,}03$; gesucht ist t

$t = \log_{1{,}0075}(1{,}03) = \frac{\log(1{,}03)}{\log(1{,}0075)} \approx 3{,}96$

Die Schuldsumme wächst alle 4 Monate um ca. 3 % an.

4

$f(x) = 14\,000\,000 \cdot 1{,}027^{x}$ (mit $x = 0$ im Jahr 2006)
Bevölkerungszahl im Jahr 2018, also für $x = 12$:
$f(11) \approx 19\,274\,067$
Wenn das Wachstum stabil bleibt, wird die Bevölkerung im
Jahr 2018 etwa 19,3 Millionen betragen.

5

a) Berechnung der Quotienten:
$\sqrt[3]{\frac{26{,}6}{12{,}1}} \approx 1{,}3003$; $\sqrt[3]{\frac{58{,}4}{26{,}6}} \approx 1{,}2997$;

$\sqrt[5]{\frac{216{,}9}{58{,}4}} \approx 1{,}3001$; $\frac{281{,}9}{216{,}9} \approx 1{,}2997$

Die Quotienten sind annähernd gleich, es kann also ein
exponentielles Modell (mit $b = 1{,}3$) aufgestellt werden.
$f(x) = 12{,}1 \cdot 1{,}3^{x}$
b) Berechnung der Quotienten:
$\frac{4{,}5}{6{,}8} = 0{,}6618$; $\sqrt{\frac{3{,}5}{4{,}5}} \approx 0{,}8819$; $\sqrt[3]{\frac{1{,}9}{3{,}5}} \approx 0{,}8158$;

$\sqrt{\frac{1{,}1}{1{,}9}} \approx 0{,}7609$; $\sqrt[9]{\frac{0{,}2}{1{,}1}} \approx 0{,}8274$

Berechnung der Differenzen:
$4{,}5 - 6{,}8 = -2{,}3$; $(3{,}5 - 4{,}5) : 2 = -0{,}5$;
$(1{,}9 - 3{,}5) : 3 \approx -0{,}533$;
$(1{,}1 - 1{,}9) : 2 = -0{,}4$; $(0{,}2 - 1{,}1) : 9 \approx -0{,}1$
Die Differenzen nehmen kontinuierlich ab, ein lineares
Modell ist daher nicht passend.
Für ein exponentielles Modell erhält man durch Bilden des
Mittelwertes der Quotienten: $b = 0{,}7896$.
$f(x) = 6{,}8 \cdot 0{,}7896^{x}$

Kapitel V, Bist du schon sicher?, Seite 143

3

Die Funktion g des roten Graphen hat die Periode $p_{g} \approx 7{,}8$.
Die Funktion f des blauen Graphen hat die Periode $p_{f} \approx 4$.

Kapitel V, Kannst du das noch?, Seite 143

6

a)

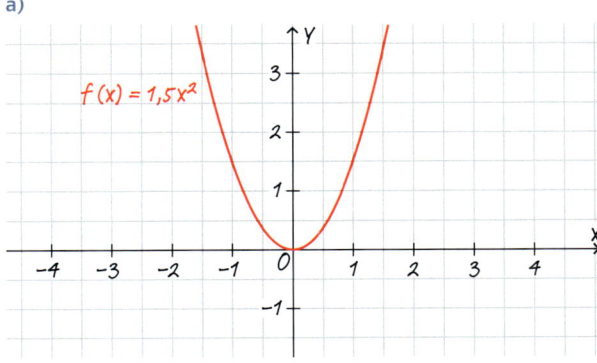

b)

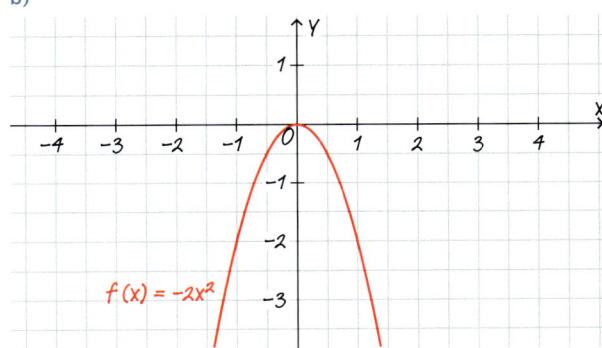

c)

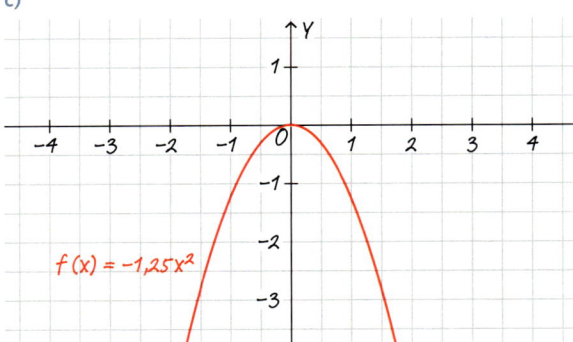

$f(x) = -1,25 x^2$

d)

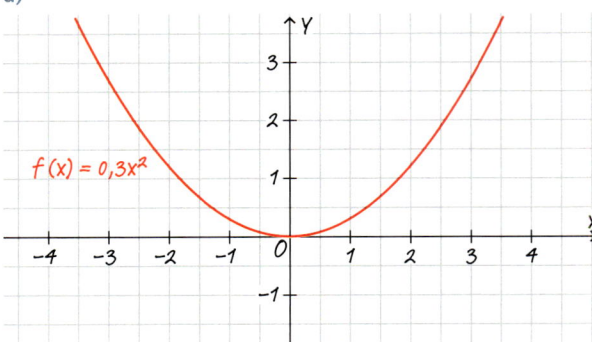

$f(x) = 0,3 x^2$

Kapitel V, Bist du schon sicher?, Seite 147

13

a) $\sin(45°) \approx 0,707$

b) $\cos(45°) \approx 0,707$

c) $\sin(120°) \approx 0,866$

d) $\sin(223°) \approx -0,682$

e) $\cos(223°) \approx -0,731$

f) $\sin(-55°) \approx -0,819$

14

a) $165° \triangleq \frac{11\pi}{12}$

b) $5,5\pi \triangleq 990°$

c) $248° \triangleq \frac{62\pi}{45}$

d) $-\frac{7\pi}{3} \triangleq -420°$

e) $-285° \triangleq -\frac{19\pi}{12}$

f) $32° \triangleq \frac{8\pi}{45}$

g) $0,8\pi \triangleq 144°$

h) $327° \triangleq \frac{109\pi}{60}$

Kapitel V, Kannst du das noch?, Seite 149

25

a) $f(x) = 0,1 x^2$

$f\left(-\frac{1}{3}\right) = \frac{1}{10} \cdot \frac{1}{9} = \frac{1}{90} \neq -\frac{1}{6}$

$f(-4) = 0,1 \cdot 16 = 1,6 \neq 2$

$f(10) = 0,1 \cdot 100 = 10 \neq 40$

$f(2\sqrt{5}) = 0,1 \cdot 4 \cdot 5 = 2$

$f(-3) = 0,1 \cdot 9 = 0,9 \neq -13,5$

$\Rightarrow$ Nur der Punkt D liegt auf der Parabel.

b) $f(x) = -\frac{3}{2} x^2$

$f\left(-\frac{1}{3}\right) = -\frac{3}{2} \cdot \frac{1}{9} = -\frac{1}{6}$

$f(-4) = -\frac{3}{2} \cdot 16 = -24 \neq 2$

$f(10) = -\frac{3}{2} \cdot 100 = -150 \neq 40$

$f(2\sqrt{5}) = -\frac{3}{2} \cdot 4 \cdot 5 = -30 \neq 2$

$f(-3) = -\frac{3}{2} \cdot 9 = -\frac{27}{2} = -13,5$

$\Rightarrow$ Die Punkte A und E liegen auf der Parabel.

c) $f(x) = \frac{2}{5} x^2 \geq 0$

$\Rightarrow$ A und E können nicht auf der Parabel liegen.

$f(-4) = \frac{2}{5} \cdot 16 = \frac{32}{5} = 6,4 \neq 2$

$f(10) = \frac{2}{5} \cdot 100 = 40$

$f(2\sqrt{5}) = \frac{2}{5} \cdot 4 \cdot 5 = 8 \neq 2$

$\Rightarrow$ Nur der Punkt C liegt auf der Parabel.

d) $f(x) = x^2 - 18$

$f\left(-\frac{1}{3}\right) = \frac{1}{9} - 18 \neq -\frac{1}{6}$

$f(-4) = 16 - 18 = -2 \neq 2$

$f(10) = 100 - 18 = 82 \neq 40$

$f(2\sqrt{5}) = 20 - 18 = 2$

$f(-3) = 9 - 18 = -9 \neq -13,5$

$\Rightarrow$ Der Punkt D liegt auf der Parabel.

26

a) $0,75 a^2 = 12 = 0,75 b^2$

$a^2 = b^2 = 16$

$a = -4$ und $b = 4$ oder umgekehrt

b) $1,2 x^2 = 12$

$x^2 = 10 \Rightarrow x = \pm\sqrt{10}$

$a = -\sqrt{10}$ und $b = \sqrt{10}$ oder umgekehrt

c) $-\frac{2}{3} x^2 + 14 = 12$

$-\frac{2}{3} x^2 = -2$

$x^2 = 3 \Rightarrow x = \pm\sqrt{3}$

$a = -\sqrt{3}$ und $b = \sqrt{3}$ oder umgekehrt

27

a) Ansatz: $y = -(x - 6)(x - x_2)$

$A(0\,|\,12) \Rightarrow 12 = -(-6)(-x_2)$

$\qquad\qquad\quad 12 = -6 x_2$

$\qquad\qquad\quad x_2 = -2$

$x_2 = -2$ ist die zweite Nullstelle.

b) $y = -(x - 6)(x + 2)$

$\quad = -x^2 + 4x + 12$ \qquad (allgemeine Form)

$\quad = -(x - 2)^2 + 16$ \qquad (Scheitelform)

c) $y = (x - 2)^2 + 16$

$\quad = x^2 - 4x + 20$

Kapitel V, Bist du schon sicher, Seite 153

5

a) $f(x) = 3\sin(2x)$

b) $f(x) = 2\sin\left(\frac{2}{3}x\right)$

c) $f(x) = 3\sin(0,5\pi x)$

6

a) Amplitude $a = 3$; Periode $p = 2\pi$

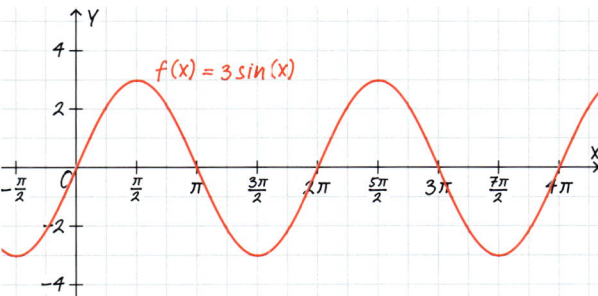

b) Amplitude $a = 1$; Periode $p = 12\pi$

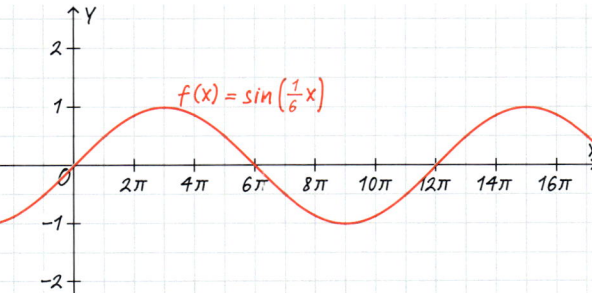

c) Amplitude $a = 8$; Periode $p = 0{,}4\pi$

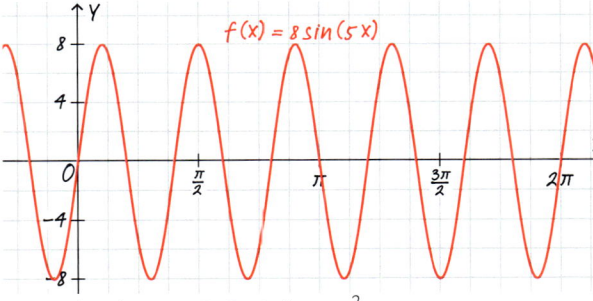

d) Amplitude $a = 0{,}5$; Periode $p = \frac{2}{3}$

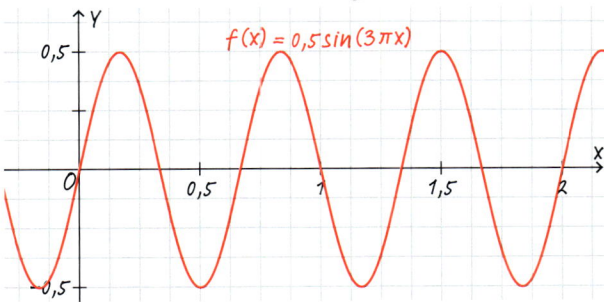

Kapitel V, Kannst du das noch?, Seite 154

16

a) $f(x) = x^2 - 4$

b) $f(x) = (x + 6)^2$

c) $f(x) = (x - 1)^2 + 2$

Kapitel V, Bist du schon sicher, Seite 158

7

a) Tiefsttemperatur:
Die Amplitude entspricht dem halben Wert zwischen Maximum (im Juli bei 13,8 °C) und Minimum (im Januar bei −1,6 °C). Daher gilt: $a = (13{,}8 - (-1{,}6)) : 2 = 7{,}7$.
Die Periode beträgt ein Jahr, also $p = 12$ Monate.
Mithilfe der Formel $p = \frac{2\pi}{b}$ erhält man $b = \frac{2\pi}{12} \approx 0{,}523\,599$.
Der Mittelwert zwischen Tief- und Hochpunkt liegt im April $(x = 0)$ bei errechneten 6,1 °C $((13{,}8 + (-1{,}6)) : 2)$; damit ist $d = 6{,}1$.
Es ergibt sich: $y = 7{,}7 \cdot \sin(0{,}523\,599 \cdot x) + 6{,}1$.
Höchsttemperatur:
Amplitude: $(24{,}7 - 4) : 2 = 10{,}35$.
Periode: $p = 12$, also $b = \frac{2\pi}{12} \approx 0{,}523\,599$.
Der Mittelwert zwischen Tief- und Hochpunkt liegt im April $(x = 0)$ bei errechneten 14,35 °C $((24{,}7 + 4) : 2)$; damit ist $d = 14{,}35$.
Es ergibt sich: $y = 10{,}35 \cdot \sin(0{,}523\,599 \cdot x) + 14{,}35$.
b) Graphen der Funktionen aus Teilaufgabe a), welche die Tiefst- und Höchsttemperaturen von Freiburg beschreiben.

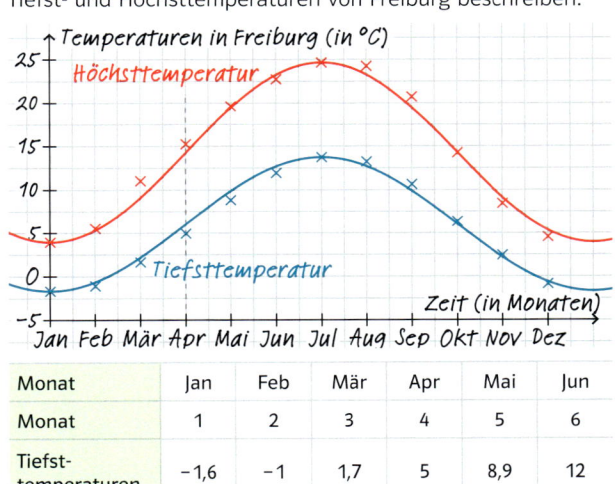

Monat	Jan	Feb	Mär	Apr	Mai	Jun
Monat	1	2	3	4	5	6
Tiefsttemperaturen	−1,6	−1	1,7	5	8,9	12
berechnete Tiefsttemp.	−1,6	−0,57	2,25	6,1	9,95	12,77
Abweichung	0	−0,43	−0,55	−1,1	−1,05	−0,77
Höchsttemperaturen	4	5,6	11,1	15,3	19,7	22,8
berechnete Höchsttemp.	4	5,387	9,175	14,35	19,53	23,31
Abweichung	0	0,213	1,925	0,95	0,175	−0,51

3

Monat	Jul	Aug	Sep	Okt	Nov	Dez
Monat	7	8	9	10	11	12
Tiefsttemperaturen	13,8	13,3	10,7	6,4	2,5	– 0,8
berechnete Tiefsttemp.	13,8	12,77	9,95	6,1	2,25	– 0,57
Abweichung	0	0,532	0,75	0,3	0,25	– 0,23
Höchsttemperaturen	24,7	24,3	20,8	14,3	8,5	4,6
berechntete Höchsttemp.	24,7	23,31	19,52	14,35	9,175	5,387
Abweichung	0	0,987	1,275	– 0,05	– 0,67	– 0,79

Anhand der Abweichungen kann man sehen, dass die Modellierung bei vielen Werten geringe Abweichungen besitzt (bei den Tiefsttemperaturen ist die maximale Abweichung 1,1 °C und bei der Höchsttemperatur beträgt diese im März ca. 1,93 °C). Damit ist das Modell gut, hat aber Zeiten, in denen es nur relativ gute Werte liefert.

Kapitel V, Kannst du das noch?, Seite 158

10
100 000; 160; – 69; 900 000; – 1 100 000

11
a) $(x – 3)(5 + x) = 5x + x^2 – 15 – 3x = x^2 + 2x – 15$
b) $(a + 3)(2a + 5) = 2a^2 + 5a + 6a + 15 = 2a^2 + 11a + 15$
c) $– (2 + b)(4b + 7) = – (8b + 4b^2 + 14 + 7b) = – 4b^2 – 15b – 14$
d) $(4 – b)(4 – b) = 16 – 4b – 4b + b^2 = b^2 – 8b + 16$

Kapitel V, Training Runde 1, Seite 163

1

Winkel im Gradmaß	40°	230°	135°	– 229,18°	1480°
Winkel im Bogenmaß	$\frac{2}{9}\pi$	$\frac{23}{18}\pi$	$0,75\pi$	– 4	$\frac{74}{9}\pi$
$\sin(x)$	0,643	– 0,766	0,707	0,757	0,643

2
$A\left(\frac{\pi}{2}\middle|0\right)$, $B(\pi|-1)$, $C(2\pi|1)$ und $D\left(\frac{5\pi}{2}\middle|0\right)$

3
a) Amplitude: 1; Periode 2π
$f(x) = \sin(x) + 1$
b) Amplitude: 1,5; Periode π
$f(x) = 1,5\sin(2x)$
c) Amplitude: 2; Periode 4π

$f(x) = 2\sin\left(\frac{1}{2}x\right)$

4
Für die Amplitude a (a > 0) gilt: a = $(y_{max} – y_{min}):2$, also
hier a = $(22 – (– 6)):2 = 14$
Aus der Periode p erhält man b mit b = $\frac{2\pi}{p}$, also b = $\frac{2\pi}{12} = \frac{\pi}{6}$.

Den Parameter d erhält man als Mittelwert aus Maximum und Minimum, also d = $(y_{max} + y_{min}):2 = (22 + (– 6)):2 = 8$
Also ist f(x) = $14\sin\left(\frac{\pi}{6}x\right) + 8$, wobei x = 0 dem Monat April entspricht.
Der Graph von f:

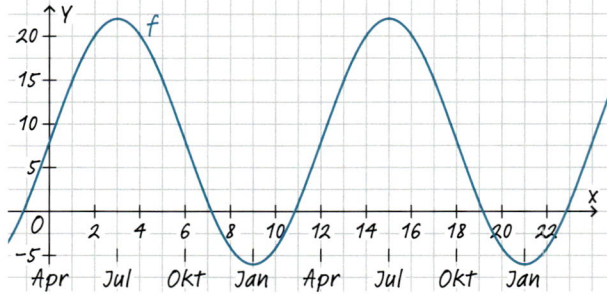

Kapitel V, Training Runde 2, Seite 163

1
a) f(x) = $\sin(2 \cdot x)$ b) f(x) = $– \sin(3 \cdot x)$
c) f(x) = $\sin(0,5 \cdot x)$

2
Anhand folgender Schritte erzeugt man aus dem Graphen von f(x) = sin(x) den Graphen von g(x) = $2 \cdot \sin(3(x – 4)) + 5$:
1. Stauchen in x-Richtung mit dem Faktor $\frac{1}{3}$: $f_1(x) = \sin(3x)$ (Periodenlänge: p = $\frac{2\pi}{3}$)
2. Verschieben in x-Richtung um 4 (nach rechts):
$f_2(x) = \sin(3(x – 4))$
3. Strecken in y-Richtung mit dem Faktor 2:
$f_3(x) = 2\sin(3(x – 4))$
4. Verschieben in y-Richtung um 5 (nach oben):
g(x) = $2\sin(3(x – 4)) + 5$

3
Für die Funktion f: A = 1,5 und p = $\frac{2\pi}{2} = \pi$.
Für die Funktion g: A = 1,5 und p = $\frac{2\pi}{3}$.
Für die Funktion h: A = 1,5 und p = $\frac{2\pi}{0,5} = 4\pi$.

4
$x_0 = \sin^{-1}(0,6) \approx 0,6435$ (mit dem Taschenrechner)
$x_1 = \pi – x_0 \approx 2,498$;
$x_2 = x_0 + 2\pi \approx 6,927$.
(keine weiteren Lösungen im gefragten Intervall, da $2,498 – 2\pi \approx – 3,785$)

5
a)

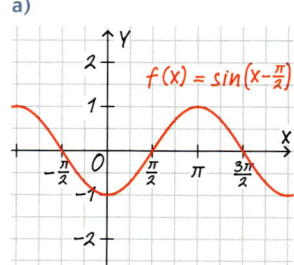

b)

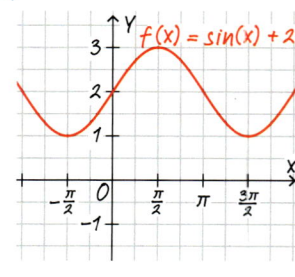

c)

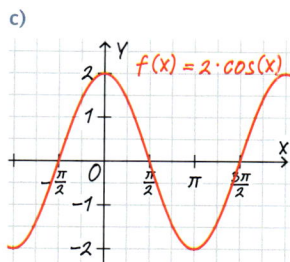

d)

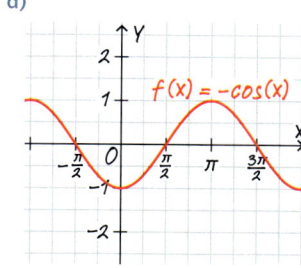

Für die Hypotenuse c des Dreiecks gilt:
$c^2 = 2 \cdot (6\,cm)^2 = 72\,cm^2$. Also $c = 6 \cdot \sqrt{2}\,cm \approx 8,49\,cm$.

Für die Höhe h des Dreiecks gilt: $h = \frac{1}{2}c = 3 \cdot \sqrt{2}\,cm \approx 4,24\,cm$

c) Die Hypotenusenabschnitte werden mit p und q bezeichnet. Es gilt $p + q = c$ und mit dem Höhensatz $h^2 = p \cdot q$.
Hier gilt also $p \cdot q = 9\,cm^2$ und $p + q = 10\,cm$. Damit erhält man die quadratische Gleichung $q^2 - 10q + 9 = 0$.
Die Lösung ergibt $q = 1\,cm$ oder $q = 9\,cm$.
Wir wählen hier $q = 1\,cm$. Dann erhält man $p = 9\,cm$.
Mit dem Satz des Pythagoras lassen sich nun auch die Katheten bestimmen.
$b^2 = h^2 + q^2$ ergibt $b^2 = 9\,cm^2 + 1\,cm^2 = 10\,cm^2$ also $b \approx 3,16\,cm$.
$a^2 = h^2 + p^2$ ergibt $a^2 = 9\,cm^2 + 81\,cm^2 = 90\,cm^2$ also $a \approx 9,49\,cm$.

Sicher ins Kapitel I, Seite 165

1
a) Konstruktion nach sss

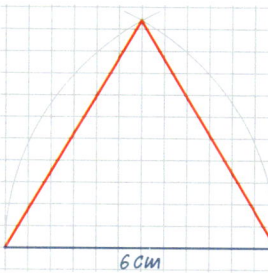

b) Die zum Quadrat ergänzte Figur hätte einen Flächeninhalt von 36 cm². Es wäre also ein Quadrat mit der Kantenlänge 6 cm. Zu konstruieren ist also ein gleichschenklig rechtwinkliges Dreieck mit der Kantenlänge 6 cm. Konstruktion nach sws

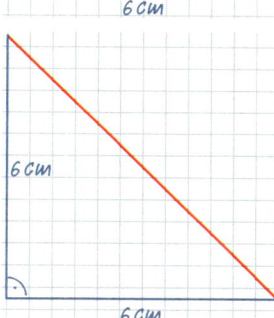

c) Konstruktion mit dem Satz des Thales

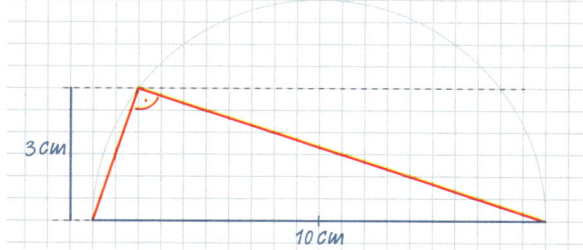

2
a) Für die Höhe h gilt $h^2 + 3^2 = 6^2$, also $h = 5$.
$A = \frac{1}{2}g \cdot h = \frac{1}{2} \cdot 6\,cm \cdot 5\,cm = 15\,cm^2$.

b) Jedes rechtwinklig gleichschenklige Dreieck lässt sich durch Spiegelung an der Hypotenuse zu einem Quadrat mit doppeltem Flächeninhalt ergänzen. Die Hypotenuse des Dreiecks entspricht der Diagonale des Quadrats. Die Höhe des Dreiecks entspricht einer halben Diagonale.
Das Quadrat hat also den Flächeninhalt 36 cm². Eine Kantenlänge des Quadrats ist 6 cm lang.

3

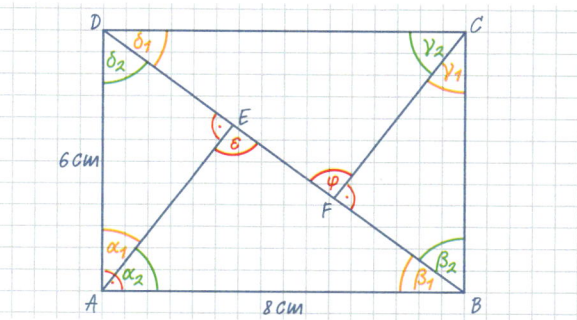

a) Alle 6 Dreiecke sind ähnlich. Das sind die Dreiecke ABD, ABE, AED, DBC, DFC und FBC.
Die Ähnlichkeit lässt sich über die Gleichheit der Winkel begründen, z. B.:
Für die Dreiecke ABE und DFC: ε und φ sind jeweils rechte Winkel, da sie Nebenwinkel von rechten Winkeln sind. δ_1 und β_1 sind gleich groß, da sie Wechselwinkel an parallelen Geraden sind. Da die Winkelsumme im Dreieck immer 180° beträgt, sind folglich auch α_2 und γ_2 gleich groß.

Für die Dreiecke AED und FBC: Die Winkel δ_2 und β_2 sind gleich groß. Da beide Dreiecke auch einen rechten Winkel haben, stimmen sie im dritten Winkel α_1 bzw. γ_1 ebenfalls überein.
Für die Dreiecke ABE und ABD: α_1 und α_2 bilden zusammen einen 90°-Winkel im Dreieck ABD. β_2 ist ein Winkel beider Dreiecke. Also müssen die Dreiecke im dritten Winkel ebenfalls übereinstimmen, d.h. $\delta_2 = \alpha_2$.
Aus $\delta_2 = \alpha_2$ folgt auch, dass die Dreiecke AED und ABE ähnlich sind.
Damit ist die Ähnlichkeit aller 6 Dreiecke gezeigt.

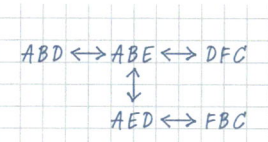

Die Ähnlichkeit wurde über die oben stehenden Beziehungen gezeigt. Andere Argumentationen sind ebenso möglich.

3

b) $\overline{BD} = \sqrt{6^2 + 8^2}\ \text{cm} = 10\ \text{cm}$

Da alle Dreiecke ähnlich sind, stimmen sie in ihren Seitenverhältnissen überein.

$\dfrac{\overline{DE}}{6\,\text{cm}} = \dfrac{6\,\text{cm}}{10\,\text{cm}} \Rightarrow \overline{DE} = 3{,}6\ \text{cm}$

$\dfrac{\overline{AE}}{6\,\text{cm}} = \dfrac{8\,\text{cm}}{10\,\text{cm}} \Rightarrow \overline{AE} = 4{,}8\ \text{cm}$

$\dfrac{\overline{EB}}{8\,\text{cm}} = \dfrac{8\,\text{cm}}{10\,\text{cm}} \Rightarrow \overline{EB} = 6{,}4\ \text{cm}$

4

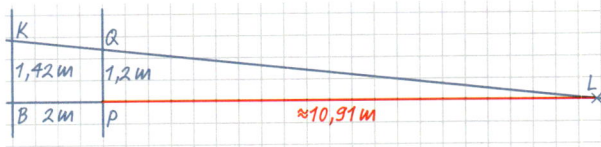

Aufgrund der Strahlensätze gilt

$\dfrac{\overline{PQ}}{\overline{BK}} = \dfrac{\overline{LP}}{\overline{LB}}$ und es gilt $\overline{LB} = \overline{LP} + 2$.

Damit erhält man

$\overline{LP} = (\overline{LP} + 2) \cdot \dfrac{\overline{PQ}}{\overline{BK}}$

$\overline{LP} \cdot \left(1 - \dfrac{\overline{PQ}}{\overline{BK}}\right) = 2 \cdot \dfrac{\overline{PQ}}{\overline{BK}}$

$\overline{LP} = 2 \cdot \dfrac{\overline{PQ}}{\overline{BK}} : \left(1 - \dfrac{\overline{PQ}}{\overline{BK}}\right)$

Mit $\overline{PQ} = 1{,}2\,\text{m}$ und $\overline{BK} = 1{,}42\,\text{m}$ erhält man $\overline{LP} \approx 10{,}91\,\text{m}$.
Der Lichtmast steht etwa 10,9 m vom Haus entfernt.

Sicher ins Kapitel II, Seite 166

1

a) $U = 6x + 10x + 4x = 20x$

(1) ist geeignet

(2) ist geeignet

(3) ist nicht geeignet (die nicht beschrifteten Seiten wurden vergessen).

b) individuelle Lösung, zum Beispiel:

$A_1 = 3x \cdot 5x - x \cdot 2x = 15x^2 - 2x^2$

$A_2 = 3x \cdot 3x + 2 \cdot x \cdot 2x = 9x^2 + 4x^2$

2

a) $48 = 2^4 \cdot 3$

b) $70 \cdot x^4 \cdot y^3$

c) (1) richtig

(2) falsch. In einem Produkt darf man die Klammern weglassen. Dann werden die Faktoren zusammengefasst.
Richtig wäre: $4 \cdot x \cdot 2 \cdot x \cdot z = 8x^2 z$

3

a) $3x + 9 = 8x - 1$

$\qquad 10 = 5x$

$\qquad\ \ x = 2$

b) $2x^2 + 4x - 5x - 10 = 5x^2 - 12$

$\qquad 3x^2 + x - 2 = 0$

$\qquad x^2 + \dfrac{1}{3}x - \dfrac{2}{3} = 0$

$\qquad x = -1 \text{ oder } x = \dfrac{2}{3}$

c) $x^2 - 1 = 6x + 9 - 4x^2 - 6x - 14$

$\qquad 5x^2 = -4$

$\qquad\ x^2 = -\dfrac{4}{5}$

nicht lösbar, $L = \{\ \}$

4

a) Der Graph zur Funktion f entsteht, indem man die Normalparabel um 2 Einheiten nach rechts (parallel zur x-Achse) und um drei Einheiten nach unten (parallel zur y-Achse) verschiebt.
Der Scheitelpunkt ist $S(2 \mid -3)$.

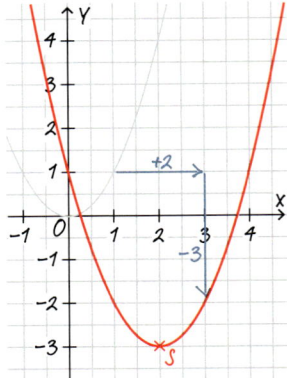

b) $2x^2 - 3x + 1 = x + 6$

$\qquad 2x^2 - 4x - 5 = 0$

$\qquad x^2 - 2x - \dfrac{5}{2} = 0$

$\qquad x = 1 \pm \sqrt{1 + \dfrac{5}{2}}$

$x \approx 0{,}87$ oder $x \approx 2{,}87$

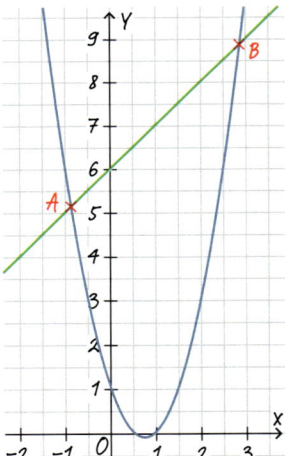

Sicher ins Kapitel III, Seite 167

1

a) 2 380 cm

b) 0,154 m

c) 234 500 m

d) 1,235 m

e) 150 000 cm^2

f) 123 000 m^2

g) 2,400 5 ha

h) 25 500 000 m^2

i) 15 000 Liter

j) 25,38 dm^3

k) 24,4 m^3

l) 1420 ml

2

a) $U = 4\,\text{cm} + 2{,}5\,\text{cm} + 2{,}5\,\text{cm} = 9\,\text{cm}$

$h_a = \sqrt{(2\,\text{cm})^2 + (2{,}5\,\text{cm})^2} \approx 3{,}20\,\text{cm}$

$A = 4\,\text{cm} \cdot h_a \approx 12{,}80\,\text{cm}^2$

b) $d = h = \sqrt{(2,5\,cm)^2 - (4\,cm - 2,5\,cm)^2} = 2\,cm$
$U = 4\,cm + 2,5\,cm + 2,5\,cm + d = 11\,cm$

$A = \frac{1}{2} \cdot (4\,cm + 2,5\,cm) \cdot h = 6,5\,cm^2$

c) $U = 2 \cdot 3\,cm + 2 \cdot 2,4\,cm = 10,8\,cm$
$h = 2,4\,cm \cdot \sin(60°) \approx 2,08\,cm$
$A = 3\,cm \cdot h \approx 6,24\,cm^2$

3

a)

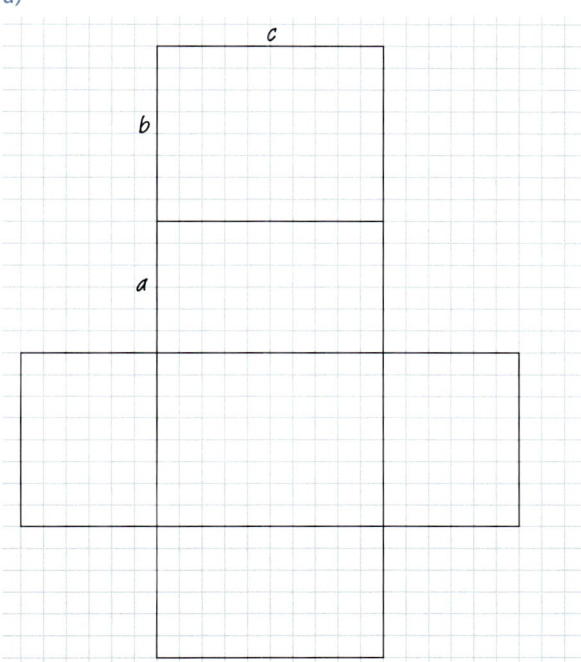

$O = 2 \cdot (a \cdot b + a \cdot c + b \cdot c) = 94\,cm^2$
$V = a \cdot b \cdot c = 60\,cm^3$
b) $6\,cm \cdot 7\,cm \cdot h = 520,8\,cm^3$

$h = \frac{520\,cm^3}{6\,cm \cdot 7\,cm} = 12,4\,cm$

Sicher ins Kapitel IV, Seite 168

1
a) CDU $\frac{341}{1000} = 0,341$; CSU $\frac{74}{1000} = 0,074$; SPD $\frac{257}{1000} = 0,257$;

FDP $\frac{48}{1000} = 0,048$; Die Linke $\frac{86}{1000} = 0,086$;

Bündnis 90/Die Grünen $\frac{84}{1000} = 0,084$; Sonstige $\frac{109}{1000} = 0,109$

b) CDU: $0,341 \cdot 0,715 \approx 0,2438 = 24,38\%$
Die weiteren Berechnungen wie bei der CDU:
CSU $\approx 5,3\%$; SPD $\approx 18,38\%$; FDP $\approx 3,43\%$; Die Linke $\approx 6,15\%$;
Bündnis 90/Die Grünen $\approx 6,0\%$; Sonstige $\approx 7,79\%$

2
a) proportional, $k = 1,75$
b) nicht proportional

3
a) 3 nach rechts, 1 nach unten und Streckung um Faktor 2
b) Es gibt viele Lösungen. Man muss zuerst dafür sorgen,
dass der Schnittpunkt mit der x-Achse übereinstimmt. Es ist
$g(1,25) = 0$ und $f(1,25) = 1,5$. Man verschiebt also z.B. in
y-Richtung um $-1,5$ und erhält so $y = 2x - 2,5$. Diese streckt
man nun noch um den Faktor 2.

4
a) x^8 b) a^3 c) $p^{-5} = \frac{1}{p^5}$ d) z^{21}
e) $8 \cdot r^3$ f) $6^2 = 36$ g) $u^8 \cdot v^{9p^5}$ h) $a^{11} \cdot b$

Sicher ins Kapitel V, Seite 169

1
a) Seien im Dreieck die Katheten mit $a = 5\,cm$ und $b = 9\,cm$
bezeichnet.
$c^2 = (5\,cm)^2 + (9\,cm)^2$
$c = \sqrt{106}\,cm$

$\sin(\alpha) = \frac{a}{c} \approx 0,4856$ also ist $\alpha \approx 29,05°$

Da $\gamma = 90°$ ist, ist $\beta = 180° - \gamma - \alpha = 60,95°$

b) $\sin(\alpha) = \frac{a}{c}$

$a = \sin(\alpha) \cdot c \approx 6,34\,cm$

$\cos(\alpha) = \frac{b}{c}$

$b = \cos(\alpha) \cdot c \approx 13,59\,cm$
c) Die Kathete mit 10 cm Länge wird im Folgenden als a
bezeichnet.

$\sin(\alpha) = \frac{a}{c} = \frac{5}{6}$ also ist $\alpha \approx 56,44°$

$\gamma = 90°$ also ist $\beta = 180° - \gamma - \alpha = 33,56°$
$b^2 = c^2 - a^2$ also $b = \sqrt{44} \approx 6,63\,cm$.

2
a) $A = (5\,cm - 1,53\,cm) \cdot 1,29\,cm \approx 4,5\,cm^2$

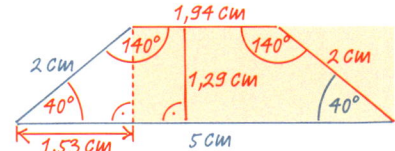

b) $A = (5\,cm - 1\,cm) \cdot 1,5\,cm \approx 6\,cm^2$

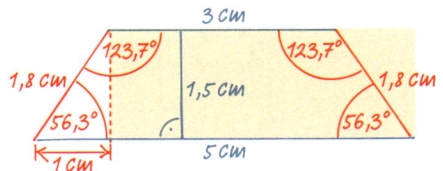

c) $A = (3\,cm) \cdot (1,5\,cm) + (2,2\,cm - 1,5\,cm) \cdot (1,5\,cm) = 5,55\,cm^2$

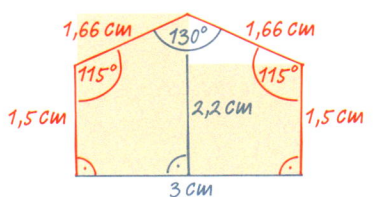

3

3

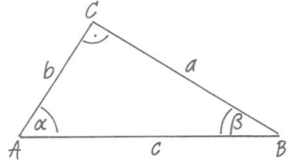

a) (1) $\sin(\alpha) = \frac{a}{c}$; $\cos(90° - \alpha) = \cos(\beta) = \frac{a}{c}$

Also gilt $\sin(\alpha) = \cos(90° - \alpha)$.

(2) $\cos(\alpha) = \frac{b}{c}$; $\sin(90° - \alpha) = \sin(\beta) = \frac{b}{c}$

Also gilt $\cos(\alpha) = \sin(90° - \alpha)$.

(3) $\tan(90° - \alpha) = \frac{\sin(90° - \alpha)}{\cos(90° - \alpha)} = \frac{\frac{b}{c}}{\frac{a}{c}} = \frac{bc}{ac} = \frac{b}{a}$

$\frac{1}{\tan(\alpha)} = \frac{\cos(\alpha)}{\sin(\alpha)} = \frac{\frac{b}{c}}{\frac{a}{c}} = \frac{bc}{ac} = \frac{b}{a}$

Also gilt $\tan(90° - \alpha) = \frac{1}{\tan(\alpha)}$.

b) (1) Es gilt: $\tan(\alpha) = \frac{\sin(\alpha)}{\cos(\alpha)}$ und $\sin(90° - \alpha) = \cos(\alpha)$.

Damit erhält man:

$\tan(\alpha) \cdot \sin(90° - \alpha) = \frac{\sin(\alpha)}{\cos(\alpha)} \cdot \cos(\alpha) = \sin(\alpha)$

Die Umformung ist richtig.

(2) $\tan(90° - \alpha) = \frac{\sin(90° - \alpha)}{\cos(90° - \alpha)} = \frac{\cos(\alpha)}{\sin(\alpha)}$

Die Umformung ist richtig.

(3) Es gilt: $\sin^2(\alpha) + \cos^2(\alpha) = 1$. Löst man diese Formel nach $\sin^2(\alpha)$ auf, erhält man $1 - \cos^2(\alpha) = \sin^2(\alpha)$.
Die vorgegebene Umformung ist also falsch.

Symbole

π 73, 82, 101

A

absolute Änderung 108, 136
Ähnlichkeit 8, 179
Amplitude 151, 162
Änderung, absolute 108, 136
Änderung, prozentuale 108
Änderung, relative 108, 136
Ankathete 8
antiproportionale Zuordnungen
   180
Äquivalenzumformungen 174
Archimedes von Syrakus 99
Aristarchos von Samos 34
Assoziativgesetz 173
Ausklammern 174
Ausmultiplizieren 174

B

Basis 42, 66
beliebige Dreiecke 22, 27
beschränktes Wachstum 124, 136
Bestand 108
binomische Formeln 174
Bogenmaß 80, 145, 162
Brennpunkt 64
Brüche 170, 171

C

Carl Friedrich Gauß 35
Cavalieri, Satz des 88
Claudios Ptolemaios 35
cos (α) 8, 14, 36, 144

D

Dezimalbrüche 170, 171
Distributivgesetz 173
Dreiecke 177
Dreiecke, beliebige 22, 27
Dreiecke, rechtwinklige 8, 18, 36
Dreisatz 180
Durchmesser eines Kreises 76

E

Einheitskreis 80, 82, 144, 145, 162
Ellipse 64
Exponent 42, 66
Exponentialfunktion 115, 136
Exponentialgleichungen 119, 136
exponentielles Modell 127
exponentielles Wachstum 111, 112

F

Flächeninhalt 73, 176
Flächeninhalt eines Kreises 72, 73
Funktionen 181
Funktionen, lineare 181
Funktionen, periodische 142
Funktionen, quadratische 182
Funktionsterm 181

G

Gauß, Carl Friedrich 35
Gegenkathete 8
gerade Funktion 56
Gerhard von Cremona 35
Gleichungen 174
Gleichungen, lineare 181
Gleichungen, quadratische 182
Gleichungssysteme, lineare 181,
   182
Gradmaß 145
Grundwert 173

H

Halbachse 64
Halbkugel 94
Halbwertszeiten 134
Hipparchos von Nicäa 34
Hypotenuse 8

I

irrationale Zahlen 172

J

Johannes Kepler 64

K

Kegel 90, 102
Kepler, Johannes 64
Kepler'sche Gesetze 64
Kommutativgesetz 173
Kongruenzsätze 178
Kopernikus, Nikolaus 64
Körper 84, 87, 90, 94
Kosinus 8, 14, 18, 36, 144, 162
Kosinusfunktion 145, 162
Kosinussatz 27, 28, 36
Kreisausschnitt 78, 102
Kreisbogen 78, 102
Kreise 72, 102
Kreise, Flächeninhalt 72, 73
Kreise, Umfang 75
Kugel 95
Kugel, Oberflächeninhalt 95
Kugel, Volumen 95

L

Längenverhältnisse 8
LGS 181, 182
lineare Funktionen 181
lineare Gleichungen 181
lineare Gleichungssysteme 181, 182
lineares Modell 127
lineares Wachstum 111, 112
Logarithmus 119

M

Mittelpunktswinkel 78
Mittelsenkrechte 178
Modell, exponentielles 127
Modellieren 127, 155
Modell, lineares 127

N

Nebenwinkel 176
Nikolaus Kopernikus 64

O

Oberflächeninhalt 176
Oberflächeninhalt einer Kugel 95

P

Periode 162
Periodenlänge 142, 150, 162
periodisch 142, 146
periodische Funktionen 142
Potenzen 42, 45, 48, 51, 54, 66
Potenzen, Rechengesetze 66
Potenzen, Rechengesetze (gleiche Basis) 45
Potenzen, Rechengesetze (gleiche Exponenten) 48
Potenzfunktionen 55, 66
Potenzgesetze 45, 48, 51
Potenzgleichungen 59, 66
pq-Formel 182
proportionale Zuordnungen 180
Prozentsatz 173
prozentuale Änderung 108
Prozentwert 173
Ptolemaios, Claudios 35
Pythagoras, Satz des 28, 179
Pythagoras, trigonometrischer 14
Pyramide 90, 102
Pyramide, quadratische 91

Q

quadratische Funktionen 182
quadratische Gleichungen 182
quadratische Pyramide 91
Quadratwurzeln 172

R

Radikand 51
rationale Zahlen 171, 172
Rechengesetze für Potenzen 66
Rechengesetze für Potenzen mit gleichen Exponenten 48
Rechengesetze für Potenzen mit gleicher Basis 45
rechtwinklige Dreiecke 6, 8, 18, 36
relative Änderung 108, 136
Restbestand 124

S

Satz des Cavalieri 88
Satz des Pythagoras 28, 179
Satz des Thales 178
Scheitelwinkel 176
Schnenrechnung 34
Schranke 124
Sehnenrechnung 34
Seitenverhältnisse 8, 14, 18, 36
Sinus 8, 14, 18, 36, 144, 162
Sinusfunktion 144, 150
Sinussatz 22, 23, 36
sin (α) 8, 14, 36, 144
sss 28
sSw 24
Ssw 23
Strahlensätze 179
Stufenwinkel 176
sws 27, 28
Symmetrieachse des Graphen 56
Symmetriezentrum des Graphen 56

T

Tangens 8, 14, 18, 36
tan (α) 8, 14, 36
Terme 170
Termumformungen 173
Thales, Satz des 178
trigonometrischer Pythagoras 14

U

Umfang 75
Umfang eines Kreises 75
Ungleichungen 174

V

van Roijen Snell, Willebrord 35
Vierecke 177
Volumen 176
Volumen einer Kugel 95

W

Wachstum 108, 111
Wachstum, beschränktes 124, 136
Wachstum, exponentielles 111, 112, 136
Wachstum, lineares 111, 112
Wahrscheinlichkeiten 183
Willebrord van Roijen Snell 35
Winkelhalbierende 178
Winkelsumme 177
wsw 23
Wurzelexponent 51
Wurzelexponenten 51
Wurzeln 172

Z

Zahlbereiche 172
Zahlen, irrationale 172
Zahlen, rationale 171, 172
Zehnerpotenz 42
Zehnerpotenzen 42
Zuordnungen 180
Zuordnungen, antiproportionale 180
Zuordnungen, proportionale 180
Zylinder 84, 102

Bildquellen